인간과 동물

김 옥 진 저

동일출판사

머 리 말

동물은 인류가 지구상에 출현하기 이전에 먼저 존재하였고, 이후로도 진화를 거듭하며 인류와 다양한 분야에서 관계를 맺고 있다. 인류의 역사는 항상 인간, 동물 그리고 이를 둘러싼 자연과의 상호 의존을 기초로 발전해 왔고 인간, 자연 그리고 동물의 본질적인 결합은 항상 당연하고 자연스러운 것으로 받아들여지고 있다. 인간과 가축 간의 관계만을 국한해서 본다면 동물은 항상 인간 생존의 원천이었으며 버팀목이었다는 것이 자명하다.

동물들은 인간이 보다 쉽게 사냥하고 침입자와 맹수로부터 보호받고 육체적 노동을 덜고 보다 효과적인 일을 할 수 있게 도움을 주었으며 인간과의 친밀감, 안정감, 그리고 동반자로서의 관계를 만들게 해주었다. 오늘날 동물과 인간의 관계에 대하여 인류의 발달과 성장에 미친 역할 그리고 인간의 질적인 삶, 정신적인 건강을 포함한 다양한 영향에 대하여 재평가들이 많이 되고 있다.

동물은 가축화되어 인류의 식량자원으로 오랜 기간 이용되고 있으며, 오늘날 동물은 또한 생명공학의 발달을 이끄는 실험동물로 이용되어 과학의 발전을 이끌고 있다. 또한 현대 사회에서 반려동물로 사람들의 정신 건강에 도움을 주는 것으로 잘 알려져 있다. 이러한 반려동물과 인간의 관계는 인간과 동물의 유대(human and animal bond)로서 잘 알려져 있으며, 오늘날 인간과 동물의 유대는 개와 고양이 같은 반려동물들 뿐만 아니라 말이나 야생동물과 같은 다양한 동물 종에서도 접촉하는 사람과 동물 간에 이루어지고 있다.

인간과 동물의 유대는 최근에 동물매개치료로 발전하여 동물이 사람에 주는 이로운 이점들을 적극 이용하여 자폐나 치매, ADHD, 정신지체 등의 다양한 대상자들에 심리적, 신체적, 정신적 대체의학적 치료 효과를 얻고 있다. 반려동물에 대한 관심과 애정이 또한 다른 어느 때 보다 깊어지고 있으며, 자연 생태계에 대한 관심 또한 높아지고 있다. 실생활에서 동물은 반려동물로서 가까이 가족과 같이 함께 생활하는 대상이며, 최근에는 과학의 발달로 다양한 동물실험을 수행해 주는 고마운 대상이 되고 있다.

현대사회에서 인간과 동물의 관계에 대한 과학적 고찰과 통찰이 필요한 시기에 교양과목으로 '인간과 동물'을 개설하여 강의를 진행하고 있는 경험을 가지고 조금 더 인간과 동물의 유대를 체계적으로 설명할 수 있는 서적을 작성하고자 지난 2011년 '인간과 동물의 유대' 교재가 처음 출간된 이후로, 변화된 내용을 반영하여 2013년 1차 개정된 '최신 인간과 동물의 유대' 교재가 출간된 바 있다. 이 후 동물매개심리치료에 대한 사회적 요구 증대와 더불어 동물행동상담에 대한 새로운 영역이 정립되어 발전되고 있는 등의 여러 변화들이 사회적으로 있어 와서 이러한 동물 분야에서의 발전과 변화를 반영한 새로운 교재의 출간이 필요한 상황이었다. 고맙게도 동일출판사 정창희 대표님의 도움으로 동물 분야의 발전 내용을 담은 새로운 교재를 출간할 수 있는 기회를 갖게 되었다.

여러 가지로 감사할 일들이 많았던 여름이었지만 특히 교재 작성을 꼼꼼히 도와준 이현아 박사와 홍선화 박사의 노고에 감사하고, 본 교재의 완성을 위하여 인용 및 발췌를 허락하여 주신 여러 선배님들에게 또한 감사드린다. 본 교재의 완성에 큰 도움을 주신 분으로 본 교재가 출간되어 인간과 동물의 상호 관계에 대한 이해와 학습을 수행할 수 있도록 기꺼이 출판을 허락해주신 동일출판사 정창희 대표님께 감사를 드린다.

본 교재가 인간과 동물의 공존에 대한 고민과 동물에 대한 이해를 도모하고 조금이나마 동물에 대한 흥미와 유대감을 제시하여 줄 수 있으면 하는 바람으로 이 글을 맺을까 한다.

저자 씀

차 례

1장 동물과 인류의 발생

2장 동물의 다양성

3장 동물의 가축화와 축산

4장 인간과 동물의 유대

5장 동물의 구조와 기능

6장 동물실험과 동물복지

7장 반려동물

8장 동물의 행동

9장 동물과 환경

10장 동물의 짝짓기와 번식

11장 동물 생명공학

12장 동물매개치료

13장 야생동물

14장 인수공통감염병

제 1 장

동물과 인류의 발생

Evolution of Animal and Human

Ⅰ. 동물의 발생

Ⅱ. 인류의 발생과 문명

지구의 탄생은 초기 생명이 없는 상태로 시작하였다. 이후 유기물질의 우연한 생성과 이를 바탕으로 생성된 원시생물이 진화하여 진핵생물과 식물이 탄생하게 되었다. 식물의 탄생은 지구 대기에 산소의 급격한 증가를 가져왔고, 변화된 지구 대기는 지구상의 생명의 진화를 더욱 촉진하여 동물의 탄생과 계속된 진화 과정을 거쳐 원시 인류의 탄생을 가져왔다. 인류는 동물을 가축화하며 문명을 이룩하고 발달하였다.

I. 동물의 발생

학습목표

1. 지구의 탄생과 생명의 기원에 대해 알아본다.
2. 진화의 과정과 특성을 알아본다.
3. 진화의 증명에 화석의 중요성에 대해 알아본다.

1 지구의 역사

지구는 약 45억 년 전 태양에서 분리되었으며, 지구에는 생물의 발생이 시작되었다. 지구의 변화에 따라 생물의 진화가 시작되었는데, 초기 발생된 생물은 단순한 원시생물이었지만 지구의 환경이 시간이 지나면서 변화하였고 변화된 환경에 적응하면서 생물은 진화가 이루어졌다.

(1) 지구의 형성

지구가 형성될 무렵 태양계에는 수많은 운석들이 충돌하고 있었다. 이 운석들의 충돌 집적으로 미행성이 형성되었고, 이런 미행성들이 100억개 정도가 성운의 중심주위를 회전하며 떠돌고 있었다. 지구는 이런 미행성들이 서로 충돌하고 합체되어 성장하였다고 생각된다.

처음에 미행성은 온도가 매우 낮았으나 내부의 방사선 물질이 붕괴되어 열이 발생하고 온도가 상승해갔다. 온도의 상승으로 구성 물질이 부분적으로 융해가 일어났는데 이 융해로 말미암아 철 니켈 등의 무거운 물질은 중심부로 침강하고 규산염 등의 가벼운 물질은 표면으로 상승하게 되었다. 중심으로 하강한 철 니켈 등이 핵을 형성하고 표면으로 상승한 규산염 등은 지각을 형성하였다.

지각과 해양 및 대기의 변천과 더불어 생물의 역사가 시작되었다. 이러한 역사는 지각을 형성하는 암석 속에 기록되어 있다. 오늘날 이것을 과학적으로 해명함으로써 지구의 역사를 알게 되었다.

(2) 지구의 시대 구분

지구시대는 크게 지구표면에 지각이 형성되기 이전까지의 성(星)시대와 그 이후의 지질시대로 구분한다. 그 기간은 지각의 가장 오래된 암석의 나이가 38억 5천만 년, 또 광물의 나이가 42억 년으로 미루어 볼 때, 지질시대는 약 40억 년으로 추정된다.

지질시대를 구분하는 연대단위는 지연대 단위가 사용되며, 각 단위 시대 동안에 형성된 지층 단위인 연대층서단위가 쓰이고 있다.

지질시대 구분의 단위는 이언, 대, 기, 세로 나누어 볼 수 있다. 이언은 생물이 많이 출현한 고생대 초기를 기준으로 그 이전을 은생이언, 그 이후를 현생 이언으로 구분한다. 지질시대는 암석 속에 기록된 변화에 의해 세분되며, 크게는 지층 속의 산출화석이 극히 빈약하거나 거의 없는 은생(隱生) 이언(eon)과 화석산출이 풍부한 현생(顯生) 이언으로 구분된다. 대는 지질시대 중 큰 부정합이 4회 있었는데, 이것을 기준으로 5대로 구분한다.

기는 대를 더욱 작은 시간 단위로 구분한 것이다. 세는 기를 더욱 세분한 시간의 단위이다.

표 1-1. 지질시대의 연대단위

지연대 단위		연대층서단위	
이언	eon	이어너뎀	eonothem
대(代)	era	대층	earthem
기(紀)	period	계(系)	system
세(世)	epoch	통(統)	series
절(節)	age	조(組)	stage
크론	chron	크로노존	chronozone

(3) 대기의 생성

지구가 원시 행성이었을 때 원래 가지고 있었던 가스와 얼음은 지구가 굳어지는 동안에 우주공간으로 빠져 나가 버렸다. 그러므로 이때에는 지구에 대기가 없었을 것이다. 그 후 지구내부에 포함되어 있던 가스가 빠져나와 지구 주위를 둘러싸게 되었는데 이것이 원시대기이다. 이 원시대기는 주로 메탄, 암모니아, 수증기 등으로 이루어져 있었다. 이윽고 태양열이 수증기를 산소와 수소로 분리시켰고, 산소는 메탄과 반응하여 탄산가스와 물이 생성되었다. 또 태양열은 암모니아에서 질소를 분리시켰다. 이렇게 하여 탄산가스와 질소를 주성분으로 하는 대기가 생겨났다. 현재 대기 중 20%를 차지하는 산소는 대부분 지구상에 녹색 식물이 출현한 후에 생긴 것이다. 녹색식물은 광합성의 부산물로 대기 중에 산소를 방출한다.

생물 진화의 요인 중 환경변화가 진화를 일으키는 중요한 요인이라 할 수 있다.

생물진화의 방향은 일반적으로 하등생물에서 고등생물로, 단순한 생물에서 복잡한 생물로 작은 생물에서 큰 생물로 진화하는 것을 알 수 있다.

생물진화의 계통을 살펴보면, 동물의 경우에 어류에서 양서류, 파충류, 조류, 포유류의 순으로 진화가 이루어 진 것으로 추정되며, 식물의 경우에 조류에서 양치식물, 겉씨식물, 속씨식물로 진화가 이루어졌다.

1) 원시대기와 생물의 출현

① 원시대기 : 수소(H_2), 메탄(CH_4), 암모니아(NH_3), 수증기(H_2O), 이산화탄소, 산소 없음(산소-화학결합력이 강하여 유리상태의 산소로 존재하기 어려움)

② 유기물의 생성

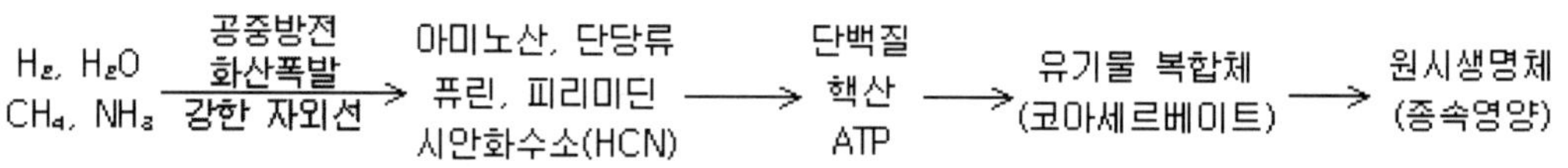

(4) 바다의 생성

지구상의 물은 바다, 강과 하천, 그리고 호수와 늪등 여러 가지 모습으로 지구의 표면을 덮고 있다. 이것을 수권이라 부른다. 수권의 대부분은 바다이다. 수권이 이루어진 과정은 바로 바다의 형성과정이다. 지구의 역사가 시작될 무렵에는 원시지각이 엷었고, 화산활동이 활발했다. 이 화산활동에 의해 다량의 물과 염분이 지구내부로부터 빠져나와 지구의 표면을 덮었다. 이것이 원시해양이다. 당시의 바닷물은 지금보다 훨씬 적었고 염분도 조금밖에 섞여 있지 않았다. 그 후 지구가 차츰 냉각되면서 공중에 있던 수증기가 비가 되어 지상에 내렸다. 이 비는 바닷물의 양을 증가시켰고 동시에 육상의 염분을 바다로 실어 날랐다.

2 생명의 탄생

생명이 언제 어떻게 지구상에 나타났는가? 이것은 모두가 알고 싶어 하는 수수께끼이다. 이것은 또한 철학이나 신학의 과제이기도 한 매우 어려운 문제이다. 다만 과학자들이 인정하는 것은 생물이 무생물에서 진화 발전해 왔다는 것이다. 40억 년 전 이미 지구상에는 바다와 대기가 있었다. 과학자들은 무생물에서 생물이 진화되는 과정은 아마 그 무렵부터 시작되었다고 본다. 생물이 처음 지구상에 나타나는 데는 오랜 준비기간이 필요했다. 처음에는 무기물에서 단순한 유기물이 만들어졌다. 이 간단한 유기물은 원시해양의 밑바닥에 가라앉은 점토에 달라붙어 점차 쌓이고 쌓여 서로 반응하는 가운데 보다 복잡한 유기물로 진화했다. 이렇게 하여 단백질이나 핵산이 만들어졌고, 마침내 그것이 성장하여 자손을 만들 수 있는 것, 즉 생물로 진화한 것이다.

(1) 생명은 바다에서 탄생

지구가 생성되고 약 10억 년 후, 지금으로부터 약 35억 년쯤 전에 원시 지구의 바다 또는 대양에서 생명이 싹트게 되었다. 이러한 사실은 화석이 잘 보여주고 있다. 최초의 생물은 복잡하거나 정교한 것이 아니고 단세포 생물이었다. 그러한 초기 무렵에는 대기 중에 수소 원자를 많이 가진 단순한 분자가 포함되어 있었는데 이들 분자에 번개가 작용하거나 태양의 자외선이 부딪치거나하여 분자는 분해되었다. 이렇게 분해된 파편은 자연스럽게 재결합하여 더욱 더 복잡한 분자가 되었다. 이러한 초기 화학 반응으로 만들어진 것은 대양의 물에 녹고, 대양의 물은 유기의 수프가 되었다. 이 수프는 점차 복잡한 것으로 되어 가다가 어느 날 갑자기 자기 자신과 똑같은 것을 만들어 내는 분자가 아주 우연히 만들어졌다. 그것은 수프안의 다른 분자를 재료로하여 자기 자신의 조잡한 복제품을 만들 수 있었다. 이것이 DNA의 가장 오래된 조상이었다. 이 DNA는 지구생물의 핵심이 되는 분자였다.

돌연변이는 DNA가 복제 작업을 할 때 효소인 DNA 폴리메라제가 실수를 저지름으로 일어난다. 또 돌연변이는 태양으로부터 오는 방사선, 자외선, 우주선, 환경 속의 화학물질에 의해서도 일어난다.

1) 밀러의 실험

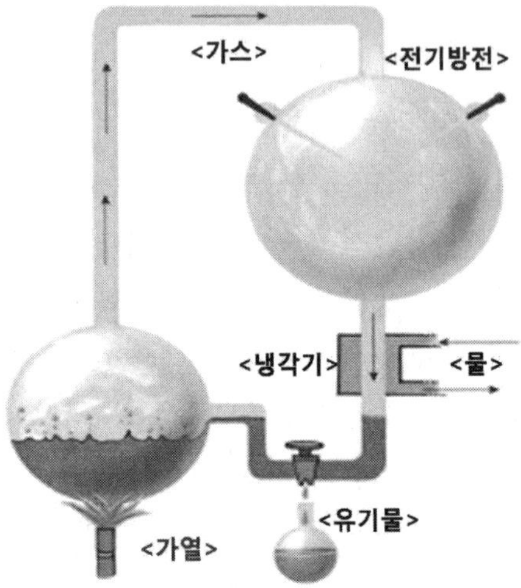

그림 1-1. 밀러의 원시대기로부터 유기물 합성 증명실험

초기 지구의 생물 발생에 대하여 증명하기 위하여 많은 실험들이 수행되었는데, 1953년 밀러는 원시대기로 부터 생명의 근본 물질 중의 하나인 아미노산의 합성을 증명하는 실험을 성공하였다.

밀러의 결과는 초기 원시지구로부터 생물의 발생을 설명하는 중요한 과학적 결과이다. 이러한 실험을 통하여 원시지구에서 아미노산이 합성되었고 아미노산의 융합으로 단백질이 생성되어 원시 단세포 생물이 탄생되었을 것으로 추정할 수 있다.

단세포 생물은 식물체로 진화하였고 식물체의 광합성작용으로 산소가 발생되고 산소 호흡하는 동물 생명체가 출현하게 되었을 것으로 또한 추정할 수 있다. 그러나 밀러의 실험은 아미노산의 합성 가능성을 증명하였지만 아직 생명체는 물론 단백질의 합성도 과학적으로 규명하지 못하고 있다.

2) 폭스의 실험

간단한 아미노산이 화산이나 용암 등에 의해 뜨거워진 원시 해양에서 단백질이 되는 경우 가상

① ATP, 핵산의 형성 : 암모니아, 시안화수소 ——가열⟶ 아데닌, 구아닌
포름알데히드(HCHO) ————⟶ 리보오스

3) 원시생명체의 탄생

유기물이 모인 액정의 코아세르베이트 → 무기호흡을 하는 종속 영양생물

① 코아세르베이트 : 생명은 없으나, 효소, 핵산이 존재할 경우 주변물질을 몸속으로 받아들임
- 생장, 출아, 분열을 함
- 단백질, 핵산 첨가 → 원시 생명체

② 무기호흡을 하는 종속 영양생물의 출현 : 코아세르베이트, 마이크로스피어 → 무기호흡을 하는 종속 영양생물
- 원시 대기에는 산소(O_2)가 없었다.
- 원시 해양에는 많은 유기물들이 축적되어 있었다.
- 광합성과 같은 복잡한 대사를 수행할 수 있는 효소계를 갖추지 못했다.

(2) 박테리아에서 조류로

최초의 생물은 간단한 세포로 이루어진 박테리아 같은 것이었다. 무생물에서 이 최초의 생물이 나타나기까지는 박테리아가 고등생물로 진화하기까지 이상의 시간이 걸렸을 것이다.

남아프리카에서는 30억 년 전 선캄브리아기의 지층에서 박테리아로 보이는 화석이 발견되었다. 이는 지금까지 발견된 화석중 에서 가장 오래된 것이다. 보다 시간이 흘러 20억 년 전쯤의 지층에서는 보다 확실한 화석이 발견되었다. 캐나다 온타리아주 남부에 있는 20억 년 전 선캄브리아기 지층에서 나온 박테리아와 물에 사는 수초의 일종인 조류의 화석이다. 이 무렵의 생물계는 100만 년이라는 오랜 시간을 단위로 진화해 갔다. 이 박테리아나 조류는 이윽고 엽록소와 빛에 의해 이산화탄소를 동화하여 산소를 만들 수 있는 생물, 즉 녹색 식물로 진화했다.

생물 진화의 직접 요인은 산소의 증가라 할 수 있다. 원시 대기에 산소 증가에 따른 오존의 생성으로 대기권 상층부에 오존층을 형성되어 자외선의 지구 유입을 차단할 수 있었고 이로 인해 다양한 생물의 발생과 번성이 이루어질 수 있었다.

1) 독립 영양생물의 출현

① 출현원인 : 무기호흡을 하는 종속 영양생물에 의해 유기물 감소.
대기 중에 CO_2 증가

② 최초의 독립 영양생물 : 홍색황세균, 녹색황세균

$$12H_2S + 6CO_2 + \text{빛에너지} \rightarrow C_6H_{12}O_6 + 6H_2O + 12S$$

③ 물로부터 수소 얻고, 산소 방출하는 광합성 생물- 남조류 출현

$$12H_2O + 6CO_2 + \text{빛에너지} \rightarrow C_6H_{12}O_6 + 6H_2O + 6O_2$$

2) 유기호흡을 하는 종속 영양 생물의 출현

① 출현원인 : 광합성 생물의 출현으로 대기 중에 산소 축적

② 산소 — 자외선 → O_3 : 오존층 형성 ← 육상 생물이 출현하게 됨

③ 유기호흡을 하는 생물의 출현으로 대기 중의 CO_2의 농도 증가 → 녹색식물 번성

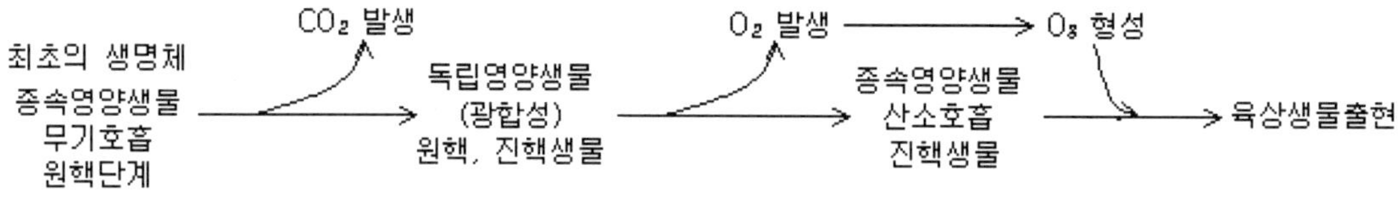

(3) 환경과 원시생명의 진화

생물발생 이전의 지구에는 유리산소가 존재하지 않았기 때문에 처음 출현한 생물은 산소 없이 유기물을 분해하여 에너지를 얻는 발효형 미생물이었다고 생각된다. 발효에 의해 이산화탄소가 증가하면, 다음으로 이 이산화탄소를 이용하여 빛 에너지로 유기물을 합성(광합성)할 수 있는 '식물'이 나타난다. 여기에서 최초로 산소가 발생한다. 그 다음에 산소에 의한 에너지 획득수단으로 하는 동물이 발생했다고 생각되고 있다. 말하자면 환경의 변화가 생물을 변화시키고, 반대로 생물이 환경을 변화시키는(환경의 생물화) 양자의 밀접한 상호작용을 볼 수 있다. 생물과 자연을 합쳐 생태계라고 하는데, 구조의 발전과 함께 생물은 보다 높은 단계의 생물로 진화하였다. 생명현상의 분자수준에서의 해명이 좀 더 진행되고, 생명의 기원에 관한 문제점이 우주생물학이나 모델실험에 의한 기여 등으로 해결될 때, 생명의 정의는 다시 검토되지 않으면 안 된다.

(4) 산소의 생성

식물들은 서로 힘을 합쳐 일하여 지구 환경을 놀랍게 변화시켰다. 녹색식물은 산소를 만들어 낸다. 그 무렵에는 대양은 녹색 식물로 가득 차 있었기 때문에 산소는 지구 대기의 주성분을 이루게 되었으며 수소가 많은 원래의 대기는 돌이킬 수 없는 변화를 가져왔다. 그리하여 생물과 관계없는 반응에 의해 생명의 재료가 만들어졌었던 지구역사의 한시대가

끝났다.

산소는 유기물의 분자를 낱낱이 분해해 버리는 성질을 갖고 있다. 우리들은 산소 없이 살아갈 수 없지만 원래 산소는 벌거벗은 유기물에게는 독이 된다. 산소를 갖는 대기로의 이행은 생명의 역사상 아주 커다란 위기였다. 산소를 잘 받아들일 수 없는 생물은 멸종했다.

지구의 대기에 포함된 질소는 화학적으로 산소보다 훨씬 비활성 가스이며 따라서 산소보다 훨씬 해가 적다. 이 질소가스 역시 생물이 만들어내고 유지해 온 것이다. 지구 대기의 99%는 생물이 만들어낸 것이다. 푸른 하늘은 생물에 의해 만들어 졌다.

1) 진핵생물의 출현

(진핵생물 - 핵막과 막으로 구성된 세포 소기관을 갖는 생물)

① 공생설 : 미토콘드리아, 엽록체 - 독자적인 DNA를 가짐. 호기성 세균과 남조류가 세포 속에 들어와 공생, 분업화함으로써 나타난 세포소기관

② 막진화설 : 대부분의 세포 기관이 막으로 구성되었다는 점에서 출발. 원형질이 막구조를 이루고, 이 막구조가 세포 기관으로 분화된다는 주장

(5) 동물의 출현

지구상에 녹색 식물이 출현하자 대기 속에 산소가 방출되면서 산소의 양이 점점 증가하기 시작하였다. 이윽고 산소의 양이 동물이 호흡할 수 있을 정도로 증가하였고, 마침내 동물이 출현하였다. 산소는 동물의 호흡에 중요할 뿐만 아니라 성층권속에 오존층을 만들어 태양의 자외선을 흡수한다. 만약 오존층이 없다면 태양의 강렬한 자외선이 지표에 직접 닿아 지구상의 생물의 생존에 위협받게 될 것이다. 이로 미루어 보더라도 동물이 나타난 것은 산소가 생겼기 때문이라고 볼 수 있다. 최근 오스트레일리아에서는 6~7억 년 전의 선캄브리아 지층에서 수많은 동물의 화석이 발견되었다. 이들은 모두 무척추동물들이다. 이들은 선캄브리아 말기에 나타났던 것이다. 이렇게 하여 지구상에 나타난 식물과 동물은 그 후 몇 번의 성쇠를 반복하면서 현재와 같은 인류가 지배하는 세계를 형성했다.

선캄브리아대의 환경과 생물로는 시상대의 스트로마토라이트, 원생대의 남조류화석, 콜레니아 화석, 에디아카라 동물군 등이 있다. 고생대의 생물화석으로는 갑주어와 완족류가 대표적인 화석으로 발견되어지고 있다. 신생대 생물화석으로는 화폐석과 매머드의 화석이 자주 발견되어지고 있다.

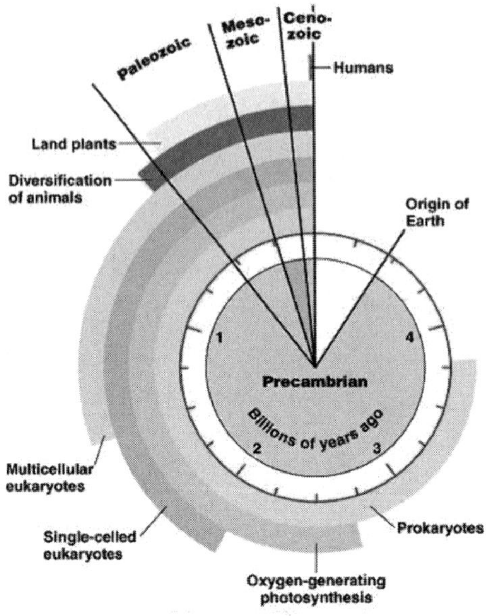

그림 1-2. 생명 탄생의 시간적 배열

진화의 경향은 다양성의 증가로 말할 수 있다. 자연선택의 법칙에 의하여 환경 적응에 유리한 인자가 생존하고 이러한 원리에 의하여 간단한 구조의 생물 보다는 복잡한 구조의 생물로, 단세포 생물 보다는 다세포 생물로, 하등생물 보다는 고등생물로 진화가 이루어졌다.

34억에서 35억 년 전에 지구상에 생명체가 발생한 것으로 추정하고 있다. 이러한 추정은 이끼류 생명체의 화석 발견과 탄소동위 원소를 측정하는 것으로 가능하며, 또한, 세포의 반응물질로 나오는 유리산소가 원시대기에 존재한 것을 증명하는 것으로 추론 해 볼 수 있다.

3 생명 기원 학설

생물학에서의 생명에 대한 가설은 크게 다음 3가지 형태로 나눌 수 있다. 첫 번째는 생명은 오늘날에도 무생물에서 쉽게 자연 발생한다는 것이고, 두 번째는 생명은 먼 과거로부터 우주에 존재했던 것으로, 지구가 생겨난 직후 지구에 떨어졌다는 것이다. 세 번째는 지구 역사의 어느 시기에 일련의 화학반응이 거듭되어 무생물적인 유기물질이 합성되었고, 그 후 물질의 진화과정에서 생명이라고 할 수 있는 유기체가 형성되었다는 것이다.

(1) 자연발생설

생물의 자연발생은 고대로부터 널리 퍼져있던 관념이었다. 하지만 17세기가 되어 발생에 대한 관찰이 활발히 이루어지면서 의문이 생기게 되었다. 17세기 후반 이탈리아의 레디는 날고기를 병에 담아 가제로 덮어두면 구더기가 생기지 않고 덮어두지 않으면 구더기가 생긴다는 관찰에서 구더기는 파리의 알이라는 것을 밝혔다. 그러나 생물의 자연발생에 대한 일반적인 부정까지는 이르지 못하였으며, 그후의 연구에 의하여 복잡한 구조를 갖는 생물의 자연발생은 부정되었다. 18세기 후반이후에는 논쟁의 대상이 되었던 것은 미소한 생물의 자연발생이었다. 육즙의 부패나 포도즙의 발효를 둘러싸고 푸셰와 논쟁을 벌이며 연구를 거듭하던 파스퇴르는 유기물을 함유한 액체를 멸균한 후 공기와 접촉시켜도, 공기 속의 미생물이나 포자를 적당한 방법으로 없애면(백조머리 플라스크를 이용함) '자연발생'이 일어나지 않는다는 것을 실험적으로 증명하여 자연발생의 부정에 성공하였다.

1) 자연발생설

생물은 자연계에서 존재하는 무생물로부터 우연히 발생한다.

① 아리스토텔레스

② 헬몬트(1964) : 땀에 젖은 더러운 셔츠와 밀이삭을 21일간 방치해 두었더니 셔츠에 배인 땀 속의 활력에 의해 쥐가 생겨났다고 주장

③ 니담(1745) : 닭고기즙과 야채즙을 가열하여 시험관에 넣고 코르크 마개를 막은 후 다시 가열해서 방치해 두었는데도 미생물이 발생

④ 레벤후크

(2) 생물속생설

생물은 이미 있던 생물로부터 발생한다.

① 레디(1688) : 생선 도막을 각각 두 개의 병에 넣고, 한쪽은 뚜껑을 씌워서 파리가 들어가지 못하게 하고 → 구더기 생기지 않음. 다른 쪽은 뚜껑을 씌우지 않고 열어둠 → 구더기 생김

② 스팔란차니(1765) : 니담의 실험반복, 충분히 끓여 밀폐해 둔 고기 국물에서 미생물이 생기지 않음. 조금 끓여 느슨하게 막은 곳에서만 미생물이 발생

③ 파스퇴르 : S자형 플라스크 이용

→ 플라스크 속에 미생물이 발생하는 것은 공기 중에 있는 미생물, 포자 때문

(3) 우주기원설

1860년을 전후하여 생명관에 또 다른 획기적 사건은 다윈이 저술한 '종의 기원'(1859)이었다. 생물진화과정을 거꾸로 거슬러 올라가면 지구에서 가장 원시적인 생물에 이르게 된다. 그러면 가장 원시적인 생명체는 어떻게 발생하게 되었는가? 생명에는 기원이 있을 것이라는 논리적인 결론과 생물의 자연발생은 없다는 실험결과 사이의 모순이 생긴다.

이 모순을 해결하기 위해, 생물의 배종이 다른 천체에서 지구로 떨어져 발전했다는 설이 나타났다. 독일의 리히터가 1865년에, 영국의 W.T.켈빈이 71년에 생명의 배종을 고형입자가 우주공간에서 날아오든가 또는 천체끼리의 충돌로 생물을 부착하고 있는 파편이 우주공간으로 흩어져 날아와 지구로 떨어졌을 것이라고 서술하고 있다. 또 스웨덴의 물리학자 S.A.아레니우스는 원시생물이 우주에서 광압을 타고 지구에 도달했다는 이론적 가능성을 제시했다(1903, 1908). 오늘날 이 설은 부정되었는데, 가장 큰 이유는 우주공간에 존재하는 여러 고에너지 방사선에 견딜 수 있는 생명체는 생각할 수 없기 때문이다. 우주기원설은 본질적으로 지구의 생명 기원이라는 문제가 다른 천체의 생명기원이라는 문제로 전가되기 때문에 설사 그 설이 옳다하더라도 진정한 해결이 되지 않는다는 문제점이 있다.

(4) 물질진화론

이것은 물질 진화의 귀결로 생명이 나타났다는 것인데, 생명의 자연발생이나 우주기원설 대신, 오늘날에는 지구의 생명은 지구에서의 유기물 진화의 결과로 생겼다는 생각이 일반적이다.

소련의 생화학자 A.I.오파린이나 영국의 J.B.S.홀덴은 천문학과 지구화학 등의 자료를 모아 원시지구의 상태를 상정하고, 원시적 생명체를 구성하는 유기물 등이 어떠한 과정으로 무기물에서 발생했는가를 고찰하여 생명기원설을 세웠다(1922). 오파린은 저서 '생명의 기원'(1936)에서 단백질 생성에 중점을 두고 있지만, 후에 핵산과 단백질이 한데 모인 계로 생물이 생성된다는 관점을 중요시하였다.

한편 미국의 S.L. 밀러는 오파린과 홀덴이 상정한 원시지구의 생리학적 화학적 환경을 모방한 조건에서의 모델실험으로, 유기물 합성이 가능하다는 것을 증명하였다. 지구가 형성된 것은 46억 년 전이고, 이어서 원시바다와 원시대기가 생겼고, 원시대기는 유리질소를 함유하지 않은 환원성을 가진 것이라 생각되고 있다. 여기서 밀러는 원시 대기권의 가상성분인 메탄, 암모니아, 물, 수소의 혼합기체를 전극을 통하게 한 유리관 속에 봉입하였다. 몇 주간의 방전에 의해 여러 단순한 유기분자가 기체상에서 분리되어 유리관 바닥에 쌓였고, 이 속에는 몇 종류의 아미노산이 함유되어 있었다. 이러한 생성물의 상당한 종류가 월석이나 운석에서 검출되고 있다. 이것은 간접적이긴 하나, 생명탄생에 필요한 성분이 무생물적으로 원시지구에서 생성되었다는 가설을 뒷받침해 준다. 생성된 유기물은 원시해저 속에 축적되고, 이윽고 물질대사나 자기복제 능력을 가진 세포구조, 즉 생명이 탄생했다고 생각하는 것이다.

그러나 유기물에서 생명으로 발전한다는 경로는 일반적으로 믿고 있는 생각이지만, 실험적으로 증명된 것은 아니다.

4 생명의 진화

오랜 세월동안 지구상에 사는 생물이 근본적으로 변한 것은 분명하다. 그 사실은 인류가 지구상에 등장한 이후 짧은 기간 동안에 볼 수 있는 동물과 식물의 변화로 미루어 보아도 명백하다. 화석은 더욱 명백하게 그 증거를 보여주고 있다. 아득한 옛날에는 지금과는 다른 생물이 수없이 많이 지구상에서 살고 있었다. 하지만 많은 생물들은 완전히 지구상에서 그 자취를 감추었다. 지금 지구상에 살고 있는 동물이나 식물보다도 훨씬 많은 종류의 동물과 식물이 지구의 역사 속에서 멸종되어 갔다. 그들은 진화 실험의 막다른 골목이었다.

우리는 진화의 흔적을 동물들의 가축화 과정에서 찾아 볼 수 있다. 동물들이 가축화 된 것은 기껏해야 1만 년 내외이다. 처음 양에서 얻을 수 있는 양털의 양도 적었고 거칠거칠하였지만, 지금은 얻을 수 있는 양털의 양이 10배 이상 증가하였고 양털도 고르고 섬세하다. 또 젖소에게서 얻을 수 있는 우유의 양도 수천 배 이상 증가하였다. 이러한 일은 인위선택의 결과이며, 인위선택에 의해 단기간에 동물들도 가축화에 따른 유전자 변화가 대단히 빨리 일어날 수 있음을 입증해 주고 있다. 그렇다면 수십억 년에 걸친 자연선택은 어떤 결과를 가져올 것인가? 진화는 이론이 아니라 사실이다. 자연은 다산이다. 동물과 식물은 살아남을 수 있는 수효보다도 훨씬 더 많은 새끼를 낳는다. 그 새끼들 중에 우연히 살아남을 능력이 큰 것이 있으면 환경은 그것을 선택한다. 유전자 위에 돌연히 나타난 변화가 돌연변이이다. 이 같은 돌연변이는 자손에게 계승되어 진화의 소재가 된다. 환경은 생존에 보다 적절한 몇 개의 돌연변이종을 선택한다. 그 결과 그 생물의 형태가 서서히 변해가며 그것이 새로운 종의 기원이 된다.

(1) 진화론(evolution theory)의 역사

고대 그리스의 자연철학자들 중에는 사물의 생성문제를 논한 사람이 많았다. 그 중 한 사람인 엠페도클레스는 지(地)·수(水)·풍(風)·화(火) 4원소의 결합 분리로 경험세계의 생멸의 사실을 설명하려 하였고, 동물체의 여러 부분이 발생하여 지상에서 결합되었다고 했으며, 아낙사고라스는 사람은 물고기 모양의 조상에서 유래하였다고 설명하였는데 흔히 사람들은 이들의 설이 진화관념의 효시라고 여긴다. 또 아리스토텔레스는 생물의 여러 부류가 완전의 정도에 따라 관계적으로 연쇄를 이루어 배열되어 있다는 자연의 단계(scala naturae)를 설명하여, 이것이 근세에 와서 동물을 하등한 것과 고등한 것으로 분류하게 하고 진화 사상을 낳게 한 토대가 되었다고도 한다.

근세에 들어와서 진화사상이 어느 정도 뚜렷이 나타나기 시작한 것은 18세기 중엽 프랑스였고, 그 배경은 뉴턴 역학의 기본적 관념이 프랑스에 보급되어 자연의 인과적 변화의 관념이 확립된 것이라고 할 수 있다.

체계적인 진화론을 처음으로 제시한 사람은 라마르크이다. 그는 '동물철학'(1809)이라는 저서에서 동물분류학·생명론·감각론과 함께 진화사상을 상세하게 기술하였다. 라마르크는 무기물에서 자연발생한 미소한 원시적 생물이 그 구조에 따라 저절로 발달하여 복잡하게 된다는 전진적 발달설과 습성에 의해 획득된 형질이 유전함으로써 발달한다는 설을 함께 설명하였다. 그는 전자로는 큰 동물 부류들이 단계적으로 배열됨을 설명하고 후자로는 종의 다양성을 설명하려고 하였다. 또한, 그는 동물은 내부감각으로 생기는 욕구로 진화한다고도 하였다. 라마르크의 학설은 당시에 실증적인 생물학이 대두되고 있는 때였으므로 허무한 사변이라고 묵살되거나 배격되었다. 그 이유는 당시 비교해부학자·분류학자였던 창조론자 G.퀴비에의 입김이 크게 작용했기 때문이다.

진화론을 확립한 사람은 C.R.다윈이다. 그는 저서 '종의 기원(The Origin of Species)'에서 자연선택설을 근간으로 하여 새로운 종이 생기는 메커니즘을 설명하였는데 변이의 원인 중의 한 가지로 라마르크의 용불용설(用不用說)도 채용하였다. 그러나 다윈은 라마르크의 '전진적 발달'을 배격하였다. 다윈은 자연선택설을 제창했을 뿐만 아니라 진화의 증명이 될 수 있는 생물학상의 사실적인 예도 많이 들어 생물 진화를 사람들에게 확신시키는 데 공헌하였다. 다윈의 자연선택설은 영국의 산업자본주의 발전을 반영한 것이며, 자유경쟁에 의한 번영의 이념을 생물계에 도입한 것으로 간주되기도 한다. 이것은 '종의 기원'이 종교적인 반감을 일으키면서도 급속히 보급된 원인 중의 하나이다.

다윈의 진화론은 생물학의 각 분야에 영향을 주었을 뿐만 아니라 사회사상에도 지대한 영향을 주었다. 이를테면 H.스펜서가 제창한 사회다윈주의는 생존경쟁설에 따라 인종차별이나 약육강식을 합리화하여 강대국의 식민정책을 합리화하는 데 이용되었다. 다윈 이후 진화학설에 관한 논의가 그치지 않았는데 그 쟁점의 하나는 라마르크와 마찬가지로 다윈도 믿었던 획득형질의 유전문제였다.

A.바이스만은 이것을 부정하고 '생식질의 연속설'을 제창한 사람으로, 자연선택만능을 부르짖었으므로 이것을 '신다윈설(Neo-Darwinism)'이라고 한다. 이 신다윈설에 맞서서 획득형질의 유전을 주장하는 '신라마르크설(Neo-Lamarckism)'도 나왔다. G.J.로마네스, M.F.바그너 등은 지리적 또는 생리적인 격리에 의한 교잡의 방지가 없이는 생물의 진화는 있을 수 없다는 격리설을 주장하였다. 19세기 말이 가까워짐에 따라 다윈설의 결함이 차차 드러나고 진화론에 입각한 계통탐구의 어려움이 인식되면서 생물학이 기재적 형태학(記載的形態學)으로부터 실험생물학으로 발전하기 시작함에 따라 진화론에 대한 관심이 차차 감소되었다.

진화론이 동인(動因)이 되어 움트기 시작하던 유전 연구는 1900년 멘델리즘의 재발견을 기점으로 하여 새로운 전진을 시작했다. 그러나 20세기 초에는 유전자의 불변성이 믿어졌고, W.L.요한센은 순계설(純系說 : 1903)을 내세워 선택은 순계의 분리에 소용될 뿐이며 환경에 의한 변이는 진화에 중요하지 않다고 하였다. H.드 브리스는 달맞이꽃의 연구로 돌연변이설(1901)을 세웠는데 진화는 순계에 있어서의 일련의 돌연변이로 말미암아 일어나며 자연선택은 별로 역할이 없다고 하였다. J.P.로티는 교잡에 의하여 진화가 일어난다는 교잡설을 주장하였다.

이렇게 20세기 전 사반기에는 진화학설이 일면화한 경향이 있었고 유전학의 초기의 성과가 유전의 고정성만을 강조하는 인상이 짙었던 탓 등으로 인해 진화의 메커니즘에 관해서는 종전의 여러 설에 회의를 품고 불가지론에까지 빠져, 이른바 불가지적 시대를 초래하였다. 그러나 이 사이에 진화에 대한 믿음이 동요된 것은 아니고, 진화의 이해에 공헌할 생물학의 여러 분과, 특히 유전학의 연구는 진행되고 있었다. 얼마 안 가서 유전학의 급속한 발전으로 돌연변이의 본질이 밝혀지고 생물학의 여러 분야에서 새로운 연구 성과가 집적됨으로써 진화의 경로 및 요인에 관한 연구가 비약적으로 진행되게 되었다. 이리하여 돌연변이・교잡・격리・자연선택 등을 진화의 요인으로 종합적으로 생각하는 현대적 종합설 시대가 오게 되었다. 이런 움직임은 T.도브잔스키의 '유전학과 종의 기원'에서 처음으로 잘 나타나고 있다. 한편, 1845년 이후에 분자생물학이 발달함으로써 분자 수준에서 진화의 문제가 논의되었다.

ON

THE ORIGIN OF SPECIES

BY MEANS OF NATURAL SELECTION,

OR THE

PRESERVATION OF FAVOURED RACES IN THE STRUGGLE FOR LIFE.

BY CHARLES DARWIN, M.A.,

LONDON:
JOHN MURRAY, ALBEMARLE STREET.
1859.

그림 1-3. 다윈과 그의 저서 '종의기원'

1) 다윈 이전의 진화설

① 아리스토텔레스의 자연의 사다리

② 큐비에의 천재 지변설

③ 라마르크의 용불용설 : 획득형질의 유전

- 동물은 생활 환경이 변하면 습성이 변하고 그 결과 새로운 습성에 따라서 사용되는 기관은 더 발달하고 사용하지 않게 된 기관은 퇴화한다.

2) 다윈의 진화설 : 자연 선택설

① 자연선택설 : 생존 경쟁에서 유리한 형질을 가진 종이 살아남고, 그들은 유리한 변이 형질을 자손에 계속 전달함으로써 신종이 형성된다.

② 진화과정

㉠ 과잉생상

㉡ 생존경쟁

㉢ 적자생존과 자연선택 : 생존에 유리한 형질은 자연에 의해 선택된 것
㉣ 종의 다양화 : 자연선택된 형질이 다음 대에 전달, 선택의 누적현상으로 새로운 종이 생겨 다양화

3) 다윈 이후의 진화설

① 신다윈설(생식질 연속설) : 체세포에 생기는 변이는 유전되지 않으며 오직 생식세포에서 일어나는 변이만 유전
② 돌연변이설 : 돌연변이에 의해 새로운 종이 형성되어 진화가 일어남
- 돌연변이 – 진화의 원동력

③ 정향진화설 : 생물은 환경의 변화와 관계없이 내적인 요인에 의해서 일정한 방향으로 진화
- 단점 – 내적 요인이 무엇인가 설명하지 못함

④ 격리설 : 유전적인 변이가 있어도 격리가 일어나야 신종이 생길 수 있다.
- 지리적 격리
- 생리적 격리 – 생식기관, 생식 시기 변화 때문에 교배 불가능

⑤ 교잡설 : 교잡에 의해 만들어진 잡종에 의해 새로운 종이 형성
⑥ 현대의 진화이론 : 염색체와 유전자의 돌연변이에 자연선택, 격리 등의 과정이 첨가되어 새로운 종이 분화
- 진화 – 개체를 중심으로 한 변화. 종을 구성하는 집단 전체의 변화에 의해 일어남

(2) 진화(evolution)의 문제

현재 지구상에는 조건이 서로 다른 여러 가지 환경 속에서 매우 많은 종류의 생물이 살고 있다. 이미 알려진 것만 해도 동물이 약 120만 종, 식물이 약 50만종이며, 아직 알려져 있지 않은 것들도 상당한 수로 추산된다. 예전에 살았다가 멸종된 것들은 현재 살고 있는 종들보다도 더 많았으리라고 여겨진다. 이 많은 생물들 중에서 어떤 것들은 서로 매우 비슷하고 또 어떤 것들 사이는 차이가 매우 크며, 하등한 것도 있고 고등한 것도 있다. 그러면 이와 같이 다양한 생물들의 유래는 어떠할까? 예전에는 많은 사람들이 모든 종류의 생물은 신이 따로따로 창조한 후 변하지 않고 고정되어 있다는 창조설을 믿고 있었는데 오늘날에도 그런 사람들이 적지 않다. 그러나 자연과학이 발달함에 따라 생물은 진화한다는 이론이 대두되었다. 생물의 진화를 정의하는 일은 간단한 것 같지만 사실은 그렇지도 않다. 진화론을 확립한 C.R.다윈은 진화를 '변화를 따르는 유래'라고 했고, 실제로는 생물의 계통성을 주안점으로 하여 새로운 종의 기원, 즉 새로운 종이 형성되는 과정을 중심으로 논하였다.

진화란 생물이 환경 속에서 생식을 통하여 대를 이어가는 사이에 변화해 가는 것을 의미한다. 보통 구조나 기능에 있어서 간단한 것으로부터 더욱 더 분화하고 복잡한 것으로 발전하며, 적은 수의 종류로부터 많은 종류로 갈라져 가는 것을 의미한다. 이것이 아마 무난한 정의일 것 같다. 한편, 생물체를 부분적으로 볼 때에 어떤 기관이 발전적인 방향으로 변하는 데 대하여 어떤 기관은 퇴화(退化)하는 현상도 있다. 이러한 것도 진화의 일면이며 퇴화는 진화의 반의어가 아니다.

진화문제를 다룰 때 흔히 지구상의 최초의 생물의 기원, 즉 생명의 기원문제를 다루는데 이것은 화학적 진화로서 생물의 진화와 구분한다. 물론 화학적 진화와 생물의 진화는 일련의 현상이다. 진화는 생물의 역사문제이며, 더구나 유사 이래의 세월에서는 진화라고 할 만한 큰 생물의 변화는 거의 일어나지 않았다. 그러므로 진화는 간접적으로 유추할 수밖에 없는 현상이다. 진화를 증명하는 사실로 거론되는 것은 거의 모두 생물이 진화한다는 가정으로 설명될 수 있고 다른 가정으로는 설명이 곤란한 사실이라는 의미를 지닌다. 또한, 생물의 여러 무리의 계통관계 또는 적어도 유연(類緣)관계의 추정을 나타내는 일과 관련이 있다. 예를 들면, 시조새의 화석이 진화의 증거로 제시되는 것으로 파충류로부터 조류가 유래하였다는 계통이 추측된다.

5 화석의 중요성

(1) 화석 연구의 의의

화석의 연구는 진화를 증명하는 강력한 증거 자료이다. 유인원의 두개골 화석은 인류 진화를 증명하는 증거자료로 제시되고 있으며 화석화된 나무의 연구는 식물의 진화를 증명해 줄 수 있다.

예를 들어 말의 진화과정을 말에 관련된 오래된 화석을 연구하여 설명할 수 있다. 화석으로 발굴되는 진화 단계의 말의 뼈 화석의 연구를 통하여 말의 진화는 말은 발가락이 하나로 합치고 덩치는 커지는 쪽으로 진화가 이루어진 것을 알 수 있다. 화석이란 지질시대를 살았던 생물의 유해나 흔적을 말한다.

(2) 화석 생성 조건

화석의 생성조건으로는 개체 수가 많아야 하고, 생물체에 단단한 부분이 있어야 하며,

매몰 되거나 건조되어 분해되지 않아야 한다. 또한 화석화 작용을 받아야 한다.

(3) 화석의 가치

화석의 가치로는 진화의 증거로 사용되고 지질 시대와 층서의 결정에 이용되며, 지질시대의 환경을 추정하는데 사용되고, 지질 시대의 바다와 육지의 분포를 추정하는데 이용된다. 또한 경제적 가치로 석탄, 석유 등의 지하자원 개발에 활용될 수 있다.

(4) 화석의 연대 측정 방법

연대를 추정하기 위하여 많이 사용되는 방법은 상대 연대 측정법이다. 상대 연대는 암석에 의한 지층의 대비 또는 화석에 의한 지층의 대비로 알 수 있다. 즉, 상대 연대는 명확히 시대가 알려진 지질층 또는 화석을 표준으로 하여 이전 또는 그 이후 연대의 것임을 증명하는 방법이다. 이러한 상대 연대에 의하여 발굴되는 생물체 화석의 활동 연대를 계산할 수 있다.

생물체 화석의 연대 측정을 위하여 또한 많이 사용되는 절대 연대에 대하여 알아보면, 절대 연대 측정은 현재 발견된 화석의 방사선 원소 양을 측정하여 계산하여 화석의 생물이 활동하였던 절대 연대를 알아내는 방법이다.

절대 연대 측정에 쓰이는 방사선 원소는 우라늄, 토륨, 루비듐, 칼륨, 탄소 등이 있으며 화석의 절대 연대 측정에는 탄소를 주로 사용되고 있다.

6 진화의 증거

(1) 화석상의 증거

화석은 진화의 가장 직접적이고 중요한 증거이다. 지층이 다르면 그곳에서 출현하는 화석의 종류도 다른데 이것은 생물의 변천을 단적으로 나타낸다. 대체로, 새로운 지층에서 발견되는 화석일수록 더욱 발달된 생물의 모습을 나타내는 것도 있는데, 이것으로 생물은 간단한 것으로부터 발달된 복잡한 생물로 변화해간다는 사실을 알 수 있다. 시조새는 파충류에서 조류로 진화한 이행형태를 나타내는데, 이와 같이 화석 중에는 이행형(移行型)이 많다. 연체동물의 암모나이트류나 포유류의 말과 같이 지층의 순서에 따라 많은 화석이 발견된 무리에서는 한 무리 안에서 일어난 진화의 경로도 알 수 있다.

① 연속적인 변화 - 정형진화 : 일정한 방향으로 진화
예) 말발굽수 앞(4), 뒤(3) → 앞(1), 뒤(1)
② 중간형의 존재
예) 시조새의 화석 - 파충류와 조류의 중간형
소철고사리 화석 - 양치식물, 겉씨식물의 중간형
③ 표준화석 : 생존 기간이 짧아 특정한 지층에서만 발견되어 그 지층의 연대를 알 수 있는 화석
예) 고생대 지층 - 삼엽충, 중생대 지층 - 암모나이트
④ 시상화석 : 화석이 묻혀 있던 지층의 환경조건을 알 수 있는 지층

(2) 분류학상의 증거

19세기에 진화론이 확립된 가장 기본적인 토대는 분류학이었다. 동식물을 분류하는 데는 종을 기본 단위로 하여 생물군들을 그 형질의 특이성과 공통성에 따라 점차 더 포괄적인 범주(속·과·목·강·문 등)로 묶어간다. 이렇게 하면 생물의 여러 무리는 서로 형태상의 관련성이 있고, 각 무리 사이에는 유사 정도가 매우 큰 것과 작은 것이 있고, 이것들을 단급적(段級的)이고 계통수적(系統樹的)인 배열을 할 수 있다. 또한, 생물 무리들 사이에는 이행적이고 교착적(交錯的)인 중간형이 있는 경우가 많다. 이를테면, 유조동물의 발톱벌레(Peripatus)는 환형동물과 절지동물의 중간형, 연체동물에 넣고 있는 단판류(單板類)의 네오필리나(Neopilina)는 환형동물과 연체동물의 중간형, 포유류에 넣고 있는 단공류(單孔類)는 조류와 포유류의 중간형에 속한다. 또한, 유사종들 사이에는 구분이 명확하지 않은 것이 많고, 한 종의 구성원들은 변이성이 큰 경우가 많아 종의 가변성을 직감할 수 있다. 서로 다른 두 동물의 특징을 모두 가지고 있는 중간형 생물 있다는 점이 진화의 증거로 거론된다.

예) 오리너구리 : 포유류, 조류 / 폐어 : 어류, 양서류

(3) 비교해부학상의 증거

생물의 체제에 관해서는 서로 다른 무리의 생물 사이에서 기본적으로 같은 배치와 구조를 나타내는 기관을 서로 상동(相同)이라고 한다. 이를테면, 포유류의 여러 무리(개·소·박쥐)의 앞다리의 구조, 그리고 이것들과 새의 날개의 골격 등은 상동기관이다. 상동기관은 조상생물의 어떤 기관에서 유래하여 후손이 여러 세대를 거치는 사이에 그 기관이 2차적으로 배치와 구조가 변한 것이라고 여겨지며, 이것은 생물이 공동조상에서 유래하여 변해감

을 암시한다. 서로 다른 생물 무리의 어떤 기관들이 비슷한 환경에서 비슷한 기능과 모양을 나타내지만 기본적인 구조가 매우 다른 경우가 있어 이런 기관들은 서로 상사(相似)라고 한다. 새의 날개와 곤충의 날개가 그 예이다. 상사기관의 존재는 기능이 같음에 따라 구조가 비슷한 방향으로 변함을 나타내는 것이라고 여겨진다. 다른 생물에서는 중요한 일을 하고 있는 기관이 어떤 생물에서는 퇴화되어 있어 전혀 또는 거의 일을 하지 않는 것이 있는데, 이것을 흔적기관이라 한다. 사람의 순막·송곳니·막창자꼬리 등은 흔적기관이다. 흔적기관은 조상에서는 발달되어 있던 것이 후손에서 퇴화한 것이라고 여겨지며, 기관의 가변성을 보여준다.

① 상동기관 : 형태나 기능은 다르지만 발생기원이 같아 해부학적 구조가 비슷한 기관
　생물들의 공통의 조상으로부터 유래되어 각기 다른 환경에 적응해 왔음의 증거
② 상사기관 : 기능은 같으나 발생기원이 다른 기관
　같은 환경에서 오랫동안 생활하면 발생기원이 다르더라도 형태가 유사해짐
　예) 완두의 덩굴 - 잎의 변태 / 포도의 덩굴 - 줄기의 변태
③ 흔적기관 : 환경이나 생활양식이 달라지면서 점차 퇴화되어 그 흔적만 남아 있는 기관

(4) 발생학상의 증거

위에서 언급한 상동기관은 발생적으로 공통성을 나타낸다. 서로 다른 무리의 생물의 어떤 기관은 성체(成體)에 있어서 각각 특수한 형을 하고 있지만, 그 발생과정을 보면 같은 규범에 속하며, 공통된 기형(基型)에서 출발하여 특수화한 것같이 보이는 것이 있다. 예를 들면, 척추동물인 어류·양서류·파충류·조류·포유류의 성체의 동맥궁(動脈弓)은 각각 특수하지만 발생과정을 보면 모두 어류의 것과 같은 형으로 형성되었다가 발생이 진행됨에 따라 제각기 특수화한 것이다. 서로 다른 동물 무리의 유생형이 유사한 경우도 많다. 환형동물과 연체동물의 어떤 것들은 트로코포아 유생을 함께 가지며, 극피동물의 유생과 반색동물의 별벌레아재비류(Balanoglossus)의 유생은 비슷하고, 갑각류의 처음 유생기는 모두 노플리우스유생이다. E.헤켈은 '개체발생은 계통발생을 반복한다'고 했다. 이것을 생물발생 원칙 또는 반복설이라고 한다. 이 원칙은 생물의 발생과정에서 조상생물의 형태가 반영된다는 것을 강조한 점에서 중요하지만, 오늘날에는 그대로 받아들여지지 않고 있다. 이와 같은 발생학상의 사실들은 생물들이 공동조상에서 유래하여 갈라지면서 변해왔음을 암시한다. 유생형의 유사성은 상동기관의 존재와 더불어 유연관계를 따지는 데 매우 중요하다.

초기 배가 유사하고, 유생이 서로 비슷한 동물도 있다.

① 초기 배의 모양 : 척추동물의 경우 발생초기의 모습 모두 유사 - 꼬리와 아가미 구멍이 모두 존재
조류, 포유류의 심장 발달 : 1심방 1심실 → 2심방 1심실 → 2심방 2심실
② 유생의 공통성 : 조개, 갯지렁이-트로코포린 / 게, 새우 - 노플라우스
③ 발생반복설 : "개체 발생은 계통발생을 반복한다."
각 동물의 개체 발생 과정에서 나타나는 형태적 변화는 각 동물이 진화해 온 계통 발생을 되풀이 한다(고등동물의 발생과정이 하등동물의 성체 단계를 거치는 것이 아니므로 이 설은 완전히 부정).

(5) 비교생리학 및 생화학상의 증거

비교혈청학에서 밝혀진 항원항체반응을 이용하여 동물사이의 관계를 조사해 보면 분류학적으로 가까운 것일수록 반응이 강함을 볼 수 있다. 이것은 생물이 공동조상으로부터 자손이 갈라져 나와 진화함에 따라 처음에는 같았던 체내 단백질의 종류와 구조가 차차 달라졌음을 뜻한다고 생각할 수 있다. 실제로 생물 사이의 유연관계의 판정에 이 반응을 이용하고 있다. 이를테면, 사람과의 관계에 있어서 꼬리가 없는 원숭이류(유인원), 긴꼬리원숭이류, 원시적인 영장류의 순으로 그 반응이 약해진다. 고래류는 포유류의 여러 목 중에서 우제류(偶蹄類)에 가장 가깝다는 것이 알려져 있다. 해산동물의 혈액성분을 조사해 보면 하등한 무척추동물에서부터 어류로 감에 따라 그 항상성을 유지하는 방식이 발달되어 있음을 알 수 있다. 이런 사실은 진화함으로써 점차 발달한 동물이 생겼으리라는 증거가 될 수 있다. 포유류의 뇌하수체중엽에서 나오는 호르몬 중에는 α흑색소포자극 호르몬(αMSH)이라는 단백질이 있다. 또한, 뇌하수체전엽에서 나오며 부신샘을 자극하는 부신피질자극 호르몬(ACTH)이 있다. 말・소・돼지의 MSH는 아미노산 서열에 있어서 처음의 13개는 서로 같다. 면양・소・돼지의 ACTH의 처음 13개 아미노산의 서열이 MSH의 경우와 같으며, 39개 중 25~33번째의 아미노산 서열만이 각 동물에서 특이할 뿐 나머지는 같다. 이런 사실은 ACTH와 MSH의 공동기원을 암시하며, 유제류 내에서 ACTH 구조의 차이가 근소한 것은 이 동물들의 유연관계가 가까움을 의미한다.

혈청 단백질, 헤모글로빈 분자의 아미노산 조성 등 생물체를 구성하는 물질의 생화학적 특성 비교
① 혈청 단백질의 조성 : 동물들의 유연관계 가까울수록 단백질 성질도 비슷하여 침강 속도가 빨라짐

② 헤모글로빈의 아미노산 배열순서의 차이

▷ 헤모글로빈(2개의 α사슬, 2개의 β사슬)의 β사슬의 아미노산 배열 분석

- 사람의 유연관계가 가까운 종은 그 차이가 적고, 사람과 유연관계가 멀수록 차이가 크다.

▷ GC%와 진화(GC% : DNA 분자를 이루는 염기 중에서 구아닌(G)과 시토신(C)이 차지하는 비율)

- 생물은 종에 따라 GC%가 일정
  오래전에 생긴 생물일수록 돌연변이가 많이 일어나서 GC%의 변이 넓다.
  세균 : 25~75%, 고등생물 : 50%로 일정 – 돌연변이에 의해 유전자 조성이 변화

(6) 생물지리학상의 증거

다윈은 비글호 항해 도중에 갈라파고스군도에서 방울새류의 다양한 종류에 주목하였다. 이 다양성은 남아메리카대륙으로부터 우연히 건너온 조상 방울새가 여러 섬에서 각각의 생태적 지위에 따라 변화함으로써 이루어진 것으로 설명된다. 하와이군도에서 초파리류가 매우 다양한 것도 이런 예이다. 오스트레일리아에는 본래의 포유류는 박쥐류만 있고, 원시적인 난생 포유류인 오리너구리와 바늘두더지 등의 단공류(單孔類)와 캥거루와 주머니늑대, 주머니두더지 등의 유대류(有袋類)는 매우 다양하다. 이것은 오스트레일리아 대륙에 아직 발달한 포유류가 없었을 때 이 대륙이 다른 대륙과 분리됨으로써 유대류가 여러 생태적 지위를 차지하여 적응방산(適應放散)한 것으로 생각된다. 또 남아메리카의 라마류와 아시아의 낙타류는 모두 낙타과에 속하는 가까운 동물인데 현재에는 매우 불연속적인 분포를 하고 있지만 지사학적(地史學的)으로 그 분포의 유래를 설명할 수 있다. 오늘날 육상생물의 분포상태의 어떤 것은 생물의 진화와 대륙의 이동을 전제로 한다면 설명이 잘 된다.

지리적으로 격리되어 각기 다른 방향으로 진화되었다.

① 월러스 선 : 발리섬과 롬보코선 사이를 경계로

- 동쪽– 오스트레일리아구 : 태반이 발달하지 않는 포유류가 발달
- 서쪽– 동남아시아구 : 태반이 발달한 포유류가 발달

② 갈라파고스 군도의 핀치 : 섬마다 부리의 모양 다르다.

- 새들의 먹이가 되는 생물이 섬마다 달라서 그에 따라 각각 다르게 진화

(7) 유전학상의 증거

사람들이 옛날부터 농작물이나 가축의 품종을 주로 인위선택을 통하여 개량해 온 사실은 생물이 변할 수 있다는 뚜렷한 증거이다. 다윈의 자연선택설의 발상은 인위선택에서 온 것이다. 유전학 분야에서 그 성질을 밝혀낸 변이현상, 특히 돌연변이는 진화의 직접적인 증거가 될 뿐만 아니라, 진화의 기구를 설명하는 데 기본적으로 중요하다. 1945년 이후에 유전물질인 DNA(디옥시리보핵산)의 구조 및 기능에 관한 연구가 급속도로 진행되어 그 가변성이 밝혀졌다. 드디어는 DNA를 인위적으로 조작하는 기술이 발달하여 유전공학이 성립되기에 이르렀다.

7 진화의 경로

생물의 각 무리는 대를 이어 변천 진화해 온 경로가 있을 것이다. 이 경로를 따지는 연구에는 많은 어려움이 따른다. 왜냐하면 이런 연구에는 화석이 직접적이고 중요한 재료가 되는데 생물이 화석화하는 기회는 매우 드물어 과거의 생물의 모든 종류가 화석으로 남아 있는 것이 아니며, 화석으로 된 것도 지층 속에서 발견되는 기회가 매우 적기 때문이다. 진화의 경로를 따지는 일은 생물군의 계통발생을 밝히는 일이며, 이것은 생물 상호간의 유연관계를 밝히는 일과 직결된다. 이런 일은 현존생물의 비교 연구와, 발견된 화석의 연구에 의거하는데 그 방법에는 여러 가지가 있다. 계통발생의 모습을 그림으로 나타낸 것이 계통도이다. 계통도에는 가설적인 것이 많으나 어떤 무리의 것은 매우 구체적이고 믿음직하다. 진화의 경로를 살펴보면 진화의 과정에는 여러 가지 경향성이 있음을 알 수 있다.

(1) 진화 의미

생물이 오랜 세월을 거쳐 환경에 적응하면서 몸의 형태나 구조가 변화되는 현상이다. 진화는 천체의 진화와 지형의 진화, 생물의 진화로 나누어 볼 수 있으며, 좁은 뜻의 진화는 생물의 진화를 말하고 있다. 지구 환경의 변화에 따라 생물의 진화가 이루어진 것으로 설명할 수 있다.

다윈에 따르면 '진화란 변화를 따르는 유래'로 설명을 하고 있다. 즉, 진화란 환경 속에서 생식을 통하여 대를 이어가며 변화하는 것으로 설명을 할 수 있다.

(2) 진화의 결과

몸의 구조나 형태, 기능이 복잡해지며 새로운 생물이 생기거나 없어지게 되어 생물의 종이 다양해진다.

(3) 진화경로의 대강

지구상에서 최초의 간단한 생물이 형성된 것은 적어도 30억 년 전의 일로 생각된다. 원시조상형의 세포들은 우선 모네라(핵막이 없는 단세포로 된 것)와 원생생물(핵막이 있는 진핵세포로 된 것)의 두 주요계열이 생겼다. 원시 모네라로부터 세균·남조류가 유래했다. 원시원생생물은 여러 계열로 갈라지면서 진화하는 사이에 어떤 것은 엽록소를 생성하게 되어 광합성작용을 하게 되었고, 이런 계열에서 편모충류가 유래하였다. 원시 편모충류로부터 원생생물 상태의 여러 가지 조류(藻類)·원생동물이 방산하는 한편, 다세포 상태의 식물이나 동물의 조상형이 생겨났으리라고 생각된다. 동물의 경우 선캄브리아대(代) 말까지는 현재 우리가 볼 수 있는 거의 모든 동물의 문(門)이 형성된 것 같다. 선캄브리아대 말까지의 모든 생물은 물속에서 살았을 것이며, 그 때까지는 아직 육지에 침입한 것은 없었던 것 같다. 고생대의 캄브리아기부터 여러 지층에서는 많은 화석이 발견된다. 이런 화석에 의거하면 선캄브리아대 생물의 후손들은 진화를 계속하여 분지해 왔고, 보다 더 고등한 식물이나 동물의 무리들이 형성되었음을 알 수 있다. 그런데 문 수준에서 볼 때에는 캄브리아기에 있던 것은 오늘날까지 존속해 왔지만 종 수준에서는 캄브리아기에 있던 것이 오늘날까지 살아남은 것은 없는 것 같다.

(4) 진화의 일반적인 방향

진화과정에는 여러 가지 경향성(규칙성이라고도 한다)이 있어 법칙이라고까지도 한다. 그러나 어느 것이나 대개 예외가 있어 엄밀하게 법칙을 수립하기는 곤란하다.

생물의 종이 다양해지는 방향으로 진화

① 간단한 구조 → 복잡한 구조

② 하등한 생물 → 고등한 생물

③ 수중생물 → 육상생물

1) 적응방산(適應放散)

지구상의 환경 조건은 곳이나 때에 따라 다르다. 즉, 생태적 지위가 매우 다양하다. 생물이 한 조상형의 생물로부터 여러 방향으로 환경적응을 하여 형태적으로나 기능적으로 분화를 일으켜 여러 가지 서로 다른 계통으로 갈라져 나가는 현상이다.

2) 진화비역향(進化非逆向)

1892년 L.돌로가 법칙으로 수립한 것이다. 진화과정에 있어서 생물체의 기관 또는 그 부분의 구조가 변화하면 그 후의 진화에 있어서 복구되는 일이 없다는 것이다. 이를테면, 진화과정에서 퇴화한 기관이 다시 발달하는 일은 없다.

3) 체구대화(體軀大化)

1880년 E.D.코프가 주로 포유류에 관하여 주장한 것인데 진화함에 따라 몸이 커진다는 것이다.

4) 진화속도 부동

생물의 종류에 따라 진화의 속도가 다르다는 것이다. 이를테면, 육지생물은 대체로 바다의 것보다 더 빨리 진화해 왔고, 완족류의 어떤 것은 약 5억 년 동안이나 변하지 않고 그 원형을 유지해 왔다. 말의 조상으로부터 현생말에 이르는 계통에서는 5500만 년 사이에 8속이 생겼고, 1속의 탄생에 평균 750만 년 이상이 소요되었다고 계산된다.

5) 절멸(絕滅)

진화도상에서 생물의 어떤 분류군이 아주 멸망해버리는 것. 그 원인은 아마 생물이 변해가는 환경(지각의 변동, 기후의 변화 등)에 충분히 빨리 재적응할 수 없는 것과 생물 상호간의 생존경쟁일 것이다.

6) 상관(相關)

생물이 진화할 때 여러 기관 또는 한 기관의 여러 부분이 동시에 비례적으로 변화한다. 예를 들면, 기린의 진화 과정에서 키가 매우 커졌는데 목이 길어짐과 동시에 다리도 길어졌다.

7) 수렴(收斂)

둘 또는 그 이상의 유연관계가 없거나 매우 먼 무리들이 같은 형의 환경에 적응되어 같은 방향으로 진화하는 것이다. 예를 들면, 상어・어룡(옛날 파충류)・돌고래(포유류)는 수중생활에 적응된 비슷한 외형을 나타낸다.

(5) 생물의 계통

앞에서 계통도에 관해서 언급한 바 있는데, 생물의 계통은 간접적인 추론에 의해 따져지는 것이므로, 같은 분류군에서도 연구자에 따라 여러 가지 다른 계통도가 제안되는 경우가 많다. 계통도를 보통 계통수라고 하는 것은 단 하나의 조상생물로부터 점차로 나무 모양으로 가지를 쳐서 여러 종류의 생물이 생겨났다는 생각에 따른다. 이런 생각은 이미 다윈이 가졌으며, 헤켈이 처음으로 동물계의 계통수를 작성했다. 그러나 생물의 진화는 각각의 계통이 어느 시기에 폭발적으로 새로운 종을 생성함으로써 진행한다는 폭발적 진화설(爆發的進化說)도 제창되고 있으며, 그 예는 연체동물의 암모나이트, 극피동물, 포유류 등 여러 가지가 있다. 이런 경우에는 계통도가 한 그루에서 가지가 더부룩하게 나 있는 모양이다. 한편, 근년에 고생물학자인 N.엘드리지와 S.J.굴드 등은 지질학적 규모에서 보면 매우 빠른 속도로 종은 생성하고 환경이 변하지 않으면 거의 변화 없이 존속한다는 단속평형설(斷續平衡說 : punctuated equilibrium)을 제창하여 주목되고 있다. 이 경우 계통도의 가지들은 절선 모양으로 된다. 생물의 계통에 관해서 문제되는 것 중의 한 가지는 생물의 어떤 분류군의 기원이 일원적인가 또는 다원적인가 하는 것이다. 원생동물은 단세포라는 공통성 때문에 모두 한 문(門)에 넣는 것이 보통이지만, 처음부터 상당히 다른 계통들의 모임으로 인식되고 있다. 또한, 포유동물이라는 척추동물 아문의 한 강은 파충류의 수형목(獸形目)에서 유래했다는 점에서는 일원적이지만, 수형류의 1속 1종에서 유래한 것은 아니다. 이와 같이 1목에서 유래했다는 점에서는 일원적이지만 과나 속으로부터의 유래라는 관점에서 보면 다원적인 경우가 있다. 이런 관점에서 보면 현서 포유류 중의 한 무리인 단공목(單孔目)은 다른 무리들과는 다른 계통이며, 이미 절멸한 화석 포유류를 포함시키면 포유류에서는 적어도 7계통이 구별된다고 한다.

8 진화의 설명

(1) 용불용설

(1809년 프랑스의 생물학자 라마르크가 「동물 철학」이라는 저서에서 주장)

① 내용 : 생물 환경의 변화에 따라 계속 사용하는 기관은 점점 발달하고 사용하지 않는 기관은 퇴화하여 나중에는 새로운 종으로 진화하였다.

② 용불용설의 예 : 기린은 원래 다리와 목이 짧았지만 높은 곳의 나뭇잎을 따 먹기 위하여

다리와 목을 계속 늘인 결과 오늘날과 같이 긴 목을 가지게 되었다.

③ 문제점 : 후천적으로 얻어진 형질을 획득 형질 이라고 하는데, 오늘날 획득 형질의 유전은 완전히 부정되고 있기 때문에 용불용설은 인정되지 않는다.

(2) 자연 선택설

(1859년 영국의 다윈이 「종의 기원」이라는 저서에서 주장)

① 내용

㉠ 과잉 생산 : 생물은 살고 있는 환경이나 먹이의 양에 비하여 너무 많은 자손을 낳는다.

㉡ 개체 변이 : 같은 어버이에서 태어난 자손들 사이에도 크기나 능력 등이 약간씩 다른 변이가 나타난다.

㉢ 생존 경쟁 : 개체수가 많아지면 이종 또는 동종 간에 생존 경쟁이 일어난다.

㉣ 적자생존 : 생존 경쟁의 결과 환경에 잘 적응한 개체가 살아남고, 환경에 적응하지 못한 개체는 도태한다.

㉤ 자연 선택 : 살아남은 개체는 그 형질을 자손에게 물려준다.

㉥ 형질의 유전과 신종 형성 : 자연 선택되어 살아남은 개체는 적응에 유리한 형질을 자 손에게 물려주게 되고, 대를 거듭할수록 이러한 변이가 누적되어 조상과 다른 새로운 종이 생긴다.

② 문제점 : 후천적으로 얻어 지는 형질(획득 형질 또는 개체 변이)은 유전되지 않는데도 변이의 유전을 강조하였다. 즉, 개체 변이와 돌연 변이를 구별하여 설명하지 않았다.

(3) 돌연변이설

(네덜란드의 드 브리스)

① 내용

㉠ 생물은 어떤 개체에서나 돌연 변이가 일어날 수 있다.

㉡ 돌연 변이 개체 중에서 환경에 적응한 개체가 살아남아 자손을 남기게 되고, 이런 현 상이 거듭되어 새로운 종으로 진화하게 된다.

② 돌연변이설의 예 : 왕달맞이꽃, 초파리의 눈 색깔・날개의 모양・몸의 빛깔 등

③ 문제점 : 돌연 변이는 자연계에서 자주 일어나지 않으며, 대부분 생존에 불 리한 방향으로 일어나므로 돌연 변이만으로 진화를 설명하기는 어렵다. 그러나 돌연 변이는 자연계에서 끊임없이 일어나고 있으며, 그 형질이 유전되므로 이 학설은 인정을 받고 있다.

(4) 격리설

(바그너, 로마네스)

① 격리설의 내용 : 같은 종의 생물이라도 바다나 높은 산맥 등에 의하여 서로 격리되어 오랜 세월을 지내게 되면, 각각 주어진 환경에 적응한 개체들만 살아남게 되고 교배가 이루어지지 않아 서로 다른 종으로 진화한다.

② 격리설의 예 : 남아메리카의 갈라파고스 군도의 멧새, 오스트레일리아의 오리너구리와 캥거루 등

㉠ 멧새의 다양성 : 갈라파고스 군도의 멧새들은 각 섬마다 부리의 형태와 생활 습성 등 이 서로 다르다. 멧새에는 부리가 뭉툭하여 나무 열매를 쪼아 먹기에 알맞은 종류, 부 리 끝이 끌처럼 생겨 나무에 구멍을 뚫고 그 속의 벌레를 잡아먹기에 알맞은 종류, 곤충을 잡아먹기에 알맞은 종류 등 여러 종류가 있다.

㉡ 멧새의 형태가 다양해진 이유 : 멧새들은 원래 남미 대륙에 살았는데 폭풍에 휩쓸려 갈라파고스의 여러 섬에 떨어져 살게 되었으며, 그 결과 각 섬의 환경에 적응하고 지 리적인 격리로 다른 섬의 멧새와는 교배할 수 없게 되어 새로운 종으로 진화한 것이다.

③ 문제점 : 격리설은 특정 지역에 사는 생물에만 해당하는 것으로 일반적인 생물 의 진화를 설명하기에는 부족하지만 진화의 한 요인으로 인정된다.

(5) 현대의 진화설

① 생물의 진화는 오랜 세월에 걸쳐 다양하게 진행되어 왔으므로 어느 한 가지 학설만으로는 설명하기 어렵다.

② 오늘날의 학자들은 생물의 진화를 돌연 변이, 자연 선택, 격리 등을 종합하여 설명한다. 즉, 유전적 변이가 일어난 개체(돌연변이설) 중에서 환경에 적응한 개체가 살아남아(자연 선택설), 지리적으로 격리되면(격리설) 각각 독자적으로 진화하여 새로운 종으로 된다고 생각하고 있다.

9 동물 연구 체계의 발전

동물 연구 체계를 발전시킨 사람들로는 아리스토텔레스, 게스나, 린네, 라마르크, 큐비

에, 월레스, 다윈 및 브렘 등이 있으며 이들에 의하여 동물에 대한 과학적 관찰과 이론의 정립이 이루어졌다. 이들의 업적에 의하여 동물에 대한 체계적 정보가 전달될 수 있었다.

아리스토텔레스는 기원전 384~322년에 살았던 인물로 동물학에 관한 저서로 19권의 "동물지"를 작성하였다. 동물지는 현재까지 전해지는 동물학에 관한 최초의 연구저서로 의미가 있으며 그는 또한 동물계를 체계적으로 분류해 보려 시도하였다.

게스나는 1516년에서 1565년에 살았던 인물로 스위스의 박물학자이며 어학자이자 의사로서 활동하였다. 게스나의 업적은 4권의 동물지를 저술하여 동물에 대한 상세한 기록을 남긴 것이다.

린네는 1707년에서 1778년 살았던 사람으로 속명과 종명을 기록하는 2 명법을 고안하였다. 린네가 고안한 2명법은 현재까지도 생물학의 기본적인 분류 체계로 사용되고 있다. 또한 그는 1735년 "자연의 체계"를 출판하여 동물계, 식물계, 광물계의 구분을 제시하였다. 린네는 근대 분류학의 창시자이며 2명법을 고안한 업적으로 현재까지도 잘 알려져 있는 과학자이다.

라마르크는 1744년에서 1829년 생존했던 과학자로서 저서 "무척추동물의 체계'는 최초의 진화 사상을 담은 서적으로 평가 받고 있으며 '동물철학' 및 '무척추동물지'를 통하여 진화론을 체계화 하였다. 그는 전 동물계를 척추동물과 무척추동물의 2개 군, 14개 강으로 분류하였으며, 동물은 서식하는 환경에 따라 변화한다는 환경적응론을 주장하였고 또한 동물변이설에 대하여 고찰하여 동물학을 진일보하게 만든 과학자입니다. 라마르크의 환경적응론은 기린의 목으로 설명하였는데, 라마르크에 따르며 높은 나뭇가지의 잎을 먹기 위하여 목을 늘어뜨리는 것을 자주 사용하면서 목이 점점 길어져 현재의 목이 긴 기린으로 진화하게 되었다는 설명으로 획득된 형질은 유전되지 않기 때문에 잘못된 설명이었다.

큐비에는 1769년에서 1832년 생존했던 과학자로서 성서를 옹호하여 "창조의 행위"를 주장하였고 실증주의자로서 비교해부학과 고생물학 창시자로 인정되고 있다. 그는 동물을 해부하여 각 기관의 구조를 연구하였는데 동물을 척추동물, 연체동물, 절족동물, 방사충류, 무척추동물로 분류하였다. 또한 큐비에는 생체 내에서는 각 기관이 일정한 역할을 수행한다는 것을 설명하였고, 모든 기관의 변화가 그 밖의 모든 기관에게 영향을 미친다는 것과 이들 기관도 또한 변화한다는 것을 증명하였다. 큐비에는 현대 분류학의 기초를 쌓고, 비교해부학의 창시자였다는 점에서 큰 공적이 인정되는 과학자이다. 오늘날에도 큐비에의 비교해부학적 방법에 의하여 동물의 진화를 설명할 수 있다. 상사기관으로 사람의 팔이나 개의 앞발, 고래의 지느러미, 새의 날개 뼈의 구조가 유사하다는 것을 알 수 있다. 이러한 구조는 서로 다른 기능을 가지고 있으나 처음 발생은 유사하였다는 것을 추정해볼 수 있는 증거

자료이다. 큐비에는 이와 같이 서로 다른 동물들의 비교해부학적 비교에 의하여 진화를 설명하고 있다.

월레스는 1823년에서 1913년 사이에 생존하였던 박물학자이자 수렵가, 채집가로서 "신종의 출현을 결정하는 법칙에 대하여"라는 논문을 발표하였다. 월레스는 생물변화의 주요인은 적자생존, 자연도태라고 하였고 변종은 서식환경의 변화와 함께 동물계도 변화한 것이라 하였다. 또한 월레스는 "동물의 지리분포"라는 2 권의 저서를 발표하였고 동물지리학 창시자로 알려져 있으며 동물의 분포에 관한 과학을 정립한 것으로 받아들여지고 있다. 월레스는 동물계 변화와 다양한 지리영역에서 많은 동물들이 출현하거나 소멸하는 것에 대한 연구를 체계화 한 과학자이다.

다윈은 1809년에서 1882년 사이에 활동한 과학자로서 박물학자로서 해군측량 선 비글호를 타고, 남아메리카·남태평양의 여러 섬과 오스트레일리아 등지를 두루 항해, 탐사하고 귀국하여 여러 지역의 동식물상과 지질 등을 조사하여 후에 진화론을 제창하였습니다. "비글호 항해기", "여행의 동물학"과 "지질학" 서적을 출판하였으며, 1858년에 동남아시아에서 연구 중이던 월레스가 진화에 대한 논문을 보내오자, 이에 놀란 그는 서둘러 논문을 정리하여 린네학회에 월레스의 논문과 함께 동시에 진화논문을 발표하였다. 1859년에는 "종의 기원"이라는 저서를 통하여 진화론을 체계하여 발표하여 진화론을 정립한 과학자로 받아들여지고 있다.

브렘은 1829년에서 1884년 사이에 활동한 과학자로서 브렘은 아프리카 여행 전에는 건축학도였지만 아프리카 여행 후에는 동물학을 열심히 공부하면서 아프리카 여행기록을 담은 "여행인상기" 3권을 출판하였다. 브렘은 또한 동물에 관한 최초의 저서 "삼림의 야수들"을 발표하였으며, 동물의 습관, 서식상태를 기록하였고 1863년에 "동물의 생활" 저서를 출판하였다. 브렘은 여행가, 새로운 동물들의 발견자로서 동물학의 기초를 쌓은 과학자로 받아들여지고 있다.

II. 인류의 발생과 문명

학습목표
1. 인류의 발생과 진화 과정에 대해 알아본다.
2. 인류의 발달과 고대문명의 특성을 알아본다.

1 인류의 발생

(1) 인류의 기원과 영장류

인간, 유인원, 원숭이 그리고 여우원숭이 등은 영장목(order Primates)에 속하는 포유류이다. 가장 초기의 영장류는 아마 6천 500만 년 전에 나타난 나무 위에서 서식하는 작은 포유류였으며 대부분의 현존하는 영장류는 자연선택에 의해 나무 위에서 살아가는 데 적합한 신체적 특징들을 많이 갖게 되었다. 인간은 나무 위에서 살았던 조상에서 진화되어 왔으므로 이들 조상들의 특징을 많이 가지고 있다.

다람쥐만 한 크기의 날씬한 늘보원숭이(loris)는 영장류의 기본적인 특징을 잘 보여주고 있다. 유연한 어깨와 엉덩이 관절로 나무에 쉽게 기어오르고, 나무에서 유연하게 움직일 수 있다. 또한 다섯 개로 나누어진 손가락과 발가락은 매우 자유롭게 움직이며, 나무에 매달릴 수 있다. 뿐만 아니라 여우원숭이는 주둥이가 짧고 두 눈이 앞으로 모여 있어 시야가 겹쳐져서 깊이 볼 수 있으며, 나무 위에서 움직일 수 있는 알맞은 특징을 가지고 있다. 우리 인간도 긴 발끝을 제외하고 늘보원숭이의 어깨와 같은 기본적인 영장류의 특징을 가지고 있다.

늘보원숭이는 원원류(prosimians, 그리스어로 pro는 'before'를, simia는 'ape'를 뜻함)에 속한다. 가장 오래된 영장류로 알려진 원원류의 화석기록은 공룡이 대량 멸종되었던 시기인 6,500만 년 전으로 거슬러 올라간다. 원원류는 공룡이 멸종된 후 가장 번창했던 포유류 중 하나이다.

원원류는 오늘 늘보원숭이, 부시베이비, 그리고 아프리카, 서아시아의 안경원숭이, 마다가스카르의 여우원숭이인 시파카 등 쥐만 한 크기에서 무게가 8kg 정도 되는 것까지 약 35종에 의해 대표된다. 대부분 민첩하게 나무에 오르고 뛸 수 있으며, 나무 위에서 대부분의 시간을 보낸다. 모든 원원류는 열대지방의 숲에서 서식하는데, 원원류의 거의 모든 서식지가 파괴되어가고 있다. 극심한 지각활동에 의해 아프리카에서 분리되어 100만 년 동안 열대에 서식하는 생물들의 왕성한 종분화가 진행되었던 인도양에 위치한 마다카스카르섬에 인간이 들어오면서 약 50종에 이르던 여우원숭이 중 18종이 멸종되었다.

다른 영장류인 진원류(anthropoids, 그리스어로 anthropos는 'man'을, eidos는 'form'을 의미함)에는 원숭이, 유인원, 인간이 포함된다. 진원류는 일반적으로 몸의 크기에 비해 상대적으로 뇌가 크며 원원류와 비교해서 후각보다는 시각이 더 발달되어 있다. 가장 초기의 진원류는 약 4,500만 년 전에 아시아와 아프리카에서 생겨난 원원류과 같은 조상을 가진 원숭이와 같은 영장류였을 것이다. 원숭이는 꼬리가 있고 뒷발의 길이와 거의 같다는 점에서 유인원이나 인간과는 다르다. 원숭이는 아프리카에서 시작해서 아프리카 전체 대륙과 아시아를 거쳐 아메리카에서 퍼졌다. 아프리카와 유라시아의 구대륙과 미 대륙 등 신대륙에는 수백만 년 동안 각각 다른 길로 진화되어 서로 다른 종류의 원숭이가 생겨났다.

구대륙 원숭이는 아프리카 사바나의 개코원숭이와 같이 땅에서 사는 종류와 베트남과 라오스에서 서식하는 빨간 정강이를 가진 긴꼬리원숭이(Hanuman langer)와 같이 나무 위에서 사는 종이 있다. 원숭이는 콧구멍이 좁고 가까이 붙어 있다. 바비와 같은 많은 구대륙 원숭이는 엉덩이받침이 단단하다.

중부와 남부 아메리카에서 발견되는 신대륙 원숭이인 거미원숭이와 엄니가 긴 명주원숭이는 모두 나무 위에서 산다. 신대륙 원숭이의 콧구멍 간격은 멀리 떨어져 있고 단단한 엉덩이 받침이 없으며, 긴 꼬리가 있어 나뭇가지를 잡기에 적합하다(구대륙 원숭이는 꼬리가 있으니 나뭇가지를 잡기에는 적합하지 않다). 거미원숭이는 아주 흥미로운 신대륙 원숭이로 동부 브라질의 열대우림 낮은 지대에 살며 나뭇가지를 잡기에 적합한 긴 꼬리를 가지고 있다.

다람쥐 크기의 엄니가긴명주원숭이는 1970년대에 인간의 개발로 서식지 대부분이 파괴되어 약 100마리 정도밖에 남지 않아서 국제 보호단체의 강력한 보호 대상이 되었으며 그 결과 그 수가 다시 1,000마리까지 늘어났다.

화석기록에 의하면 원원류와 진원류 계통은 5,000만 년 전에 갈라졌다. 구대륙 원숭이와 신대륙 원숭이는 4,000만 년 이상 다른 길로 진화되어 왔다. 유인원의 조상은 2,500만 년 전에서 3,000만 년 전에 구대륙 원숭이에서 진화되었다. 그리고 인간 계통은 500만~700만 년 전쯤 어디에선가 침팬지와의 공동 조상에서 갈라졌을 것이다. 다음에서 유인원의 네 그룹에 대해 살펴보기로 하자.

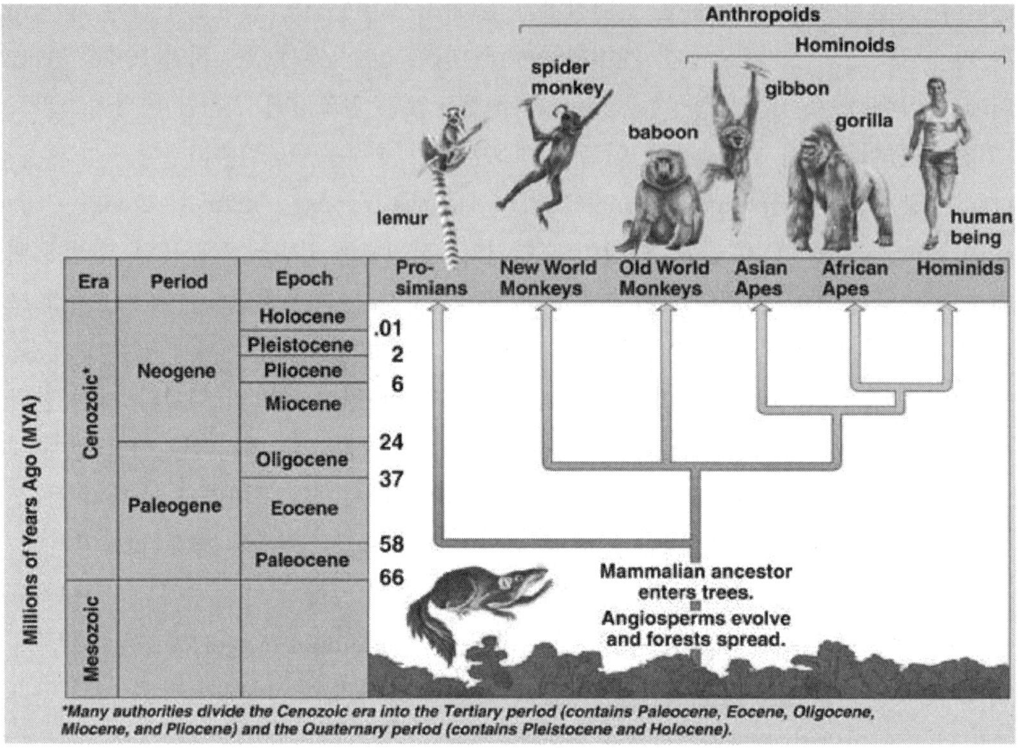

그림 1-4. 인류의 조상 동물들과 진화

최초의 영장류인 땃쥐류는 2개 아목으로 진화하여 하나는 원원아목으로 여우원숭이, 안경원숭이, 로리스가 되었고, 둘째는 진원아목으로 꼬리감는 원숭이, 긴꼬리원숭이, 유인원이 된 것으로 추정된다.

최초 유인원은 아프리카에서 약 4,000만 년 전 발견된 화석으로 주간에 활동하고, 시력이 발달한 것으로 추정된다.

2,500만 년 전 발견된 유인원화석은 아프리카 삼림에서 발견 되었으며 이로 부터 육상생활과 직립을 추정해볼 수 있다.

(2) 인류의 친척 유인원

긴팔원숭이, 오랑우탄, 고릴라, 침팬지를 포함한 유인원(apes)은 인간과 매우 깊은 관계이다. 원숭이와는 반대로 모든 유인원은 남동부 아시아와 아프리카의 열대지역(주로 우림)에만 서식한다. 유인원은 꼬리가 없으며 뒷발보다 앞발이 더 길다. 침팬지가 곤충, 어린 영양, 돼지, 원숭이를 먹기는 하지만 대부분의 유인원은 주로 채식주의자이다.

긴팔원숭이(gibbons)에 속하는 아홉 종이 모두 남동부 아시아에서 발견되며, 유일하게 나무 위에서만 사는 유인원이다. 긴팔원숭이는 유인원 중에서 몸의 크기가 가장 작으며 가볍고 민첩하다. 또한 한번 결혼하면 평생을 함께 하는 일부일처의 습성을 갖고 있다. 오랑우탄(orangutan)은 수마트라와 보르네오의 열대우림에 살며, 혼자 있기를 좋아한다. 나무 위에서 사는 포유류 중 가장 크다.

고릴라(gorilla)는 모든 영장류 중에서 가장 크기가 크다. 수컷은 키가 거의 2m나 되며 몸무게가 200kg(440b) 이상이 되는 것도 있다. 아프리카 우림지역의 숲에 사는 고릴라는 나무에 오를 수는 있으나 큰 몸집 때문에 대부분의 시간을 땅에서 보낸다. 고릴라는 걸을 때 네 손의 관절이 모두 땅에 닿으며 땅위에서 뒷발로 똑바로 설 수 있다.

고릴라처럼 침팬지(chimpanzee)와 매우 유사한 종인 피그미침팬지도 관절 보행자이다. 두 종류 모두 중부 아프리카의 우림지대에 살며 침팬지는 특히 아프리카의 사바나에 많다. 그동안 침팬지에 대한 폭넓은 연구가 이루어졌는데, 침팬지와 인간의 행동은 유사한 점이 많다. 예를 들어 침팬지는 간단한 도구를 만들고 사용할 줄 안다. 침팬지가 다른 사회에 속하는 같은 종의 침팬지들을 공격하는 성질은 인간과 유사하다. 침팬지 연구자들은 침팬지가 인간이 사용하는 언어를 배울 능력이 있다는 것을 여러 번 증명하였다.

우리는 인간만이 사고할 수 있으며 자신을 인식할 수 있는 유일한 동물이라 생각하고 있다. 그러나 거울 앞에 서 있는 침팬지의 행동을 살펴보면 우리의 이러한 믿음이 틀렸을지도 모른다는 생각을 하게 된다. 예를 들어 침팬지에게 거울을 처음 보여주던 다른 동물들이 거울 앞에서 보였던 것과 같이, 마치 자기와 같은 종류의 다른 동물을 본 것처럼 반응을 한다. 그러나 며칠이 지나면 거울에 비친 모습이 자신이라는 것을 인식하고 거울을 사용할 수 있게 된다.

최근에 발표된 생화학적 증거에 의하면 침팬지와 고릴라는 다른 유인원들보다 인간과 매우 가깝다. 특히 인간과 침팬지는 매우 가까운데 인간의 DNA는 침팬지의 DNA와 97% 이상이 동일하다. 침팬지 연구의 권위자인 제인 구달(Jane Goodale) 박사의 말을 들어보자. "침팬지 연구를 하면서 침팬지가 우리에게 미친 가장 중요한 영향은 아마도 연구를 하는 우리들을 겸허하게 만든다는 점일 것이다. 결국 인간은 이 지구 상에서 유일하게 이성적인 존재가 아닌 것이다."

(3) 영장류에서 진화된 인간

인류가 속해 있는 영장류는 신생대 초기에 출현하였다. 다른 영장류와 구별되는 인류의 특징은 4개의 다리 대신 2개의 다리로 직립하였다는 것이다. 또한 인류는 복잡하고 큰 뇌를 가졌다. 또한 인류는 정교한 도구를 만들어 사용할 수 있었다.

우리가 흔히 오해하고 있는 점은 인간이 침팬지나 고릴라처럼 유인원의 자손이라는 것이다. 그러나 유인원과 호미니드(hominids : 진화 계통수에서 인간의 가지로 갈라져 나온 모든 종들)는 공통의 조상에서 갈라져 나왔다. 갈라져 나온 시기는 학자들 간에 아직 다소 차이가 있지만 화석을 보면 약 500만~700만 년 전 사이로 추정된다. 인간의 기원과 진화에 대해 연구하는 인류학은 생물학 역사의 작은 조각에 초점을 맞춘다. 예를 들어 우리가 생물의 역사를 1년으로 압축한다면 인간과 침팬지는 18시간 전에 공동의 조상에서 갈라져 나온 것이다. 인류학자들이 사용하는 단어 가운데 이 두 가지는 혼동하기 쉽다. 먼저 호미니드(Hominid)는 진화의 가지에서 인간의 가지에 속하는 그룹이다. 이에 비해 호미노이드(Hominoid)는 조금 더 넓은 의미로 대원류와 인간을 지칭한다.

인간의 진화에는 다섯 가지 중요한 특성이 있다. 현대의 인간은 약 600만 년 전에 살았던 호미노이드보다 뇌의 크기가 약 3배나 커졌으며 짧은 턱과 납작한 얼굴, 그리고 좀 더 두드러진 턱을 가졌다. 호미노이드의 조상들은 침팬지의 특징인 긴 턱을 가졌다. 똑바로 서서 두발로 걷는 자세(bipedal posture)는 초기 호미니드에서 진화되었다. 인간은 이성 간 크기의 차이가 줄어들었다. 즉 수컷 고릴라는 암컷의 약 2배의 몸무게인 데 반해 인간의 남성은 여성의 약 1.2배의 몸무게에 불과하다. 가족의 구조에도 중요한 변화가 있었다. 인간은 신생아가 어머니에게 의존하는 기간을 제외하고는 대부분의 시간을 이성과 짝을 이루어 유대감을 갖고 살지만, 많은 시간 동안 부모의 보살핌을 받는다.

주요 그룹인 오스트랄로피테쿠스인(austraplopithecines)이 처음 나타나는데, 이들은 모두 멸종하였다. 다음으로 호모 사피엔스를 제외하고는 모두 멸종된 호모속(genus Homo)이 있다. 녹색의 막대는 화석기록을 근거로 여러 종이 존재했던 개략적인 시간을 표시한다(왼쪽이 시간 단위이다). 막대들이 겹치는 부분은 둘 이상의 호미니드종이 공존했음을 나타낸다.

아마도 호미니드종으로 추정되는 턱과 뼈 조각들이 600만 년 전 지층에서 발견되었다. 그림에서 보듯이 400만 년 전에서 100만 년 전까지 여러 오스트랄로피테쿠스인종이 존재했었다. 여러 오스트랄로피테쿠스인 종은 호모종들과 존재했던 시기가 겹친다. 오스트랄로피테쿠스인에서 인간의 모든 진화 가지가 갈라져 나왔을까, 아니면 그들 중의 일부에서 현대인이 유래되었을까? 우리 잔신인 호모 사피엔스는 호미니드가 가운데 유일하게 남아 있는 종이다.

(4) 인류의 출현과 진화

인류의 화석 기록은 4백만 년 전에 살았던 오스트랄로피테쿠스까지 거슬러 올라간다. 오스트랄로피테쿠스는 호모 하빌리스와 호모 에렉투스로 진화하였다.

인류 화석 중 가장 특징적인 것은 15만 년 전에서 3만 2천 년 전까지 유럽과 중동 지역에 살았던 네안데르탈인이다.

크로마뇽인은 3만 5천 년 전에서 1만 년 전까지 살았으며, 그들의 조상들 보다 훨씬 높은 수준의 예술과 기술을 발전시켰다. 우리 현대인은 크로마뇽인으로부터 유래되었다.

1) 드리오피테쿠스

인류의 출현은 원시 원숭이에서 꼬리가 없는 드리오피테쿠스로 진화되었다.

2) 라마피테쿠스

드리오피테쿠스로부터 두 발로 걷는 유인원 라마피테쿠스가 생겨났으며, 라미피테쿠스에서 인류에 가장 가까운 원인인 오스트랄로피테쿠스가 생겨난 것으로 추정되고 있다.

3) 오스트랄로피테쿠스

남아프리카 원인(猿人)으로 뇌 용적은 450~700ml이다. 치아의 형태와 기능이 현대인과 유사하였으며 직립보행을 하였다.

4) 호모 에렉투스

직립원인으로 자바원, 북경원인 등이 있으며 뇌 용적 700~1,100ml이었다. 석기를 사용하고 불을 사용하였으며 집단생활을 하였다.

5) 네안데르탈인

구인(舊人)으로 뇌 용적은 1,300~1,600ml로 현대인의 뇌 용적과 비슷하고 언어와 불을 사용하고 수렵생활을 하였다.

6) 크로마뇽인

신인(新人)으로 신체구조가 현대인과 유사하고 석기를 사용하였다.

(5) 인류 진화의 특징

화석 발견과 시대별 조합에 의한 고고학 연구에 따르면 인류의 조상으로 처음 원인이 지구상에 출현한 이후로 현대 인류에 가깝게 진화해 나가게 되었는데 이러한 진화의 특징으로는 아래와 같은 내용을 들고 있다.

① 직립보행을 하게 되었다. 즉, 골반, 대퇴골, 중둔근의 진화로 직립보행이 용이하게 되었다.
② 연장을 사용 하게 되었다. 손의 발달과 골격, 근육의 발달로 연장 사용이 용이하게 되었을 것으로 추정하고 있다.
③ 언어를 사용 하게 되었다. 직립으로 성대가 발달하고 다양한 소리를 사용할 수 있게 되어 언어의 사용에 유리한 쪽으로 진화한 것으로 추정할 수 있다.
④ 뇌 용량의 확대를 볼 수 있다. 뇌의 발달은 지혜와 언어, 도구의 사용을 가능하게 한 것으로 추정할 수 있다.
⑤ 집단생활을 하게 되었다.

1) 인간의 직립

350만 년 전, 두 발로 걸어다니는 인간이었던 오스트랄로피테쿠스 아파렌시스는 동아프리카 탄자니아의 습기 찬 화산재지대에 발자국을 남겼다. 그 발자국들은 1978년 영국인 인류학자인 메리 릭키(Mary Leakey)에 의해 발견되어, 인간이 매우 오래 전부터 직립보행을 했으며, 숲에서 살던 호미니드가 사바나지역까지 진출하였다는 강력한 증거가 되었다.

아파렌시스종에 속하는 오스트랄로피테쿠스의 가장 완벽한 화석 뼈 중 하나는 동부 아프리카에서 발견된 것으로 약 300만 년 전의 것으로 추정된다. 발견한 사람은 그의 이름을 루시라 이름지었는데 3피트의 키에 소프트볼 크기만 한 머리를 가지고 있었다. 루시와 동일한 종들은 사바나지역에 살았으며, 땅콩, 씨앗, 새알 그리고 잡을 수 있는 모든 동물과 큰 고양이, 개와 같은 더 날쌘 동물들이 잡은 짐승의 찌꺼기를 먹고살았다. 오스트랄로피테쿠스 아파렌시스의 골격은 확실한 직립의 구조를 하고 있으나 그들의 발은 몸 크기에 비해 여전히 길었으며 나무 위에서 살았을 것으로 생각된다. 머리뼈의 크기는 원숭이 크기였으며 긴 턱과 뇌 용량이 작았다. 이성 간 크기의 차이는 인간보다 원숭이에 가까워 남녀 크기의 차이는 약 1.5배였다.

몇 년 전, 고인류학자들은 지금까지 밝혀진 아파렌시스 화석보다 더 앞선 시대의 호미니드종을 발견하였다. 확실하게 인간으로 밝혀진 가장 400만 년 전에 살았다.

모든 오스트랄로피테쿠스인은 약 100만 년 전에 멸종되었다. 현재 오스트랄로피테쿠스인이 인간의 계통수에서 어느 위치에 있는지에 대해 활발한 논의가 진행 중이다. 실제로 어떤 일이 일어났었는지는 알 수 없지만 오스트랄로피테쿠스인에 의하면 인간의 특징인 직립보행은 뇌가 팽창, 진화되기 훨씬 전에 시작되었음이 분명하다. 이에 대해 생물진화학자인 스테판 제이 골드(Stephen Jay Gould)는 이렇게 설명한다. "인류는 먼저 일어나 걸었으며, 그 후에 똑똑해졌다"라고.

2) 인류와 뇌의 크기 진화

인간의 뇌가 팽창되었다는 첫 증거는 동아프리카에서 발견된, 약 250만 년 전에 존재했던 후기 오스트랄로피테쿠스인이라고 추정되는 화석으로 더 커진 두개골과 더 짧아진 턱을 가지고 있다. 간단한 석기 도구들이 함께 발견되어 이들을 호모 하빌리스(Home habilis, handy man)라고 이름지었다. 호모 하빌리스는 아프리카 사바나지역에서 오스트랄로피테쿠스인과 거의 100만 년 동안을 함께 살았으며, 더 작은 뇌를 가진 인간의 친척들이 그랬던 것처럼 줍고 모으고 사냥했으며, 이들에게서 우리의 또 다른 조상인 호모 에렉투스(Home erectus)가 갈라져 나왔다.

호모 에렉투스의 화석은 50만~180만 년 전 사이의 지층에서 발견된다. 호모 에렉투스는 호모 하빌리스보다 키는 작지만 뇌는 더 컸으며, 현대인과 이성 간의 크기의 차가 비슷한 호모 에렉투스는 남자의 경우 같은 집단의 여자보다 1.2배 정도 더 키가 컸다. 어떤 인류학자는 크고 강한 남성이 일반적으로 작은 남성보다 많은 자손을 남기던 일부다처제를 대신하여 짝들 사이의 유대감에 근거한 일부일처제가 호모 에렉투스 사회에서 진화되어 왔다고 해석하였다.

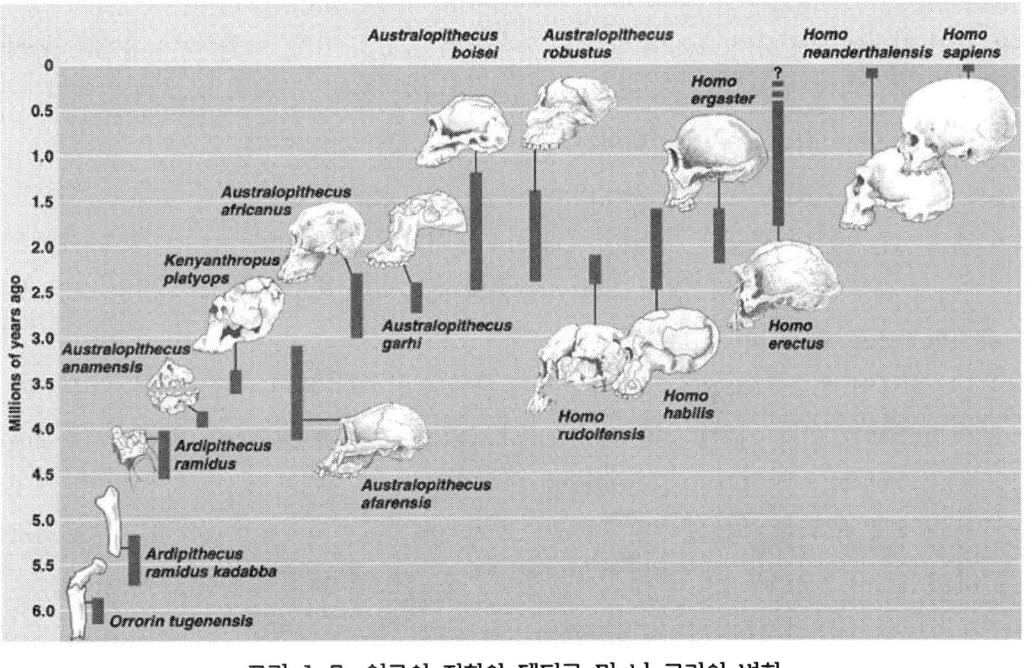

그림 1-5. 인류의 진화와 대퇴골 및 뇌 크기의 변화

호모 에렉투스는 아프리카에서 유라시아에 걸쳐 퍼진 첫 번째 호미니드였으며, 그들은 커진 뇌 덕분에 아프리카에서 계속 성공할 수 있었고, 북부의 추운 기후에서도 살아남을 수 있었다. 북쪽의 추운 기후에서 살아남기 위하여 오두막이나 동굴에서 살았으며, 불을 피우는 방법을 알고 있었다. 또한 이들은 동물의 가죽으로 옷을 만들어 입고 호모 하빌리스의 도구보다 더 정교한 석기를 만들었다. 호모 에렉투스 집단은 다양한 지역으로 퍼져 나갔다. 하나 이상의 호모 에렉투스 집단에서 호모 사피엔스가 파생되었다. 다음 단락에서 호모 사피엔스가 발생되었을 가능성이 있는 경로를 추적해보기로 하자.

(6) 현대인의 유래

현재 약 50만 년에서 10만 년 전까지 유럽과 아시아, 아프리카에서 살았던 인간들의 화석 분류 작업에 논쟁이 계속되고 있다. 이 화석들은 다양한 지역에서 살았던 호모 에렉투스의 후손들이다. 이들 중 한 그룹은 네안데르탈인으로 20만 년 전에서 4만 년 전까지 유럽에서 살았다. 네안데르탈인은 비교적 키가 작았으며 뚱뚱하고 근육이 발달되어 있었다. 그들은 숙련된 도구 기술자였으며, 추상적 사고를 요구하는 의식에 도구를 사용하였다.

한 학파의 연구자들은 호모 에렉투스를 모든 지역의 '원시 호모 사피엔스'라고 부른다. 그들은 같은 종으로 분류되었지만 지역적 변이에 따라 아종면, 즉 호모 사피엔스 네안데르탈렌시스(*Homo sapiensis neanderthalensis*)로 부르며, 다른 학파는 호모 사피엔스의 이름을 후기 화석에 국한하며 초기에 발견된 화석에는 별도의 이름, 예를 들어 유럽의 화석에는 호모 네안데르탈렌시스(Home neanderthalensis)를 붙인다. 이러한 분류에 대한 논의는 현대인이 언제 어디에서 기원되었는가에 대한 진정한 논의이다.

인류의 기원에 관하여 '다지역 가설(multiregional hypothesis)'을 주장하는 이들은 현대에 살고 있는 여러 인종들은 다양한 지역에서 유래되었으며, 100만 년 전, 호모 에렉투스 집단에서 진화되었다고 주장한다. 그러나 인종의 차이에도 불구하고 살아 있는 모든 인간은 유전학적으로 매우 비슷하다.

따라서 현대의 호모 사피엔스가 아프리카의 단일 원시 집단에서 유래되었다는 주장도 있는데 이러한 '아프리카 기원설(out of africa hypothesis)' 또는 '대체 가설(replacement hypothesis)'에 따르면, 현대인은 10만 년 전 아프리카에 살았던 호모 사피엔스가 그곳에 살고 있던 원시인과 완전히 대체되었으며, 이 두 번째 그룹이 150만 년 전 아프리카에서 호모 에렉투스인 첫 번째 호미니드가 이주하여 기원된 모든 지역의 집단을 대체하였다. 이 가설에 의하면 네안데르탈인과 다른 지역 집단들은 모두 사라졌다.

지금까지의 유전학적인 정보는 모두 대체 가설을 지지한다. 미토콘드리아 DNA의 변화를 분자시계로 하여 다양한 인간 집단에서 미토콘드리아 DNA를 비교해보면, 유전적 분기점이 약 10만 년 전이라는 계산이 나온다. 일부 연구자들은 이러한 연구에 대해 회의적이지만 또 다른 집단의 핵 DNA에 관한 연구는 인간의 지질학적 분기점을 10만 년 전으로 추정하였다.

분자생물학자들은 네안데르탈인의 화석에서 DNA를 분리하여 그 서열을 밝혔는데 네안데르탈인의 DNA는 유럽인을 포함하여 현대인과 매우 다른 것으로 나타났다.

아마 지금까지 가장 중요한 유전적인 자료는 2001년에 발표된 Y 염색체의 비교일 것이다. Y 염색체는 감수분열 하는 동안 교차되지 않고 남성에서 남성으로 세대를 통해 전달되므로 유전적 동일성을 찾는 데 사용된다. 다양한 지역에 거주하는 남성들의 Y 염색체를 비교함으로써 연구자들은 10만 년 전, 아프리카인 공동 조상에서 기원되었음을 추측할 수 있었다.

아미노산 분석에 의하면 하등동물로 갈수록 아미노산 구성이 적고 가장 큰 수를 보이는 사람과 가장 근접한 것은 영장류 원숭이인 것을 알 수 있다. 이러한 분석결과로도 유인원에서 인류가 진화한 것을 추정할 수 있다.

지금까지 화석 증거는 현대인의 기원에 관한 유전적인 연구의 자료보다는 덜 일방적이었다. 우리의 진화 역사에 관한 과학적 논쟁은 고 인류학을 과학에서 가장 흥미로운 연구 분야로 만들어줄 것이다.

2 문화와 환경의 변화

호모 사피엔스의 진화에서 시금석이 되는 세 가지 중요한 사건은 다음과 같다.

① 전체 뼈대가 재구성된 직립 자세가 진화하였으며
② 뇌의 팽창으로 생후 머리뼈의 성장과 뇌의 용적이 증가될 수 있는 기간이 증가하였고
③ 부모의 보호 기간이 증가하였다.

실제 인간은 다른 종들보다 자손을 돌보는 시간이 훨씬 길다. 따라서 어린 자손들은 이전 세대의 경험을 배울 기회를 갖게 된다. 이것이 바로 축적된 지식, 관습, 믿음, 예술 그리고 다음 세대에 사회적으로 전수될 인간의 생산물은 문화(culture)의 기본이다. 인간의 역사와 문화에 있어서, 인간을 지구상에 존재하게 하는 생명의 역사에서 유일한 힘을 준 요인은 바로 인간이 생물학적 진화의 속도를 훨씬 능가하는 속도로 자연을 변화시키는 것을 가능

하게 했다. 다음 세 단락에서, 인간에게 환경을 변화시킬 수 있는 능력을 주었으나 때때로 불행한 결과를 초래한 문화의 단계에 대해 알아보자.

인류 성장의 1단계로 분류할 수 있는 불의 발견은 화산의 폭발과 같은 우연한 자연 현상에서 발견하여 인류의 생활에 유용한 도구로 사용되었을 것으로 추정되고 있다.

인류의 불의 사용이 빈번해지면서 필요할 때 불을 만들 수 있는 방법들을 인류는 고안하게 되었고 이러한 도구의 발달은 인류의 문명을 더욱 발전시키는 원동력이 되었다. 불의 사용과 도구의 사용이 늘어나면서 농산물의 경작을 통한 농경문화가 정착되었고 점차 인류는 모여 살게 되었다. 농경문화의 정착과 집단 부족생활의 시작은 인류 성장의 2단계라 할 수 있다. 인류 성장의 3단계는 산업혁명을 들 수 있다. 이 시기에는 기계의 발명과 공산품의 대량생산이 이루어졌다.

앞서 설명하였듯이 인류의 지속적 성장 3단계의 1단계는 유인원이 살던 구석기 시대, 불의 발견과 도구를 사용하면서 인류 중심으로 지구상의 자원을 이용하는 능력을 획득한 단계이다.

2단계는 신석기 농작물의 경작과 동물의 가축화로 사냥, 수집에 드는 시간 절약으로 여유로운 생활을 하게 된 단계이다.

마지막으로 3단계는 공산품의 대량생산 시기인 1750년대의 산업혁명 단계로 대량 생산에 의한 물질의 풍요와 평균수명의 연장으로 인구가 폭발적으로 증가하였다.

이러한 3단계의 성장 단계를 거치면서 인류는 지속적으로 성장하였다.

(1) 인류의 첫 번째 문화 : 수렵과 사냥

문화의 첫 번째 시작은 먹을 것을 찾아다니고, 모으고, 사냥하는 것이라 할 수 있는데, 아프리카에 살았던 가장 초기의 오스트랄로피테쿠스인에서 시작되었다. 이러한 문화의 첫 단계는 호모 하빌리스, 호모 에렉투스, 네안데르탈인 그리고 현대인에 이르기까지 10만 년 동안 삶의 방식으로 계속되어 왔다.

인간의 문화가 환경에 문제를 야기하기 시작한 것은 언제부터였을까? 오스트랄로피테쿠스인이나 호모 하빌리스가 먹을 것을 찾아다녔던 행위도 다른 종에게는 심각한 문제를 일으켰을 수 있었다. 사자 정도의 크기이며, 기병대 칼처럼 생긴 이빨을 가진 육식동물이었던 고양이는 150만 년 전에 사라졌다. 초기의 호미니드들이 이 육식동물의 고기를 훔쳐서 식량을 심각할 정도로 감소시켰기 때문이었을까? 일부 인류학자들은 가능한 이야기라고 생각한다.

도구의 발달로 사냥이 가능하게 되면서 인간은 다른 생물에게 큰 영향을 미치기 시작했다. 약 3만 년 전, 아시아에서 유목생활을 하던 사냥꾼들이 베링해를 거쳐 신대륙으로 이주해 왔다. 이것이 바로 수많은 동물이 멸종되기 시작한 이유이다.

사냥을 하고, 수집을 하는 인간은 도구를 만들 뿐만 아니라 사회를 조직하고 노동을 분담했다. 일부는 농작물을 키워 다른 집단과 거래를 하였는데 이러한 활동이 새로운 단계, 즉 농사 문화를 선도했다.

(2) 인류의 두 번째 문화 : 농사

인류는 농경문화의 발달로 정착 생활과 문명의 발달을 위한 기반을 갖게 되었다. 문화의 두 번째 단계인 농사는 1만~1만5,000년 전에 아프리카와 유라시아, 미 대륙에서 발달하기 시작하였다.

농경문화는 크게 4개 유형으로 분류해 볼 수 있다.

첫째, 근경농경문화와 둘째, 지중해 농경문화, 셋째, 사바나 농경문화와 넷째, 신대륙 농경문화로 이들 4개 농경문화는 지역에 따라 기후가 다르고 그에 따른 경작 농작물의 종류가 다른 것으로 알려져 있다.

중앙 동부지역의 '비옥한 초승달'이라고 부르는 지역에서 처음 농사가 시작되어 아프리카의 나일강 지역에서 현재의 이스라엘, 시리아, 이라크, 쿠웨이트지역까지 포함하여 비옥한 초승달지역은 한때 숲과 풀밭, 비옥한 토양으로 덮여 있었다. 그곳의 농부들은 울창한 우림의 나무를 자르고 태워서 농경지를 만들었다. 약 5,000년 전 이집트 농부들이 원시적인 농기구를 사용하여 농사를 짓기 시작하였는데 열대의 숲은 매우 척박해서, 매년 농사를 짓고 나면 땅을 버리고 새로운 땅으로 이동해야 했다. 집약적 농업이 시작되면서 모여 사는 인구들이 늘어났으며, 가축을 더 많이 기르고, 더 많은 식량을 생산하기 위해 땅의 부담은 점점 늘어났다. 그 결과, 오늘날 비옥한 초승달지역의 대부분은 사막으로 변했다.

농사는 인간과 생물권(biosphere)과의 관계를 영원히 바꾸어 놓았다. 호모 사피엔스는 농사를 지으면서 지구상에서 우점종으로 첫 번째 큰 발자국을 내디뎠다. 영구적인 정착지가 생겨났고 도시가 생겼다. 농사가 발전하면서 집단 경작의 필요성은 점점 줄어들었으며, 사람들은 서로 다른 일을 하면서 전문화할 수 있게 되었다.

또 농사는 오늘날까지 계속되는 다음 단계 문화인 기술, 산업, 예술의 발달에 길을 열어 주었다.

(3) 인류의 세 번째 문화 : 기계문명 시대

18세기에 영국에서 시작된 산업혁명으로 기계가 생산되었다. 산업혁명은 소규모의 수공업을 대규모의 기계를 이용한 생산으로 바꾸어 놓았다. 기계문명시대는 기계의 연료인 에너지 원료를 많이 필요로 하게 되었다. 처음에는 석탄과 목재였으나 그 다음에는 석유, 이제는 수력발전과 원자력의 시대가 되었다. 트랙터와 농기계의 발명으로 농부들이 수고를 덜었으며 많은 사람들이 일을 찾아 도시로 이주하였다. 더 많은 식량이 생산되고 의학이 발달하면서 질병과 죽음이 줄어들었으며 인간 집단은 전 세계적으로 더 빨리 성장하였다. 현재 인간 집단의 성장과 기술의 발전은 점점 더 가속화되고 있다.

문화는 변해왔지만, 생물학적 인간은 예나 지금이나 많이 변하지 않았다. 현대에 살고 있는 우리는 아마 동굴에서 살았던 우리의 선조보다 더 똑똑하지 않을 것이다. 돌을 쪼아 석기를 만들던 사람이 오늘날 컴퓨터 마이크로칩을 고안하고 있다 컴퓨터와 우주선을 만드는 방법은 우리의 유전자에 저장되어 있는 것이 아니라 부모님이나 선생님 또는 책을 통해서 전수된다.

인간은 현재 모든 동물들 중에서 그 수가 가장 많고, 지리적으로 널리 퍼져 있다. 또한 인간은 어디에 있건 어느 곳에서나 변화를 만들어낸다. 새로운 환경 변화는 없었지만 문화의 변화는 인간의 생물학적 진화를 훨씬 앞지르고 있다. 인간은 많은 다른 종들이 적응할 수 없을 만큼 빠른 속도로 지구를 변화시키고 있으며, 이러한 변화는 인간의 존재마저도 위태롭게 하고 있는지도 모르는 일이다.

3 고대 4대 문명의 형성

인류는 진화하여 문명을 가진 집단을 형성하게 되었는데, 이를 고대의 4대 문명으로 부르고 있다.

고대 4대 문명은 이집트 문명, 메소포타미아 문명, 인더스 문명 및 황하 문명으로 4개의 문명을 말한다. 이 중 메소포타미아와 이집트 문명이 문명이 보다 일찍 문명의 단계에 들어섰다. 4대 문명의 발생지들은 모두 북반구에 위치하고 있었으며, 큰 강을 끼고 있었고 대부분이 온대 기후에 속해 기후가 좋고 기름진 토지를 지닌 지역들이 있었다.
고대 4대 문명의 공통점을 살펴보면, 아래와 같다.

① 큰 강 유역에서 발생하여 농사가 잘 되었다.

② 전제 군주가 출현하였다는 점이다.

대규모 수리 사업을 감독하고 이것을 이끌 만한 강력한 권력을 필요로 하였기 때문일 것으로 생각된다.

③ 도시가 형성되었고 문명(문자 등)이 발생하였다.

④ 법률이 제정되었다.

⑤ 지배자의 권위를 과시하는 사업이 활발하였다.

Q & A

◎ 지질시대 구분의 단위는?
이언, 대, 기, 세로 나누어 볼 수 있다

◎ 동물의 진화 방향은?
어류에서 양서류, 파충류, 조류, 포유류의 순으로 진화가 이루어졌다.

◎ 식물의 진화 방향은?
조류에서 양치식물, 겉씨식물, 속씨식물로 진화가 이루어졌다.

◎ 지구상의 최초의 생물은?
간단한 세포로 이루어진 박테리아 같은 것이었다.

◎ 생물 진화의 직접 요인은?
원시 대기에 산소의 증가라 할 수 있다.

◎ 화석의 가치는?
진화의 증거로 사용되고 지질 시대와 층서의 결정에 이용되며, 지질시대의 환경을 추정하는데 사용되고, 지질 시대의 바다와 육지의 분포를 추정하는데 이용된다. 또한 경제적 가치로 석탄, 석유 등의 지하자원 개발에 활용될 수 있다.

알아두기

▶ 표준화석
생존 기간이 짧아 특정한 지층에서만 발견되어 그 지층의 연대를 알 수 있는 화석

▶ 시상화석
화석이 묻혀 있던 지층의 환경조건을 알 수 있는 지층

▶ 상동기관
형태나 기능은 다르지만 발생기원이 같아 해부학적 구조가 비슷한 기관

▶ 상사기관
기능은 같으나 발생기원이 다른 기관

▶ 흔적기관
환경이나 생활양식이 달라지면서 점차 퇴화되어 그 흔적만 남아 있는 기관

단원 학습 정리

1. 생물진화의 방향은 일반적으로 하등생물에서 고등생물로, 단순한 생물에서 복잡한 생물로 작은 생물에서 큰 생물로 진화하는 것을 알 수 있다.
2. 밀러는 원시대기로 부터 생명의 근본 물질 중의 하나인 아미노산의 합성을 증명하는 실험을 성공하였다.
3. 지구상에 녹색 식물이 출현하자 대기 속에 산소가 방출되면서 산소의 양이 점점 증가하기 시작하였다. 이윽고 산소의 양이 동물이 호흡할 수 있을 정도로 증가하였고, 마침내 동물이 출현하였다.
4. 진화의 경향은 다양성의 증가로 말할 수 있다.
5. 오늘날 획득 형질의 유전은 완전히 부정되고 있기 때문에 용불용설은 인정되지 않는다.
6. 린네는 속명과 종명을 기록하는 2 명법을 고안하였다.
7. 인류 진화의 특징은 직립보행, 연장을 사용, 언어를 사용, 뇌 용량의 확대, 집단생활이다.
8. 인류 성장의 1단계는 불의 발견이고, 2단계는 농경문화의 시작이며, 3단계는 산업혁명이다.
9. 고대 4대 문명은 이집트 문명, 메소포타미아 문명, 인더스 문명 및 황하 문명이다.

쉬어가기

원시지구에서 유기물 생성까지

1953년 미국의 밀러 박사(1930~ ., 실험 당시 시카고 대학 대학원생으로 유리 교수의 지도로 실험 수행)는 원시지구에서 유기물이 생성되는 원리를 알아보기 위해 플라스크 안의 공기를 배고 수소, 암모니아, 메탄을 넣고 밀폐한 다음 한쪽에서 물을 끓이면서 다른 쪽에서는 고압의 전기 방전을 6일간 계속 하였다. 그 후 실험 장치의 U자관 속 액체를 분석한 결과 아미노산과 시안화수소, 유기산, 요소 등이 발견되었다.

원시지구에는 원자 상태의 대기원소들이 화합하여 암모니아, 메탄, 수증기, 수소 등의 분자를 이루고 지표에는 원시 바다가 있었을 것이다. 또한 원시 지구에는 막대한 태양에너지가 아무런 제약없이 유입되었으며 우주의 방사선 에너지, 화산 활동, 천둥, 번개 등에 의한 공중 방전도 빈번하였을 것이다.

원시대기를 구성했던 기체들이 자외선이나 방전, 열 따위의 에너지에 의해서 간단한 유기물로 합성되고 이 유기물들이 비가 내릴 때 함께 지상에 내려와서 원시 해양으로 흘러들어갔을 것이다. 이와 같이 무기물로부터 유기물이 합성될 수 있음을 최초로 제안한 사람은 오파린 박사(1894~1980, 러시아 생화학자)였으며 실험을 통해 오파린의 가설을 최초로 입증한 사람이 밀러 박사였다.

제 2 장

동물의 다양성
Animal Diversity

1. 동물의 진화
2. 동물의 다양성

동물은 캄브리아전기 바다에서 군집성 및 편모성 원생생물에서 기원해 폭발적인 증가를 하였다. 동물종의 95%가 무척추동물이며, 무척추동물은 해면동물, 유자포동물, 연체동물, 편형동물, 회충, 환형동물, 절지동물, 극피동물로 구성되어 있다. 척삭동물의 4가지 특징은 등 신경삭으로 뇌와 척수, 소화관과 등 신경삭 사이에 위치한 긴 신경삭, 인두공, 항문 뒤에 위치한 꼬리를 가지고 있다는 점이다.

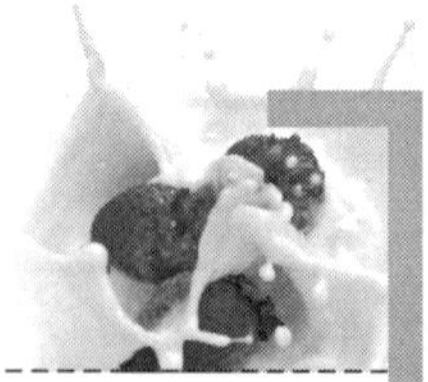

I. 동물의 진화

학습목표

1. 동물 다성성의 기원을 알 수 있다.
2. 동물 다양성 진화의 이유에 대하여 알 수 있다.

1 동물 다양성의 기원

(1) 동물의 진화

- 지구상에는 10^{18}마리의 절지동물이 서식
- 인간 장에 기생하는 촌충은 길이가 20m나 된다.
- 멸종 위기종인 청고래는 길이가 30m로 가장 큰 동물이다.
- 파충류는 같은 크기의 포유동물이 필요한 에너지양의 10% 이하로 생존할 수 있다

(2) 동물다양성의 기원

- 동물은 캄브리아전기(Precambrian기)의 바다에서 시작

1) 동물이란 무엇인가?

- 다세포성 진핵생물
- 음식물을 섭취해 체내에서 소화하는 종속 영양생물
- 유성생식 : 수정체 → 포배기 → 낭배기 → 발달, 성장 및 성숙 → 성숙동물
  어떤 동물에서는 유충(larva)을 거쳐 성숙 동물로 발전
  유충 : 성숙 동물과 다른 형태, 먹이, 서식지(예, 개구리와 올챙이)
  유충은 변태(metamorphosis)를 통해 성숙 동물로 발전
- 대부분 근육세포와 신경세포함유 : 먹이 포획 및 섭취에 용이
- 어떤 동물에서는 신경세포의 뇌를 함유해 생각이 가능

2) 초기동물의 Cambria기에서의 폭발적인 증가

- 동물은 캄브리아전기(Precambria기) 바다에서 군집성 및 편모성 원생생물에서 기원해 폭발적인 증가
- 1천만 년 전에 이미 현재의 동물형태 진화
- 폭발적 증가 이유
  - 가설1 : 포식자와 먹이 관계의 복잡성증가 → 섭식, 이동, 보호를 위한 다양한 적응 (실제로 Precambria기 동물들은 딱딱한 외부 껍질을 함유)
  - 가설2 : 동물 형태의 발전(예, 배에서 기관의 위치)을 조절하는 유전자들의 진화 → 다양한 형태의 동물 진화

II. 동물의 다양성

학습목표

1. 생물다양성의 중요성을 설명할 수 있다.
2. 동물 계통의 분리에 대하여 알 수 있다.
3. 무척추동물에 대하여 알 수 있다.
4. 척추동물에 대하여 알 수 있다.

1 생물다양성의 중요성

생물의 다양성이란, 원래 어떤 지역에서 살고 있는 생물 종의 많고 적음을 뜻하는 말이라고 할 수 있다. 동시에 한 지역에 살고 있는 생물의 종류가 많고 다양하다는 것은, 그 지역에 숲이 우거지고 나무들이 무성하며, 각종 동식물이 생활하기에 알맞은 풍요로운 환경을 이루고 있다는 것을 뜻한다. 따라서 이와 같은 환경 조건은 사람들이 살기에도 좋은 한적한 곳이 되기 때문에 생물다양성은 자연 환경의 풍요로움을 평가하는 지표로 이용되기도 한다. 생물학적으로 생물다양성이라는 말은 지구상에 서식하는 생물의 종류의 다양성, 그러한 생물들이 생활하는 생태계의 다양성, 그리고 생물이 지닌 유전자의 다양성 등을 총체적으로 지칭하는 말이다.

20세기 후반에 들어와 인류는 이와 같이 중요한 의미를 지니고 있는 생물자원이 함부로 다루어질 때 그 자원은 유한할 수 있다는 데 주목하였다. 실제로 과학자들은 지구상에서 생물 다양성이 아주 급격히 감소하고 있다는 사실을 깨닫고 크게 놀랐다. 그리고 이러한 생물종 감소의 주된 원인은 그 동안 인류가 자연 자원을 너무 남용하였던 과소비와 이로 인하여 기후의 변화가 급격히 일어난 때문이며,아울러 산업화와 도시화에 따른 자연의 파괴가 너무나 광범위하게 또 급격히 이루어졌기 때문이라는 사실을 알게 되었다. 이 모두는 결국 세계 인구가 급격하게 증가한 때문인 것으로 밝혀졌다.

이 생물다양성 문제가 최근에 갑자기 우리의 관심의 대상으로 떠오르게 된 것은, 단순히 쾌적하고 풍요로운 자연 환경에 대한 그리움 때문에서가 아니라, 자연의 파괴는 자칫하면 인류의 생존까지 위협할 수 있는 매우 중대한 문제라는 사실을 사람들이 인식하게 되었기 때문이다. 그 까닭은, 첫째로 생물자원은 인류가 생활하는 데 필요한 식량이 되고, 의약이나 공산품의 원료가 되기 때문이다. 이를테면, 지금까지 인류가 식량으로 이용한 식물의 종류는 3천종 정도인데, 그 중 밀, 옥수수 등으로 대표되는 20종 가량의 식물들이 전체 식량 수요의 90% 이상을 차지해 왔다. 그런데 이제부터는 지난날에 우리가 전혀 쓸모없다고 하찮게 생각하던 식물의 종이 생명과학의 발달에 힘입어서 어느 날 갑자기 우리에게 말할 수 없이 소중한 식량자원으로 활용될 수 있는 길이 열리고 또 의약품이나 공산품의 원료로 쓰이게 되어 우리 생활에 절대적으로 필요한 존재로 변할 수도 있다.

그러므로 지구상에 존재하는 생물의 종에 대한 우리의 인식은 달라져야 한다. 즉, 장차 어떻게 이용될지 모르는 잠재적인 가치를 지닌 생물의 종을 어느 하나라도 소홀히 해서는 안 되며, 더욱이 생물의 종은 한번 사라지면 다시 되살아나지 않기 때문에 종의 보존과 관리에 각별한 관심을 기울여야 한다. 생물다양성의 또 다른 가치는 그것이 우리의 생활환경의 보존에 없어서는 안 될 소중한 존재들이라는 점이다. 생물의 종은 자연계에서 물질 순환의 주요 매체가 되어 대기, 수질, 토양의 보존에 기여하고, 쾌적한 환경을 마련하는 데 매우 중요한 요소가 되기 때문이다. 이를테면, 우리가 매일 들이마시는 공기 속에 산소의 양이 20%가량 들어 있도록 조절해 주는 역할을 하는 것은 광합성을 하는 녹색식물들이다. 이들은 엽록소를 이용하여 햇빛을 받아 이산화탄소와 물을 원료로 써서 녹말 등의 유기 영양분을 만들고 산소를 방출한다. 그 덕분에 지구상의 모든 동식물들이 숨을 쉬고, 아울러 산소의 양도 감소하지 않도록 균형을 잡아준다. 그런데 이렇게 소중한 역할을 담당하고 있는 녹색식물을 마구 훼손하면 공기 중의 이산화탄소와 산소의 양의 균형이 깨어지고, 지구상의 생물은 생존을 크게 위협받게 될 것이다. 열대 지방의 거대한 숲은 지구의 공기를 이처럼 정화하는 막중한 사명을 담당하고 있는데, 최근 이 숲이 매년 7만 6천㎢, 즉 우리나라 국토 면적의 1/3만큼씩 급격히 감소하고 있다고 한다. 그 밖에 생물다양성은 한 지역에 주어진 환경 요인의 총체적인 산물이기 때문에, 지역마다 구성원이 고유하여 복제가 불가능한 특성을 지니고 있다. 이를테면, 한반도의 생물상은 지구상의 그 어느 곳에서도 그와 똑같은 생물상을 이루는 곳을 찾아볼 수 없다. 그것은 마치 민족마다 고유한 문화유산을 지니고 있는 것과 마찬가지로, 지역마다 고유한 구성원으로 이루어진 생물다양성을 나타내고 있어서, 결코 복제될 수 없는 고유한 가치를 창조하고 있음을 뜻한다. 그러므로 우리가 문화유산을 지켜 보존하려는 것과 마찬가지로, 우리의 자연 환경에서 형성된 고유한 생물자원도 우리가 소중히 보존해야 할 사명이 있다.

결국 미래에도 생물자원이 부족한 나라들이 생존에 필요한 각종 자원을 자원 부국으로부터 얻어 써야 하는 사태가 벌어질 것이고, 이 때문에 치러야 할 대가가 엄청나리라는 것은 쉽게 짐작할 수 있다. 우리가 쌀 시장의 개방을 우려하는 것은 이로 인하여 우리의 쌀농사가 위축되고 식량의 자급자족이 불가능해질 때, 우리에게 식량을 수출하는 상대국이 그것을 무기로 삼아 우리의 생존을 위협하게 될 수도 있다는 우려 때문이다. 식량 자원이 무기화될 때 그것은 어떤 전쟁 무기보다 위협적이라는 사실은 누구나 쉽게 짐작할 수 있을 것이다.

2 동물의 계통 분리

(1) 동물의 계통 연보

- 화석, 비교해부학 및 발생학, 분자생물학적 분석에 기초

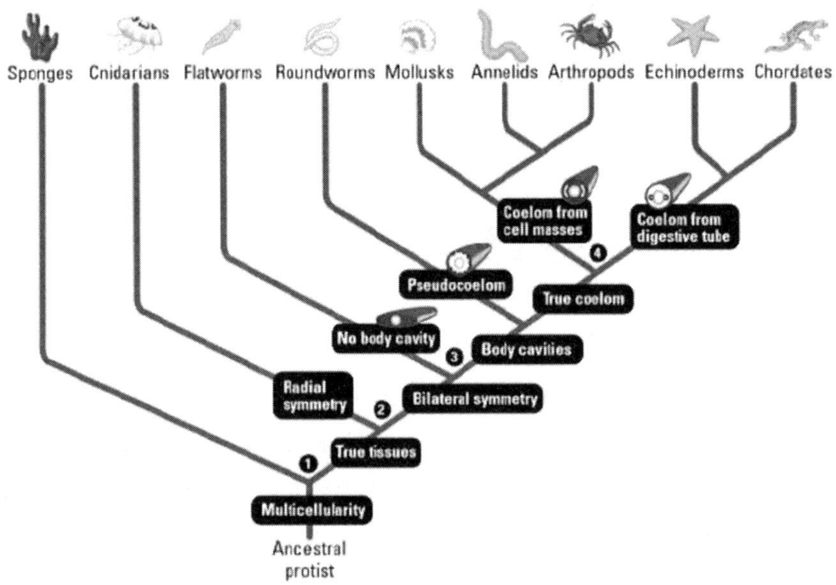

그림 2-1. 동물의 계통수(Phylogenic tree of animals)

1) 계통분리에 있어서 4분기점

- 구조적 복잡성에 의한 해면동물(조직결여)과 다른 동물의 분리
- 신체 대칭성에 따른 분리 : 방사대칭형(착생동물 또는 플랑크톤)과 좌우 대칭형(빠른 이동속도 동물로 머리부위에 뇌 존재)
- 체강(소화관과 체벽 분리, 충격완화, 내부기관 성장 및 운동)의 진화에 따른 분기

배 발달 시 내배엽, 중배엽, 외배엽발달
내배엽에서 유래된 조직으로 완전히 싸여있지 않을 경우 ⇒ pseudocoelum(위강)

- 체강기원조직(형성기작) 차이에 따른 분기
  세포덩이에서 유래 : 연체, 환형, 절지동물,
  소화관에서 유래 : 극피, 척색동물

3 주요 무척추동물문(Invertebrate Phyla)

- 동물종의 95%가 무척추동물

(1) 해면동물(Sponges)

- 착생동물로 초기에 군집성 원생동물에서 유래
- 9,000종으로 100종만 담수에 서식
- 신경 및 근육세포결여
- 환경감지 및 반응
- 구멍이 난 자루모양 : 물은 구멍을 통해 중앙으로 들어가 큰 구멍을 통해 밖으로 배출
- 구멍을 통과하는 물을 걸러 세균을 수집해 섭취
- 편모 달린 choanocyte세포가 점막에 세균을 포획한 식균작용으로 섭취 → Amoebocyte 세포는 choanocyte세포로부터 세균을 획득해 소화, 양분을 다른 세포로 전달
- Amoebocytes는 허족을 이용해 세균소화, 양분이동, 산소운반, 노폐물배출
- Amoebocytes는 골격을 구성하는 섬유를 형성

(2) 유자포동물(Cnidarians)

- 방사대칭, 쐐기세포(stinging cells)가 있는 촉수(tentacle)를 가짐
- 해파리, 말미잘, 히드라, 산호동물 등 약 1만종이 바다에 서식
- 중앙에 소화강(gastrovascular cavity)을 갖는 자루모양
- 한 개의 큰 구멍은 입이자 항문
- 두 가지 유형 : 부착형(polyp, 예, 말미잘, 히드라, 산호동물 등)과 부유형(medusa, 예, 해파리 등). 어떤 생물은 생활사에서 두 유형을 모두 거침

- 육식동물
- 촉수는 cnidocytes(방어와 먹이획득에 반응하는 세포)로 무장

(3) 편형동물(Flatworms)

- 단순한 좌우대칭 형체의 동물로 약 2만종이 물에 서식
- 플라나리아, 흡충(디스토마), 촌충 등
- 촌충 : 인간을 포함한 동물에 기생
  매우 길며(20m 까지), 소화관결여, 체표면으로 양분 흡수
  유충을 함유하는 날쇠고기 섭취로 감염

(4) 회충(Roundworms)

- 수서환경에 서식하며 약 9만종이 알려져 있음
- 토양 서식종은 분해자 역할 및 어떤 종은 식물의 해충
- 인간은 50종 이상의 회충함유(십이지장충, 요충, 선모충 등)
- 완전한 소화관함유(입과 항문 존재) : 먹이분해 및 양분흡수 기능
- 최초로 체강(pseudocoelum) 함유

(5) 연체동물(Mollusks)

- 달팽이, 굴, 조개, 문어, 오징어 등 약 15만 종으로 대부분 바다에 서식
- 유사한 기본적 체형구조 : 3가지 주요 신체부위(근육성 다리, 내장, 덮개)
- 3가지 주요종

1) 복족류(gastropod : 달팽이) :

한 개의 나선형껍질, 촉수 끝에 눈이 있는 머리

2) 쌍각류(bivalves : 조개, 굴) :

두 개의 각(shell), 모래나 진흙에 서식, 근육성의 다리

3) 두족류(cephalopods : 오징어, 문어) :

각이 작거나 내부에 함유 또는 결여. 부리형의 턱과 치설(radula) 함유. 입은 발의 기부에 존재

(6) 환형동물(Annelids)

- 체절을 가짐
- 약 1만 5천종이 수서 및 습지환경에 서식
- 3가지 종류 : 지렁이류, 갯지렁이류, 거머리류

1) 지렁이(Earthworm)

- 토양을 섭취해 소화관 통과 시 양분흡수. 미소화된 물질은 점액이 혼합된 배출물로 항문으로 배출 ⇒ 토양의 통기 및 질 증진

2) 갯지렁이류

- 해양에 서식.
- 체절에 부착된 부속지(단단한 강모)는 먹이인 무척추동물을 찾거나 체표면적을 증가시켜 산소흡수 및 대사폐기물(이산화탄소) 방출이 용이.

3) 거머리류

- 혈액흡수나 무척추동물(달팽이, 곤충 등)을 먹는 육식성.
- 대부분 민물에 서식(어떤 종은 열대의 습한 육지에도 서식).
- 혈액흡수거머리 : 피부를 찢고 마치 및 항혈액응고제가 함유된 타액분비.
- 의약용 : 심장병 환자의 혈액응고방지제, 충혈조직에 혈액제거, 사고 후 부은 손 및 발가락 완화

(7) 절지동물(Arthropods)

- 갑각류, 거미류, 곤충류 등 1백만 종 이상 존재(진화적으로 가장 성공적인 동물문)

1) 일반적인 특징

- 다양한 기능의 분절 및 부속지를 가짐
- 분절에 따른 상이한 부속지들은 이동, 포식, 감각인식, 수정, 방어 등에 사용
- 외부골격(exoskeleton, 단백질 + 다당류인 chitin)으로 싸여 있는 신체
- 외부골격은 부위에 따라 두껍고 단단하거나 연하고 얇음
- 외부골격은 보호기능 및, 부속지의 운동을 위한 근육부착부위
- 외부골격은 신체성장에 따라 자라지 않으므로 성장에 따라 교체필요(탈피, molting).

2) 절지동물문의다양성

• 주요 4절지 동물류(강) : 거미류, 갑각류, 노래기 및 지네류, 곤충류

① 거미류

- 대부분 육지에 서식 : 전갈, 거미, 진드기 등
- 4쌍의 다리와 한 쌍의 포식을 위한 부속지(거미는 어금니 모양 및 독샘 함유)를 가짐.
  독으로 먹이 마비 → 씹음 → 소화액분비 → 삼킴

② 갑각류

- 대부분 물속에 살며 게, 가재, 새우, 따개비 등
  (등각류인 쥐며느리는 습한 육지에 서식)
- 많은 쌍의 부속지를 가짐

③ 노래기 및 지네류

- 몸체에 걸쳐 다리가 부착된 유사한 체절을 가짐
- 노래기 : 썩고 있는 식물을 먹으며 체절마다 두 쌍의 짧은 다리가 나있다.
- 지네 : 육생의 육식동물(귀뚜라미, 파리의 포식자)로 체절마다 1쌍의 긴 다리가 부착,
  한 쌍의 독이 있는 갈고리발톱을 가짐

④ 곤충류

- 육지, 민물(바다에는 갑각류가 대부분), 대기 등 도처에 서식
- 가장 오래된 화석 : 4억 년 전 고생대
- 비행능력의 진화로 폭발적인 번성
- 꽃피는 식물 진화(중생대, 65백만 년 전)와 초식곤충 진화도 다양성에 기여
- 대부분 3 신체부위(머리, 가슴, 배) 함유
- 머리에는 1쌍의 안테나와 1쌍의 눈 존재, 여러 쌍의 다양한 입 부속 부위.
  메뚜기 : 식물을 물고 씹음, 집파리 : 액체 핥음, 모기 : 피부 뚫고 혈액 흡수 등
- 대부분 성충의 가슴에는 3쌍의 다리와 1 또는 2쌍의 날개
- 비행으로 곤충의 진화적 성공에기여 : 포식자 피함, 먹이발견, 서식지 확산에 용이.
  날개는 외부골격의 확장(반면에 새의 2쌍의 다리 중 1쌍은 날개로 변형)
- 많은 곤충이 변태를 함.
  (메뚜기 등은 유충이 성충과 유사한 모습을 갖지만 작고 신체비율이 다름)
- 유충은 먹이와 성장형태가 다름. 성충은 분산 및 생식에 용이한 형태
- 곤충은 다른 생물에 영향
- 곤충은 질병을 일으키는 미생물을 전달하기도(말라리아, 수면병 등)

• 곤충은 먹이를 위해 인간과 경쟁하기도(농작물에 피해)

(8) 극피동물(Echinoderms)

- 성게, 불가사리, 섬게, 해삼 등으로 해양에 서식
- 체절이 없으며 성숙하면 주로 방사대칭형. 유충은 좌우대칭형
- 내부골격(endoskeleton) 함유로 울퉁불퉁한 표면
- 수관계(water vascular system, 물함유 연결관) 함유 : 가스 및 물 배출 용이. 수관계의 돌출부인 관족(tube foot)으로 이동 및 먹이 고정
- 진화적으로 척색동물과 가장 유사 : 배발생적(체강형성 등)차이에 기인

4 척추동물 계보

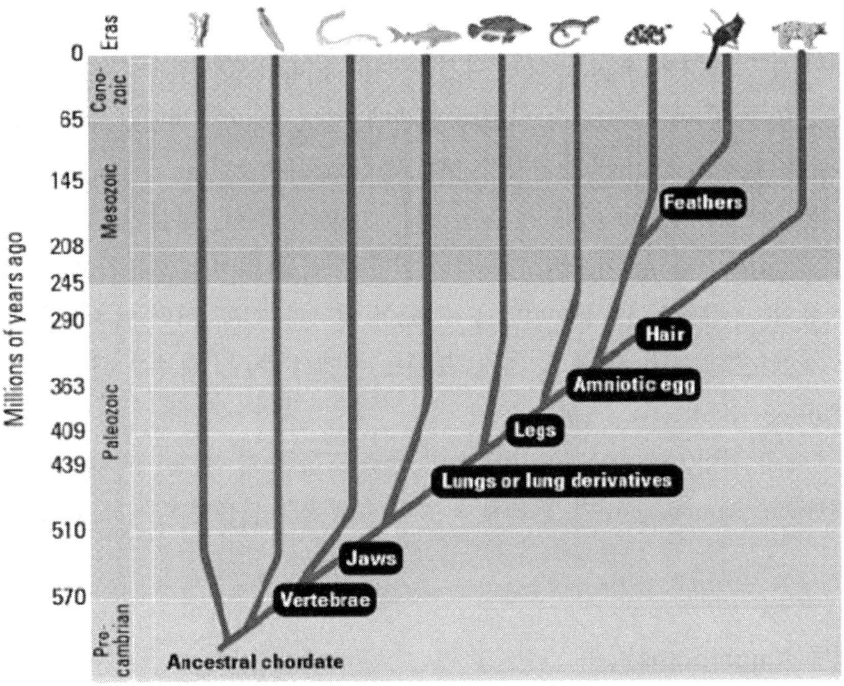

그림 2-2. 척추동물의 계보(Phylogenic tree of vertebral animals)

(1) 척색동물의 특징

- 무척추동물(활유어, 피막동물)과 척추동물 : 배 발생 및 성숙 시 공통 특징 함유.
- 척삭동물의 4가지 특징 : (배에서 나타나는 특징)
  ① 등 신경삭(dorsal nerve cord, 뇌와 척수)
  ② 소화관과 등 신경삭 사이에 위치한 긴 신경삭(notochord)
  ③ 인두공(pharyngeal slits) : 인두의 아가미 구조
  ④ 항문 뒤에 위치한 꼬리(post-anal tail)
- 척추골격 및 분절근육에서의 분절.

(2) 어류

- 최초의 척추동물(턱이 없는 칠성장어, agnathan)은 5억 4천만 년 전(초기Cambria기)에 진화.
- 최초의 턱이 있는 척추동물은 어류(4억 년 전) : 두 쌍의 지느러미함유, 육식성.
- 생존 어류의 두 부류 : 연골어류강(Chondrichthyes : 상어, 가오리등), 경골어류강(Osteichthyes : 참치, 송어, 금붕어 등).
- 연골성 어류 : 연골의 유연한 골격. 1천종 이하가 바다에 생존.
  - 상어 : 민첩 및 예민. 시력은 나쁘나 냄새에 민감. 머리에 전기감지기로 인접 동물의 근육운동에 의한 미세한 전기자장탐지. 측선으로 수압변화, 물의 진동 탐지
- 경골어류 : 약 3만종, 칼슘염이 함유된 뼈골격 함유. 측선, 냄새의 민감, 시력이 좋음. 아가미덮개(operculum, 아가미보호덮개) 함유로 이동 없이도 호흡가능. 부레(bladder)로 부력유지 ⇒ 움직임 없이도 떠있을 수 있어 에너지 보존. 어떤 어류는 부레와 소화관 연결로 물에 산소 부족 시 산소 얻음. 부레는 폐에서 유래. 대부분 뼈대 있는 지느러미(ray-finned fish).
- 경골어류에서 폐어(lungfish, 늪지에 살며 폐로 호흡함)와 뼈가 지지하는 근육성 지느러미 어류(lobe-finned fish)가 진화해 최초의 육생 척추동물인 양서류(amphibian)로 발전

(3) 양서류(Amphibians)

- 최초의 육생 척추동물. 개구리, 도롱뇽 등 4천종으로 척추동물의 8%.
- 수서 및 육지에 적응. 대부분 산란, 껍질결여, 건조 때문에 물에 의존.

• 개구리가 물에 산란 → 올챙이(조류섭취, 아가미, 측선, 지느러미함유) → 개구리로 발전해 육생(곤충섭취, 다리, 폐, 고막함유, 측선결여) 개구리는 습지에 서식 : 축축한 피부로 가스 교환 용이(피부호흡).

(4) 파충류(Reptiles)

• 뱀, 도마뱀, 거북이, 악어 등 6천 5백종이 현존.
• 양서류에서 진화하여 육지생활에 더욱 적응.
• 단백질 함유 비늘(탈수방지), 피부로 호흡 못함(오직 폐호흡), 다리함유.
• 딱딱한 각내에 물이 찬 알(유양막난, amniotic egg).
• 대사를 체온조절에 사용하지 않음(냉혈동물) : 행동적응으로 조절(변온동물).
⇒ 생존을 위해 같은 크기 포유동물의 10% 이하의 에너지 필요!
• 중생대(mesozoicera)에 가장 번성 : 공룡.
• 크레타기에 쇠퇴 시작 : 지구 기온의 강하와 다양한 기후에 기인. 대량 멸종기(mass extinction)로 한 가지 계통(후에 조류로 진화)을 제외한 모든 공룡의 멸종.

(5) 조류(Birds)

• 중생대에 파충류 번성기 동안 진화하여 8천 6백종 현존
• 유양막난, 다리 외에 날개 및 깃털 진화
• 뼈 내부는 벌집모양으로 견고하지만 가벼움
• 내부기관의 결여로 무게감소 : 1개의 난소, 치아결여(먹이를 모래주머니에서 분쇄)
• 항온동물로 대사를 체온유지에 이용
• 날개 : 비행기 같은 형태로 가슴근육세포에 의한 움직임
• 깃털은 케라틴 단백질함유, 단열기능
• 시조새(Archaeopteryx) : 1억 5천만 년 전 화석, 새의 기원이 된 조상에서 유래, 새 조상의 초기 비행형태의 특징함유

(6) 포유동물(Mammals)

• 2억 2천 5백만 년 전에 파충류에서 진화, 4천 5백여 종 현존.
• 대부분 육생 : 약 1천종의 날개 달린 포유동물(예, 박쥐 등), 80종의 수서동물(예, 돌고래, 고래 등도 현존).

- 털(체온유지)과 유선(mammary glands, 자식양육) 함유.
- 3부류 : 난생(단공류, monotremes), 유대류(marsupials), 태생(eutherians)
- 난생 : 오리너구리, 바늘두더쥐. 부화한 자식을 젖으로 키움.
- 유대류와 태생류 : 배는 자궁내 태반(placenta)에서 발달. 배는 양막강에 담겨서 발달.
- 유대류 : 캉가루, 코알라 등. 미성숙 상태의 새끼를 낳아 주머니에 넣어 젖꼭지 근처에 부착해 키움. 짧은 임신기간.
- 태생류 : 포유동물의 95%, 긴 임신기간

Q & A

◎ 동물이란?

다세포성 진핵생물로서 음식물을 섭취해 체내에서 소화하는 종속 영양생물이다.

◎ 가장 큰 동물은?

멸종 위기종인 청고래는 길이가 30m로 가장 큰 동물이다.

◎ 파충류의 체온조절은?

대사를 체온조절에 사용하지 않아 냉혈동물이다.

◎ 조류가 날 수 있는 이유는?

날개의 발달과 함께 뼈 내부가 벌집모양으로 견고하지만 속이 비어 있어 가벼우며, 1개의 난소, 치아결여 등으로 무게가 줄어 날 수 있다.

◎ 유대류에 해당하는 동물은?

캉가루, 코알라 등의 동물로 미성숙 상태의 새끼를 낳아 주머니에 넣어 젖꼭지 근처에 부착해 키우며 짧은 임신기간이 특징이다.

알아두기

▶ 생물 다양성

지구상에 서식하는 생물의 종류, 생태계, 유전자의 다양성 등을 총체적으로 지칭하는 말

▶ 탈피(molting)

절지동물은 외부골격이 신체성장에 따라 자라지 않으므로 성장에 따라 교체필요하며 기존 외부골격을 뚫고 성장하여 나오는 것을 탈피라 한다.

▶ 양서류(Amphibians)

최초의 육생 척추동물로서 개구리, 도롱뇽 등이 있다.

▶ 시조새(Archaeopteryx)

1억 5천만 년 전 화석, 새의 기원이 된 조상

▶ 흔적기관

환경이나 생활양식이 달라지면서 점차 퇴화되어 그 흔적만 남아 있는 기관

단원 학습 정리

1. 동물은 캄브리아전기(Precambria기) 바다에서 군집성 및 편모성 원생생물에서 기원해 폭발적인 증가를 하였다.
2. 동물의 계통분리에 있어서 4분기점은 구조적 복잡성, 신체 대칭성, 체강, 체강기원 조직이다.
3. 동물종의 95%가 무척추동물이며, 무척추동물은 해면동물, 유자포동물, 연체동물, 편형동물, 회충, 환형동물, 절지동물, 극피동물로 구성되어 있다.
4. 비행하는 곤충의 탄생은 비행 곤충을 포식자 회피, 먹이발견, 서식지 확산에 용이하도록 하여 곤충의 진화적 성공에 기여하였다.
5. 척삭동물의 4가지 특징은 등 신경삭으로 뇌와 척수, 소화관과 등 신경삭 사이에 위치한 긴 신경삭, 인두공, 항문 뒤에 위치한 꼬리를 가지고 있다는 점이다.
6. 어류는 최초의 척추동물로 5억 4천만 년 전 초기 캄브리아기에 진화하였다.
7. 파충류는 폐호흡을 하는 냉혈동물로서 중생대에 공룡으로 가장 번성하였다.
8. 포유동물은 대부분 육생하지만 날개 달린 포유동물로 박쥐 등이 있고, 물에 사는 돌고래, 고래 등의 특이한 경우도 있다.
9. 포유동물은 난생(단공류, monotremes), 유대류(marsupials), 태생(eutherians) 동물로 구분된다.

쉬어가기

최초의 육상 척추동물 양서류

현재의 양서류(개구리, 두꺼비, 도롱뇽)는 약 4,800종으로 지난 25년간 동물학자들은 전 세계적으로 양서류 집단의 빠른 감소에 대해 경고해 왔다. 양서류 집단의 감소 원인은 매우 다양하지만 환경 파괴와 병원성 곰팡이의 확산이 주원인이다. 즉 양서류의 생활사에 필요한 습지가 산성비에 의해 파괴되고 있기 때문인 것이다.

역사적으로 양서류는 매우 중요한 위치를 차지하는데 그 이유는 양서류가 육상 척추동물이기 때문이다. 데본기에는 이미 다양한 식물과 절지동물이 육지에 서식하고 있었다. 식물은 연못의 가장자리에 뿌리를 내렸고 습지는 새로운 환경을 조성했으며 먹이의 공급처가 되었다. 폐어는 물가에서 기체 교환을 하기 위해 아가미를 보강하고 있었으며, 강화된 뼈대로 지지된 강한 근육성의 지느러미는 식물이 무성하게 자라 있는 곳을 기어가거나 노를 젓기에 적당하였다. 따라서 수천만 년 전, 특정한 어류에서 진화된 허파와 부속지로 초기의 양서류가 육지에 상륙할 수 있었다.

초기의 양서류는 서식하기에 적합한 석탄기(Carboniferous)의 풍부한 숲에서 생활하면서 다양한 곤충과 육상에 먼저 정착한 무척추동물을 먹이로 구할 수 있었다. 그 결과 양서류는 양서류기로 불리는 석탄기 동안에 매우 다양해지고 먼 지역까지 널리 퍼져 번성하였다. 3억 년 전, 석탄 숲이 줄어들면서 초기 양서류도 쇠퇴하기 시작하였고 많은 종류가 사라졌으며 어떤 것은 현대의 양서류로, 어떤 것은 파충류로 진화하였다.

제 3 장

동물의 가축화와 축산
Animal Domestication and Livestock

가축화는 야생의 동물을 길들여 사육하도록 쉽게 만든 동물이다. 인류는 야생의 동물을 가축화 과정을 거쳐 인간에 유익한 것만 선발하거나 인간의 기호에 맞도록 선발하는 방식으로 인위적으로 동물을 선발·도태하였고 유전적 종의 유지가 가능하게 하였다. 가축화가 가장 먼저 된 동물은 개이다. 생활 반경이 사람과 유사하고, 사회집단을 형성하는 습관 때문에 길들여지기가 용이하였을 것으로 추정된다. 가축화된 동물의 이용 분야는 축산물로 동물의 생산물 이용, 사역동물로 힘과 지능의 이용, 애완용, 실험동물과 같이 동물 생체 이용 등과 같이 인간 생활의 여러 분야에서 이용되고 있다.

I. 개와 사람의 역사

학습목표
1. 개의 기원에 대하여 알 수 있다.
2. 개의 다양성에 대하여 이해할 수 있다.

1 개의 기원

(1) 마이어서스

약 6천만 년 전 족제비나 스컹크를 닮은 작은 포유류가 원시림을 기어오르고 있었다. 이 동물은 마이어서스(Miacis)로 개, 자칼, 늑대, 여우 등 오늘날 개과에 속해 있는 동물들의 조상이었다. 마이어서스는 오늘날의 개가 발가락으로 걷고 있는 데에 반해 발바닥으로 걸었고 이빨은 육식동물의 것이었다. 그리고 뇌는 작았지만, 당시의 또 다른 원시 육식 동물이었던 육치류보다 지능이 높았다. 육치류는 마이어서스에 비해 훨씬 그 수가 많았지만 점차 감소하여 2천만 년 전을 전후하여 멸종되고 말았다.

(2) 개과의 조상

3천5백만 년 전쯤에 마이어서스는 여러 가지 종류로 이루어진 초기의 개과로 진화되었다. 지금까지 알려진 바로는 그 종류가 40가지가 넘었는데, 곰을 닮은 것에서부터 하이에나나 고양이를 닮은 것들까지 있었다. 그리고 그 중에는 개와 유사한 것도 있었다. 예를 들면 사이노딕티스(Cynodictis)는 카디건 웰시 코르기의 조상과 흡사했다. 개를 닮은 이 동물들이 진화 과정에서 유일하게 살아남아 그 중 일부가 사육견의 기초를 만들어낸 것이다. 오늘날 우리가 볼 수 있는 개는 지금으로부터 1만2천 년 내지 1만4천 년 전에 유라시아 대륙에 처음 모습을 나타냈다. 도대체 개는 어떤 종류의 동물에서 파생된 것일까? 한때는 개의 조상이 자칼이나 혹은 자칼과 늑대의 교잡종으로 추측되기도 했다. 그러나 오늘날의 전문가들은 인도에 살고 있는 회색 늑대(학명은 *Canis lupus pallipes*)의 소형 남방계를 개의 조상으로 보고 있다. 이 당시 회색 늑대(회색 늑대는 이름과는 달리 털의 색깔이 매우 다양하다)는 유럽, 아시아, 북아메리카 대륙 등지에 널리 분포되어 있었다. 그 밖에 개의 조상으로 볼 수 있는 것은 인도 북부와 티베트에 서식하고 있는 털 많은 늑대와, 중동 사막 지방에 살고 있는 사막 늑대 등이다. 어쨌든 모든 사육견이 하나의 원종(혹은 2종 이상에서 나란히 발생되었을 가능성도 있는)에서 파생되었다는 것에는 의문의 여지가 없으며, 유전적으로는 다른 동물과 전혀 연관이 없다.

(3) 개의 다양성

야생의 개는 그 지능과 적응력, 그리고 무리 내부에서의 사회적 협동생활로 인해 급속도로 세계 곳곳으로 확산되었다. 그리고 세계 각지에서 다양한 방법으로 가축화되었을 것이다. 먹이를 찾으러 인간의 주거지를 배회하다가 가축화된 경우도 있을 것이며, 원시인이 먹기 위해 개를 사냥한 뒤에, 그 새끼들을 데리고 돌아와 기르기 시작한 경우도 있을 것이다. 세계 곳곳에서 발견되는 개의 뼈와 화석들은 주로 6천5백 년 전의 것인데, 이를 보면 그 당시에 다섯 가지 종류의 개가 있었음을 알 수 있다. 마스티프, 울프라이크 독, 그레이하운드, 포인터 유형의 개 그리고 시프독이다. 그 이후로 수천 가지 종류의 개가 인위적으로 또는 자연의 선택에 의해 발생되어 왔으나 수세기를 거치는 동안 많은 종이 사라지고 현재는 단 4백 종만 남게 되었다. 15, 16세기 당시에는 적어도 20가지 종류의 개들이 있었다고 전해진다. 그러나 지금은 멕시칸 헤어리스, 에스키모 독 그리고 페루와 칠레의 와일드독 등이 약간 남아 있을 뿐이다. 그 밖의 고대 품종으로는 아프리카가 원산지인 바센지, 중동이 원산지로서 그 이름만큼이나 역사가 깊은 살루키 그리고 아프간 등이 있다.

II. 동물과 사람의 만남

학습목표

1. 가축화의 의미에 대하여 알 수 있다.
2. 가축화 요인에 대하여 이해할 수 있다.
3. 가축화된 동물의 이용분야에 대하여 알 수 있다.
4. 가축화된 동물의 종류와 특성에 대하여 알 수 있다.

1 가축화(domestication)

(1) 가축화의 의미

가축화(家畜化, domestication)는 야생 짐승을 길러 번식하게하고, 사람의 삶에 유용한 성질을 갖는 개체를 선발하는 것을 말한다. 또 야생의 동물을 사람을 따르는 가축으로 만드는 일도 가축화라고 한다. 가축화는 순화라고도 불린다.

가축화 또는 순화란 야생의 식물 또는 동물을 인간이 경작 또는 사육할 수 있도록 길들인 것을 말하며 영어로는 domestication이라 한다. 순화된 식물로는 밀, 보리, 쌀 등의 농작물을 들 수 있고 가축화된 동물로는 오래된 벽화에서 볼 수 있듯이 야생의 들소를 가축으로 길들인 것이 좋은 예로 들 수 있다.

(2) 가축화의 목적

사람은 이익을 위해 역사적으로 동물을 사육하여 번식하게 하였다. 이용 목적은 여러 가지이다. 이를테면 돼지나 소의 경우 식용으로, 개는 식용뿐 아니라 애완용으로도 길러진다. 이러한 과정 속에서 품종 개량을 하기도 한다.

(3) 가축화의 결과

인류가 야생동물을 가축화함에 하여 손쉽게 사육할 수 있는 동물로 가축이 탄생하게 되었다.

동물의 가축화에 의한 변화 결과로는 아래의 예를 들 수 있다.

- 본성이 약화되어 사람을 잘 따르게 된다.
- 뇌가 작아진다.
- 사람에게 필요하거나 유용한 부위가 커지게 된다.

이러한 것들은 인위적인 선택에 따른 변화이다. 이러한 것들 말고도 다음과 같은 변화도 뒤따른다.

- 번식 시기가 길어진다.
- 얼룩무늬 등 외형이 다양해진다.
- 병에 취약해진다.
- 생활을 위해 인간을 의지하게 된다.

그림 3-1. 야생동물의 가축화와 외모의 변화

이러한 현상은 '자연선택'을 따르지 않고 인간의 보호를 따른다. 이와 같은 경향은 사람에게도 찾을 수 있다.

가축화는 동물을 인간에 유익한 것만 선발, 기호에 의한 선발(애완용)로 인위적으로 도태하였고 유전적 종의 유지가 가능하게 하였다. 사람의 목적에 따라서는 가축과 야생의 종과 번식도 가능하였다. 외모의 변화로는 이빨의 퇴축, 모색.모장의 변화, 돼지와 같은 일부 동물에서는 몸통의 비율 증가하였고 성성숙의 조기화, 번식계절의 상실, 산자수의 증가 등의 변화도 보인다.

(4) 가축화된 동물의 종류

가축화의 역사는 오래된 것으로 추정되고 있는데 고대 이집트의 벽화에도 사냥 뿐 아니라 가축화된 동물의 사육 그림이 발견되고 있다.

야생동물의 가축화 과정을 살펴보면 제일 먼저 가축화된 가축화의 시조는 개로 알려져 있다. 이는 개가 생활 반경이 사람과 유사하고, 사회집단을 형성하는 습관으로 길들여지기 용이하여 가축으로 길들여지고 유사시 비상식량에도 이용되었을 것으로 생각되고 있다.

개의 가축화에 이어 염소, 면양과 같은 중형동물의 가축화가 이루어졌을 것으로 추정되고 있다. 이는 인류의 농경문화의 발달과 인구밀도 증가로 곡류 재배가 늘어나고 농작물의 부산물 이용 증가로 중형동물의 가축화가 가능하였을 것으로 생각해볼 수 있다.

고대 벽화에서 개를 사육하는 사람들의 모습이 자주 발견되어 개의 가축화 시기가 오래되었음을 보여주고 있다.

가축화된 동물의 예는 아래와 같다.

- 말 - 과거에는 전투용으로 이용하였으나 현재는 경마용이나 사극촬영용에 이용된다. 가축임에도 불구하고 도살이 거의 없고 천수를 다 누리는 데다가 사망시 인간에 버금가는 장례예우를 받는 등 상당한 예우를 받는 가축이다.
- 소 - 과거에는 노동용으로 이용하였으나 현재는 식용으로 이용된다.
- 토끼 - 식용, 애완용
- 돼지 - 최초에는 식용이나 품종개량등의 과정을 거쳐 일부 품종에 한해서 애완용으로 이용되기도 한다.
- 양 - 식용 / 의류제조용
- 염소 - 식용
- 누에 - 식용(번데기) / 의류제조용

- 오리 – 식용
- 고양이 – 애완용
- 닭 – 식용
- 낙타 – 노동용
- 메추리 – 식용
- 야크 – 식용 / 노동용
- 곰 – 애완용 / 경비용(극히 일부지역에서만 한정적으로 키운다.)
- 코끼리 – 과거에는 노동용과 전투용으로 이용하였으나 현재는 노동용으로만 이용된다.
- 개 – 경비용 / 애완용 / 노동용 / 식용 / 전투용 등 용도가 다양하다. 개는 가축 중에서 아직까지도 군대에서 전투용으로 활용하는데 그것이 군견(軍犬)이다.

2 가축화 요인

(1) 가축화 이유

농경문화의 정착은 야생 식량자원의 가축화를 촉진시켰다. 식량자원으로서 작물재배에 의한 식물성 식량자원은 비가 많고 고온 지역에서 농작물의 재배가 쉬워 식물성 식량자원의 경작과 이용이 많았을 것으로 추정하고 있다. 식물성 식량자원의 경작과 이용의 증가는 그 부산물의 증가를 가져오게 되었고 이를 이용한 가축의 사육도 가능하게 되어 인간과 작물 가축의 공존관계가 형성되었을 것으로 생각된다.

동물성 식량자원은 생산성에서 식물성식량자원 보다 떨어진다. 그러나 비가 적고 냉랭한 기후로 인하여 곡물과 같은 식물성 생산이 어려운 지역은 우유나 고기와 같은 동물성 식량의 이용이 필요하였고 영양적인 부분에서 동물성 식량자원이 식물성 식량자원 보다 높기 때문에 동물성 식량자원의 필요성이 대두되었을 것으로 추정해볼 수 있다. 이러한 이유로 야생동물의 가축화가 이루어졌을 것이다.

과거 25만 년간 인류는 약 300만 명에서 50억 명으로 증가했고, 30세도 안 되던 수명이 평균 70세가 되었다. 인구의 증가는 빙하기 마지막에서부터 시작되었으며, 인간이 동굴에서 살면서 불을 사용할 줄 알았고 집단생활을 하는 사회성 때문에 빙하기에 다른 생물보다 더 많이 살아남을 수 있었다고 한다. 사람이 개의 선조인 늑대와 관계를 맺기 시작한 것이 이 무렵일 것으로 추측하고 있다. 다음은 사람이 식물을 재배하여 식량을 생산할 줄 알게 되고 동물을 가축으로 길들이는 방법을 배우면서 인구가 늘어났고 마지막으로 산업기술이 발전되면서 세계의 인구가 폭증하게 된 것이다.

오늘날 사람들은 사냥을 식량을 얻기 위해 하지 않고 다만 오락으로 할 뿐이다. 사람들의 생활은 동물들의 생활과 점차 멀어지고 있으며 가축으로 정착된 동물은 그들의 생존을 인간에게 의존하면서 인간 곁에 머물고 있는 것이 야생동물과 다른 점이다. 야생동물을 어렸을 때에 어미에게서 떼어내어 사람이 길렀을 때에 사람에게 온순해지고 사람 곁에 계속 머물게 될지는 그 동물종의 유전적인 사회 행동 형태, 즉 먹이를 얻고 살아가기 위해 독립적인 생활을 하는가 또는 무리를 지어 살아가는 동물인가에 따라 다르다고 한다. 또 자기보다 작은 동물을 잡아먹는 동물은 일반적으로 혼자 살아가지만 자기보다 큰 동물을 잡어 먹는 동물은 떼를 지어 살아간다고 한다. 떼를 지어 살면 먹이 문제도 해결되기 쉽지만 자체 방어력이 없는 어린 새끼도 쉽게 보호할 수 있게 된다. 선사시대의 인간 공동체에서는 동물의 어린 새끼들을 길렀을 것이 틀림없다. 그러나 그들이 가축화되기 위해서는 무엇보다 그들이 다 자란 다음에도 인간 곁에 머물면서 먹이와 번식을 인간에게 의존하고 서로 의사를 교류할 수 있는 특성을 가진 동물이어야 했다.

인류가 야생동물을 가축화한 이유를 추정해 보면 아래와 같다.

- 비상용 식량으로 유사시 먹을 수 있는 식량의 비축 필요성
- 제물로 사용될 동물의 가축화 필요성
- 인간과의 교감을 할 수 있는 애완용 동물의 필요성

(2) 가축화의 조건

동물 특히 포유동물류는 인류가 지상에서 살기 시작할 때부터 항상 인류와 생활을 같이 해오고 있다. 인간은 살기위한 식량을 얻기 위해 사냥꾼으로서 진화하면서 육식을 하게 되었으며 다른 육식동물들과 항상 경쟁관계가 지속되었고 이러한 상황 속에서 인간은 오늘날 가축으로 자리 잡은 동물들과 특수한 관계를 갖게 되었다. 이렇게 사냥꾼으로 생활하면서 형성된 인간의 능력, 행동, 및 습관은 오늘날 지구를 지배하는 생물로서 고도의 문명을 발전시키고 있으면서도 그대로 우리 몸안에 남아 있다. 즉 다른 동물 또는 다른 사람의 표정, 자세 또는 몸짓만으로도 의사를 소통하고 다른 동물의 행동을 거의 무의식적으로 예측할 수 있는 능력을 가지고 있는 것이다.

동물들이 가축화되던 초기에는 사냥꾼인 인간이 포획물인 동물의 행동과 생활에 동화하는 방향으로 진전되었으며 이러한 관계는 소떼와 함께 이동하며 생활하는 미국 인디안들, 순록 떼와 함께 살아가는 노르웨이 북부의 라플란드 사람들에게서 오늘날에도 지속되고 있

는 사실을 관찰할 수 있다. 동물의 가축화는 수많은 사람들이 무의식적으로 또 반복적으로 시도되면서 오랜 세월에 걸쳐 서서히 이루어진 것으로 판단된다. 이러한 과정 중에서 야생으로 돌아간 동물도 상당히 많으며 가축으로 성공적으로 자리 잡은 동물들에는 오늘날 우리가 보는 바와 같이 소, 돼지, 닭, 말, 개, 토끼, 염소, 양, 오리, 거위 등이라고 할 수 있다.

야생동물로서 가축이 되기 위한 최소한의 조건은 아래와 같다.

- 몸이 튼튼할 것
- 이유시기 빠르고, 강건할 것
- 사회생활 적응력이 높을 것
- 인간의 식량자원과 경합 없을 것
- 집단사육에 적응력이 있을 것
- 번식이 쉬울 것
- 인위적 번식 조절이 용이할 것
- 군거성, 온순할 것
- 사람을 잘 따를 것
- 환경적 요구가 까다롭지 않을 것
- 쓸모가 있어야 할 것
- 사육관리가 어렵지 않아야 할 것

실제로 이러한 조건을 갖춘 동물의 종류는 극히 소수에 지나지 않는다. 때로는 한 가지 조건이 맞지 않아서 가축으로 정착하지 못하고 야생으로 남아있는 동물들도 있다. 인간의 문명이 발달하면서 이들 야생동물들은 점점 생존에 위협이 가중되고 있는 실정이다. 야생의 동식물은 각종의 자연적 및 생물학적 조건에 의해 선택되고 진화되어 왔지만 가축으로 된 동물들은 지리적으로 격리된 상태에서 인간의 목적에 따라 선택되어 오면서 오늘날에 보는 바와 같은 여러 가지의 가축 품종으로 진화 정착되었다고 할 수 있다.

가축화 또는 순화를 결정짓는 요소로 야생의 식물 또는 동물, 사람, 그리고 환경의 세 요소의 조건에 따라 가축화 또는 순화가 결정된다.

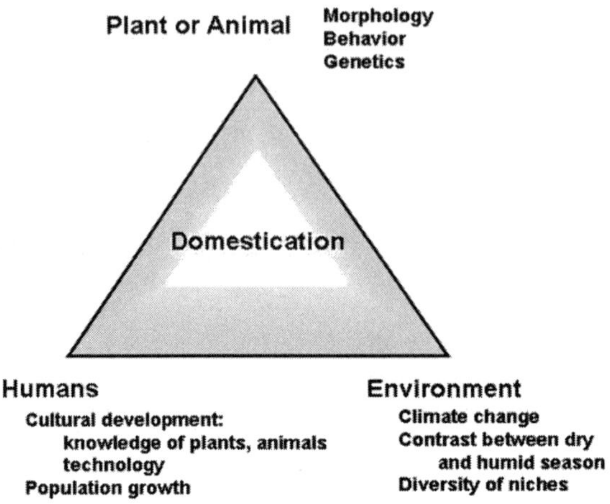

그림 3-2. 가축화의 요인.

3 가축화된 동물의 이용 분야

가축화된 동물을 인간이 유용하게 이용 가능한 분야를 알아보면 아래와 같이 분류해 볼 수 있다.

첫째, 동물의 생산물 이용이 있는데 이는 축산, 산업동물과 같은 동물성 식량자원으로 축산물을 이용하는 것이다. 가축으로서 동물성 식량자원으로 이용되는 주요 가축 종류로 소, 돼지, 닭이 있고 기타 축종으로 염소, 말, 면양, 사슴, 토끼, 여우, 밍크 등이 있다.

둘째, 힘과 지능의 이용으로 사역동물 종류가 있다. 소, 말, 당나귀와 같이 운반용이나 경운용으로 이용되는 동물이 있다.

셋째, 외모의 이용으로 애완용, 관상용 동물이 있다. 애완 및 관상동물로서 개, 고양이와 관상조 등이 있다.

넷째, 생체 이용으로 실험동물이 있다. 실험동물은 과학 연구를 위해 사육되는 동물로서 마우스, 랫드, 기니픽, 햄스터, 저빌 등이 있다.

그 이외에 가축화되지는 않았으나 길들여 이용하는 수렵과 사냥이용 동물로서 족제비, 매 등의 동물이 있다.

(1) 가축화된 동물의 노동력 제공

동물의 힘은 인류의 발전 초기부터 매우 큰 역할을 해왔으며 과학과 기계문명이 발전된 오늘날에도 매우 중요한 위치를 차지하고 있다. 동물의 힘이 가장 크게 쓰인 곳은 농업, 운송, 전쟁이라고 할 수 있다. 인류는 아마도 동물의 힘이 없었다면 오늘날 보는 바와 같은 문명을 이룩할 수 없었을지도 모른다.

사람들은 주로 소, 말, 나귀, 라마, 낙타, 코끼리, 개 등의 힘을 이용하였다. 동물의 힘을 이용하기 위한 장비와 방법들도 다양하게 발전하였으며, 사람들은 동물의 힘을 이용하기 위해 동물을 훈련시켜서 명령대로 따르게 하는 법을 알았다.

말은 약 5천 년 전 부터 운반수단과 농업용으로 이용되어왔고 현재 약 6천 만두의 동물이 경운용, 운반용과 같은 농업용으로 이용되고 있다. 고대 벽화에서 볼 수 있듯이 말은 오래 전 부터 수레를 끌거나 군인을 태우는 사역동물로 이용되어왔다.

소는 약 9천 년 전 부터 운반수단과 이용되어왔고 현재 약 5억 두가 농업용으로 이용되고 있다.

당나귀는 약 5천 년 전 부터 운반수단과 이용되어왔고 환경 적응력 강한 장점을 가지고 있고 현재 약 4천만두가 농업용으로 이용되고 있다. 당나귀는 환경적응력이 강한 장점을 가지고 있어 현재까지도 중요한 사역동물로 이용되고 있다.

말과 당나귀의 교배에 의하여 노새와 버새를 얻을 수 있다. 노새는 약 2천 8백 년 전 부터 이용되어왔고 암말과 수컷 당나귀의 잡종으로 잡종강세 현상으로 강인하며 운반능력이 우수하여 현재까지도 약 1천4백만 두가 운반용, 경운용으로 이용되고 있다. 버새는 수컷 말과 암컷 당나귀의 교배로 열성인자들을 가지고 태어난 것으로 능력이 떨어지기 때문에 기피되는 동물이다.

다른 사역동물로 야크와 물소가 있다. 야크의 서식지는 히말라야, 시베리아, 티벳과 같은 중앙아시아 고산지대에서 사역동물로 이용되고 있다. 해발 3,000미터 이하의 저산지대에서는 활력 떨어진다. 물소는 약 4,500년 전 가축화되어 아시아에서는 경운용이나 농업용으로 이용되고 있다. 고산지대에서 사역동물로 이용되는 야크와 아시아 지역에서 주로 이용되고 있는 물소를 볼 수 있다.

사역동물로서 낙타와 라마도 이용되고 있다. 낙타는 아프리카, 아시아 지역 등의 사막지대에 서식하며 과거에 동양과 서양 교역에 이용되었다. 라마는 약 4,000년 전 가축화되기 시작하여 남아메리카 산악지대에서 운반용으로 이용되었다. 사막지대에서 사역동물로 사용되는 낙타와 라마를 볼 수 있다.

기타 특이한 사역동물로서 순록과 코끼리 및 개를 들 수 있다. 순록은 스칸디나비아 반도, 시베리아에서 썰매를 이용하여 운반하는 사역동물로 이용되기도 하였다. 코끼리는 약 4,000년 전 가축화되어 아프리카, 동남아시아에서 운반용으로 사육되었다. 개는 에스키모, 인디안들의 썰매 운반에 이용되기도 하였다. 사역동물로서 순록과 개는 썰매를 끄는 용도로 이용되었으며 코끼리 또한 사역동물로 이용되었다.

1) 동물의 힘과 농업

경작지 개간, 밭갈이, 작물의 수확 등에 동물의 힘이 널리 이용되었다.

2) 동물을 이용한 운송

무거운 짐의 운송, 교통수단 등에 이용되었다.

3) 전쟁에서의 동물

전쟁에서 말은 중요한 무기와 같은 역할을 하였다. 아울러 적진의 정찰, 정보의 전달 등에도 널리 이용되었다.

(2) 애완용 및 관상용 동물

애완동물은 사람에게 애정과 관심을 갖게 하는 동물로서 개는 애완동물의 대표적 동물로서 인류역사상 가장 일찍 약 기원전 1만 2천 년 전~1만 4천 년 전에 가축화되었다.

개는 가장 품종이 다양한 동물로서 사람의 목적에 맞게 선택 육종되어 400종 이상의 다양한 품종이 등록되어 있으며 외모와 크기 또한 가장 다양한 동물 종이다. 개는 사육목적에 따른 분류로는 목양용, 사역용, 수렵용, 애완용이 있다. 개를 애완용동물로서 본격적으로 사육되어 보급된 것은 유럽에서는 약 3천 9백 전, 동양에서는 후한시대 약 3,000년 전 부터로 알려져 있다.

고양이는 기원전 약 5,000년 전에 가축화되었다. 인류가 정착생활을 하여 식량으로 곡물을 생산하면서 수확한 곡물창고에 쥐떼가 모여들자 쥐를 사냥하기 위해서 고양이를 창고지기로 활용하였고 이 후 왕실이나 귀족사회에서 애완동물로 사육되었다.

애완 고양이의 특징은 동작이 아름답고, 집안에서 기르기에 알맞고, 청결한 성격으로 애완동물로서 큰 사랑을 받고 있다. 고대 이집트 벽화 속에서 고양이의 모습을 볼 수 있다. 오래 전 부터 고양이는 인류와 함께 생활을 하였다는 것을 알 수 있다.

그림 3-3. 고대 이집트 벽화 속의 애완 고양이

애완동물로서 관상조는 약 만 년 전 이미 고대 신전은 비둘기의 번식 장소로 제공되었으며 이집트에서는 약 7천 년 전부터 비둘기를 통신용으로 이용하였고 약 3천 년에서 4천 년 전에는 가축화된 사육조가 등장하였다. 그리스, 로마시대에는 새 기르기가 유행하였고 14세기 이후 무역과 항해술의 발달로 멀리 떨어진 지역에 서식하는 아름다운 새의 반입 사육이 늘어나게 되어 관상조의 사육이 보편화되었다. 애완동물로서 관상조의 특징은 소규모 공간에서 사육이 용이하고 삭막한 도시생활에 여유를 줄 수 있다는 점으로 많은 사람들의 사랑을 받고 있다.

(3) 수렵과 사냥에 이용되는 동물

수렵과 사냥에 이용되는 동물은 가축으로 보기 어려우나 사람이 훈련하여 수렵과 사냥에 이용하는 동물을 말한다.

치타는 고대 이집트에서 15세기 인도에 이르기까지 사냥에 이용되었으며 치타는 사슴의 일종인 카젤을 사냥하기 위해 인간이 훈련되었으며 번식을 시킬 수가 없었기 때문에 가축화 되지는 않았다.

흰족제비는 약 2,900년 전부터 가축화되어 유럽, 남미 등에서 토끼 사냥을 하는데 사용되었다.

수달은 중국의 당대에 물고기를 잡는데 사용되었으며, 인도에서도 19세기에 물고기 사냥에 이용되었고 유럽에서는 16~17세기에 물고기 사냥에 이용되었다.

돌고래는 최근 수중폭발물을 탐지하는데 이용되기도 한다. 미국 해군은 이라크와의 전쟁인 걸프전에서 훈련된 돌고래를 활용하여 수중의 기뢰를 탐지하는 수중탐지 돌고래를 활용하였다.

기타 수렵과 사냥에 이용되는 특이한 동물로서 비비는 염소를 방목할 때 주로 사용하였으며 어미를 잃은 어린 염소의 어미를 찾아 주는 역할을 하기도 한다. 매는 동양에서 기원전 1,200년부터 새나 토끼사냥에 이용되었고 유럽에서는 9세기부터 귀족사회에서 사냥에 이용되었으며 근래 인도, 파키스탄, 사우디아라비아 등에서 또한 사냥용으로 활용되고 있으며 최근 비행장에서 새 떼를 쫓는 데에도 활용되고 있다.

중세 유럽의 귀족사회에서 매는 사냥의 중요한 도구로 이용되었으며 매를 이용한 사냥이 보편화 되었었다.

4 가축화된 동물의 종류

실제로 가축화는 기원전 약 9,000년경 당시 비교적 인구밀도가 높았던 서아시아지역의 수렵채집민들이 종래의 생활을 바꾸면서 동물을 길들여 가축화하기 시작한 것으로 생각되고 있다. 인구의 증가로 동물의 사냥이나 채집으로는 식량을 얻기 어렵게 되었으며 그 해결 방법으로서 순화된 동물을 기르고 작물을 재배하기 시작하였을 것이다. 아마도 최초로 가축화는 14,000년 전에 이루어졌으며 동물 종은 개였다. 이 후 염소와 양이었을 것으로 생각되고, 다음으로 소와 돼지가, 마지막으로 말이 가축화 되었으나 경제적 및 사회적 기여도는 말이 가장 컸을 것으로 생각된다. 그림의 가축화의 고고학적 유적분포도에서 보는 바와 같이 가축화의 초기는 유럽남부와 서아시아 지역에서 진행된 것으로 보이며 기원전 7,000년 경까지 가축화된 염소와 양이 이 지역 농민의 중요한 식육자원이 되어 있었으며 또 이 시기에 소와 돼지가 가축화의 과정을 거쳤다고 한다.

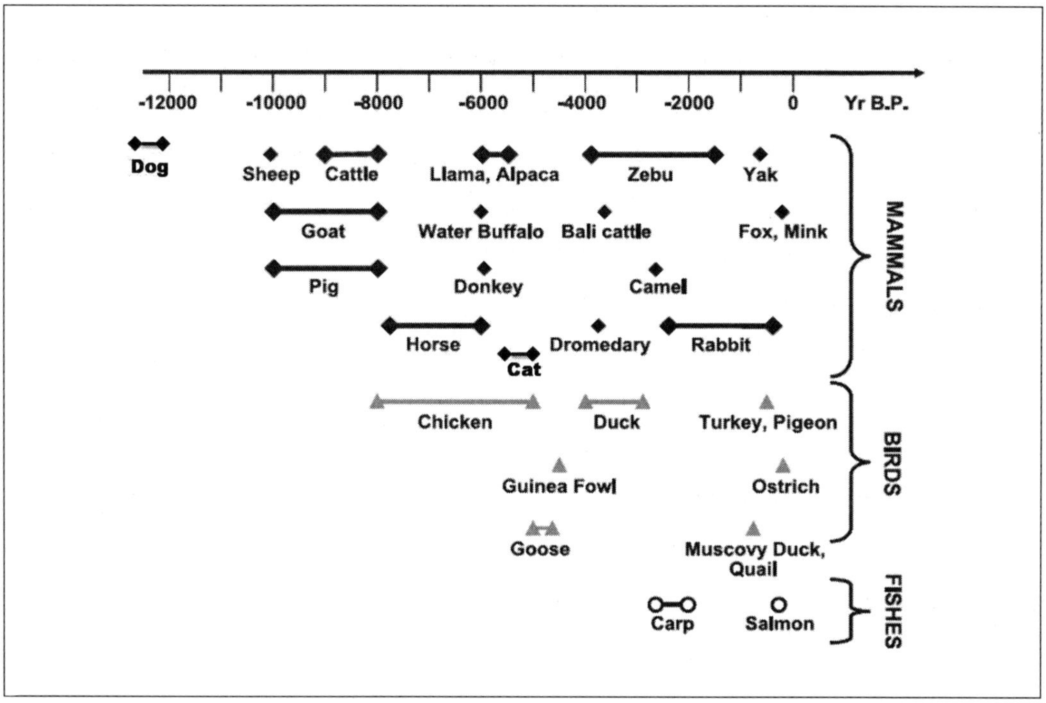

그림 3-4. 야생동물의 가축화 추정 시기

(1) 개(犬, dog)

오늘날 사람이 살고 있는 곳에는 반드시 개가 함께 살고 있는 사실을 볼 수 있다. 개는 현재 400여종 이상의 품종으로 발전하였으며 이처럼 많은 개 품종이 생겨난 것은 사람의 인위적 선택의 결과라고 할 수 있다. 개는 선사시대에 수렵인들에 의해 길들여진 늑대의 후손이라고 인정되고 있다. 가축화의 과정은 최소한 기원 전 1만 4000년~1만 2천 년 전에 시작되었을 것으로 추정되며 빙하시대 말기에 개는 오늘날과 유사한 인간관계를 가지고 있었을 것으로 추정되고 있다. 개가 가축화된 정확한 연대는 알 수 없지만 Palegawra 동굴에서 구석기 시대 말기, 대략 기원 전 1만 4000년~1만 2천 년 전의 것으로 추정되는 야생 늑대와는 구별되는 개의 유골이 발견되었다.

빙하 시대 말기에 늑대는 사냥감을 둘러싸고 경쟁하면서 인간 주위에 살았으며 인간은 주위의 어린 늑대에게도 도움을 주었을 것이고 자연히 인간사회에 적응하면서 가축화 되었을 것으로 추측되고 있다. 개과에 속하는 동물로 유럽에서는 늑대와 자칼, 북아메리카에서는 늑대와 코요테, 남아메리카에는 여우와 부쉬도그(bush dog), 아시아에서는 늑대, 자칼, 돌(dhole) 등이 서식하고 있었다. 사람에게 길들여졌던 대부분의 늑대들도 자라면 자연으로 돌아가서 독자적인 야생 생활을 계속 했지만 그중에서 특히 온순한 늑대의 새끼가 살아남아 주위의 인간 집단을 자신의 무리로 받아들이고 자신의 생존을 위해 인간 집단에 적응하게 되면서 늑대가 가축화 된 것으로 인정된다. 이렇게 가축화된 늑대 즉 개를 인간들은 선택과 교배번식을 통해서 인간의 목적에 맞는 여러 종류의 품종으로 발전 시켜왔으며 한 예로서 캐나다의 에스키모는 썰매를 끄는 힘센 개 품종을 발전시켜 왔다. 오늘날 늑대와 전혀 다른 모습의 개 품종이 많이 있지만 해부학적 구조나 생리 기능은 물론 전체적인 골격, 치열(齒列), 장기의 구조, 소화 방법, 번식 방법, 심지어 기생충 종류도 개와 늑대는 같다고 한다. 늑대와 달리 가축화된 개에서만 발달된 특징은 짖는 습성이다. 늑대와 코요테는 야생이면서도 짖는 소리를 내지만 개과의 동물들은 사육되면서 짖는 법을 배운다. 또 개는 자기보다 우위의 개체에 대해서는 복종하는 행동을 취하고 집단에서 우위에 있는 경우에는 지배적 행동을 하고 있으며 이러한 행동 때문에 우호적인 의사가 소통되고 조화로운 사회를 이룰 수 있고 개의 이 복종 행동이 인간과 공동생활을 할 수 있게 하는 중요한 성질이라고 인식되고 있다.

그림 3-5. 고대 이집트 벽화의 개의 모습

(2) 돼지(豚, pig)

돼지의 가축화는 기원 전 1만 년~8천 년 전쯤에 야생의 돼지가 인류에 의해 가축화되었을 것으로 추정되고 있다. 돼지는 다른 가축과 달리 한 배에 10마리 이상의 새끼돼지를 낳고 우수한 어미돼지는 1년에 25마리 이상의 새끼 돼지를 생산할 수 있다. 또한 발육이 빨라서 우수한 개체는 성장 기간 중에 하루에 1kg이상 자랄 수 있으며 돼지가 생산하는 고기는 단백질, 비타민 등 각종 영양소가 풍부하고 맛이 좋아서 인간의 중요한 식품으로 이용되고 있다.

현재 우리가 기르는 집돼지는 모두 야생멧돼지(*Sus scrofa*)의 일부가 순화되어 이루어진 것이다. 야생멧돼지는 유럽, 아시아, 북아프리카의 여러 나라에서 오늘날에도 많이 살고 있으나 북아메리카에는 살고 있지 않으며 신석기시대에 가축화 된 것으로 알려지고 있다. 멧돼지는 현재의 개량된 집돼지와 비교해 보면 몸에 비하여 머리가 크고 네 다리가 길으며 앞몸 부위가 발달되어 있다. 이와 같이 집돼지의 체형이 멧돼지에 비하여 크게 달라진 것은 인류가 멧돼지를 집돼지로 개량할 때 고기를 생산하는 능력이 우수하도록 변화시키는 동시에 인류에게 보다 이용가치가 있는 몸 부위가 발달하도록 변화시킨데 기인되는 것이다. 집돼지는 멧돼지에 비하여 체형이 달라졌을 뿐 아니라 한배에 낳는 새끼 돼지의 수도 훨씬 많아졌다. 한 배 새끼의 수가 많으면 돼지를 길러 보다 많은 수익을 올릴 수 있으므로 인간은 한 배 새끼의 수가 많아지도록 개량하여 온 것이다.

중국에는 메이샨(Meishan)종이라는 재래종 돼지가 있다. 이 돼지는 중국의 태호지방(太湖地方)이 원산지로 중국어로는 梅山豚이라고 쓴다. 따라서 우리말로는 매산돈이라고 부르지만 국제적으로는 중국식으로 발음하여 메이샨(Meishan)종이라고 알려져 있다. 중국의 이 재래종 돼지는 먼 옛날부터 중국에서 사육되었지만 근년에 와서 세계 여러 나라에서 관심을 갖게 되었는데 그 이유는 이 품종의 평균 한 배 새끼수가 무려 14~17마리나 되어, 한 배 새끼수가 많은 것으로 알려진 랜드레이스종에 비해서도 2~3두가 더 많다는 장점을 가지고 있으며 새끼 돼지를 젖먹이여 기르는데 필요한 젖꼭지의 수도 다른 품종에 비하여 훨씬 더 많다는데 있다. 이같이 우수한 유전자를 가진 메이샨종은 중국의 태호 지방에서 오랜 세월에 걸친 진화와 선발에 의하여 이루어진 것으로 추측되고 있다. 메이샨종은 1979년에 암컷 2마리와 수컷 1마리가 중국에서 프랑스로 보급된 다음 프랑스에서 이 품종을 가지고 여러 가지 연구를 하면서부터 세계의 이목을 끌게 되었다. 프랑스에서는 중국에서 도입된 메이샨중을 가지고 메이샨종의 순종뿐만 아니라 랜드레이스종이나 대 요크셔종과의 일대잡종을 생산하여 그 능력을 조사한 결과 메이샨종의 유전물질을 50%가지고 있는 일대잡종은 메이샨종 유전자의 영향을 받아 랜드레이스종이나 대요크셔종에 비하여 복당산자수가 약 4두정도 더 많게 나타났다. 메이샨종은 복당산자수가 많고 성성숙 일령이 빠른 등 여러 가지 장점을 가지고 있고 반면 도체의 지방층이 두껍고 발육이 늦으며 사료이용성이 불량하다는 단점도 가지고 있다. 따라서 메이샨종의 유전물질을 50% 가지고 있는 일대잡종에서는 도체의 지방층이 두꺼워지고 발육이 늦어지며 사료이용성도 불량해지는 경향이 있었다.

현재 우리는 비교적 저렴한 가격으로 지방분이 적고 살코기가 많은 맛있는 돼지고기를 구입해서 이용할 수 있게 되었는데 이것은 그동안 지속적인 종돈 개량 노력에 의하여 유전적으로 우수한 종돈이 육종되고 육종된 우수 종돈이 돼지 생산에 효과적으로 이용되고 있는데 크게 기인되고 있다. 종돈육종회사에서 하이브리드(교잡종) 돼지를 육종하려면 우선 원종돈 계통을 육성하는 것이 필요하다. 하이브리드 돼지를 생산하는데 이용되는 원종돈 계통은 어미돼지를 생산하는데 이용하는 모돈 계통(dam line)과 애비돼지를 생산하는데 이용하는 부돈 계통(sire line)으로 구분할 수 있다. 모돈 계통으로는 랜드레이스종의 한 계통과 대요크셔종의 한 계통이 이용되는 경우가 많다. 랜드레이스종과 대요크셔종은 번식 능력이 우수하여 복당 산자수가 많고 어미 돼지는 젖내는 능력과 새끼돼지를 기르는 능력이 우수하기 때문에 모돈 계통으로 널리 쓰이고 있다.

(3) 소(牛, cattle)

소의 가축화는 기원 전 9천 년~8천 년 전쯤에 야생의 소가 인류에 의해 가축화되었을 것으로 추정되고 있다. 소는 유럽에서와 같이 우유, 버터, 치스와 소고기 등 동물성 식품을 생산하는 매우 중요한 가축으로 인정받고 있지만 다른 여러 나라에서는 소가 없으면 농사를 짓지 못할 정도로 소는 힘을 이용하는 농용가축으로서 중요한 위치를 차지하고 있다. 소는 도살하면 거의 버리는 부분이 없다. 뿔, 뼈, 가죽 등은 중요한 산업자원이며, 소의 분뇨는 작물생산에 없어서는 안 될 거름으로서 이용되고, 인도에서는 중요한 연료로서 또는 건축 자재로 사용되기도 한다. 뿐만 아니라 소는 인류사회의 상징적인 가축으로서 부의 저축 수단으로서 사회1적 지위의 기준이 되기도 했다. 고증에 의하면 기원전 4000년경에 메소포타미아의 사람들은 우유를 생산하여 먹었으며 우유를 다루고 치스와 같은 유제품을 만드는 기술을 가지고 있었던 것으로 생각된다.

동남 아시아지역의 소를 빼고는 오늘날의 가축이된 소는 이미 멸종된 야생우(aurochs, 복수 aurochsen, *Bos primigenius*)가 선조인 것으로 인정된다. 이 야생우는 북미지역 외에는 홍적세(洪積世, Pleistocene) 말기부터 현세통(現世統, Holocene) 초기에 걸쳐 북반구 전역에 널리 분포해 살았으나 수렵 때문에 급격히 수가 감소되었고 청동기 시대(약 기원전 1250년)에 전멸하게 됐으며 중앙유럽에서는 17세기 초에 지상에서 자취를 감추게 되었다. 야생우는 북위 60도 이상과 30도 이남에서는 인도이외에서는 살지 않았던 것으로 알려지고 있다. 인도의 야생우는 다른 종류(*Bos primigenius namadicus*)로서 홍적세 화석으로 발견되고 있으며 등에 혹이 있는 인도의 zebu소의 조상으로서 아프리카와 아시아로 퍼져 나갔다.

야생우는 7개의 아과(亞科) 중 하나이며 이들은 우속(牛屬)에 속하는 유럽소(*Bos primigenius*) 아시아소(*Bos priminenius namadicus*, 인도계통 야생우외에 야크등 7종), 들소, 바이슨(Bison)등이 있다. 야생우들은 사람이 사는 근처에서 살면서 사람의 보호를 받으면서 새끼를 쉽게 키울 수 있었고, 사람들은 농사일을 위해 소에 대한 의존도가 높아지게 됐으나 소를 먹이는 것이 쉽지 않을 알게 되었다. 따라서 신석기시대에 이르러 서아시아와 유럽에서 소의 가축화가 진행되면서 소는 적은 체구의 방향으로 선택이 진행되었으며 철기시대에 이르러 오늘날과 같은 체구를 가진 소가 탄생하게 되었다. 등에 혹이 달린 혹소(Zebu)는 유럽소와 기원이 달르며 오늘날 아프리카에서 발견되는 여러 품종의 혹소는 인도나 중동에서 유입된 것으로 인정되고 있다.

인류의 식품으로서 가장 큰 기여를 한 젖을 내는 젖소는 한 마리당 우유 생산량이 증가되어 현재는 7,000kg에 달하고 있다. 이는 젖소에 대한 사양관리조건의 개선과 같은 환경적 원인에 의한 부분도 일부 있기는 하지만 그 상당 부분은 젖소가 유전적으로 개량된 데 기인되는 것이다. 젖소를 유전적으로 개량하기 위해서는 여러 가지 방법을 이용할 수 있으나 그 중에서 지금까지 가장 널리 이용된 방법은 유전적으로 우수한 수소와 암소를 선발한 다음 이 수소와 암소를 번식에 널리 이용함으로서 젖소의 유전적 개량을 도모하는 것이다. 근년에 와서 젖소의 번식에 인공수정이 널리 쓰이게 됨에 따라 우수한 씨수소의 정액을 많은 수의 암소에 인공수정 시킬 수 있게 되었다. 따라서 우수한 유전자를 가진 씨수소를 선발해서 인공수정에 널리 이용함으로서 젖소의 개량이 더욱 빠른 속도로 이루어 질 수 있었다. 젖소의 정액은 냉동정액으로 만들어 이용하면 오랜 기간 동안 보존할 수 있고 먼 거리까지 쉽게 운반할 수 있으므로 인공수정을 이용해서 젖소를 개량하는 데 크게 도움이 될 수 있다.

세계의 주요 국가에서 젖소의 유전적 개량이 빠른 속도로 이루어지고 있는 이유 중의 하나는 컴퓨터를 이용해서 유전적으로 우수한 씨수소와 씨암소를 정확하게 찾아내는 방법이 개발되고 이 방법이 효과적으로 이용되고 있는데 있다. 유전적으로 우수한 씨수소를 생산하는 과정을 살펴보면 우선 능력과 체형이 우수한 암소에 우수한 수소를 인공수정시켜 수송아지를 생산한다. 이같이 생산된 수송아지가 육성되면 각각 많은 수의 암소에 종부시키어 딸소들을 생산하고 생산된 딸소의 능력에 근거해서 유전적으로 우수한 씨수소를 선발할 수 있다. 이 같은 과정을 거쳐 다수의 딸소의 능력에 근거해서 선발되는 우수한 씨수소를 보증종모우(proven sire)라고 부른다. 보증종모우의 정액을 번식에 널리 이용하는 것은 현재 세계 각국에서 그 나라 젖소의 유전적 개량을 위한 중요한 수단으로 이용되고 있다. 우리나라에서도 근년에 와서 후대검정과정을 통해서 젖소 종모우를 선발하고 있는데 이러한 종모우를 한국형 보증종모우라 부르고 있다.

한편 한우는 수천 년 전부터 우리나라에서 역용우로 사육되어 왔으나 현재는 육용우로 개량되어 국내에서 소요되는 쇠고기의 공급에 중요한 역할을 하고 있다. 한우에서도 젖소의 경우에서와 같이 유전적으로 우수한 씨수소를 선발하여 인공수정에 널리 이용하는 방법이 한우개량의 중요한 방법으로 이용되고 있다. 인공수정용 한우 수소를 선발하기 위해서는 능력검정과 후대검정이 이용되고 있다. 능력검정은 수소 자신의 일당증체량, 사료요구율, 체형 등을 측정한 다음 조사된 성적에 근거해서 우수한 개체를 선발하는 방법이며 후대검정은 수소가 생산하는 후대의 능력에 근거해서 선발하는 방법이다. 한우의 18개월 령 체중은 1974년부터 1995년에 이르는 기간 중 현저하게 증가되었으며 체고와 요각폭도 커지는 경향을 보이고 있다. 한우에 대한 개량추세조사에서 18개월령 체중과 체형이 연도의 경과에 따라 개량되는 추세를 보이는 것은 그 상당 부분이 한우의 개량을 위한 우수 종모우의 선발과 이용에 기인되는 것으로 생각된다. 최근에는 한우 고기의 맛을 보다 좋게 하기 위해서 종모우를 선발할 때 성장률과 체형 뿐만 아니라 근내 지방함량도 고려하고 있다.

(4) 닭(鷄, fowl)

닭의 가축화는 기원 전 8천 년~5천 년 전쯤에 야생의 조류가 인류에 의해 가축화되었을 것으로 추정되고 있다. 닭이 속하는 가금류(家禽類, domestic birds)는 대부분 Anseriformes목(오리, 거위)과 Galliformes(닭, 칠면조, 꿩 등)목에 속하고 있다. 오늘날의 닭류에는 인도, 미얀마등지의 적색정글닭(Red jungle fowl, Gallus gallus), 세일론정글닭(Ceylon jungle fowl, *Gallus lafayetti*), 회색정글닭(Grey jungle fowl, *Gallus sonneratti*), 자바정글닭(Javan jungle fowl, *Gallus varius*) 등이 있으며 오늘날의 닭(*Gallus domesticus*)은 벼슬, 울음소리, 외모등 모든 면에서 적생정글닭과 가장 닮았다. 세계적으로 닭은 알생산을 위해 발달된 란용종과 고기생산에 쓰이는 육용종, 란육겸용종, 애완용 닭 등의 품종으로 발달되어 있다. 란용종으로는 레그혼(Leghorn)종이 제일 유명하며 체형이 작고, 동작이 활발하며, 알을 품는 성질이 없다.

우리나라와 일부 국가에서는 산란계 및 육용계에 대한 경제능력검정(Random Sample Test)을 실시하고 있다. 산란계 및 육용계에 대한 경제능력검정에서는 종계육종회사에서 육종한 상업용 계종을 출품 받아 비교적 균일한 사양관리조건하에서 각 계종에 대한 능력과 수익성을 조사하여 발표하므로 육계사육이나 채란양계를 하기 위해서 부화장에서 육용계나 산란계 병아리를 구입할 때 어느 계종의 능력과 수익성이 우수한가를 판단하는데 도움이 되는 정보를 얻을 수 있다. 우리나라에서 실시하는 산란계 및 육용계 경제능력검정의 성적은 매년 월간양계에 발표하여 양계인에게 도움을 주고 있다.

산란계 및 육용계 경제능력검정을 실시한 결과 능력과 수익성의 면에서 우수하게 평가된 계종은 그 판매 수수가 증가하는 경향이 있다. 따라서 우수한 계종을 육종하여 경제능력검정에서 우수한 성적을 나타내는 종계육종회사는 경제적으로 보다 유리하게 될 수 있다.

(5) 면양(緬羊, sheep) 및 산양(山羊, goat)

면양의 가축화는 기원 전 1만 년 전쯤에, 산양의 가축화는 기원 전 1만 년~8천 년 전쯤에 야생의 동물이 인류에 의해 가축화되었을 것으로 추정되고 있다. 지구상에는 많은 수의 면양 품종이 사육되고 있는데 이들 품종 중에서 세모종(fine wool breed)은 굵기가 가늘고 섬세한 고급 양모(羊毛)를 인간에게 생산해 주고 있다. 세모종 면양은 스페인 원산인 Spanish Merino종에서 유래되었으며 이 품종이 호주에 도입되어 Australian Merino종으로 개량되었고 프랑스에 도입되어 Rambouillet Merino종으로 개량되었다.

양모가 길어서 그 길이가 무려 30cm정도나 되는 장모종(長毛種) 품종도 있다. 장모종 품종으로는 Lincoln종, Leicester종, Cotswold종 등이 잘 알려져 있다. 고급 모피를 생산하기 위하여 사육되는 면양 품종으로는 중앙아세아지방이 원산지인 Karakul종 등이 있다. Karakul종이 생산하는 모피 중에서 조산되거나 사산된 새끼양에서 생산되는 모피는 그 품질이 매우 우수하다. 어미양이 한 배에 낳는 새끼양의 수는 대부분의 경우 1~2마리에 불과하지만 핀랜드 원산인 랜드레이스종은 다산성인 특징을 가지고 있어 한 배에 3~4마리의 새끼 양을 분만한다. 따라서 핀란드의 랜드레이스종 면양은 새로운 품종을 만들 때 다산성의 특징을 도입하기 위하여 이용되기도 한다.

세계에서 면양이 많이 사육되는 나라는 호주, 뉴질랜드 등이며 몽고에서도 면양을 많이 기르고 있다. 우리나라에서는 1934년에 조선총독부가 남면북양(南綿北羊)의 농업정책을 수립하여 남한에서는 목화를 생산하고 북한에서는 양모를 생산하여 전쟁을 위해 필요한 물자를 조달하려고 하였다. 그러나 그 당시 우리나라 면양사육은 사양기술의 부족으로 인해서 큰 발전을 보지 못하였다. 우리나라에서 산양이 처음 사육되기 시작한 연대는 명확하지 않으나, '일본 서기'에 의하면 백제 법왕 원년에 산양 두 마리를 일본에 보냈다고 한다. 이와 같은 기록 등으로 미루어 볼 때 우리 나라에서는 이미 약 2,000년 전에 산양이 가축으로 사육되었거나 그렇지 않으면 제물이나 약용 등에 쓰인 것으로 추측된다.

우리나라에서 예부터 길러오고 있는 한국재래종 산양은 체질이 강건하고 병에 대한 저항성이 강하며 불량한 사양관리 조건하에서도 잘 견디는 장점을 가지고 있다. 그러나 암양은 젖통의 발달이 불충분하여 비유량이 적으며 젖내는 기간도 짧다. 한국재래종 산양은 우리나라에서 보신제로 많이 쓰이고 있다.

산양은 Saanen종과 Toggenburg종과 같이 주로 산양 젖을 생산하기 위하여 기르는 유용종 품종이 많이 있다. 산양 젖은 우유에 비하여 유지방의 지방구 크기가 작고 소화흡수가 잘된다. 또한 양털을 생산하기 위하여 기르는 산양 품종도 있는데 모용종 산양으로는 터키의 앙고라 지방에서 기원된 Angora종과 티베트의 캐시미어지방 원산인 Cashmere종 등이 있다. Angora종이 생산하는 양털을 모헤어(mohair)라고 한다. 모헤어는 양모에서와 같은 인편(scale)이 없어 미끄러우나 탄력이 있으며 염색이 잘 되어 좋은 직물이나 장갑의 원료가 된다.

(6) 토끼(兎, rabbit)

토끼의 가축화는 기원 전 3천 년~500년 전쯤에 야생의 동물이 인류에 의해 가축화되었을 것으로 추정되고 있다. 현재 우리가 사육하고 있는 집토끼는 지중해 연안지방에서 서식하고 있던 굴토끼가 로마 사람에게 사로 잡혀 순화된 이래 여러 나라로 퍼져 15~16세기에는 유럽 전역에 퍼지게 되었다. 영국에는 14세기 초에 집토끼가 도입되었는데 그 당시 영국에서는 토끼고기를 진미로 여겨, 비싼 값으로 거래하였다고 한다. 또한 토기의 모피는 귀중한 옷감으로 귀족계급에서나 입을 수 있었던 점으로 미루어 보아 양토가 얼마나 인기가 있었는가를 짐작할 수 있다.

중세기 이후 유럽 대륙에서는 벨기에와 프랑스를 중심으로 육용 토끼의 생산이 상당히 활발하였으나 영국에서는 점차 애완용으로 기르게 되었다. 호주에서는 이민과 함께 집토끼가 도입되어 매우 빠른 속도로 증식됨에 따라 면양사육에 큰 장애가 되기도 하였다. 일본에서는 명치시대부터 각종 토끼가 수입되어 사육되었으며 청일전쟁과 노일전쟁 때에는 토끼고기와 토모피가 군수품으로 이용되었다. 집토끼가 전세계에 퍼지게 된 것은 포루트갈 사람이 과거에 항해생활을 할 때 그들의 식량보급 수단으로 집토끼를 기항하는 곳마다 놓아 준데서 말미암은 것이라 한다.

현재 우리가 기르는 집토끼의 선조는 야토(hare)가 아니고 야생하는 굴토끼라고 할 수 있다. 집토끼와 야토는 동물분류학상의 위치에서 다를 뿐 아니라 몇 가지의 차이점이 있다. 피모색을 보면 야토는 계절에 따라 피모가 변색되는 종류가 많으나 집토끼에서는 피모색이 변화하지 않는다.

집토끼는 땅굴을 파고 살며 떼를 지어 사는 습성이 있으나 야토는 바위틈, 통나무 구멍, 숲속 또는 낙엽속에서 살며 군거생활을 하지 않는다. 야토는 봄과 가을에만 번식이 되며 봄에 한번 번식하는 것이 보통이다. 그러나 집토끼는 영양상태가 좋으면 연중 언제든지 번식시킬 수 있다. 한 배 새끼수도 야토에 비하여 집토끼에서 훨씬 더 많다. 집토끼의 갓난 새끼는 벌거숭이며 눈도 뜨지 못하지만 야토의 갓 난 새끼는 나면서 눈을 뜨고 배내털도 나 있다. 집토끼의 염색체수는 44개이나 야토에서는 48개로 집토끼와 야토 간에는 잡종이 이루어지지 않는다.

집토끼 중에는 토끼털을 생산하기 위하여 기르는 앙고라종이 있다. 앙고라종이 생산하는 토끼털은 속이 비어서 비교적 가볍고 촉감이 좋으며 보온력도 매우 우수하여, 직물의 원료로 널리 쓰이고 있다. 앙고라종의 토끼털은 표면이 미끄러워서 짠 천으로부터 빠지기 쉽다는 단점도 있다.

토끼고기는 영양소 함량의 면에서 다른 육류에 비하여 손색이 없으며 지방 함량은 약간 낮은 편이다. 토끼고기를 생산하기 위하여 기르는 육용종 집토끼로는 Flemish Giant종, Californian종 등이 있다. Flemish Giant종은 1920년대에 미국에서 개량된 대형종 품종으로 성토의 표준체중은 수컷 6.4kg, 암컷 6.8kg정도이다. 이 품종의 산육능력은 우수하지만 비만으로 인하여 번식능력이 떨어지기 쉬우며 한 배 새끼수가 적은 결점이 있다.

집토끼가 생산하는 토모피는 보온력이 좋아서 각종 피복의 원료로 쓰이며 장식용으로도 사용된다. 토모피를 생산하기 위하여 기르는 집토끼 품종으로는 Chinchilla종, Rex종 등이 있다. Rex종은 1916년에 프랑스에서 육성된 품/종으로 피모가 짧아 불과 1.2cm정도 밖에 되지 않으며 촉감이 부드러워서 우단과 같은 느낌을 준다. 따라서 이 품종이 생산하는 모피는 다른 품종의 모피에 비하여 비싼 값을 받을 수 있다. Rex종은 벨지안종에서 발견된 돌연변이에 근거하여 이루어졌는데 과거에는 체질이 약하고 질병에 잘 걸리는 경향이 있었으나 최근에 와서 체질이 비교적 강건한 계통을 육성하는데 성공하였다. Rex종은 모색에 따라 Dalmatien, Havana, Black, Blue 등의 네종이 있다.

애완용으로 사육되는 집토끼 품종으로는 Lops종, Himalayan종 등이 있다. Lops종은 영국에서 개량된 품종으로 커다란 귀가 아래로 늘어져 있다는 것이 특징이다. Lops종은 거동이 둔하고 번식력이 약한 단점이 있으나 귀가 크기 때문에 실험용으로 가치가 있다.

(7) 말(馬, horse)

말의 가축화는 기원 전 8천 년~6천 년 전쯤에 야생의 동물이 인류에 의해 가축화되었을 것으로 추정되고 있다. 또 가축화되기 까지 인위적인 선택의 영향을 가장 적게 받은 동물이다. 이는 말이 다른 가축보다 유전적인 변이가 적기도 하겠지만 말은 단순하게 그 힘만을 이용하기 위해 사육되 왔기 때문이기도 하다. 말이 가축화되기 시작한 신석기 시대 말엽의 동굴에서 발견된 말의 뼈를 보면 고기를 얻기 위해서 사육된 것으로 추정되고 있다. 갱신세(更新世, Pleistocene) 말기부터 기원전 4000년 까지 야생마(野生馬, *Equus ferus przewalskii*)

의 역사는 전혀 알려지지 않고 있으나 갱신세 말기에 유럽, 아시아, 북아메리카의 초원에 널리 분포되어 있었음이 틀림없고 고대 인류의 사냥감이었을 것이다.

유럽의 야생마는 서서히 동쪽으로 밀려가서 중앙아시아의 반사막지대로 들어갔고 오늘날 몽골의 초원 지대에 살아남은 프르케웰스키(prezewalskii) 말이 유일하게 야생마를 대표하고 있다. 또 다른 원시마인 타르판(Tarpan, *Equus gmelini*) 마는 19세기 말까지는 우크라이나의 초원에 야생하고 있었다고 한다. 이들 가축마의 선조인 야생마는 남부러리사, 즉 우크라이나에서 투르키스탄에 이르는 대초원 지대에 서식하고 있었을 것이다. 말과의 모든 동물은 초식이며 수분이 많은 초지의 온화한 지역에서 적응해 있기 때문에 이러한 지역을 벗어나서 생존하기는 어려웠을 것이다. 처음에는 식용으로만 말을 기르다가 일을 시키게 되었으며 소를 대신하게 되었을 것이다.

최초의 가축마는 외모가 타르칸과 상당히 비슷했을 것으로 추측되고 있으며 오늘날 여러 종류의 말이 모두 이 말에 근원을 두고, 자연선택과 인위적 선택에 의해 여러 지역에 맞는 말 품종으로 발전하게 된 것으로 알려지고 있다. 갱신세 말기에는 이미 가축화된 야생마가 5~6종에 달했을 것으로 추정되고 있다. 그래서 산지에 서식하는 포니는 돌이 많고 좁은 산길에서도 넘어지지 않고 달릴 수 있기 위해 작고 균형 잡힌 발굽을 가지고 있으며, 초원에서 사는 말은 크고 폭이 넓은 발굽을 가지고 있다.

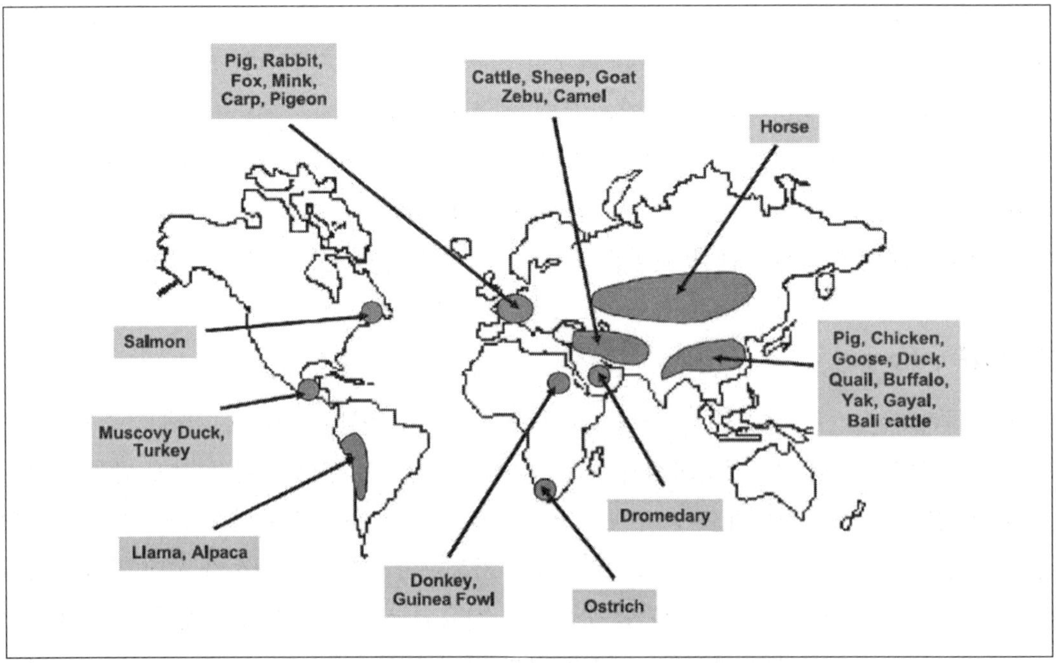

그림 3-6. 가축화된 동물들과 추정 지역

III. 동물과 인간의 관계

학습목표
1. 동물과 인간의 관계 변화에 대하여 알 수 있다.
2. 동물 관련 인간의 문화에 대하여 이해할 수 있다.

시대 변화에 따라 인간과 동물의 관계도 변화를 거듭하였다. 고양이를 예를 들어 시대 변화에 따른 관계 변화를 알아보도록 하겠다.

고양이는 처음 농경사회 때 가축화 되었는데 농사 후 수확한 농작물을 쥐로부터 효과적으로 보관하기 위한 실용적인 관계로 사육되었다. 이 후 고대 이집트 사회의 경우에 고양이를 숭배하게 되었는데 이집트의 여신 중에 고양이 머리를 한 바스트 신은 고양이 숭배의 좋은 예라고 할 수 있다. 이 후 중세 유럽 시대에는 기독교 영향으로 이교도 문화를 배척하게 되었고 이집트에서 숭배되었던 고양이는 이러한 영향으로 마녀 또는 악마로 증오의 대상이 되었다. 고양이는 현대 사회에서는 애완동물로서 가족과 같은 동반자로서 받아들여지고 있다.

동물에 관련된 신화와 문화에 대하여 자세히 알아보면, 원시시대에는 동물은 수렵의 대상이었으나 곰이나 독수리와 같은 일부 동물들은 숭배의 대상으로 의식을 치르는 토테미즘이 널리 퍼져있었던 것으로 추정할 수 있다.

창조신화 속에 여러 형태의 동물들이 다양한 나라에서 발견된다. 고대 이집트에서는 새의 모습을 한 태양의 신 '라'가 하늘과 땅을 창조한 것으로 전해져 내려오고 있고 오스트렐리아에서는 새의 모습을 한 '분지리'와 '파리안'이 대지와 인간, 수목과 동물, 물과 물고기를 창조한 것으로 알려져 있다.

동물관련 문화로 인도에서는 사람이 죽으면 사람의 혼이 동물로 옮겨간다고 믿고 있으며 이러한 이유로 가장 존경 받는 동물은 암소라고 한다. 인도에서는 고의로 암소를 죽이면 사형에 처해진다고 한다. 인도와 같은 힌두교 국가에서 암소는 사람의 영혼을 이끌어 주는 신성한 동물로 신성시되고 있다. 때로는 도로의 암소가 스스로 자리를 비킬 때 까지 기다리는 인내가 필요하다고도 한다.

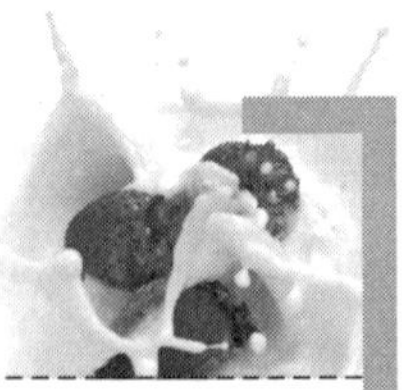

IV. 축산과 식량자원

학습목표

1. 인구증가와 식량문제에 대하여 알 수 있다.
2. 축산과 축산물의 중요성에 대하여 이해할 수 있다.
3. 축산가공산업의 종류와 특성을 알 수 있다.
4. 축산과 농장동물 복지에 대하여 이해할 수 있다.

1 인구증가와 식량 문제

(1) 인구증가 문제

멜더스에 따르면 "인구는 제한하지 않으면 기하급수적으로 증가하고 식량은 산술급수적으로 증가한다."라고 주장하였으며, 자연적인 인구법칙에 따라 필연적으로 과잉인구가 나타나며, 이것이 바로 사회악의 원인이라고 또한 주장한다.

멜더스의 주장에 의하면 인구증가로 식량부족과 사회악이 발생한다는 것으로 인구증가 억제에 대한 관심을 기울여야 하는 이유를 잘 설명하고 있다.

지구에 살고 있는 인구가 먹을 수 있는 식량자원의 양이 지구의 인구부양능력이라 할 수 있다. 학자에 따라 부양인구 추정에서 차이가 나고 있는데, 이는 지구의 경작면적과 식량생산의 추정치가 불확실하기 때문이다.

약 300~400만 년 전 빙하기 초기에 인류가 출현한 이후 인류는 계속하여 증가하고 있다. 동물은 생물학적 진화를 계속하여 불량환경에 적응하였으나 인간은 문화적 요소를 발견하여 자연현상을 극복함으로써 인류는 번영을 누렸다. 인간은 동물보다 신체적 장점과 우수한 두뇌를 가지고 있다고 볼 수 있다.

인간의 신체적 장점으로는 직립보행으로 행동이 자유로우며 불과 도구의 사용으로 동물에 비교하여 식량확보를 쉽게 할 수 있었고 언어사용으로 의사소통과 경험을 축적하여 문명을 발달시키며 다양한 자연식품을 자원화 하여 인구를 증가시킬 수 가 있었다. 인간은 우수한 두뇌로 문화적 요소를 발견하여 자연환경을 극복하고 식량을 확보할 수 있었고 인구를 증가시켜 문명을 발달시켰다.

구석기 시대의 인구증가는 수렵채취시기인 100만 년에서 1만 년 전에 있었던 것으로 추정하고 있다. 구석기시대의 인구증가는 인류의 문화혁명으로도 불리는 불의 발견으로 제1차 인구폭발이라 불리는 인구의 증가가 일어났다. 불의 발견과 인구증가의 상관성은 생식에서 화식으로 식생활이 변화하게 되어 익히지 않은 식품 중의 병원체 위험의 감소로 인간의 건강증진이 일어나게 되었고 결과적으로 생식능력 증대 및 영아 사망률이 감소하여 인구가 증가하게 되었다.

불의 발견에 의한 익혀 먹는 화식의 장점으로는

① 음식섭취 용이

② 음식 맛의 향상

③ 소화율증대

④ 독소 및 병원균 제거를 들 수 있다.

신석기 시대의 인구증가는 1만 년 전에서 5,000년 전 농경사회의 정착 과 함께 인구의 증가가 일어났다. 신석기시대에는 농경생활로 생활의 안정과 함께 제2차 인구폭발이 일어나게 되었다. 또한 작물재배와 가축사육의 시작으로 식량확보를 할 수 있어 안정적 인구증가가 일어났다. 신석기 시대 이후 인구집단의 증가와 함께 인류의 3대 재앙이라는 질병과 기아 및 전쟁의 빈발로 인구증가 억제요인이 작용해 안정된 인구증가가 되었다.

산업혁명 이전 과거 10,000년 간의 인구증가를 보면 18세기 산업혁명이 일어나기까지 연간 0.04~0.05%의 낮은 비율로 인구가 꾸준히 증가 되었는데 이유는 전염병, 기근, 전쟁 등이 많이 발생하여 사망률이 매우 높았기 때문이다. 1800년 경까지는 인구가 산술적으로 서서히 증가하다가 산업혁명 이후 농업 기술의 발달로 식량생산이 크게 증가되고, 의학의 발달로 유아 사망률이 감소하고 평균수명이 연장되어 인구 폭발이 시작되었다.

산업혁명이 일어났던 18세기부터 현재까지는 인류문명의 황금기라고 할 수 있다. 이 기간에는 에너지 혁신과 과학의 발달로 산업 및 의학 혁명이 일어났고 그 결과 제3차 인구폭발이 일어났다. 산업혁명은 공산품생산을 촉진하였고 농업의 현대화는 식량생산의 획기적 증대를 가져왔으며 의술 및 약품의 발달로 그에 따른 인구 증가가 발생하게 된 것이다. 과거 만 년간 세계의 인구증가율을 살펴보면 구석기 이후 서서히 증가하던 인구가 산업혁명 이후 급속히 증가하는 것을 알 수 있다.

선진국과 개발도상국의 인구증가를 비교해 보면 개발도상국인 아시아 , 아프리카 , 남미의 인구는 급격히 증가하는 반면, 선진국인 미국 , 유럽 , 일본과 한국 등의 인구는 서서히 증가하거나 감소하는 것을 볼 수 있다.

인구증가는 출생과 사망에 의하여 영향을 받는다. 즉, 출생한 아이의 수가 사망자 수보다 높으면 인구는 증가한다. 최근에는 출생률의 증가보다는 사망률의 감소 때문에 인구증가가 일어난다. 세계의 인구 천 명당 출생률과 사망률을 비교해 보면 선진국 보다 가난한 나라의 경우에 출생자수와 사망자 수 차이가 큰 것을 알 수 있다. 이러한 차이에 의하여 인구증가는 가난한 나라의 경우에 더 크게 증가한다.

인구구조란 각 연령층의 인구수를 말한다. 일반적으로 막대그림표로 작성되어 각 연령층별 남녀의 인구수를 막대크기로 비교하는데 이러한 그림표를 인구형이라고 부른다. 개발도상국은 인구의 자연증가율이 높아 인구형이 연령이 낮을수록 인구가 많은 피라미드 구조가 되고, 선진국은 인구증가가 정체내지 감소되어 항아리형 모양으로 된다. 미국과 프랑스와 같은 선진국은 항아리형이지만 이란과 멕시코와 같은 국가는 피라미드형을 보이는 것을 알 수 있다.

인구감소의 요인으로 전쟁을 들 수 있는데, 인류는 인구증가에 따라 식량자원, 광물자원이 고갈되자 각종 자원을 확보하기 위해 전쟁이란 수단을 동원하였다. 그러나 전쟁에 의한 인구의 감소 문제는 인구의 자연증가율에서 볼 때는 큰 영향을 미치지는 않는 것으로 파악되고 있다. 인구조절의 다른 근본요인으로 기근을 들 수 있다. 다른 인구조절 근본요인으로 질병을 들 수 있다. 질병으로 인한 심각한 인구 감소의 예는 14세기에 일어났는데, 유럽 인구의 1/4이상인 2,500 만 명이 흑사병으로 죽었다.

(2) 식량 문제

앞서 설명하였듯이 인구증가는 다른 어떤 요소 보다 출생률에 의해 영향을 받기 때문에 전쟁이나 기아, 질병이 인구증가를 억제하지는 못한다. 따라서 인구증가에 따른 식량의 부족이 문제가 된다.

세계 경작지 현황은 세계인구가 늘어날수록 1인당 경작면적은 점차 감소되고 있다. 토지면적도 육류 생산을 위한 과도한 목축으로 점차 사막화되면서 1970년대 이후 계속 감소하고 있다. 이러한 사실이 식량자원의 유한성과 감소가 걱정되는 이유이다.

식량증산의 유한성을 보여주는 항목으로 토지 생산성 문제가 있다. 토지의 생산성을 보면 농업기술의 발달로 식량의 생산량은 꾸준히 증가하고 있으나 1985년 이후 세계의 곡물생산증가율은 인구 증가율보다 낮아지고 있다. 1인당 경작지 면적도 계속 줄어들어 인구증가율 만큼 곡물생산을 늘리는 일이 앞으로 점점 더 어려울 것이며 초지의 생산력이 대기오염과 산성비로 인해 크게 줄고 있다. 농경지에서는 과도한 화학비료와 농약의 사용 등으로 토양이 산성화되고 지구의온난화로 질병이 만연되고 물질의 순환이 이루어지지 않아 지력이 날로 저하되어 토지의 생산성이 점점 낮아지고 있다. 지구온난화의 영향으로 지구의 기온 상승의 결과 지구의 온난화가 발생하고 질병이 만연하여 식량생산성이 떨어지는 요인이 되고 있다.

한국의 경우도 농업인구가 매년 0.5~1.0%씩 감소되는데 이는 젊은 층의 인구가 농촌을 계속 빠져나가서 농촌인구의 노령화, 여성화가 문제 되고 있기 때문이다. 이농 현상은 한국의 심각한 사회문제가 되고 있다. 제시된 도표는 한국의 농가 인구와 농가 인구 성비를 알아본 것으로 과거에 비교하여 심각하게 감소되고 있는 농가 인구를 볼 수 있다. 경지면적의 감소도 1960년대 이후 급속한 공업화로 농지 전용이 증가하고 농촌은 도시의 확산과 공업개발로 경지면적이 감소되었다. 우리나라의 경지면적을 10년 단위로 알아보면 과거에 비교하여 경지면적은 감소하였으나 가구당 경지면적은 증가한 것을 볼 수 있다. 토지의 생산성은 수확량이 50년 동안에 3~4배 증가하였고 녹색혁명과 농업기술의 발달로 주요 곡물의 단위면적당 수확량이 세계에서 가장 높은 나라로 분류되고 있다. 그러나 토지의 생산성을 높이기 위해 화학비료와 농약을 너무 많이 사용하고 있으므로 장기적으로는 식량생산의 감소가 우려되고 있는 실정이다.

한국의 식량자급률을 알아보면 곡류의 자급률은 1970년대에는 80%, 1980년대에는 56%, 1990년대에는 44%로 계속 추락하고 1990년대는 추락이 더욱 가속화 되었다. 주곡인 쌀의 자급률이 90% 이상을 유지하고 있음에도 불구하고 다른 곡류의 자급률은 낮은 상황이다. 축산물 중에서는 소고기자급률이 가장 낮은 것으로 나타나고 있다. 식량자급률의 확보는 식량안보 차원에서 매우 중요하다고 할 수 있다.

세계적으로도 각 국은 석유위기보다 식량위기를 더욱 중요시하고 있는데 실제로 식량수급의 악화로 밀과 옥수수 등 주요 곡물의 가격이 2배 이상 폭등한 사례가 많았다.

2 축산과 축산물의 중요성

(1) 축산물의 영양성분

축산물 육류 고기의 구성성분은 수분 72%, 단백질 21%, 지방 5%, 탄수화물 1%이며 인체 구성성분과 유사하여 질적 영양이 높다. 육류는 소화율이 높고 특히 우유와 계란은 완전식품이라 불릴 정도로 영양이 좋다. 콩을 제외한 식물성 식량자원은 육류 동물성식량자원에 비교하여 단백질, 지방의 함량이 적은 것을 알 수 있다.

단백질은 성장과 몸의 유지 기능이 있는데 고기는 동물성 단백질 함유량이 높다. 육류의 단백질은 인체의 아미노산 조성과 유사하여 소화율이 높은 이점을 가지고 있다. 다만 육류는 가격이 비싸 소비는 국민 소득과 밀접한 관계가 있다. 고기 중 단백질의 함량은 축종, 부위에 따라서 약간의 차이는 있지만, 일반적으로 약 20% 내외로 풍부한 편이다. 이러한 단백질의 섭취는 태아, 성장기 어린이, 그리고 화상, 창상, 수술 등으로 인한 새로운 조직의 생성과 오래된 세포의 교체에 필수적으로 요구되는 성분이 된다. 또한 효소와 호르몬 생성, 항체의 생성, 체액의 유지와 전해질 균형유지에 도움을 주고 산-염기 균형유지를 위한 완충제로서의 역할을 하며 피부, 근육, 힘줄, 뼈, 각종기관 등의 구조물질이기도 하다. 동물성 단백질 섭취는 노화 방지, 질병예방, 심근경색 예방, 치매 예방의 효과를 가지고 있으며 동물성단백질 섭취증가는 수명의 연장을 가져오는 것으로 알려져 있다. 동물성 단백질 소비량과 수명과의 관계를 알아보면 과거에 비교하여 동물성 단백질의 소비량이 증가하게 되었고 비례하여 수명도 연장되었다.

어린이의 경우 계속적인 성장과 새로운 조직의 생성을 위해 이 보다 훨씬 많은 단백질이 요구되는데, 3세의 어린이는 체중 1kg당 성인의 2배, 임신기에는 15g~20g, 수유기에는 20g~30g이 추가로 요구된다고 보고되고 있다. 특히 쇠고기는 영양학적인 면에서 단백질과, 아연, 철, 나이신을 공급하고 리보플라빈, 티아민, 레티놀, 나트륨, 칼슘, 마그네슘과 다른 비타민들을 제공하는 훌륭한 공급원이며, 섭취 시 고기내의 철은 곡류나 야채에 비해 흡수력에서 훨씬 우수하다.

국민소득과 단백질 섭취량과의 관계를 살펴보면 국민소득의 증가는 육류 고기 단백질 섭취량 증가를 가져오고 결과적으로 총단백질 섭취량 증가를 가져온다. 인체 단백질은 약 20종의 아미노산으로 구성되며 육류 아미노산은 인체 아미노산과 유사하고 필수아미노산은 인체 합성 안 되는 아미노산으로 반드시 섭취하여야 되는 영양소이다. 육류에는 인체에 필요한 필수 아미노산 9종이 함유되어 인체의 필수아미노산의 중요 원료가 될 수 있다. 소고기와 돼지고기 닭고기와 같은 육류는 밀가루에 비교하여 필수아미노산 함량이 높다.

동물성 식품은 지방의 중요 제공원이 된다. 지방은 주요 에너지원으로 이용되며 호르몬 생성의 원료가 되고 어린이는 성장 에너지원으로서 필수적인 영양소이다. 소고기 중의 지방 함량을 보면 도체의 경우 약 20%, 정육의 경우 약 10%이며 살코기의 경우 약 5%이다. 지방 중 올레인산은 고기의 맛을 결정한다. 한우와 일본의 화우가 올레인산이 매우 높은데 이러한 이유로 한우의 맛이 우수한 것으로 설명되고 있다.

동물성 식량자원은 단백질과 지방의 구조가 인체 구성성분과 유사하여 콩 보다 흡수율이 높다. 지방의 하나인 콜레스테롤은 흔히 건강에 안 좋은 것으로 알려져 있으나 콜레스테롤은 성호르몬과 부신피질 호르몬의 원료가 되고 생명유지에 필수적인 물질이다. 또한 콜레스테롤은 세포내부를 외부환경으로부터 보호하고 세포내에 독립된 영역을 만드는 세포막 구성성분 중의 하나이다. 모든 동물은 콜레스테롤을 세포막의 구성물질로 하고 있으며 세포막은 콜레스테롤 없이 기능을 유지할 수 없다. 또한 음식물의 소화 흡수에 중요한 역할을 하는 담즙산의 소재가 되기도 한다.

축산물 유래 동물성 식품은 비타민 A, D, E, K 함량이 높아 지방산화 억제 작용을 가지고 있으며 또한 칼슘, 마그네슘, 인, 칼륨, 나트륨, 철, 요오드, 망간 등의 무기질 함량이 높다. 무기질은 생체구성 대사에 중요한 역할을 하고 있으며 육질에도 중요한 역할을 한다.

세계의 축산현황을 살펴보면 가축사육두수의 변화는 전체적으로 사육두수는 증가하였다. 과거 60년 동안 닭은 5,5배, 돼지는 4배, 소는 2배로 사육두수가 증가하였다. 반면 면양은 모피용 수요 감소로 감소하였고 염소는 육류 소비의 증가로 사육두수가 증가하였다. 세계 축산 현황을 살펴보면 사육 두수는 닭이 제일 많고 축산물생산량과 1인당소비량은 우유가 제일 많다. 또한 가축 사육 두수의 변화는 면양을 제외한 동물들의 사육두수가 증가하였다. 동물성 식품의 생산량과 1인당 소비량의 변화를 살펴보면 전체 축산물생산량은 증가하였는데 사육두수의 증가와 품종개량, 사양관리기술 개발에 의한 것으로 보인다. 과거 50년 동안 생산량은 돼지고기 11배, 닭고기 6배, 소고기 5배, 우유 3배, 달걀 3배로 증가하였습니다. 이러한 생산량의 증가는 선진국에서 보다도 개발도상국에서 증가율이 높았다. 한국의 축산현황에 대하여 알아보면 한국의 가축사육두수 변화를 알아보면 국민소득이 향상됨에 따라 소비량이 증가하고 사육두수도 증가하였다. 1997년 이후 일시적으로 한우의 사육두수가 감소하였는데 이유는 IMF로 인한 소득 감소와 소고기 수입자유화가 있었다. 한국의 축산물 소비량은 국민소득의 증가로 38년 동안 소비량이 10배 증가하였다. 한국은 과거에 비교하여 국민 1인당 소득이 증가하였고 그에 비례하여 축산물의 소비량도 증가하였다. 반면 1998년 축산물의 소비량 감소가 있었는데 이는 IMF로 인한 소득 감소에 의한 것이었다.

한국의 축산물 자급률을 살펴보면 소고기 53.3%, 닭고기 79.9%, 우유 79.9%, 돼지고기 85.5%, 달걀 100%로 소고기 자급률이 낮은 것을 알 수 있다. 소고기 자급률은 앞으로 계속적인 하락이 예상되고 있다.

3 축산물의 이용

(1) 축사물 가공의 역사

식육의 역사는 원시유인들이 나무열매 등을 식용으로 이용하던 수상(樹上)생활에서 지상생활로 전환되던 시기부터였다고 고고학(考古學)에서 기술하고 있다. 그 후 인간이 불을 이용하여 고기를 구워먹게 되었고, 보존을 위해 소금 등의 첨가나 천일건조 등을 하게 되었는데 이것이 식육가공의 시초라 할 수 있다.

식육가공품에 대한 이야기는 4,800년전 고대 중국에서 돼지를 사육하여 지금 '햄'의 어원이 되었다는 '한로우'가 있었다고 전해지고 있으며, 바빌로니아·이집트 지방에서는 3,500년전부터 소시지와 유사한 것이 있었다고 한다.

문헌 기록상 호머의 '오딧세이'에 소시지가 등장하는 것을 미루어 볼 때 식육가공품의 대명사격인 햄, 소시지의 역사는 3,000~3,500년 전으로 추정되어 진다.

고대 로마제국은 소시지의 왕국으로 불릴 정도로 소시지가 일반화 되었으며 그후 십자군에 참가했던 병사들이 귀향하여 그 제조법을 재현, 발전시킨 결과 독일의 '프랑크 푸르트 소시지', '뮌헨 소시지', 오스트리아의 '비엔나 소시지', 이탈리아의 '볼로냐 소시지', 프랑스의 '리옹 소시지' 등과 로마노, 제노아, 튜링거 등 지역의 고유 이름이 붙은 식육가공식품이 만들어지게 되었다. 통조림은 나폴레옹 전쟁시 장기간 저장할 수 있는 안전한 식품을 보급하기 위해 개발된 것으로 유명하다.

식육가공의 본래 목적은 미생물에 의한 식육의 변질을 방지하고 억제하는데 있다. 따라서 냉장기술의 발달과 그의 일반화로 식육가공은 식육의 풍미와 영양을 그대로 간직한 제품을 만들 수 있게 되었으며, 다양한 간편식품으로 햄, 소시지, 베이컨 등의 현대영양식품으로 발전하게 되었다.

우리나라는 원삼국시대 위지(魏志)에 의하면 돼지사육을 많이 하여 그 고기를 먹고 가죽은 옷으로 입었으며 기름은 몸에 발라서 추위를 막았다는 기록이 있다.

우리 민족은 쇠고기의 부위별 구분을 세계에서 가장 세분화 시킬 정도로 매우 발달한 육식미각문화를 가지고 있으며 '불고기', '육포', '순대', '편육', '수육' 등 나름대로 독자적인 육가공 문화를 발달시켜 왔다.

우리나라의 우유생산 및 이용 역사는 삼국유사 등 고서에 왕실을 중심으로 건강증진용이나 약제로 제한적으로 이용되어온 기록이 있기는 하나 유용종 젖소를 길러 생산한 것은

1902년 프랑스인 신부 쇼트씨가 홀스타인종 젖소 20두를 들여와 지금의 신촌역 부근에 착유우목장을 개설한 것이 효시이다.

(2) 우유 가공 산업

1) 우유의 역사

우유는 기원전 4,000~6,000년경의 아주 오랜 옛날부터 인류에 영양을 공급해주는 귀중한 식품으로 이용되어 왔다. 기원전 6,000년경으로 추정되는 스위스 누샤텔지역에서 발견된 질그릇 조각은 당시 사람들이 치즈를 만들면서 사용한 그릇으로 밝혀졌고 유프라테스계곡근처에서 발견된 벽화에서도 기원전 3,000년경의 우유와 관련된 선조들의 생활상이 그려져 있다. 기원전 3,000년경으로 추정되는 구약성경 출애급기에도 가나안을 '젖과 꿀이 흐르는 땅'으로 표현하면서 우유를 언급하고 있으며, 기원전 2,000년경에 바비로니아에서는 암소를 숭배하고 이집트에서는 우유를 '풍유의 여신'으로 받들었다는 역사적 사실이 확인되었다. 이러한 사실로 우유를 최초로 이용한 지역은 지금의 중동지방이며 이 지역을 기점으로 인접하고 있는 유럽지역으로 전파되었으리라 추정되고 있다. 기원전 400년경 의학의 아버지라 불리는 히포크라테스도 우유를 가장 완전한 식품이라 기술하고 있으며 13세기 몽고의 징키스칸은 유럽가지 영토를 확장할 때 병사들에게 '건조유'를 휴대하게 하였다고 한다.

2) 국내 유업 현황

① 1960년대 초 낙농업 시작
② 1970년대 급격한 발달
③ 2000년대 제품 질적 발달 향상
④ 우유 생산량과소비량 낮은 편

3) 우유 구성 성분

① 88% 수분, 12% 고형분
② 유당 4.7~4.9%
③ 유단백질 3.0~3.5% = 케이신(80%) + 유청단백질(20%)
④ 회분 0.7%
⑤ 유당소화장애(lactose intolerance) : 우유 소화 불량 원인

4) 유제품 종류

① 시유(city milk)

- 소비자 시판 우유

② 크림 및 버터

- 크림
  - 우유 원심분리하여 지방이 많은 부분
  - 유지방이 10% 이상
- 버터
  - 우유 분리 크림 교동(churning) 유지방구막 파괴 지방 뭉쳐 버터입자 형성 물 분산, 유화상태 버터
- 치즈
  - 우유 젖산균 또는 효소, 산 첨가 케이신과 지방 응고, 유청제거 가열, 가압 숙성 치즈
- 발효유제품
  - 포유동물 젖 젖산균 발효
  - 동지중해 지역 유래로 추정
  - Eile Metchnikoff(1845-1916) : 불가리아 장수 이유 발효유 관계 규명

  * *Lactobacillus bulgaricus*
- 농축유제품
  - 가당연유 : 가당전지연유와 가당탈지연유가 있다.
  - 무당연유 : 무당전지연유, 가당탈지연유
  - 건조유제품 : 분유
- 냉동 유제품 : 아이스크림

5) 우유의 위생

우유는 아래 원인으로 흔히 여러 전염병의 매개체 역할을 쉽게 하기 때문에 우유의 위생은 매우 중요하다.

① 미생물의 증식이 잘되어 부패하기 쉽다.

② 거의 모든 병원균을 쉽게 증식시킬 수 있다.

③ 주로 생식하는 식품이다.

④ 식용으로 하는 모든 과정을 위생적으로 하기에 어려움이 많다.

6) 우유의 성분

① 고형분(solid matter) : 우유에서 수분을 뺀 것
② 무지고형분(solid-not-fat) : 고형분 중에서 유지방을 제거한 부분
③ 크림(cream) : 우유의 지방층
④ 탈지유(skim milk) : 지방을 제거한 나머지 부분
⑤ 전유(whole milk) : 지방을 전혀 제거하지 않은 우유
⑥ 커드(curd) : 전유, 탈지유에 산 또는 응유효소를 첨가했을 때 생성되는 응고물(casein 및 fat)
⑦ 유청(whey, milk serum) : 커드를 제거한 나머지의 반투명한 황록색의 수용액

(3) 우유의 살균

1) 저온살균

① 보온법(LTLT; Pasteurization) : 62.8℃에서 30분간 가열
② 고온단시간법(HTST) : 71.7℃에서 15초간 살균
③ 원리
  - 우유 자체에는 최소한 영향을 미치며, 우유 중에 혼입할 수 있는 병원균은 모두 살균 처리하도록 한 우유의 소독법
  - North's curve : cream line 손상없이 결핵균 파괴. *Coxiella burnetii*가 내열성 가장 높다.

2) 초고온 멸균법(UHT)

① 130-150℃ 범위에서 최소 1초 이상, '상업적으로 멸균된 우유'
② 멸균효과 시험에는 *Clostridium sporogenes*나 *Bacillus coagulans*의 아포를 접종
③ β-lactoglobulin의 변성으로 유화수소의 냄새와 비슷한 가열취는 2~3일 저장 시 소실
④ 1개월간 저장이 가능
⑤ phosphatase는 불활화되나 다시 활성화
⑥ 비타민 A, D, B_2, pantothenic acid, nicotic acid, linolic acid와 같은 다가불포화지방산의 일부가 소실

(4) 식육 및 육가공품 보존

1) 저 장

① 염지(curing or salting) : 식염에 의한 보존원리 – 탈수작용

- 염지에서의 위생
  - 처리과정 중 최초의 조건을 일정하게 유지.
    침지액은 반드시 자불 소독하여 사용하며, 4.5℃ 정도가 가장 적당하다.
  - 식염 중의 미생물이나, 불순물(Ca, Mg 등)에 의한 부패를 일으키는 경우가 있다.
  - 식염의 방부작용은 살균작용이 아니고 세균에 선택적으로 작용해 발육을 억제시킨다.
  - Botulinum균은 8%의 농도에서발육이 저지.
    탄저균, 결핵균, 돈단독균 및 대장균군 등은 수개월의 염지과정 중 서서히 사멸
  - 대부분의 효모는 15% 농도에서도 발육
  - Trichinella와 Cysticercosis(돼지, 소, 산양의 낭충)는 25%에서 14일 이내 사멸
  - 원료육은 도살직후의 신선육으로서 냉각한 것을 사용
  - 염지시설 : 소독, 세척, 급수, 배수, 청결, 건조 등의 위생조치를 철저히
  - 아미노산결정은 오래 건조한 염지 햄의 살코기부분에서 흰 작은 결정체로관찰된다.

② 훈연(smoking) : 특유의 풍미(flavor)를 부여하여 기호성을 높이는 것에 중점

- 보존효과에 대한 훈연의 원리
  - 훈연에 의한 일정한 탈수
  - 연기 속의 살균성, 항균성 물질을육질 속에 침투
  - 지방에 대한 항산화작용
  - 49℃(120°F) 정도의 온도가 미생물에 미치는 열작용
- 기호성에 대한 훈연의 원리
  - 연기성분에 의해서 관능적인 변화를 부여
  - 자가소화효소의 활성을 증가시켜 식육을 연화(15℃ 이상)
  - 훈연실 내의 적당한 온도와 습도에 의해서 연화작용을 부여
  - 연기성분 중의 aldehyde phenol 수지가 식육의 표면에 일정한 광택을 부여하며, grease의 얇은 막을 형성한다.
- 살균작용 : 연기성분 중 formaldehyde류가 살균작용

(5) 식육가공 제품

식육으로 소비되는 축산물은 소, 돼지, 닭과 같은 3종이 주요 축종이다. 저장기간을 늘리고 맛을 더하기 위해 인류는 축산물을 가공하여 축산가공품을 만들어 이용하였다. 주요 축산가공품은 햄과 베이컨, 소시지가 있다.

1) 햄(Ham)

- 돼지 뒷다리 고기, 염지, 훈연

2) 베이컨(bacon)

- 베이컨 부위 돼지고기(삼겹살), 염지, 훈연

3) 소시지

- 햄과 베이컨 제조 후 남은 부위, 분쇄, 염지, 내장에 채움, 훈연

4 축산과 농장동물의 복지

동물의 기본적인 행동욕구와 생리적인 습성을 잘 알고 이해한 다음에 각각의 동물에게 적절한 환경조건 및 사육방법을 제공하여 동물을 키움으로써 동물에게 가해지는 스트레스를 줄여 주고 생산 효율성을 높임과 동시에 안전하고 우수한 품질의 축산물을 생산하는 것을 동물복지 축산(animal welfare feedings)이라고 한다.

유사한 내용으로 유기축산이 있다. 유기축산이란 토양, 작물, 가축간의 조화를 유지하며 환경오염을 억제하고, 가축의 생리적 욕구를 존중하며 복지를 증진하여 유기농업과 공존하는 것을 말한다. 유기축산은 유기영농과 복합체계의 구축에 따른 상호간의 유기적 연결이 핵심이라고 할 수 있다.

동물복지 축산과 유기축산은 차이가 있으나 기본적으로 유기축산을 위해서는 동물복지 생산체계를 전제로 한다. 유기축산은 유기농업의 일부분으로 토양과 연계하여 자유방목을 선택함으로 동물복지가 보장되는 방법이다.

표 3-1. 동물복지를 위한 5가지 자유

항목	주요 내용
배고픔, 갈증, 영양결핍으로부터의 자유	동물의 충분한 건강과 활력을 유지할 수 있도록 신선한 물과 사료에 쉽게 접근할 수 있어야 한다.
불편함으로부터의 자유	잠자리와 편안한 휴식공간을 포함한 적절한 환경을 제공해야 한다.
고통, 상처, 기생충감염을 포함한 질병으로부터의 자유	신속한 대응과 처치를 통하여 고통, 상처 및 질병을 제거해야 한다.
정상적인 행동 표현의 자유	충분한 공간, 적절한 시설, 그리고 동료들과 어울림을 유지해야 한다.
공포와 스트레스로 부터의 자유	정신적 고통과 스트레스를 피할 수 있는 환경을 유지해야 한다.

표 3-2. 동물의 권리론과 복지 관점의 차이

<table>
<tr><th>동물권리론</th><th>동물복지</th></tr>
<tr><td>동물은 고유한 가치를 가지고 있다.</td><td rowspan="3">동물을 인간의 목적을 충족시키기 위해 사용하는 것은 도덕적으로 허용되나. 이것은 동물의 복지와 안녕이 동물의 삶의 동물의 삶의 모든 동물의 복지와 안녕이 동물의 삶의 모든 단계에서 가능한 최대로 확보될 경우에만 그러하다.</td></tr>
<tr><td>인간의 목적을 충족시키기 위해 존재하는 것이 아니다.</td></tr>
<tr><td>동물은 인간의 목적을 충족시키기 위해 사용되어서는 안 된다.</td></tr>
<tr><td>동물은 생존권과 학대받지 않을 권리 등을 포함하여 권리를 가지고 있다.</td><td>동물에 대한 대우는 동물이 존중받아야 하는 존재라는 점에서 중요하다.</td></tr>
<tr><td>동물은 인간이 부여한 체계적인 억압으로부터 자유로워져야 한다.</td><td>학대는 인간이 권리를 가지고 있다는 주장의 토대를 훼손한다.</td></tr>
</table>

Q & A

◎ 제일 먼저 가축화된 동물은?

가축화의 시조는 개로 알려져 있다.

◎ 인류가 야생동물을 가축화한 이유는?

비상용 식량과 제물로 사용될 동물 필요성, 인간과의 교감을 할 수 있는 애완용 동물의 필요성이 있었기 때문이다.

◎ 야생동물로서 가축이 되기 위한 최소한의 조건은?

몸이 튼튼할 것, 이유시기 빠르고, 강건할 것, 사회생활 적응력이 높을 것, 인간의 식량자원과 경합 없을 것, 집단사육에 적응력이 있을 것, 번식이 쉬울 것, 인위적 번식 조절이 용이할 것, 군거성, 온순할 것, 사람을 잘 따를 것, 환경적 요구가 까다롭지 않을 것, 쓸모가 있어야 할 것, 사육관리가 어렵지 않아야 할 것 등이다.

◎ 멜더스의 인구론이란?

"인구는 제한하지 않으면 기하급수적으로 증가하고 식량은 산술급수적으로 증가한다." 자연적인 인구법칙에 따라 필연적으로 과잉인구가 나타나며, 이것이 바로 사회악의 원인이라는 것이다.

알아두기

▶ 마이어서스(Miacis)

개, 자칼, 늑대, 여우 등 오늘날 개과에 속해 있는 동물들의 조상으로 추정되는 고대 동물이다.

▶ 가축화(家畜化, domestication)

야생 짐승을 길러 번식하게하고, 사람의 삶에 유용한 성질을 갖는 개체를 선발하는 것을 말한다.

▶ 노새

암말과 수컷 당나귀의 잡종으로 잡종강세 현상으로 강인하며 운반능력이 우수하다.

▶ 식량안보

식량의 자급자족률이 높지 않은 경우 수입에 의존하게 되는데, 다른 나라의 식량 수출이 중단될 경우 심각한 위기를 맞을 수 있다. 이러한 점 때문에 식량자급률을 잘 확보하여야 하는데 이를 식량안보라 한다.

단원 학습 정리

1. 가축화는 동물을 인간에 유익한 것만 선발하거나 인간의 기호에 맞도록 선발하는 방식으로 인위적으로 동물을 선발·도태하였고 유전적 종의 유지가 가능하게 하였다.
2. 가축화 외모의 변화로는 이빨의 퇴축, 모색·모장의 변화, 몸통의 비율 변화, 성성숙의 조기화, 번식계절의 상실, 산자수의 증가 등의 변화가 있다.
3. 가장 먼저 가축화된 동물은 개이다. 개는 생활 반경이 사람과 유사하고, 사회집단을 형성하는 습관 때문에 길들여지기가 용이하였을 것으로 추정된다.
4. 가축화된 동물의 이용 분야는 축산물로 동물의 생산물 이용, 사역동물로 힘과 지능의 이용, 애완용, 실험동물과 같이 동물 생체 이용이 있다.
5. 소의 가축화는 기원 전 9천 년~8천 년 전쯤에 야생의 소가 인류에 의해 가축화되었을 것으로 추정되고 있다
6. 고양이는 농작물을 쥐로부터 효과적으로 보관하기 위한 실용적인 관계에서 고대 이집트 사회의 경우에 고양이를 숭배하였고, 중세 유럽 시대에는 증오의 대상이 되었으나, 현대 사회에서는 애완동물로서 가족과 같은 동반자로서 받아들여지고 있다.
7. 구석기시대 불의 발견으로 제1차 인구폭발, 신석기시대에는 농경생활로 생활의 안정과 함께 제2차 인구폭발, 산업혁명 기간에는 산업 및 의학의 발달로 제3차 인구폭발이 일어났다.
8. 축산물 중의 지방 중 올레인산은 고기의 맛을 결정한다. 한우는 올레인산이 매우 높은데 이러한 이유로 한우의 맛이 우수한 것으로 설명되고 있다.

쉬어가기

소 방귀 줄여 지구온난화 막는다

가축이 내뿜는 방귀와 트림의 성분을 바꾸는 일이다. UN 식량농업기구(FAO)는 2006년 기후변화의 최대 원인 중 하나로 '축산업'을 지목한 바 있다. 소나 돼지의 방귀와 트림, 분뇨에서 나오는 메탄가스 때문인데, 메탄은 이산화탄소보다 23배나 강한 온실효과를 내는 것으로 알려져 있다.

이 때문에 사료 성분을 바꾸거나 특정 물질을 첨가해 가축이 방출하는 메탄가스를 줄이려는 노력이 진행되고 있다. 실제 미국 버몬트 주 15개 농장은 기존에 사료로 쓰던 옥수수 대신 콩과 작물인 알팔파, 아마 씨를 소에게 사료로 주고 있다. 그 결과 우유 생산량을 이전처럼 유지하면서도 메탄가스 발생량은 이전보다 약 18%나 줄일 수 있었다.

또 프랑스의 한 낙농기업은 건강보조식품 성분으로 쓰이는 '오메가3 지방산'을 소의 사료에 섞고 있다. 이 성분이 소의 소화를 도와 메탄이 생기는 것을 줄이기 때문이다.

낙농업으로 유명한 덴마크는 축산농가에 일종의 '방귀세'를 추진 중이다. 축산업이 지구온난화에 악영향을 미치는 만큼 '오염자 부담 원칙'에 따라 정화비용을 내야한다는 것이다. 이 법안이 통과되면 축산 농가는 소 1마리당 600크로네(약 14만원) 가량의 세금을 내야한다.

제 4 장

인간과 동물의 유대

Human and Animal Bond

Ⅰ. 인간과 동물의 유대
Ⅱ. 사람을 도와주는 동물들

인간과 동물의 유대는 사람과 동물과의 상호작용에서 생기는 사람과 동물 쌍방에 정신적, 신체적으로 생기는 좋은 효과를 인식해 사람과 동물 쌍방의 행복을 증진시키고 양자의 복지를 증진할 수 있다. 인간과 동물의 유대가 사람에 주는 이점을 이용하여 사람 대상자의 심리치료와 재활치료 효과를 얻을 수 있는 동물매개치료가 수행되고 있다.

또한 사람을 도와주는 특수목적견으로서 안내견, 청도견, 구조견 등이 있으며, 이들은 선발 및 훈련 과정을 거쳐 시각장애를 가진 사람들을 도와주는 역할과 듣지 못하는 사람들의 귀 역할을 하거나, 조난으로 구조를 애타게 기다리는 사람들을 구해주는 역할을 한다.

I. 인간과 동물의 유대

학습목표

1. 인간과 동물의 긍정적 관계에 대해 설명할 수 있다.
2. 인간과 동물의 유대를 이해 할 수 있다.
3. 동물과 유대에 의한 이점을 설명할 수 있다.

1 인간과 동물의 유대

(1) 인간과 동물의 긍정적 관계

최근 연구들에 의하면 반려동물과의 동반은 주인들의 건강을 증진시키는 것으로 밝혀지고 있다. 반려동물의 소유(pet ownership)는 북부 이스라엘에서 발견된 12,000년 전 구석기 무덤에서 사람과 개가 함께 묻혀있는 예에서 보듯이 오래된 역사를 가지고 있다. 구석기 시대의 이 무덤에서 발견된 사람의 한쪽 팔이 함께 발견된 개의 어깨 위에 놓여 있는 것으로 발견되어 주인과 개의 강한 애정에 대한 추정이 가능하였다. 동물의 가축화(domestication)는 식량자원으로서의 역할과 운반을 위한 사역 동물로 활용하기 위하여 인류의 오랜 역사 전에 이루어진 것으로 알려져 왔으나 이 구석기 무덤의 개와 사람의 뼈 발굴 이후로 동물들이 반려감(companionship)을 목적으로 사람에 의해 길들여진 것이라는 주장이 설득력 있게 제기되었다.

인간과 동물의 유대(human and animal bond, HAB)는 이와 같이 동물과 사람 간에 끈끈한 감정을 말한다. 인간과 동물의 유대는 구석기 무덤의 주인과 개의 관계에서 보듯이 사람이 가장 먼저 가축화한 개와 가장 먼저 이루어졌을 것으로 판단되며, 오늘날 인간과 동물의 유대는 개와 고양이 같은 반려동물들 뿐만 아니라 말이나 야생동물과 같은 다양한 동물 종에서도 접촉하는 사람과 동물 간에 이루어지고 있다.

(2) 인간과 동물과의 유대

인간과 동물의 유대(Human-Animal Bond, HAB)의 Bond는 "얽음"으로서 잘 표현되고 있다. 인간과 동물은 오랜 역사 가운데 함께 노력하여 생활하여 왔었고, 사람과 동물이 자연과 함께 어울려 생활하던 그 시대에는 그렇게 화제가 되지 않았다가 근래에 와서 동물과의 관계와 만남이 되어있는 지금, 왜 주목하고 이를 위해서 노력하기 시작하는가 하면 악화되어 가는 지구 환경 가운데 자연과 동물과의 만남의 기회를 잃어서 사람의 영육에 위험을 느꼈기 때문이라고 본다.

인간과 동물의 유대는 사람과 동물과의 상호작용에서 생기는 사람과 동물 쌍방에 정신적, 신체적으로 생기는 좋은 효과를 인식해 사람과 동물 쌍방의 행복을 증진시키고 양자의 복지를 증진할 수 있다.

1970년대부터 세계 각국에서 사람과 동물과의 유대를 중요시하는 활동이 시작되었다. 이러한 활동의 중심이 된 것은 수의사나 정신과 의사였으며 1978년 워싱턴 주립대학에서 제 1회 회의를 개최하였었다.

이를 계기로 하여 세계각지에서 활동을 추진하는 그룹이 탄생하였다. 그 중에서도 세계적인 활동을 주동하는 미국의 델타 소사이어티는 1970년대 초에 동물이 인간의 중요한 동료로 인식하는 전문가의 작은 그룹, 델타 파운데이션으로 발족하여 1981년 공익법인으로 하여 전 미사무국을 가져 인간과 동물의 상호작용에 관하여 세계적인 정보 센터로서 프로그램의 입안과 실천, 조사연구, 교육과 봉사, 정기간행물의 발행 등의 활발한 활동을 하며 미국, 캐나다, 호주에 지부를 갖고 있는 단체이다.

인간과 동물의 유대란 인간과 동물 간에 상호 교감을 말한다. 인간은 사육하는 동물과의 상호 교감으로부터 많은 이로운 반응들을 얻을 수 있다. 최근인간과 동물의 유대에 대한 체계적인 연구가 활발히 수행되고 있으며, 이를 이용한 사람의 치료, 즉 동물매개치료가 수행되고 있다. 인간과 동물의 유대감과 관계에 대한 많은 연구들과 애완동물이 인간에게 주는 이점들에 대한 많은 연구들이 있다.

많은 수의학 전문가들은 동물들이 사람의 사회성을 증가시키고 통증을 잊게 해 주기도 한다고 하였다. 많은 연구가들이 동물이 인간의 삶의 질을 향상시킨다고 보고하고 있다. 동물매개치료 프로그램을 통하여 환자의 건강을 향상시킨다는 많은 보고들이 있다.

2 동물과 유대에 의한 이점

(1) 동물과의 관계형성이 주는 이점

인간은 사육하는 동물과의 상호 교감으로부터 많은 이로운 반응들을 얻을 수 있다. 최근 인간과 동물의 유대에 대한 체계적인 연구가 활발히 수행되고 있으며, 이를 이용한 사람의 치료, 즉 동물매개치료가 수행되고 있다.

1) 인간과 동물의 상호반응에 대한 신체적 반응

인간과 개의 상호반응이 이루어내는 긍정적 활동 후 약 15분 정도에 옥시토신, 도파민, 프로락틴, 페닐틸라민, 베타엔돌핀과 같은 감정에 이로운 신경화학물질 분비에 변화가 일어난다. 여러 연구가들이 동물과의 상호반응이 인간의 혈압을 낮추는 효과가 있다 보고하고 있다. 인간이 그들의 반려동물을 귀여워하는 행위로 인간과 동물의 유대감이 형성되고 결과적으로 확장기와 수축기 혈압이 낮아진다는 것이다. 스트레스를 받는 수학문제를 푸는 상황에서 그들의 반려견이 있을 때와 없을 때의 혈압을 비교하였을 때 반려견이 있는 경우가 혈압이 낮아지는 것을 알 수 있었다

인간과 동물의 만남이 관상동맥 질환 환자들에서 혈압과 스트레스 감소로 결과적으로 1년 생존율을 높여준다고 한다. 이러한 현상은 보다 큰 규모의 대상자들을 참여한 연구에서도 동일하게 나타났다. 반려동물은 나이든 성인들의 신체적인 건강을 향상시키는데 도움을 준다. Anderson 등(1992)은 반려동물을 키우는 것이 확장기 혈압 저하, 트리글리세라이드 및 콜레스테롤의 감소 효과가 있다 보고하였다. Lago 등(1989)은 반려견 소유가 의욕(morale)을 높이고 결과적으로 건강을 향상시킨다고 보고하였다. 반려동물을 키우는 것이 인간과 동물의 유대감에 의한 정신적 이로움뿐 아니라 신체적 운동의 증가로 인간의 건강 향상에 큰 도움을 주며, 소규모의 제한된 임상 환경인 동물매개치료 또는 방문 활동에서도 이러한 이로운 결과를 얻어낼 수 있다고 한다. 예를 들면 물고기가 수영하는 비디오테이프를 보도록 한 참여자보다 수족관을 설치하여 수영하는 실제 물고기를 보게 한 참여자들이 더 큰 이완반응을 받는 것으로 보고되고 있다. 또한 치료도우미견 방문 프로그램에 참여한 그룹이 그렇지 않은 그룹 보다 확장기와 수축기 혈압이 감소되었다.

2) 인간과 동물의 유대에 의한 정신과학적인 반응

사회적 스트레스 인자들은 인간과 동물에서 면역 저하와 같은 신체에 해로운 결과들을

유발 한다. 예를 들면 squirrel monkey를 가지고 한 실험의 결과 엄마와 새끼를 정상보다 일찍 떨어뜨리면 면역 기능이 떨어지는 것으로 보고되고 있다. 유사하게 실험동물의 스트레스를 가하면 암, 전염병, 및 다른 질병에 대하여 체액성 및 세포성 면역 모두 저하되어 감수성이 증가한다고 보고되고 있다.

다양한 연령 그룹에서 반려동물은 스트레스 경감, 위안, 정신적 지지(support)를 제공한다고 한다. Trienenbacher(1998)은 5학년 미만의 초등학생들을 대상으로 조사한 결과 대다수가 방과 후 집에 돌아갈 때 그들의 애완동물을 보고 기뻐하며 반려동물이 자신의 말을 알아듣고 사랑을 주는 것으로 생각한다고 보고하였다.

젊은 여성에서 가족들과 함께 생활하는 경우 보다 혼자 사는 경우에 그들의 반려동물이 가족의 일부로서 느끼는 경향이 강하다. 복지시설에 거주하는 노인의 경우에 반려동물은 즐거움과 의지와 이완 효과를 준다. 그들은 자녀가 있거나 없는 것에 상관없이 반려동물을 자식처럼 생각하는 것으로 보고되었다.

요양원에 방문치료의 한 결과도 반려동물의 방문이 자기의식의 향상, 사회경쟁력, 흥미, 정신사회적 기능, 삶의 만족, 개인적 청결도, 정신적 기능을 개선하고 우울감을 감소시킨다고 보고되었다. 다른 연구에서도 요양소의 노인들과 치매(dementia) 환자에서 개와 반응을 통하여 사회적 상호반응이 증가된 것으로 나타났다.

(2) 임상적 적용으로서 인간과 동물의 상호반응

동물들이 인간과 동물의 유대감을 이용하여 질병을 가진 사람의 임상적 치료 영역에 하나 또는 두 가지 방식으로 활용될 수 있다. 방문치료가 가장 흔한 형태의 동물매개치료 방법이다. 치료도우미동물을 데리고 병원이나 요양소와 같은 환자가 있는 곳을 방문하는 방법(visiting program)이다. 다른 하나는 치료동물이 있는 기관에 거주하는 프로그램(residential program)으로 동물매개치료가 이루어지는 것이다. 동물매개치료의 효과에 대한 연구가 가장 많이 이루어지는 기관은 장기요양시설이다. 일부 소수 보고들에 의하면 거주프로그램 보다 방문프로그램이 더 효과적이라고 한다. 그러나 알츠하이머 병동의 노인 환자를 대상으로 한 다른 연구에 의하면 방문프로그램과 거주프로그램 모두 환자의 사회행동의 개선을 가져왔고 그 효과 정도에서 두 방법 간에 차이는 보이지 않았다고 한다.

거주프로그램에 의한 동물매개치료는 참여한 노인과 스텝 직원들에게 긍정적인 결과를 얻는 것으로 보고되고 있다. Winkler 등(1989)은 간호스텝직원들과 노인 환자 간에 치료동물의 존재로 보다 사회적 상호반응이 증가하였다고 한다. 유사한 보고가 Brickel(1979)에 의하여 이루어졌는데 두 마리의 치료도우미 고양이와 노인 환자의 만남이 환자의 활동성을 증가하고 보다 편안한 마음을 가지게 한 것으로 보고하고 있다.

방문프로그램 또한 장기요양시설과 같은 시설과 병원의 환자에게 적용되어 건강의 향상을 가져온다. 가장 많은 보고들은 장기요양시설의 노인들에게 방문프로그램이 사회적 상호반응을 증가시킨다는 것이다. 이러한 결과는 매우 가치 있는 것이다. 요양시설의 가장 큰 문제점이 고립감과 사회 상호반응의 감소인데 방문프로그램에 의한 동물매개치료는 이러한 문제점을 해결함으로서 환자들의 건강 회복을 가져올 수 있다.

동물매개치료의 치료도우미동물의 종류는 다양한데 가장 흔히 사용되는 개 이외에 고양이, 수족관 물고기 등이 있는데 연구 수가 적고 통계적 유의성에 대한 검증 또한 필요하다.

다른 문제로 다양한 집단의 환자군에서 동물매개치료에 대한 효과 연구가 수행되어야 한다. 암환자, AIDS 환자, 어린이 환자 등의 연구가 적은 편이고 향후 다양한 집단의 특성에 맞는 다양한 프로그램의 개발과 전염 관리 방법 등의 지침서 개발이 필요하다.

1) 신체적 이점 (Physiologic benefits)

반려동물의 신체적 이점을 뒷받침하는 대부분의 연구들은 반려동물의 사육이 환자들에게 혈압과 심박수 감소 및 이완반응(relaxation)을 증가하는 것을 보고하고 있다. 1992년에 호주의 멜버른에 있는 무료진료소에서 심혈관질환 검사 프로그램에 참여한 5,741명의 환자들을 대상으로 반려동물의 사육 여부를 조사하였다. 결과는 반려동물을 키우는 사람들이 트리글리세라이드 수준과 혈압이 키우지 않는 사람보다 유의하게 낮았다. 2001년 30명의 남자와 30명의 여자를 대상으로 반려견 소유와 고혈압의 상관관계에 대한 연구가 수행되었다. 참여 대상자들의 평균 혈압은 145/92 mmHg이었다. 연구를 위한 대상자들을 두 그룹으로 나누었다. 한 그룹은 유기견 보호소로부터 개를 분양 받아 키우도록 하였고 다른 그룹은 고혈압에 대한 약물 처방을 받도록 하였다. 정신적인 스트레스 테스트가 가해진 후 대상자들의 혈압, 심박수를 연구를 시작하는 날과 3개월 후에 각각 검사하였다. 연구 시작하는 시점에서 스트레스 테스트를 가한 후 혈압 수준이 두 그룹 모두에서 유의하게 상승하였다. 3개월 후 두 그룹간에 놀라운 차이가 나타났다. 약물처방을 받는 그룹의 대상자들은 활동 기간에 혈압의 유의한 변화가 없었으나 개를 키우는 그룹은 일상 혈압의 유의한 감소가 나타났다.

동물매개치료를 위한 과학적 기초를 확립하기 위한 시도로 1999년 18명의 사람과 18두의 개를 이용한 연구에서 동맥압과 신경화학물질을 참여한 사람과 동물에서 측정하였다. 이 연구에서 사람과 개의 상호반응은 스트레스를 감소하는 활성을 가지고 있음이 증명되었다. 이 연구는 옥시토신, 프로락틴 및 엔도르핀 수준을 측정하여 스트레스 감소 효과를 직접적으로 증명하였다.

동물을 이용한 재활프로그램의 사례 보고들은 동물매개치료의 다른 이점들을 보여주고 있다. 예를 들어 뇌졸증을 가진 환자가 개를 키우면서 개의 브러시 질을 하면서 팔목의 힘과 근력이 증가 되었다.

2) 감정적 이점 (Emotional benefits)

대부분의 사람들은 동물들과 상호반응 하면서 즐거움을 받는다. 일부 연구 보고들에 의하면 이러한 동물들과 상호반응이 정신병적인 이점을 가지고 있다고 한다. Barak 등은 정신분열증(schizophrenia)을 가진 노인과 환자를 대상으로 1년간의 동물매개치료 연구를 수행하였다. 참여자들은 12개월 동안 1주일에 4시간을 개와 고양이와 만남을 가졌다. 다른 그룹은 최근 뉴스를 읽거나 토론하는 10명으로 구성되었다. 결과적으로 동물매개치료 그룹의 참여자들은 사회 활동의 증가, 1일 활동의 증가 및 충동 억제력 증가 등을 뉴스 그룹의 참여자들 보다 유의하게 보였다.

Conner와 Miller는 동물매개치료의 여러 정신과적인 이점에 대하여 보고된 문헌 검토 연구를 수행하였다. 그 결과 동물매개치료는 스트레스 수준의 감소, 자기 가치에 대한 감정의 증가, 신체의 변화에 대한 적응력 증가를 가져온다고 한다. Barker와 Dawson은 치료 레크리에이션 활동을 받은 그룹에 비교하여 동물매개치료를 받은 그룹의 참여자들은 근심(anxiety) 척도에서 2배로 감소되었다.

교도소들 중에 죄수의 행동 변화 프로그램으로서 또한 모범 행동에 대한 보상으로서 동물 상호반응을 이용하였다. 죄수들이 동물들을 훈련하는 프로그램을 만들었고 이 프로그램은 참여한 죄수들이 자기를 존중하는 마음을 증진시켰다.

3) 접촉의 이점(Benefits of touch)

동물매개치료의 접촉에 의한 이점에 대한 연구보고는 매우 적은 편이다. Stanley는 텍사스에 있는 Trinity Mother Frances Health System에서 이와 관련된 연구를 수행하였다. 10명의 환자에서 동물매개치료를 수행하기 전과 수행 후의 환자의 감정을 평가하였다. 환자들은 매일 5분 정도를 개를 쓰다듬고 안아주는 것에 의해 개와 상호반응을 하였다. 결과적으로 참여 환자들은 분노, 적대감, 긴장, 근심의 감소를 가져왔다.

II. 사람을 도와주는 동물

학습목표

1. 안내견에 대하여 이해할 수 있다.
2. 청도견과 인명구조견 및 탐지견의 특성을 알 수 있다.
3. 현대사회에서 말의 활용에 대하여 이해할 수 있다.

1 특수 목적에 이용되는 개

장애인도우미견에는 활용 용도에 따라 시각, 지체, 청각, 노인 도우미견을 들 수 있다.

(1) 시각 장애인 도우미 개 – 안내견

시각 장애인 도우미 개는 안내견으로도 불리고 있으며 시각장애인과 함께 길을 가면서 보행 중에 장애물을 피하고 위험을 미리 알려주며, 건널목이나 빈 의자, 출입문 등으로 주인을 안내하며, 주인이 원하는 장소까지 안전하게 길을 안내한다.

시각 장애인 도우미 개는 시각 장애인의 눈이 되어 하루 일과를 함께 하며 길 안내와 위험물을 피할 수 있도록 활동하여야 하기 때문에 체력이 필요하고 사람이 많이 있는 공공장소를 다니기 때문에 공격성이 적어야 한다. 이러한 요구조건에 맞는 품종으로 주로 레트리버를 사용하고 있다.

1) 안내견의 유래와 현황

옛날부터 인간과 개는 두터운 유대로 연결되었다. 수렵견과 가정견으로서 또는 범죄 탐사와 인명구조에서 큰 역할을 하였으며 고독한 마음을 따뜻하게 해주는 친구이자 치료자 역할을 해왔다. 이런 개의 성격과 능력을 제 1차 세계대전 후 독일에서 급증한 실명군인의 안내역으로서 활용한 것이 성공하여 안내견이 탄생되었다. 그 뒤 스위스, 미국, 영국으로 보급이 확대되었다. 우리나라에서도 1990년 처음 안내견이 육성된 이래 현재는 삼성화재의 안내견 훈련학교와 한국장애인도우미견협회 2개 기관에서 안내견을 육성하고 있다.

2) 안내견의 의의

안내견은 세계 20여개국에서 육성, 훈련되어 시각장애자의 재활수단의 하나로 또 인간과 개의 끊을 수 없는 고리의 증거로서 받아들여지고 있다. 그리고 안내견을 육성하고 있는 모든 나라에서 안내견 사업은 '시민의 복지'로서 주목받고 있다.

안내견은 시작장애자의 눈을 대신하는 역할을 할 뿐 아니라 비장애인과 장애인, 더 나아가 사람과 사람을 엮는 매개체로 역할을 수행한다는데 그 의의가 있다. 즉, 안내견 사업은 순수 자원봉사운동에 의한 비영리 사회사업으로, 참여자 개개인이 인간과 개와의 관계를 깊이 이해하고, 안내견을 만드는데 참여함으로써 결국에는 복지국가에서 필요로 하는 장애인에 대한 사회의 이해와 협조체계를 구축도록 해준다.

3) 안내견이 되기까지의 단계

① 안내견에 알맞은 혈통을 선발하여 계획적인 번식을 한다. 안내견으로 알맞은 혈통은 라브라도 레트리버, 골든 레트리버, 독일 셰퍼드 종 등이 있다.

② 퍼피 워킹시스템으로 강아지를 사육한다. 강아지를 가정에 맡겨 가정의 일원으로 생활하면서 사랑을 받고 때로는 엄하게 혼내며 절도 있는 애정 속에서 양육하는 것이다.

③ 기초훈련으로 주인의 명령에 개가 정확히 따르도록 하는 복종훈련, 주인이 장애물을 피할 수 있게 돕는 장애물 피하기, 눈이 온 노면에서도 활동 할 수 있는 적설훈련, 위험한 주인의 명령은 거부할 수 있는 불복종 훈련, 공공시설, 교통기관 훈련 등을 받게 된다.

④ 기초 훈련을 마치면 실제적으로 시각 장애인과 함께 생활하며 보행지도를 받는다.

■ **'퍼피 워커**(puppy walker)'
– 맹인안내견을 맡아 일정기간 길러주는 자원 봉사자

안내견 학교에서 태어난 생후 7주된 강아지(Puppy)들은 일반가정에 1년 간 위탁되어 사회화(Socialization)과정을 거친다. 이들 위탁 사육자들은 퍼피워커(Puppy Walker)라 불리는 무보수 자원 봉사자이다. 위탁기간 동안 예방 접종 및 기본 사육용품 등은 안내견 학교에서 무상 공급하며 정기적으로 가정을 방문하여 사회화 및 관리에 대해 도와준다. 이 기간 동안 강아지는 정기적으로 테스트를 받으며, 종견이나 모견이 아닌 경우에는 불임수술을 받는다.

⑤ 안내견 훈련(Guide dog training)

1년간의 퍼피워킹을 마친 강아지는 약 1개월에 걸쳐 안내견으로의 적합성을 테스트하는 종합평가를 받는데 여기서 합격된 개들에 한해 정식으로 안내견 학교에 입학하여 훈련을 받게 된다. 훈련기간은 3~6 개월로 국가나 학교에 따라 조금씩 차이가 나며 훈련장소는 안내견 학교 외에도 실제 생활공간인 도로, 상가 등 여러 가지 환경에서 실시한다. 훈련과정은 배변, 식사 등 기본 훈련과 복종 훈련(Obedience), 지적 불복종훈련(Disobedience; 장애물이나 위험상황을 인지하여 주인의 명령과는 관계없이 안전한 방향으로 행동하게 하는 훈련), 다양한 상황에서의 보행 및 교통훈련 등으로 구성된다. 안내견으로서 부적합하다고 판정 받은 개들은 치료 견(PAT; Pet As Therapy-정서장애를 겪는 사람들을 위로하여 치료를 돕는 개)이나 재활보조견(지체장애인의 생활을 돕는 개), 인명구조견 등 다른 직업을 찾게 된다.

⑥ 사용자(맹인)와의 매칭 (Matching)

각 안내견의 특성(견종, 크기, 습성 등)과 안내견의 분양을 희망하는 시각장애인의 성격, 직업, 걸음걸이(보속, 보폭), 건강상태 및 주거환경 등등을 모두 고려해서 매칭(짝짓기)을 해야 한다. 그러기 위해서는 안내견에 대한 개개의 특성을 철저히 파악해 두어야하며, 또한 예비 사용자에 대해서도 철저한 사전조사가 이루어져야 한다. 매칭(Matching)은 매우 중요한 과정으로 안내 견이 충분한 능력을 발휘하여 성공적으로 역할을 수행하도록 하는데 크게 영향을 미친다.

⑦ 사용자 교육 (Client Training)

사용자에게 가장 적합하다고 판단되는 안내 견이 선정되면 예비 사용자는 안내견과 함께 4주간의 사용자 교육을 받는다. 교육기간 중 처음 2~3주는 안내견 학교에서, 나머지 1~2주는 사용자의 주거지와 주요 보행지를 중심으로 이루어진다. 교육과정은 보행방법, 안내견 관리, 도로 및 상가출입 요령, 실제 생활 적응 등으로 구성되어 있다. 이 기간 동안 시각장애인과 안내견은 친화되고 상호 신뢰를 바탕으로 하는 긴밀한 관계를 맺는다. 따라서 이 과정은 장애인 재활교육(Rehabilitation) 및 보행지도 등을 전문적으로 공부한 지도사(Instructor)에 의해 실시되며, 사용자와 안내견을 함께 교육, 훈련 시켜야 하므로 모든 지도사들은 재활교육 자격 외에 안내 견 훈련사 자격을 기본적으로 취득하고 있다.

⑧ 사후관리(Follw-Up)

안내견 분양 후 정기적으로 지도사들이 가정을 방문하여 건강과 보행을 점검하고 그에 따른 조치를 취한다. 이 기간 동안 추가 훈련을 실시하기도 한다.

우리나라는 매년 2차례씩 정기적인 사후관리를 하며 필요한 경우에는 비정기 사후 관리도 하고 있다.

⑨ 은퇴

노령(10세 정도)의 안내견은 안내견으로서의 일을 은퇴한 후 자원봉사자 가정으로 위탁되거나 안내견학교로 돌아와 편안히 여생을 보내게 된다. 사용자에게는 새로운 안내견이 대체분양(Replacement)되며 물론 이 경우에도 사용자교육(Client training)과정을 거쳐야 한다.

■ **안내견을 만났을 때**

안내견은 버스나 택시 등 대중교통 수단에 탑승할 수 있도록 법률(도로교통법 자동차운송규칙 제28조)에 명시돼 있다. 맹인안내견은 버스는 물론 승용차에 탑승할 때도 주인의 발과 의자 사이에 얌전히 엎드려 있기 때문에 택시 이용에도 아무런 문제가 없다.

안내견에 친근감을 표시하는 것은 좋지만 주인에게 양해를 구하지 않고 함부로 만지는 행위는 금물이다. 안내견의 반응이 달라지므로 영문을 모르는 주인이 당황하기 때문이다. 안내견에게 먹을 것을 주는 행위도 해서는 안 된다. 정해진 먹이 외에는 눈길도 주지 않도록 훈련을 받았기 때문에 받아먹지도 않을 뿐더러 만약 먹이를 따라 개가 움직일 경우 시각장애인인 주인이 겪게 될 곤란을 고려하지 않은 경솔한 행동이다.

70년전 미국에서 첫 선을 보인 안내견은 훈련에 평균 2년의 기간과 7,000만~8,000만원의 비용이 소요되며 훈련기간 중 시각장애인의 위험을 예방하고 일상생활의 세세한 부분까지를 도울 수 있도록 집중적인 교육을 받는다.

국내에는 삼성 안내견학교와 한국장애인도우미견협회 2 개의 훈련기관이 있다. 또 매년 4월30일은 세계 맹인안내견의 날로 지정돼 있어 국내외에서 다양한 행사가 열리기도 한다.

현재 유명호텔과 상점 음식점 은행 교통시설 등 1,000여 곳이 '맹인안내견 환영'스티커를 붙이고 출입을 허용하고 있지만 시각장애인을 위해서는 이러한 곳이 더욱 확대돼야 한다는 것이 장애인들의 한결같은 바램이다.

한 마리의 안내견이 훈육되기까지는 2년 여 세월과 막대한 비용이 들며, 분양 후에도 지속적인 사후(事後)관리가 요구되기 때문에 특수 목적용 개들 중 가장 고난도의 훈련기술을 요하는 분야기도 하다. 시각장애인들에게 삶의 기쁨을 제공하고, 더불어 사는 삶을 자각하도록 하는 차원에서 볼 때 안내견은 시각장애인들에게 그 무엇과도 바꿀 수 없는 가치를 지닌다.

(2) 지체 장애인 도우미 개

지체 장애인 도우미개는 지체장애인의 휠체어를 끌어주고, 리모컨, 신문 등 원하는 물건 가져다주기, 문 열고 닫기, 전깃불 끄고 켜기, 옷이나 양말 벗기기 등 다양한 서비스를 제공하는 개다.

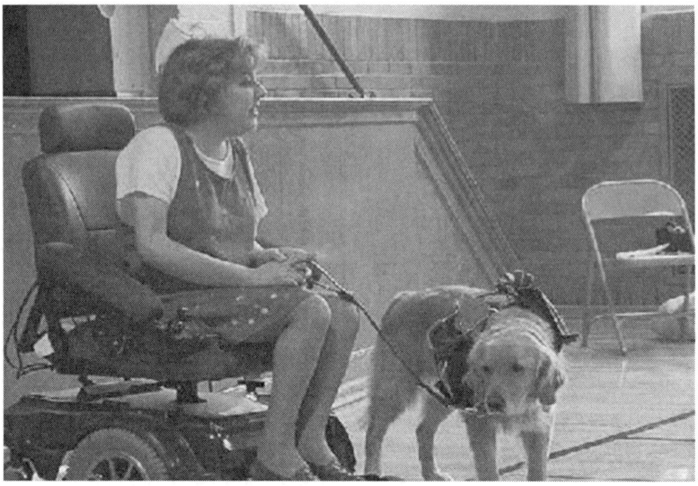

그림 4-1. 지체 장애인과 도우미 개

(3) 청각 장애인 도우미 개

청각 장애인 도우미 개는 청도견, 보청견으로 불리고 있으며 청각 장애인과 함께 생활하면서 일상의 여러 가지 소리 중에서 주인인 청각장애인이 필요로 하는 소리인 초인종, 팩스, 아기울음, 물주전자, 자명종, 화재경보 소리 등 7-8가지의 소리를 개가 듣고 소리의 근원지와 주인의 사이를 왕복하거나 주인에게 올라타는 등 개의 신체의 일부를 주인에게 접촉함으로서 소리가 났음을 알리고 주인이 어디냐는 신호를 했을 때 주인을 소리의 근원지까지 안내하는 역할을 한다.

청각 장애인 도우미 개는 소리를 잘 듣지 못하는 청각 장애인의 귀가되어 일상생활의 여러 가지 소리들을 행동으로 알려주는 청각보조 역할을 한다. 평상시에는 둘도 없는 친구이기도 하며, 또한 주인이 가는 곳이면 어디든 같이 갈 수 있는 장애인복지법상의 권리를 가지고 있는 든든한 동반자이기도 한다. 듣지 못하거나 듣는데 어려움이 있는 청각장애인을 돕기 위하여 특별히 훈련된 개로서 주인과 함께 생활하면서 일상의 여러 가지 소리 중에서 주인인 청각장애인이 필요로 하는 문 두드리는(초인종) 소리, 전화벨(팩스) 소리, 자명종시계 소리, 아기우는 소리, 물 끓는 소리, 압력밥솥 소리, 주인 부르는 소리, 화재 경보 등 약 7~8가지 정도의 소리를 보청견이 듣고 주인에게 개 자신의 신체의 일부를 접촉하는 방법으로 알려주고 주인을 소리의 근원지로 안내한다.

1) 청각 장애인 도우미 개의 시작

외국의 경우 미국은 1975년, 영국은 1982년부터 보청견이 훈련되기 시작하여 매년 수백 마리의 보청견이 훈련되어 청각 장애인의 삶을 돕고 있다.

우리나라는 1997년부터 한국장애인도우미견협회에서 보청견을 훈련하기 시작하였으며 이후 삼성안내견학교에서도 청각장애인에게 무료로 분양되어 활용되고 있다.

우리나라의 청각 장애인의 수는 약 30만 명으로 추정되며 이중에서 개를 싫어한다던 지, 너무 어리거나 고령인 경우 등 개인적인 문제와 보청견과 함께 할 수 없는 주변 여건 등을 고려할 때 청각 장애인 도우미 개를 이용 할 수 있는 청각 장애인은 약 1500명 정도로 여겨진다.

2) 청각 장애인 도우미 개의 의의

청각 장애인 도우미 개과 함께 생활하면서 보청견의 주인인 청각 장애인은 다른 사람들의 도움으로부터 보다 더 독립적 일 수 있고 이 독립성은 자신에 대한 더 큰 자신감을 갖게 되어 생활에 활력을 얻을 수 있다. 또한 소외되고 외로운 장애인들에게 인생의 동반자가 되어주고 친구가 되어주며 보청견의 육성과 보급에 역할분담을 하여 함께 참여함으로서 장애인 도우미 개를 이해하게 되며 장애인을 우리의 친구이며 가족으로 받아들여 장애인과 비장애인이 더불어 살아가는 따뜻한 복지 사회를 만들 수 있다는데 그 의의가 있다.

3) 청각 장애인 도우미 개의 품종

청각 장애인 도우미 개로서 적절한 특정 품종은 정해져 있지 않고 소형 견부터 대형견까지 다양한 견종이 가능하다. 다만 우리나라 주택 구조를 고려해서 소형 테리어나 발바리, 말티즈, 비숑, 코카 스파니엘, 푸들 등 실내생활에도 적합한 작은 개가 주로 쓰인다.

청각 장애인 도우미 개가 되기 위해서는 소리에 대한 높은 반응성이 으뜸으로 요구되는데 선천적으로 소리에 빠르고 민감한 반응을 보여야 한다. 아울러 어떤 장소에서도 환영받을 만한 다소곳한 성품이 요구된다. 또한 일반 애완견도 그러하지만 특수한 임무를 수행해야 하는 보청견인 만큼 아주 건강해야 한다.

4) 후보견의 선정

외국에서는 중, 대형견도 활용을 하지만 우리나라의 애견문화를 고려할 때 소형견이 바람직하다. 사람에게 우호적이고 명랑한 성격으로 냄새보다는 소리에 민감하며, 낯선 소리에 관심을 나타낼 정도로 호기심이 강하고, 반응하도록 훈련하는 소리를 구별할 수 있을 만큼 영리한 개라면 품종이나 성별에 관계없이 가능하다. 예를 들어 요크셔테리어, 말티즈, 코커스파니엘, 발바리, 푸들, 슈나우져 등이 모두 사용될 수 있다.

위와 같은 조건의 개를 뜻 있는 분들로부터 기증을 받던가, 동물 고아원 같은 곳에서 선별하여 활용한다. 실내생활에 익숙하지 않은 개라면 파피워커의 가정에 보내져서 약 1개월 정도의 실내생활에 대한 적응훈련을 한다.

5) 청각 장애인 도우미 개의 훈련

청각 장애인 도우미 개의 훈련은 활용하고자하는 환경과 유사한 환경에서 훈련을 한다. 기초적으로 사람과의 공동생활에 필요한 에티켓과 사회성을 배우게 되며 앉기, 엎드리기, 기다리기, 부르기, 따라다니기, 변 가리기 등의 복종훈련을 받고 일상의 여러 가지 소리 중에서 주인이 필요로 하는(초인종, 팩스, 아기울음, 자명종시계, 압력밥솥, 조리기구 타이머, 화재경보) 소리 등을 구별하여 개의 발로 주인을 건드려서 주인에게 알려주고 주인을 소리가 나는 곳으로 안내하는 법을 배운다.

기초훈련과 복종훈련, 소리반응 훈련 등을 약 4개월 정도 받고 실생활의 응용훈련 등을 거쳐 훈련이 마무리되면 종합적인 테스트를 하게 된다.

공동훈련 테스트에 합격한 개에 한하여 사용자로 선정된 청각장애인과 함께 약 1주일간의 청각 장애인 도우미 개 관리 및 활용하기 등의 교육을 받게 된다. 이 기간 동안에 활용될 현장적응 훈련도 받게 되며 그 후 사용자가 청각 장애인 도우미 개를 데리고 집으로 가며 담당자가 방문을 해서 보청견과 사용자를 돌보아 주게 되며 1달 후 최종평가를 하여 청각 장애인 도우미 개임을 증명하는 목걸이와 증서 등을 준다.

6) 사용자의 선정

일반적으로 심하게 청력이 손상되었거나 완전히 청력을 상실한 사람으로서 청각 장애인 도우미 개를 사용함으로서 그의 생활을 향상시킬 수 있어야하고 사용자나 그의 가족이 청각 장애인 도우미 개를 이해하고 사랑할 수 있어야 한다.

사용자의 집안환경이나 상황에 따라 청각 장애인 도우미 개의 크기 등도 고려된다.

■ 청각 장애인 도우미 개의 활약

1) 소리를 어떻게 알려줄까?

청각 장애인 도우미개는 주인과 소리 나는 곳 사이를 수차례 빠른 속도로 오고 가며 알려야 할 소리가 난 사실과 또한 그 소리가 어디서 났음을 알려준다. 이 때 소리를 듣지 못하는 청각 장애인들을 위하여 짖는 행동 대신 주인의 신체 일부를 접촉하여 행동으로 알린 후 소리가 난 곳으로 안내한다.

2) 보청견이 알려주는 소리

자명종시계 소리, 문(Door) 노크소리, 초인종 소리, 전화/팩스 소리, 남이 부르는 내 이름 소리, 화재경보 소리, 주전자 물 끓는 소리, 자동차 경적 소리 등의 주인이 일상생활에서 필요로 하는 소리들을 주인에게 알려준다.

(4) 노인 도우미 개

노인 도우미 개는 신체적으로 불편한 노인들의 시중을 들어주고 산책을 하는 등 반려동물로서의 역할을 한다.

장애인 도우미 개는 신체적, 정신적으로 불편한 장애인이나 노인 등에게 도구적인 도움을 제공하여 일상생활상의 불편을 해소하며, 독립적일 수 있도록 하여 자존감을 가질 수 있도록 하며 소외되고 외로운 장애인의 친구와 인생의 동반자의 역할을 하고 장애인과 비장애인간의 가교적인 역할을 한다.

(5) 인명구조견 (Search &Rescue Dog)

인명 구조견은 산악구조견, 재해구조견, 설상구조견으로 구분되어 상황에 맞는 전문적인 훈련을 받는다. 최근 미국에서는 수중 구조견 양성을 시도하고 있다. 세계적으로 인명구조견을 총괄하는 대표 단체는 국제인명구조견협회(IRO: International Rescue Dog Organization)와 미국의 대통령 직속 기관인 긴급사태관리국(FEMA: Federal Emergency Management Agency) 등이 있다.

IRO의 경우 비영리 민간 자원 봉사 단체로 1993년에 창설되어 현재 20개국 33개 단체가 가입되어 있으며 오스트리아에 본부를 두고 있다. 초기에는 영국, 스웨덴, 스위스 등의 유럽 국가 중심으로 운영되었으나 근래에 들어 한국, 일본 등이 추가 가입해 총괄적인 기구의 산하에서 각 국가별 인명 구조견 활동을 벌이고 있다. 인명 구조견 공인 자격은 각 나라마다 지형 특성을 고려해 국가별로 심사관이 평가하되 IRO에서는 심사 기준을 정하고 수준 유지를 위한 세계 경진 대회 등을 개최하며 출동 상황이 발생하면 적재적소의 파견을 주관한다.

독자적인 활동을 벌이는 미국의 FEMA는 1978년 설립된 기관으로 재난 영화에서 자주 접할 수 있는데, 미국 인명구조견에 대한 중앙통제권을 갖고 있다. 비상사태가 선포되면 버지니아에 위치한 FEMA의 지휘 아래 각 주마다 재난 본부에 소속되어 있는 인명구조견들이필요에 따라 활약한다. 미국은 전 세계에서 가장 많은 2천 두 정도의 인명 구조견이 민간인에 의해 훈련되고 있으며 FEMA에는 항상 2개조 총 20두의 인명구조견이 항시 출동에 대기하고 있다. 지난 엘살바드로 지진 때도 미국의 인명구조견이 가장 먼저 급파된 것도 이 덕분이었다.

본격적으로 인명구조견 양성 체계가 갖추어지기 시작한 것은 1900년대 중반부터다.

현재는 UN에서 '국제 수색 구조 가이드라인'을 정할 정도로 이미 선진 여러 나라에서 인명구조견이 국가적 차원의 재난 대책 수단으로 발달되었다. 귀중한 생명을 구조하는 일인

만큼 엄격한 훈련을 받고 국제적 평가 기준에 의한 시험을 거쳐 공인 자격증을 딴 인명구조견만이 임무를 수행할 수 있다.

나라별 특징을 간단히 살펴보면, 보유 두수에서는 미국이 단연 월등히 앞서지만 질적 수준이나 다른 모든 면에서는 영국의 SARDA(Search And Rescue Dog Association)를 최고로 꼽는다. 산악 협회 소속의 7개 지부로 구성된 산악구조견 활동은 명성과 실력 못지않게 심사 규정 또한 까다롭다.

여느 선진국과 마찬가지로 비영리성이 강조되며 독도법 등 산악 지식 확인을 위해 산악구조 회원으로 7년 이상 자원 봉사한 자에 한하여 자격 조건이 주어진다. 또한 2년에 한 번씩 핸들러와 개가 함께 자격 갱신을 해야 되고 심사 시 타 지부의 심사관이 참가하는 등 자격 유지를 위해서도 꾸준한 노력을 기울여야 한다. 핸들러들은 대부분 자기 직업을 가지고 여가 시간을 이용하여 훈련 및 활동을 하는데, 공인 자격증은 이들에게 애견과 함께 사회에 봉사할 수 있는 대단한 영광으로 여겨진다.

재해구조견의 경우 스웨덴을 최고 수준으로 꼽는다. 그 이유는 구소련의 공습 영향으로 유난히 재해 구조 활동이 많았던 경험 때문이라고 보인다. 인명구조견의 탄생 국인 스위스의 경우엔 국방부의 통제 아래 '레스큐 체인(Rescue Chain)'이 있어 10여 개의 민간 기업과 국가 기관에 소속된 구조견들이 활동한다.

1) 인명구조견의 역사

인명구조견은 산악이나 재해 지역 등에서 사람이 실종되었을 때 발달된 후각으로 구조를 필요로 하는 사람('요구조자'라고 부른다)의 위치를 탐색하여 신호하도록 훈련 받은 개를 말한다. 이들은 고도의 훈련과 탁월한 후각으로 사람이나 첨단 구조 장비가 찾아내기 힘든 상황에서 요구조자를 찾아내곤 한다. 근래에 보고된 바로는 요구조자의 생사까지 열 감지로 확인한다고 하니 실로 '개코'의 위력은 대단하다.

인명구조견의 역사는 18세기로 거슬러 올라간다. 스위스의 험준한 산악 지대에 있는 수도원에서 키우던 개들이 눈 속에서 길을 잃은 여행자를 찾아내던 것에서 인명구조견의 역사가 시작되었다는 것이 정설이다. 배리가 인명구조견의 효시로 인정받은 것도 이때이다. 그 당시엔 개에게 특별한 훈련을 시키지 않았다. 다만 개의 본능적 감각에 의존해 인명을 구했다. 이들은 중립국임을 감안, 해외 재난 구조 요청이 있을 경우 신속한 출동을 위해 취리히 공항 내에 별도의 구조 장비를 갖춘 지정 창고를 마련해 놓았으며 출동이 결정되면 48시간 이내에 전세기를 할당하도록 법제화해 놓았다.

이 밖에도 요즘 미국에서는 수중구조견이라 하여 수중에서 구조 활동을 벌일 수 있도록 구조견을 훈련 중이나 아직 그 성과는 불명확하다.

전 세계적으로 인명구조견은 그 위치나 활동 면에서 특별한 대우를 받고 있으며 비 영리성으로 인하여 더욱 가치 있게 여겨지고 있다. 대부분의 선진국에서는 인명구조견이 민간인들에 의해 훈련, 양성되고 있고 비상시 국가의 요청에 따라 인근 지역에 자원 봉사 차원의 무상 출동을 한다.

그렇게 함으로써 경비와 인력이 절감되고 거주지 주변 환경에 친숙하여 더 효율적인 구조 작업을 할 수 있다고 한다. 현재 전 세계 독일산 셰퍼드, 라브라도 랫트리버, 보더 콜리, 스파니엘 품종 등이 훈련을 받고 있으며, 독일산 셰퍼드는 강한 목적의식을 가진 성격으로 인해 양성률 1위를 기록하고 있다.

최근 'UN의 국제 수색 구조 가이드라인'을 보면 놀랄 만한 내용이 실려 있다. 인명 구조 활동의 행동 지침서 역할을 하는 이 책에는 인명 구조견이나 핸들러가 인명 구조 활동 중 부상을 당했을 경우 구조를 요하는 사람보다 최우선적으로 이들을 먼저 치료, 처치하게 되어있다. 또한 구조 활동에서 수색 초기에 인명 구조견을 진입시키도록 되어 있다. 선진국에서 인명 구조견의 역할을 중요시하는 까닭은 무엇일까? 그것은 '개의 뛰어난 후각 능력'의 위력 때문이다. 재해현장의 각종 장애물 중에는 첨단장비의 탐지 기능을 차단시키는 재료(동판, 스티로폼 등)들이 산재해 있고, 악천후 등의 기후 조건에서는 기계장비의 기능이 더욱 떨어지지만, 개 코의 냄새 감지 기능은 이러한 장애를 받지 않는다. 하지만 첨단 장비처럼 항상 객관적이지만은 못하다는 단점도 있어 항시 수색 활동에는 구조견과 더불어 수색대원의 육안 수색, 전자 장비를 이용한 첨단 수색이 함께 동원된다.

현재 국내에서도 인명 구조견의 역할이 강조되고 있으며, 한국의 중앙 119구조대는 UN의 국제수색구조자문단(INSARAG: the International Search and Rescue Advisory Group)의 환태평양 의장 국으로 참여하게 되어 책임감 또한 무거워졌다. 선진국 수준의 인명 구조견 활동 지원을 위해서는 페티앙(반려 동물과 함께 행복한 삶을 추구하는 사람)들의 인명 구조견 활동에 대한 전반적인 이해와 여건 조성이 우선적으로 필요한 시기이다.

2) 인명구조견은 어떻게 양성될까?

인명구조견이 되기 위해서는 우선적으로 선천적인 성품과 건강이 강조된다. 성품은 온화하고 적대감이 없어야 하며, 자신감과 호기심이 많아야 하고 신체적인 결함이 없어야 한다. 또 사람을 한 번이라도 물어본 경험이 있거나 경비견으로 훈련받은 적이 있는 개는 절대 인명구조견이 될 수 없다. 이런 기준으로 엄선된 개들은 생후 8개월 령까지 자견 훈련에 들어가는데 신체 구조나 행동양상을 감안한 놀이식 훈련이 주를 이룬다. 이 시기에 복종 훈련 등을 시킬 경우 개는 자기 주관이 없어지고 항상 핸들러의 눈치를 살피게 된다고 한다. 한마디로 효과적인 수색 작업을 할 수 없게 된다.

8개월 령의 평가에서 합격한 개들은 이때부터 본격적인 육성견 훈련에 들어가게 되고, 12개월 령에 2차 평가까지 합격한 개들만이 공인 자격증을 취득하기 위한 전문 훈련을 받는다. 이때까지 훈련 시간이 무려 5백 시간에 이른다. 그런 다음 3일 간에 걸친 자격 심사를 통과한 이후에 드디어 공인 자격증을 취득하게 된다. 이때 자격증은 핸들러와 구조견이 동시에 받게 된다. 핸들러의 역할이 50퍼센트인 점을 감안할 때 핸들러 없는 구조견은 반쪽 구조 활동밖에 할 수 없기 때문이다. 보편적으로 최종 심사까지 통과하여 자격증을 취득하는 개는 30퍼센트 미만이다.

(3) 탐지견

탐지견은 발달된 후각을 이용하여 폭발물이나 마약과 같은 위험물의 탐지나 수입이 금지된 농산물의 탐지 등의 목적으로 이용되는 개를 말한다. 주로 공항에서 위험물이나 외국으로부터 유입되는 농산물의 탐지를 위해서 이용되고 있다.

2 말과 현대사회

말은 과거 교통수단이나 짐을 나르는 사역동물의 역할로서 주로 사람에 도움을 주었다. 과거 전쟁을 할 때 말을 탄 군인의 수가 전쟁의 승패를 좌우할 만큼 기마병에 대한 의존도가 높았고, 말에 대한 중요도는 매우 크다고 할 수 있었다.

그러나 오늘날 자동차와 화물차의 발명으로 사람을 태우거나 짐을 나르는 말의 고유 역할의 의존도는 매우 작아졌고, 전쟁에서도 탱크와 같은 현대화된 무기의 발명으로 기마병의 역할도 없어졌다.

그럼에도 불구하고 말은 현대사회에서 여러 가지 역할로 인간과 가까운 관계를 유지하고 있다. 현대사회에서 말의 활용을 살펴보도록 하자.

(1) 경주용 승마

처음에는 수렵의 대상이었던 말이 승마용으로 발전한 것은 기원전부터이다. 제 25회 고대 올림픽(BC 680)에 이미 4두 마차의 경주가 있었던 것만 보아도 승마의 역사는 곧 인간의 역사라고 할 수 있다. 승마가 오늘날의 모습을 갖추기 시작한 것은 19세기 중엽부터이며, 일부 부유층의 스포츠로 성행되던 유럽의 승마는 차츰 근대 스포츠로서의 면모를 갖추어 나갔고 제 2회 파리 올림픽부터 올림픽 정식 종목으로 채택되었다.

한국에서 서양식 승마가 들어 온 것은 조선말기 러시아로부터이며, 해방 후 1946년 한국 승마 대회가 개최되었고, 15회와 17회 올림픽에 출전하는 등 꾸준한 발전을 거듭해 왔다. 그러나 무엇보다 승마보급에 큰 영향을 준 것은 서울올림픽이다. 이것을 계기로 승마에 대한 인식이 확산되면서 일부계층의 전유물로 여겨지던 승마는 점차 대중 레저 스포츠로서의 자리를 찾게 되었다.

(2) 동물매개치료와 말

최근 승마에 대한 관심이 증가하여 승마장이 증가하고 승마 인구가 증가하고 있다. 그런데 승마가 단지 정상인만이 할 수 있는 운동이 아니라 장애인에게 더욱 필요한 동물매개치료라는 사실을 아는 사람은 많지 않다.

말을 이용하여 인간의 정신적, 심리적 질환, 신체적 장애 등을 치료하는 행위를 동물매개치료의 한 분야인 치료승마라고 한다. 이러한 치료 방법을 통해 장애인들은 적극적인 참여와 삶의 활력 증대 효과를 얻을 수 있다. 운동기관 장애자, 척추 장애자, 경련성 마비, 시각장애자, 정신장애자 등을 치료승마의 적용 범위로 볼 수 있다.

국내의 경우 삼성전자승마단이 신체적 장애를 가진 장애인들을 위한 재활승마를 시작한 후로, 마사회가 동참하여 치료승마의 한 분야인 재활승마가 수행되고 있다. 재활승마의 의미는 신체적 장애를 가진 장애인들의 승마 운동을 통한 신체의 재활 효과를 얻는 활동으로 심리치료 효과 부분에 대한 역할이 빠져 있다. 승마를 통한 재활치료와 심리치료를 모두 포함하는 활동이 치료승마라 할 수 있다.

Q & A

◎ 인간과 가장 교감이 높은 동물은?

인간과의 교감이 가장 높은 동물은 인류와 오랜 역사를 가지고 있는 개다. 개는 인간과 상호교감이 가장 뛰어난 동물이다.

◎ 반려동물이 사람에게 줄 수 있는 도움은?

도구적 효과, 건강효과, 스트레스 감소와 대처기술 효과, 인지효과, 그리고 정서적 효과 등 다섯 영역이 있으며, 그 외에 자아존중감과 자기 효능감의 향상과 카타르시스(catharsis)다.

◎ 페티앙이란?

반려 동물과 함께 행복한 삶을 추구하는 사람을 말한다.

◎ 탐지견이란?

발달된 후각을 이용하여 폭발물이나 마약과 같은 위험물의 탐지나 수입이 금지된 농산물의 탐지 등의 목적으로 이용되는 개를 말한다.

◎ 재활승마란?

신체적 장애를 가진 장애인들의 승마 운동을 통한 신체의 재활 효과를 얻는 활동을 말한다.

알아두기

▶ 인간과 동물의 유대(human and animal bond, HAB)

동물과 사람 간에 끈끈한 상호반응과 감정을 말한다.

▶ 반려동물의 감정적 이점

반려동물을 키움으로 해서 스트레스 수준의 감소, 자기 가치에 대한 감정의 증가, 신체의 변화에 대한 적응력 증가와 같은 이점을 받을 수 있다.

▶ 반려동물의 신체적 이점

반려동물을 키움으로 해서, 혈압감소, 근력 증가, 콜레스테롤 감소, 심장병의 재발 위험 감소, 재활 효과 등의 이점을 받을 수 있다.

▶ 치료승마

말을 이용한 동물매개치료를 말한다.

단원 학습 정리

1. 인간과 동물의 유대는 사람과 동물과의 상호작용에서 생기는 사람과 동물 쌍방에 정신적, 신체적으로 생기는 좋은 효과를 인식해 사람과 동물 쌍방의 행복을 증진시키고 양자의 복지를 증진할 수 있다.
2. 반려동물을 키우는 것이 인간과 동물의 유대감에 의한 정신적 이로움뿐 아니라 신체적 운동의 증가로 인간의 건강 향상에 큰 도움을 준다.
3. 반려동물은 스트레스 경감, 위안, 정신적 지지를 제공한다.
4. 사람과 동물이 친밀감을 느낄 수 있고 서로 감정을 주고받는 상호교감이 높은 치료도우미 동물은 개, 고양이, 말이다.
5. 반려동물을 키우면서 쓰다듬고 안아주는 것에 의해 상호반응을 통하여 분노, 적대감, 긴장, 근심의 감소와 같은 접촉의 이점을 받을 수 있다.
6. 시각 장애인 도우미 개는 안내견으로도 불리고 있으며 시각장애인과 함께 길을 가면서 보행 중에 장애물을 피하고 위험을 미리 알려주며, 건널목이나 빈 의자, 출입문 등으로 주인을 안내하며, 주인이 원하는 장소까지 안전하게 길을 안내한다.
7. 말을 이용하여 인간의 정신적, 심리적 질환, 신체적 장애 등을 치료하는 행위를 동물매개치료의 한 분야인 치료승마라고 한다.
8. 승마를 통한 재활치료와 심리치료를 모두 포함하는 활동이 치료승마라 할 수 있다.

쉬어가기

현대인에게 반려동물의 의미

인간과 동물은 자연스럽게 상호 교감을 나누는 애정의 관계가 자연스레 형성되게 되는데, 이를 인간과 동물의 유대, Human animal bond, 줄여서 HAB라고 부르고 있습니다.

심리학적으로 인간은 사랑을 받고자 하는 기본 욕구를 가지고 있다고 합니다. 인간은 부모로부터, 친구로부터, 자녀로부터 뿐만 아니라, 모든 주변 사람들에게서 사랑받기를 원하고 또한 자신들이 가치 있다고 느끼기를 원한다는 것입니다.

반려동물들은 인간들과 자연스레 상호 교감, 즉 HAB를 형성하며, 인간들의 사랑에 대한 필요를 충족시켜줄 수 있습니다(Missel & Jenkins). 사람들은 다른 사람들에게서 끊임없는 평가를 받는 긴장 관계에 노출되어 있다 할 수 있습니다. 내가 다른 사람들에게서 사랑은 받기 위해서는 그들의 요구 조건에 합당한 행동을 보여 주어야 한다는 스트레스를 받고 있다고 할 수 있습니다.

반려동물들은 주인에게 무조건적인 애정과 사랑을 보여주기 때문에, 반려동물과의 상호작용은 대상자들이 다른 사람들로부터 거부되거나 부정적 평가를 받을 수 있다는 불안감을 해소시켜줄 수 있습니다(Fawcett & Gullone, 2001).

반려동물은 이와 같이 인간에게 조건 없는 사랑을 주는 상호교감의 동반자적인 관계로서 일상의 스트레스에 지친 현대인들에게 청량제와 같은 휴식을 제공하는 존재라 할 수 있습니다. 이러한 반려동물의 역할은 사람들에게 정신적 위안과 상처 받은 마음의 치유 기능까지 가지고 있다 할 수 있습니다.

제 5 장

동물의 구조와 기능
Animal Structure and Function

Ⅰ. 동물의 기본 구조
Ⅱ. 동물 종에 따른 구조 차이

동물을 이해하기 위해서는 기본적인 구조와 조직의 기능을 숙지하여야 한다. 동물의 기본 구조는 해부학을 통한 형태학적 연구를 통하여 정립될 수 있고, 기본적인 기능은 생리학을 통한 기능 연구를 통하여 확립되어있다. 이 번 단원에서는 동물의 기본 구조와 기능을 이해하고 파악할 수 있도록 하고자 하였다. 동물은 종이 다양하면서 종간 구조와 기능의 차이가 파악되고 있다. 이를 비교해부학이라 하며 비교해부학을 이용하여 동물간의 차이를 이해할 수 있다.

I. 동물의 기본 구조

학습목표

1. 동물의 기본 구조를 이해하고 설명할 수 있다.
2. 동물 구조의 기능을 이해하고 설명할 수 있다.

동물의 이해는 해부학적 구조와 생리학적 기능의 이해가 필수적이다. 동물의 기본 구조는 형태학적인 연구를 통하여 알 수 있고, 기능적인 측면에서는 생리학의 연구를 통하여 알 수 있다. 동물 종간 구조와 기능의 차이는 비교해부학적 지식으로 알 수 있다. 이 번 단원에서 기본적인 해부생리학적 특성을 알아보고자 한다.

1 골격계 (Skeletal sytem)

골격은 중추골격(Axial skeleton)으로 척주(vertebral column), 늑골(Ribs), 흉골(sternum), 두개골(Skull), 내장골(visceral skeleton) 등이 있으며, 사지골격(Appendicular skeleton)으로 전지와 하지의 골격 등으로 구성된다. 변이골(Heterotopic bones)은 일반적인 골격구조에 포함되지 않는 골로 연골내골화 혹은 막내골화에 의해 생긴다. 개, 하등 영장류 및 포유류의 음경속 해면체 사이에 위치하는 음경골(Os penis)과 사슴과 소의 심장 실간격막 내에 위치하는 심장골(Os cordis) 및 양성자(hermaphrodite)의 질에서 보이는 음핵골(Os clitoridis) 등이 그 예이다.

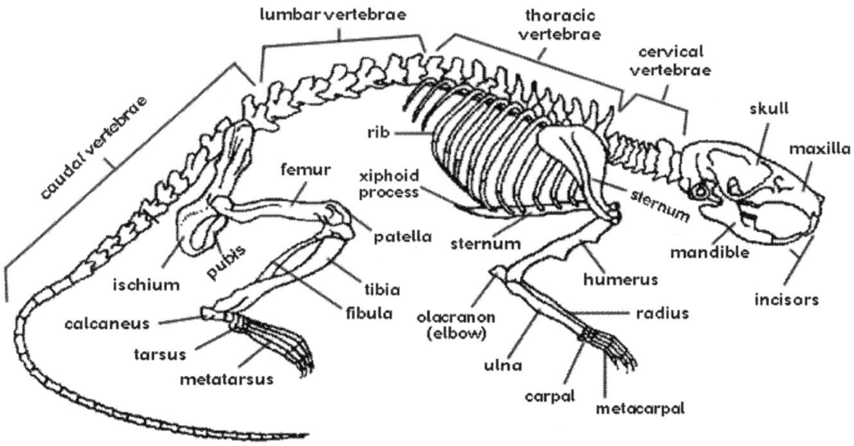

그림 5-1. 랫드의 골격계

2 소화계통

소화계통(digestive system)은 입에서 시작하여 항문으로 끝나는 긴 튜브 모양의 기관(tubular organs)과 여기에 부속되는 소화액 분비샘(digestive glands)으로 구성된다. 튜브 모양의 기관은 그 속에 빈 공간인 속공간(lumen)을 가지고 있으며 이곳을 통하여 섭취한 음식물이 지나가며 소화가 되기 때문에 흔히 소화관(alimentary tube, digestive tract)이라는 이름으로 불리어지기도 하고 위와 장이 소화관을 이루는 주요기관이므로 흔히 위장관(gastrointestinal tube, GI tract)이라고도 한다. 소화관의 부속샘(accessory glands)에 해당되는 큰 소화액 분비샘으로는 세 침샘(salivary glands)과 간(liver) 및 이자(췌장, pancreas)가 있다. 소화관과 부속샘은 동물이 필요로 하는 에너지의 원료와 몸의 구성 및 대사에 필요한 재료를 몸 바깥에서 받아들여 몸에서 흡수할 수 있는 상태로 바꾸어주고 노폐물은 몸 밖으로 배출하는 일련의 연속된 기능을 수행하게 된다. 재로가 되는 음식은 입(mouth)의 한부분인 구강(oral cavity)으로 받아들여 물리적으로는 작은 덩어리로 부수고 화학적으로는 침샘(salivary glands)의 분비물인 침의 도움을 받아 더욱 잘게 분해하여 이것을 인두(pharynx)와 식도(esophagus)라는 통로를 거쳐 위(stomach)로 보내게 된다. 위에서는 위벽의 움직임과 화학적인 처리로 소화(digestion)를 시작하고 다음 단계인 작은창자(소장, small intestines)로 넘겨 본격적인 분해과정을 거치는데 샘창자(십이지장,

duodenum)를 지나는 동안 가장 큰 부속샘인 간(liver)과 이자(췌장, pancreas)로부터 분비되는 소화액을 섞고 연동(peristalsis) 운동을 하면서 빈창자(공장, jejunum), 돌창자(회장, ileum)를 지나가는 동안 영양소는 흡수하고 나머지는 큰창자(대장, large intestines)로 밀어낸다. 큰창자에서는 막창자(맹장, cecum)와 긴주름창자(결장, colon)의 통로를 거치면서 마지막 흡수를 하고 더 이상 필요로 하지 않는 찌꺼기는 곧창자(직장 rectum)에 잠시 보관하였다가 항문(anus)을 통하여 몸 밖으로 배출하는 일련의 소화과정을 거치게 되는 것이다.

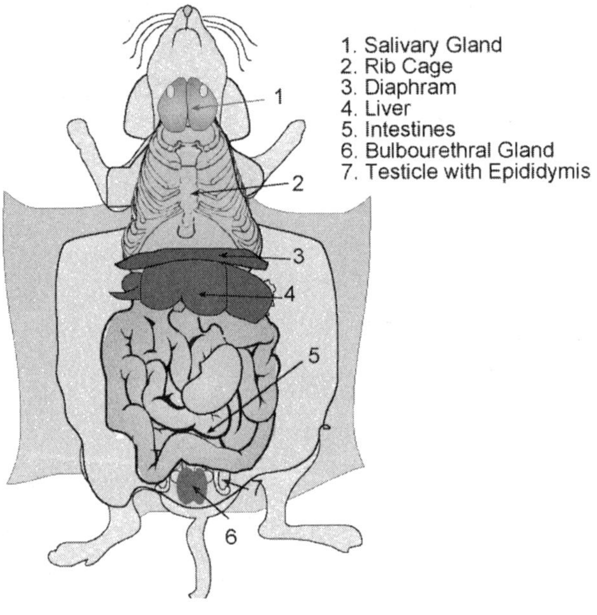

그림 5-2. 랫드의 내부장기

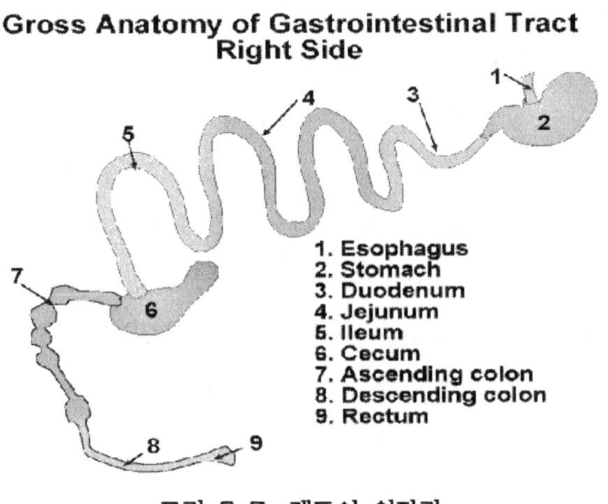

그림 5-3. 랫드의 위장관

3 호흡계통

호흡계통(respiratory system)은 코에서 시작하여 허파에 이르는 불규칙한 공기의 출입 통로를 말하며 실제로 가스 교환을 하는 곳은 허파(폐, lungs)이고 나머지는 공기를 허파까지 또는 허파에서 밖으로 운반하는 통로인 호흡기도(respiratory tract)이다. 코안(비강, nasal cavity)은 바깥코(external nose)와 함께 공기 통로의 첫 관문이 된다. 호흡기도는 인두(pharynx) 부분에서 소화기관의 통로와 엇갈리며 후두(larynx)를 지나 기관(trachea)으로 이뤄지는데 기관은 목에서 시작되어 가슴속에서 좌우 기관지(bronchi)로 바뀌게 된다. 기관지는 나뭇가지처럼 갈라지는 엽기관지(lobar bronchi), 구역기관지(segmental bronchi)를 지나 더욱 가늘어져 세기관지(bronchioles)와 호흡세기관지(respiratory bronchioles)로 바뀌고 그 뒤 허파꽈리관(alveolar duct), 허파꽈리주머니(alveolar sacs)를 지나 마지막으로 허파꽈리(폐포, alveoli)에 이르게 된다. 엽기관지 이후 허파꽈리까지는 허파 속에 들어있으며 실제 가스 교환이 되는 곳은 허파꽈리이므로 허파 속이라도 그 이전의 통로는 모두 호흡기도(숨길, respiratory tract)라고 볼 수 있다.

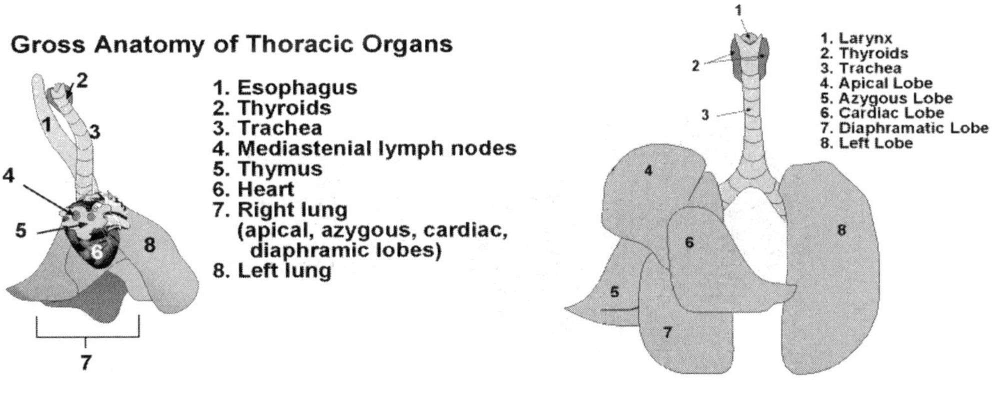

그림 5-4. 랫드의 흉강내 장기

4 비뇨계통의 내장

비뇨계통(urinary system)은 혈액의 순환 도중 혈액 속의 불필요한 물질을 걸러 내어 일정 시간 동안 모아 두었다가 몸 밖으로 배출시킴으로써 몸의 체액 및 전해질의 균형을 이루고 불필요한 대사의 마지막 산물을 몸 바깥으로 배출시키는 일을 맡고 있는 일련의 내장기관으로 구성되어 있다. 비뇨기관 중에서 혈액과 접촉하여 대상이 되는 물질을 여과시키거나 재흡수하는 일은 콩팥(신장, kidneys)에서 수행된다. 요관(ureters)은 콩팥에서 만들어진 오줌을 방광으로 운반하는 기능을 가졌고 방광(urinary bladder)은 요관을 통하여 운반되어 온 오줌을 일정 기간 동안 보관해 두는 탱크 역할을 하고 필요할 때 방광 벽을 수축시킴으로써 오줌을 요도(urethra)를 통하여 몸 밖으로 내보낸다. 비뇨계통의 내장 중에서는 직접 오줌을 만들어 내는 콩팥이 가장 중심적인 기관이 되며 콩팥을 제외한 나머지 기관은 모두 모 밖으로 배출시키는 통로 역할만을 수행하기 때문에 요로(urinary tract)라고 부르고 있다. 비뇨기관은 암수 모두 같으나 다만 마지막 요로인 요도의 대부분이 수컷에서는 바깥생식기관인 음경(penis) 속에 놓여 있으며 그 곳은 곧 생식로의 일부도 되므로 길이도 길지만 암컷에서는 요도가 생식로와 별도로 되어 있으며 방광에서 직접 바깥생식기관인 질어귀(vestibule of vagina)에 열리기 때문에 길이가 짧다.

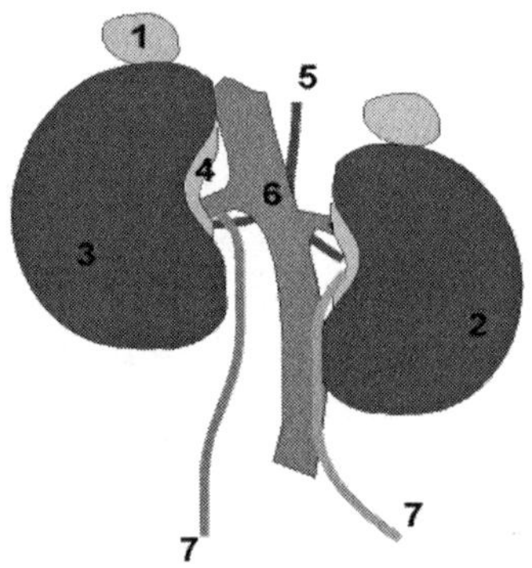

그림 5-5. 랫드의 콩팥

5 생식계통의 내장

생식계통(reproductive system)은 한 개체와 닮은 또 하나의 새로운 개체를 만듦으로써 종족을 이어나가게 하는 기능을 가진 일련의 기관들로 구성된다. 생식계통에 속하는 기관에서는 개체의 시작이 되는 생식세포(sex cells, gonadal cells)를 만들어내고 수컷과 암컷의 두 생식세포를 합치게 하여 여기서 새로이 이루어지는 개체를 일정기간 동안 발육시켜 몸 바깥으로 배출시키는 기능을 순서에 따라 가지는 기관이므로 생식계통의 기관은 수컷과 암컷에서 유일하게 그 구조가 다르다. 그러나 생식기관은 암수 모두에서 생식세포와 성호르몬을 만들어내는 생식샘(성샘, gonads)과, 두 세포를 만나게 해주고 새로이 생긴 개체를 발육시키는 생식로(genital tract, reproductive tract)의 두 가지로 나뉘는데 생식로의 끝은 몸 바깥으로 열리고 있다. 생식샘에 해당되는 것이 수컷에서는 고환(testes)이고 암컷에서는 난소(ovaries)이다. 수컷에서 생식샘은 고환(testes)이고 그 이후 요도까지는 모두 생식로이다. 고환(testes)에서 만들어진 생식세포인 정자(spermatozoa)는 부고환(epididymis)을 지나 정관(ductus deferens)을 거쳐 필요한 때에는 사정관(ejaculatory duct)을 통하여 요도를 지나 바깥으로 배출되는데 정자가 배출될 때는 부고환 및 생식로의 부속샘인 정낭(seminal vesicles) 및 전립샘(prostate)에서 분비되는 상당량의 분비물에 정자가 섞여 정액(semen)이라는 상태로 내보내진다. 고환과 부고환 그리고 정관의 일부는 음낭(scrotum)이라고 하는 주머니 속에 들어있고 요도의 대부분은 음경(penis) 속에 들어있는데 음경 속의 요도는 요로와 생식로를 겸하게 된다. 음경은 암컷과 성적 교류를 하는 교합기관(copulatory organ)이기도 하다. 암컷의 생식샘은 난소(ovaries)이고 자궁관(uterine tubes)에서 바깥생식기관까지가 생식로(genital tract, reproductive tract)인데 난소와 생식로인 자궁관이 직접 이어져 있지는 않고 가까이 놓여 있기 때문에 남성과는 달리 생식로의 속공간과 골반공간(pelvic cavity) 속이 서로 교통하게 되어 있다. 생식로 중에는 자궁관에 이어지는 팽대된 자궁(uterus)이 있는데 수정된 난자를 일정 기간 동안 발육시켜 성장이 끝나면 몸 바깥으로 배출시키는 기능을 수행한다. 자궁에서 이어지는 질(vagina)은 남성과 성적 교류를 하는 교합기관(copulatory organ)임과 동시에 임산부에서는 태아를 낳을 때 몸 밖으로 내보내는 분만로(delivery tract)로도 작용한다. 생식로의 바깥으로 향한 마지막 부분인 바깥생식기관(external genitalia)에는 불두덩(mons pubis), 대음순(labia majora), 소음순(labia minora), 음핵(clitoris), 질어귀(vestibule), 질어귀망울(bulb of vestibule), 큰질어귀샘(greater vestibular glands) 등이 속하는데 큰질어귀샘은 생식로의 한 부속샘이다. 이 밖에도 질어귀에는 요로의 마지막 부분인 암컷 요도가 열리고 있다. 암컷의 유방(breasts)은 형태학적으로나 발육 과정으로 보아서는 피부와 매우 밀접한 관계에 있는 부속샘인 젖샘(mammary glands)과 지방조직으로 채워진 구조물로 되어 있지만 젖샘에서 만들어지는 젖이 기능적으로는 분만한 태아의 영양을 위하여 공급되기 때문에 젖샘의 기능은 암컷의 생식주기와 밀접한 기능적 관계를 가지게 되어 흔히 암컷 생식기관에 소속시키기도 한다.

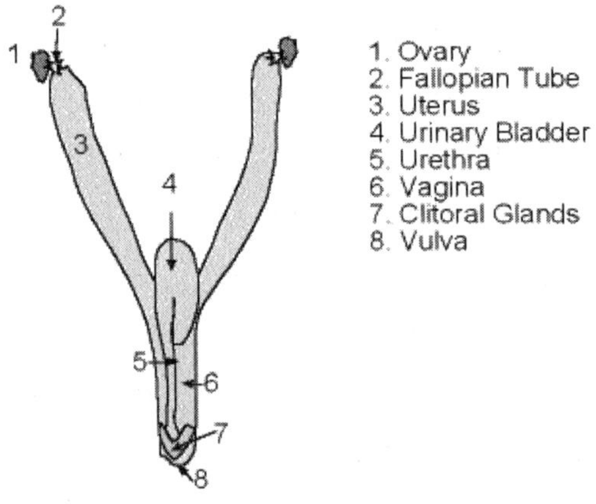

그림 5-6. 랫드의 암컷 생식기

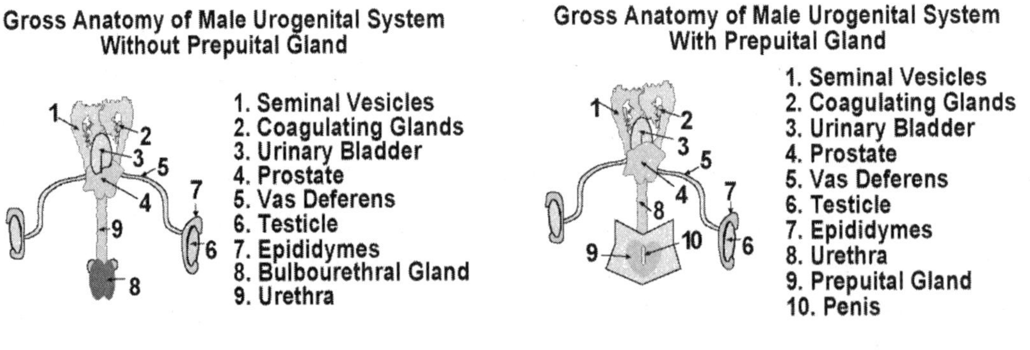

그림 5-7. 랫드의 수컷 생식기

6 내분비계통

내분비계통(endocrine system)의 내장은 다른 계통과 달리 그 계통을 구성하고 있는 기관(organs) 즉 내장이 연속되어 있지 않고 서로 사이가 떨어져 있는 것이 특징이다. 이것은 다른 내장계통의 기관들이 서로 이어져 어떤 내용물이 지나갈 수 있는 통로를 구성하고 있는 것과는 달리 내분비기관은 각각 독립적으로 분비물인 호르몬을 만들어내고 이것을 혈관을 통하여 필요로 하는 곳에 옮기도록 되어 있는 것이다. 그러나 이 기관은 비록 위치상으로는 서로 떨어져 있어도 분비된 호르몬을 통하여 기관 서로 사이에 활동을 견제하기도 하고 촉진시키기도 하는 기능축(functional axis)을 이루고 있어 이 기관을 내분비계통이라고 묶어서 분류하는 것이다. 내분비계통에 속하는 내장은 흔히 내분비기관(endocrine organs)이라는 말로 더 자주 불리어지고 있다. 내분비기관은 기관 전체가 순수 내분비기관인 것도 있고 다른 외분비기능을 가진 부분과 함께 위치하는 혼합형의 기관도 있다. 뇌하수체(pituitary gland), 송과체(pineal body), 갑상샘(thyroid gland), 부갑상샘(parathyroid glands), 부신(adrenal glands)은 대표적인 단독 내분비기관이고 이자(췌장, pancreas), 고환(정소, testes), 난소(ovaries)는 원래 소화계통, 남성생식계통 및 여성생식계통에 각각 속하는 기관으로서 본래의 외분비 또는 세포생성 기능을 가지고 있으며 기관의 일부에 내분비 기능을 가지고 있는 복합형 기관이다. 몸의 위치로 보았을 때 뇌하수체와 송과체는 머리 속에 있고 갑상샘과 부갑상샘은 목에 위치하며 이자, 부신은 배공간 속에, 난소는 여성의 골반공간 속에 있으며 고환은 몸 바깥인 샅(회음) 부위에 매달려 있는데 이곳은 배공간 속과 통하는 곳이다. 위의 내분비기관 외에도 다른 기관이나 조직 속에 내분비 기능을 가진 세포 무리가 모여 있는 곳이 있어 이것을 분산내 분비샘(discrete endocrine glands)이라고 한다.

7 순환기관

생체는 수없이 많은 세포로 이루어져 있고 이 모든 세포는 살아가는데 끊임없이 영양분과 산소를 필요로 한다. 또한 세포에서 생긴 불필요한 물질은 세포 밖으로 버려져야 되고 어느 한 세포에서 새로 만들어진 물질은 필요로 하는 다른 곳으로 옮겨주어야 한다. 그러나 몸에서는 기본적으로 세포가 필요로 하는 이러한 영양분과 산소를 몸 바깥에서 들여와야 하는데 몸속으로 들여오는 장소는 한정되어 있고 또한 폐기물을 몸 밖으로 버려야할 장소도 따로 정해져 있다. 즉 영양분은 소화관인 창자를 통하여, 산소는 호흡기관인 허파를 통하여서만이 들어오게 되어 있고 필요 없는 물질은 한데 모아져 기체로 된 것은 허파를 통하여, 액체로 된 것은 콩팥이나 땀샘을 통하여 그리고 일부는 소화계통을 통하여 버려지도록 되어 있다. 따라서 모든 세포와 이러한 특정한 장소 사이에는 이들 물질을 운반하여 줄 수송 수단이 필요해지는데 이 기능을 맡고 있는 것이 우리 몸의 순환계통(circulatory system)이다. 순환계통은 다시 피를 순환시키는 혈관계통(blood vascular system) 및 림프를 순환시키는 림프계통(lymphatic system)의 두 가지로 구분할 수 있다. 혈관계통은 심장과 혈관으로 구성되며 림프계통은 림프관과 림프절로 구성된다. 어떤 물질이 몸의 한 곳에서 다른 곳으로 옮겨지는 것은 혈액(blood)이라는 매개체에 의해서 이루어지는데 액체 상태의 혈액이 주위에 흩어지지 않고 온몸 구석구석으로 옮겨가게 하려면 혈액이 혈관(blood vessels)이라고 하는 폐쇄된 관(tubes) 속을 지나가야 한다. 또한 이 혈관 속에서 먼 거리까지 피가 가게 하려면 이것을 밀어내는 힘이 필요한데 이것이 펌프작용을 하는 심장(heart)이 하는 일이다. 이처럼 혈관과 심장은 순환계통을 이루는 가장 중요한 두 구조물이 되며 이 속을 돌고 있는 액체 상태의 혈액은 조직학적으로는 형태가 변형된 특수결합조직으로 보고 있다. 혈과 중에서도 가장 말초 부분에 해당되는 모세혈관(capillaries)의 벽은 내피세포(endothelial cells)라고 하는 얇고 납작한 한 층의 세포로 되어 있기 때문에 혈액의 성분 중에서도 혈액세포(혈구) 같이 형태를 가진 큰 구조물은 혈관 속에 머물러 있게 되지만 수분, 이온, 물에 녹아있는 기체, 작은 유기분자 등은 혈관벽을 넘어 혈관 바깥에 있는 세포와 세포 사이의 공간으로 빠져나갈 수가 있으며 이렇게 하여 혈관 밖으로 나가 세포 사이에 머물러있게 되는 액체는 흔히 조직액(tissue fluid)이라고 부르게 된다. 조직 속에 머물던 이 조직액의 대부분은 다시 모세혈관으로 돌아 들어와 혈액의 액체 성분이 되어 합쳐지지만 조직액 중 약 10~20%는 또 다른 종류의 모세관으로 흡수되어 독자적인 순환을 하게 되는데 이 모세관 속으로 들어가는 액체가 곧 림프(lymph)이며 림프를 담은 모세관은 림프모세관(lymphatic capillaries)이다. 따라서 순환계통에는 혈액을 순환시키는 혈관계통(blood vascular system)과 림프를 별도로 순환시키는 림프계통(lymphatic system)의 두 순환 경로가 있는데 림프관도 마지막에는 혈관에 합류된다.

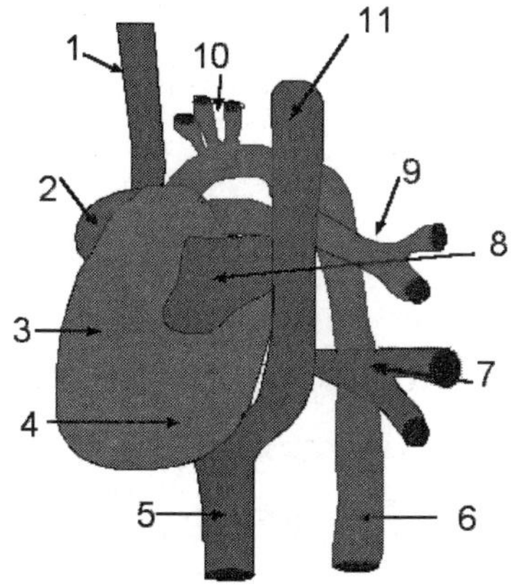

그림 5-8. 랫드의 심장 주위 동맥과 정맥

(1) 혈관계통

순환의 중심 기관이자 혈관계통이 시작되는 곳은 심장(heart)이며 여기에 혈관(blood vessels)이 이어져 있다. 혈관은 두 종류로 되어 있는데 심장에서 출발하는 모든 혈관은 동맥(arteries)이라고 하고 다시 심장으로 되돌아오는 모든 혈관은 정맥(veins)이라고 한다. 동맥과 정맥은 말초에서 모세혈관(blood capillaries)으로 이어지는데 혈액은 심장에서 떠나 다시 심장으로 되돌아올 때까지 계속 혈관이라는 막힌 튜브 모양의 관속을 흘러가게 되며 말초에서 혈액 성분 중의 일부는 혈관 벽에서 스며나가 조직으로 들어갔다가 다시 혈관 속으로 거두어지는 과정을 밟는다. 혈관은 연골(cartilages), 눈의 각막(cornea) 및 피부의 표피(epidermis)를 제외하고는 온몸의 모든 조직에 퍼져 있으며 이 경로를 통하여 소화관에서 흡수한 영양 물질 또는 허파에서 받아들인 산소를 온 몸으로 운반하기도 하고 세포에서 신진대사의 결과로 생긴 노폐물을 허파, 콩팥, 땀샘 등으로 운반하여 그 곳을 통하여 몸 밖으로 배설하도록 한다. 이 밖에도 내분비샘 에서 만들어진 호르몬도 이 혈액에 실려 몸의 필요한 곳으로 옮겨진다. 혈액이 심장에서 출발하여 혈관을 따라 돌다가 심장으로 다시 되돌아오는 현상을 순환(circulation)이라고 하는데 우리 몸에서 혈관계통은 피가 어디로 도느냐에 따라 두 가지 순환 경로로 구분한다. 하나는 심장에서 출발하여 온 몸의 조직에 퍼졌다가 다시 거두어져 심장으로 되돌아오는 경로이고 다른 하나는 심장에서 허파로 갔다가 다시 심장으로 되돌아오는 경로이다. 앞의 것은 몸순환(systemic circulation)이라고 하며 심장을 떠날 때는 산소가풍부한 동맥혈을 싣고 나가고 되돌아 올 때는 이산화탄소가 많은 정맥혈이 되어 심장에 되돌아오는 것이고 두 번째 순환은 몸순환에서 되돌아온 정맥혈을 허파로 보내 산소를 새로이 취하고 이산화탄소는 버리는 가스교환 즉 호흡

(respiration)의 과정을 통하여 다시 산소가 많이 실린 혈액으로 바꾸어 심장으로 되돌아오게 하는 순환이어서 이것을 허파순환(pulmonary circulation)이라고 한다. 허파순환을 끝낸 혈액은 심장에서 바로 몸순환으로 이어지게 된다.

(2) 동맥

동맥(arteries)은 심장에서 시작하여 말초로 떠나는 혈액을 담고 있는 혈관을 말하며 지금 즉 혈관의 굵기에 따라 대형동맥(large arteries), 중형동맥(medium-sized arteries) 및 소형동맥(small arteries)의 세 가지로 구분된다. 대형동맥(large arteries)에는 심장에서 바로 이어져 나온 대동맥(aorta)과 대동맥이 다시 갈라져 이루는 또 다른 큰 가지인 팔머리동맥(brachiocephlic artery), 온목동맥(common carotid artery), 온엉덩동맥(common iliac artery) 그리고 넙다리동맥(femoral artery) 같은 큰 동맥이 속한다. 이 큰 동맥은 기능적으로는 혈액을 심장에서 먼 곳까지 운반해 가는 것이 중요한 임무로 되어 있다. 중형동맥(medium-sized arteries)에 속하는 것은 대형동맥에 비하여 좀 더 가늘어진 동맥으로서 기능적으로는 최종 목적지인 각 기관에까지 이르게 하는 동맥이다. 중형동맥보다 더욱 가늘어진 것이 소형동맥(small arteries)인데 여기에 속하는 혈관은 흔히 세동맥(arterioles)이라고 불린다. 세동맥은 기능적으로는 한 기관 속에서 세분되어 각 부분에 혈액을 고루 보내는 일을 한다. 혈관의 굵기에 따라 이렇게 나누고는 있으나 실제로 혈관의 고유한 이름은 대동맥을 제외하고는 모두 동맥이란 이름으로 불리어진다(얼굴동맥, 중심동맥 등). 세동맥은 동맥으로서는 가장 마지막이 되며 다음 단계는 모세혈관(blood capillaries)으로 이어진다. 심장에 가까운 동맥일수록 심장에서 밀어내는 압력(혈압)을 이겨내며 심장이 이완될 때 혈관내의 압력을 유지하기 위하여 대동맥은 혈관벽 속에 많은 탄력섬유를 가지고 있고 속공간도 크다. 대동맥을 포함하는 대형동맥이나 중형동맥은 구별이 뚜렷한 세 층의 벽을 가지고 있는데 가장 속은 속막(tunica intima)이고 가운데는 중간막(tunica media), 가장 바깥은 바깥막(tunica adventitia)이라고 한다. 속막의 가장 안쪽은 순환계통의 특징인 내피(endothelium)로 덮여 있고 그 바깥쪽에 결합조직과 탄력섬유로 구성되어 있는 속탄력막(internal elastic membrane)이 있다. 중간막은 탄력섬유와 민무늬근(평활근)섬유가 섞여져 짜여진 비교적 두꺼운 층이고 바깥막과의 사이에는 바깥탄력막(external elastic membrane)이 있다. 대동맥을 제외한 대형동맥의 중간막은 탄력섬유와 근육섬유가 반반 가량이지만 중형동맥에는 근육섬유가 더 많이 있다. 바깥막은 혈관을 가장 밖에서 싸고 있는 연한 결합조직층으로서 혈관 주위의 결합조직으로 점차 옮겨져 간다.

(3) 모세혈관

모세혈관(blood capillaries)은 굵기가 8-10㎛ 가량의 실핏줄로서 실제로 조직과의 사이에 물질 교환을 하는 곳은 이 모세혈관이고 나머지 혈관은 모두 말초까지 이끌어가는 통로 구실을 한다. 모세혈관은 벽이 매우 얇으며 바닥막(basal lamina)에 의하여 싸인 단층의 내피세포만으로 되어 있어 물질이 혈관 벽을 통하여 쉽게 이동할 수 있다. 모세혈관은 말초에서 갈림과 합쳐짐이 심하게 이루어져 일종의 가는 실핏줄의 그물을 이루고 있어 이것을 모세혈관그물(capillary bed)이라고 부른다. 혈관은 끝으로 가면서 점차 굵기가 가늘어지고 한편으로는 많은 가지로 나누어지기 때문에 약 3㎝ 정도의 굵기를 가진 대동맥은 심장을 떠나 세동맥에 이르는 동안 그 굵기가 약 20~40㎛로 줄고 모세혈관에 이르면 약 4~15㎛ 가량 되지만 모세혈관의 단면을 모두 합치면 그 넓이는 약 4500㎠ 가량 된다. 그러나 모든 모세혈관에 피가 다 차 있는 것은 아니다. 심장에서는 120 mmHg이던 혈압도 80~30 mmHg로 떨어지며 속도는 큰동맥에서 대략 25㎝/sec이던 것이 모세혈관에서는 10~0.2㎝/sec 정도로 떨어지게 된다. 모세혈관이 어느 특정 기관 안에서 그 혈관속 공간이 넓어진 경우 이런 것을 동굴모세혈관(sinusoidal capillary)이라고 한다.

(4) 정맥

정맥(veins)은 이 속을 지나가는 혈액의 압력이 낮고 흐름의 속도도 느리므로 벽은 동맥처럼 두껍지 않고 탄력성도 적으며 혈관 속공간의 지름은 같은 수준의 동맥보다 크다. 정맥도 굵기에 따라 대형정맥(large veins), 중형정맥(medium-sized veins), 소형정맥(small veins)으로 나누는데 동맥의 경우처럼 서로 사이에 뚜렷이 구별되는 구조를 지니고 있지는 않다. 대형정맥(large veins)에 속하는 것은 몸의 정맥혈이 다 돌고 나서 마지막에 심장으로 되돌아 들어가는 위대정맥(superior vena cava) 및 아래대정맥(inferior vena cava)과 여기로 모여드는 큰 정맥이고 중형정맥(medium-sized veins)은 그 다음으로 가늘어진 정맥인데 팔 다리에서 흔히 볼 수 있는 피부 밑의 정맥이 이 수준의 정맥에 속한다. 소형정맥(small veins)은 동맥의 경우처럼 모세혈관 바로 다음에 이어지는 정맥으로서 흔히 세정맥(venules)으로 불린다. 비교적 큰 정맥 속에는 군데군데 정맥판막(venous valves)이 있어 피의 역류를 방지하고 있는데 이러한 판막은 특히 다리에 많고 일부 목에서도 관찰된다. 정맥은 때로 그 속공간이 매우 넓어져 정맥동굴(venous sinus)을 이루는 경우가 있는데 머리뼈 속에는 이러한 정맥동굴이 많이 있다.

(5) 혈관의 갈림

동맥은 심장에서 멀어져감에 따라 점차 여러 개의 가는 혈관으로 나뉘는데 이 갈라진 혈관을 원줄기 동맥의 가지(branches)라고 부른다. 정맥의 경우는 반대로 가는 혈관이 점점 합류되어 보다 큰 정맥을 이루며 심장을 향해 모여들게 되는데 이 가는 혈관은 보다 굵은 정맥의 지류(tributaries)라고 부르고 있다. 동맥에서 갈라져 나온 어떤 가지는 때때로 원줄기와 나란히 가고 있어 이런 것을 곁가지(collateral branches)라고 하며 보통 때는 순환통로로 많이 이용되지 않고 있지만 원줄기에 어떤 순환 장애가 있을 때에는 이 곁가지의 경로를 타고 장애가 있는 부위를 피하여 돌아가는 곁순환(collateral circulation)이 이루어진다. 이밖에도 어느 동맥의 가지가 모세혈관으로 바뀌기 전에 주위의 다른 동맥으로부터 오는 가지와 연결되어 있을 경우에는 이것을 교통가지(communicating branches)라고 부른다. 어떤 동맥은 동맥의 끝이 대략 같은 굵기의 가지로 갈라지면서 다른 동맥의 가지와의 교통가지를 가지지 않고 그대로 진행하다가 모세혈관으로 바뀌는 경우가 있어 이러한 동맥을 종말동맥(end arteries)이라고 부른다. 종말동맥은 교통가지가 없기 때문에 그 혈관이 막히게 되면 곁순환에 의한 다른 동맥으로부터의 도움을 못 받으므로 이 동맥이 퍼져 있던 부분은 혈액의 공급을 못 받게 된다. 정맥은 때때로 어느 한 장소에서 비슷한 굵기의 정맥끼리 서로 합쳐지는 경우가 있어 이런 것을 정맥연결(venous anastomoses)이라고 하는데 어느 한 평면 위에서 이처럼 합쳐졌다가 다시 나뉘기도 하여 그물 모양을 이루었을 때는 이것을 맥관그물(rete vasculosum)이라고 하고 전체로 얼기설기한 그물이 입체적으로 이루어졌을 때는 이러한 정맥의 뭉치를 정맥얼기(venous plexus)라고 부른다. 맥관그물이 동맥으로 이루어진 것은 동맥그물(arterial network), 정맥으로 된 것은 정맥그물(venous network)이라고 구별하여 부른다. 동맥과 정맥은 모세혈관을 사이에 두고 이어지는 것이 보통이나 몸의 특정 부위 주로 손가락과 발가락 끝에서는 가는 동맥과 정맥이 직접 이어지고 있어 이러한 연결을 동정맥연결(arteriovenous anastomoses)이라고 한다.

정상적으로는 온몸에 고루 혈액을 공급하도록 마련되어 있는 것이 혈관이기 때문에 이 통로에 이상이 있어 순환이 순조롭지 않으면 말초에 많은 이상을 가져온다. 이러한 혈관에 오는 병은 매우 흔하다. 막히는 것, 혈관 벽이 터지는 것 등이 대표적인 병변 현상이다. 대부분의 혈관은 한 통로가 막히면 다른 통로를 이용하도록 곁순환(collateral circulation)을 할 수 있도록 되어 있다. 관절을 넘어서 지나가는 큰 혈관은 흔히 관절이 움직임을 나타내게 되면 눌려서 피의 흐름이 순조롭지 않은 경우가 흔하다. 그것을 막기 위하여 이 관절을 중심으로 위아래 즉 몸쪽과 먼쪽의 혈관은 가는 혈관으로 여러 경로로 이어져 있어 막상 큰 동맥의 통로가 눌려지면 이 연결 통로를 이용한 곁순환이 생김으로써 혈액공급을 순조롭게 한다. 그러나 심장의 심장동맥(관상동맥 coronary artery)처럼 종말동맥인 경우는 그 통로가 막히면 심장에 공급되던 혈액이 못 가서 치명적인 결과를 가져오는 경우도 있다.

(6) 혈관의 맥관 및 신경

혈관은 그 자신이 혈액을 운반하는 통로이지만 혈관 자체도 여러 조직으로 구성되기 때문에 영양의 보급을 필요로 하고 또한 혈관의 움직임을 위한 신경의 조정이 필요해진다. 큰 혈관의 벽에 있는 맥관벽혈관(vasa vasorum)은 바로 이러한 목적으로 분포되어 있는 혈관으로서 부근에 있는 동맥으로부터 온다. 큰 혈관의 벽에는 림프관도 있다. 혈관 벽에 분포하는 신경은 자율신경의 하나인 교감신경(sympathetic nerves)으로서 혈관 바깥막 에서 치밀한 신경얼기(nerve plexus)를 이루고 있다가 혈관의 중간층인 근육섬유에 와서 분포함으로써 이 근육섬유의 수축으로 혈관은 조여지고 따라서 혈관의 속공간이 좁아지는 상태를 만든다.

(7) 출생전순환과 출생후순환

피를 순환시키는 경로는 출생 이전과 출생 이후가 다르다. 이 차이는 개체 자신이 허파호흡을 하느냐 하지 않느냐의 차이에서 오는 것으로 허파호흡을 태아 자체가 직접 하지 않고 모체에 의존하는 순환이 출생전순환(prenatal circulation)이며 출생한 뒤에는 개체 자신이 직접 허파를 통하여 호흡을 하므로 이런 순환을 출생후순환(postnatal circulation)이라고 말한다.

1) 출생전순환(prenatal circulation)

개체가 출생하기 전 태아 시절의 순환 형식을 말하는데 태아의 가스 교환, 영양분의 공급, 대사산물의 교환은 모두 모체의 자궁 속에 있는 태반(placenta)을 통하여 이루어지고 있다. 따라서 태반의 혈관은 태아의 몸순환 혈관과 직접 연결되어 몸순환의 일부를 맡고 있으며 허파순환은 거의 작용을 하지 않는다. 산소가 풍부한 태반 속의 혈액은 배꼽정맥(umbilical vein)을 따라 태아의 몸속으로 들어간다. 간 밑에서 일부 혈액은 간으로 들어가고 대부분의 혈액은 정맥관(ductus venosus)이라는 연결통로를 따라 산소가 거의 소모된 아래대정맥(inferior vena cava)의 혈액과 섞이게 되는데 이 혼합된 혈액은 오른심방(우심방, right atrium)으로 가서 타원구멍(foramen ovale)을 거쳐 왼심방(좌심방 left atrium)으로 넘어가게 되고 다시 왼심실(좌심실, left ventricle)로 내려와 일부는 태아의 대동맥을 따라 온몸으로 돌게 되고 일부는 속엉덩동맥(internal iliac artery)에 이어진 두 배꼽동맥

(umbilical arteries)을 지나 다시 태반으로 되돌아간다. 머리, 목 및 팔에서 위대정맥(superior vena cava)을 통하여 되돌아온 산소가 많이 소모된 혈액은 오른심방에서는 아래대정맥에서 올라온 혈액 앞을 가로질러 오른심실로 내려가고 여기서는 허파동맥(pulmonary trunk)을 따라가다가 동맥관(ductus arteriosus)을 통하여 대동맥으로 들어간다. 따라서 호흡운동을 하지 않는 허파로는 거의 혈액이 가지 않는다. 따라서 배꼽정맥, 정맥과, 타원구멍, 배꼽동맥, 동맥관은 모두 출생전순환을 하는 태아에서만 볼 수 있는 구조물이고 출생 후에는 모두 막히게 되는 것이 정상이다. 그 중 배꼽정맥과 배꼽동맥은 태반과 태아를 연결하는 탯줄 속의 혈관이고 정맥관, 타원구멍 및 동맥관은 태아 몸 속에서 다른 혈관으로 바로 이어지는 연결통로(사잇길)이다.

2) 출생후순환(postnatal circulation)

태어난 뒤의 순환 형식을 말하는 것으로 출생전순환에서 출생후순환으로 바뀌는 것은 출생 직후 첫 숨을 쉬면서 시작된다. 출생하자마자 의사는 우선 탯줄(umbilical cord)을 묶게 되는데 태반에서 배꼽으로 오가던 혈관이 이렇게 묶여짐에 따라 대동맥의 압력이 높아지고 핏속의 이산화탄소 농도도 높아져 이것이 뇌의 호흡중추에 작용하여 허파호흡을 촉진시키는 역할을 하고 이 과정에서 허파는 늘어나면서 허파에서의 저항도 줄게되어 허파순환(pulmonary circulation)이 시작된다. 첫 숨은 첫 울음으로 시작되는데 이 때 허파호흡과 동시에 허파순환도 시작된다. 허파에서 되돌아오는 혈액이 많아짐에 따라 왼심방(좌심방)의 압력이 높아지고 따라서 기계적으로 타원구멍은 막히게 되며 정맥관과 동맥관은 주로 벽에 있는 근육의 당김에 따라 막히게 되어 본격적인 출생후순환의 경로가 생기게 된다. 태아 시절에만 있던 독특한 순환경로가 출생하면서 막히게 되는 것이 정상적인 발생 과정인데 이것이 막히지 않은 채 열려있게 됨으로써 여러 가지 이상이 올 수 있다. 이것은 출생한 뒤에야 발견되는 것으로 막혀야 할 통로가 열려 있음으로 해서 동맥으로 정맥혈이 흘러들어가든가 정맥으로 동맥혈이 들어가는 경우가 생겨 허파에서 산소를 충분히 받아들이더라도 동맥으로는 산소가 풍부한 피가 돌지 못하므로 여러 가지 증세가 나타나게 된다. 대표적인 증세의 하나로 입술이 파래지는 청색증을 꼽을 수 있다.

(8) 림프계통

림프계통(lymphatic system)은 몸의 말초에서 림프(lymph)라고 하는 액체를 심장으로 거두어들이는 순환장치로서 혈액을 운반하는 혈관계통과 더불어 순환계통의 한 부분을 이룬다. 전체적인 순환 경로를 볼 때 림프계통은 혈관계통의 동맥에 해당되는 부분은 없고 정맥에 해당되는 경로만을 가지고 있는 것이 특징이며 림프계통도 마지막에는 혈관계통인 정맥에 합류된다. 림프계통은 온몸 조직 속에 널리 퍼져있는 얇은 벽의 모세림프관(lymphatic capillaries)과 좀 더 굵어진 림프관(lymphatic vessels) 그리고 림프조직이 뭉쳐진 구조물인 림프절(lymph nodes)로 구성된다. 말초에서 림프관은 혈관과는 교통이 되지 않지만 대개의 경우는 정맥과 평행을 이루며 나란히 심장을 향하여 가다가 중간에 몇 개의 림프절을 거치고 점점 굵어져 마지막에는 목 아래 좌우 양쪽에서 정맥에 합쳐진다. 모세림프관(lymphatic capillaries)은 각 기관의 결합조직 속에서 가늘고 끝이 뭉툭한 막힌 관(blind tube)으로 시작되는데 일반적으로 말단 조직에는 광범한 림프모세관의 그물이 이루어져 있다. 모세림프관의 벽은 혈관의 모세관처럼 얇고 납작한 내피세포(endothelial cells)로 되어 있어 이 곳을 통해 조직액이 림프관 속으로 들어오게 된다. 여러 개의 모세림프관이 합쳐지면서 이루는 것이 림프관(lymphatic vessels)인데 이 림프관도 실제로는 매우 가늘어 머리카락 정도의 굵기밖에는 안 된다. 말초에서 중추로 가는 림프관은 대략 두 가지 경로를 택하는데 팔다리나 몸 속 장기에서 시작되는 림프관은 흔히 깊은 곳에 위치하는 동맥이나 정맥을 따라가는 경로를 취하기 때문에 깊은림프관(deep lymphatic vessels)이라고 하고 다른 하나는 피부 바로 밑에 있는 얕은층 정맥을 따라서 지나가기 때문에 얕은림프관(superficial lymphatic vessels)이라고 하는데 이 두 림프관은 서로 잦은 교류를 가진다. 림프관은 심장을 향하여 가면서 다시 여러 개가 모여 좀 더 굵은 림프관줄기(lymphatic trunks)를 이루고 이들이 합쳐져 마지막에는 가장 큰 두 줄기 즉 오른림프관(right lymphatic duct)과 가슴림프관(thoracic duct)이 되어 각각 오른쪽과 왼쪽의 속목정맥(internal jugular veins)과 빗장밑정맥(subclavian veins)이 만나는 곳에서 정맥에 합류하게 된다. 림프관 속에는 림프가 거꾸로 흐르는 것을 방지하기 위한 많은 림프관판막(lymphatic valves)이 있는데 판막이 있는 곳은 좀 더 굵어져 있어 바깥에서 볼 때 림프관 전체가 긴 염주처럼 볼록볼록해 보인다. 림프관은 그 경과 도중에 림프절(lymph nodes)이라고 하는 작은 림프기관을 거치게 되는데 모든 림프는 말초에서 정맥에 합쳐지기 전까지 가는 도중에 반드시 이 림프절을 거치게 되므로 림프절은 일종의 생물학적인 거름장치 역할을 한다고 볼 수 있다. 왜냐하면 림프관 속을 흐르는 곳은 림프이지만 그 속에는 말초 부분에서 들어온 세균이나 암세포 등도 이 경로를 타고 이동되므로 림프절에서 일단 걸리게 되지만 실제로는 이 곳을 지나 다음 림프절로 옮겨가는 경우가 자주 있다. 대개의 경우 림프절은 여러 개가 무리를 지어 위치하고 있으며 크기도 1~20 mm로 매우 다양하다. 림프절로 들어가는 림프관을 들림프관(afferent lymphatic vessels)이라고 하는데 여러 개의 림프관이 림프절 표면의 여러 곳을 뚫고 들어간다. 림프절에서 다시 나오는 림프관은 날림프관(efferent lymphatic vessels)이라고 하며 림프절의 한쪽에 오목하게 들어간 문(hilum)을 통하여 두 세 개가 나온다.

8 신경계

신경계는 중추신경계와 말초신경계로 나누어지며 감각과 운동신경으로 구분될 수 있다. 뇌신경 분야의 연구가 활발히 진행되면서 연구의 도구로 사용되고 있는 실험동물의 신경계 해부 구조에 대한 관심도 높아지고 있으며 최근에는 랫드와 마우스의 뇌를 연속 절편하여 위치별 구조도를 제공하는 해부도부가 제공되고 있을 정도이다.

(1) 중추신경계

중추신경계는 뇌와 척수로 이루어진 것으로, 말초신경(구심성 신경)을 통해 받아들인 정보를 종합하여 분석과 판단을 하고 조정한 후 다시 말초신경(원심성 신경)을 통해서 말단기관에 명령을 전달하는 사령탑 같은 곳이다.

뇌와 척수는 대단히 중요하고 연약하기 때문에 두 개강과 척주관 속에 보호되어 있고, 그 표면은 모두 수막이 싸고 있다. 그리고 뇌와 척수에는 신경세포들이 모여 있는 회백색의 회백질과 신경섬유만으로 이루어진 백색의 백질이 있다. 특히, 뇌의 백질 속에 매몰되어 있는 회백질덩어리를 신경핵이라고 한다. 신경섬유가 같은 곳에서 시작하여 똑같은 목적지로 가기 위하여 다발로 뭉쳐져 있는 상태가 신경로이다.

(2) 말초신경계

말초신경계는 중추와 전신의 각 기관 사이를 연결하고 있으면서 자극을 원심성 또는 구심성으로 전달하는 신경계통으로, 중추에 연결되는 말초신경과 신경의 경로 중에 존재하는 신경총 및 신경절로 구성되어 있다.

말초신경은 신체의 말단인 감각기관이나 감각수용기와 중추신경 또는 중추신경과 말단의 효과기관을 이어 주는 전신의 통신망과 같은 것으로, 체신경(뇌신경, 척수신경)과 자율신경으로 나누어진다. 그리고 신경총은 신경이 경과 중에 갈라지거나 근처에 있는 다른 신경과 합쳐지면서 얼기설기한 계통을 이루는 것으로, 이곳을 통해 다른 곳에서 오는 신경과 섬유를 주고받는다. 또, 신경절은 신경의 경로 중이나 신경을 이루기 직전의 부분인 신경근의 중간 망울처럼 부풀어진 구조물로, 중추신경의 신경핵처럼 신경세포체가 많이 모여 있고, 기능에 따라 감각신경절과 운동신경절로 구분된다.

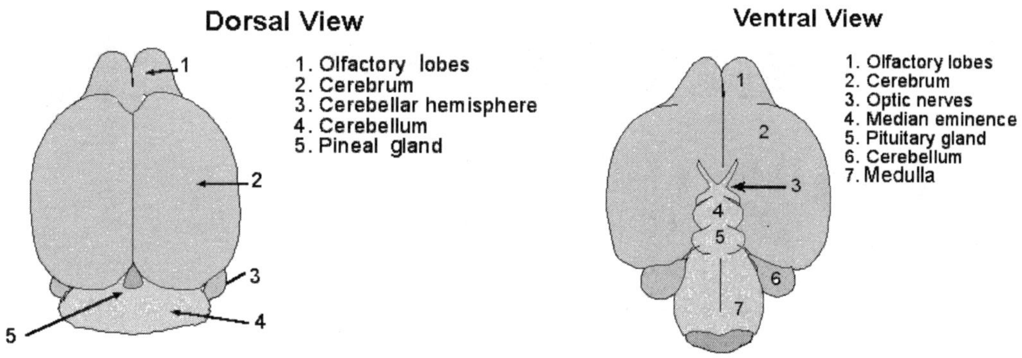

그림 5-9. 랫드의 뇌 배측면(좌측)과 복측면(우측)

II. 동물 종에 따른 구조 차이

학습목표

1. 동물 종간 비교해부학적 차이를 이해할 수 있다.
2. 동물 종간 기능의 차이를 설명할 수 있다.

1 비교해부학(Comparative anatomy)

동물간의 해부학적 차이를 비교하여 알아보는 것을 비교해부학이라고 한다. 각 동물의 특징을 파악하는 방법으로 비교해부학은 매우 중요한 도구로 사용될 수 있다.

피부에 있는 땀샘은 사람과 말은 매우 발달되어있으나, 랫드와 고양이 및 개는 발달되어 있지 않다. 땀샘이 발달되지 않은 동물은 체온조절을 호흡수의 증가에 의한 열 발산에 의존한다. 감각점은 피부에 분포하지만 어류는 측선으로 불리는 몸체 양측에 집중되어있다. 피부호흡은 사람은 전체 호흡량의 1/180 정도로 호흡의 적은 역할을 담당하지만, 개구리, 도롱뇽은 30%, 연체동물과 같은 하등동물은 호흡량의 100%를 의존한다.

골격은 대부분의 포유류에 공통적인 뼈대 역할을 하지만 구성 뼈의 수와 종류가 조금씩 차이가 난다. 경추골은 포유류는 7개이지만 조류는 12~18개이다. 쇄골은 마우스, 랫드, 원숭이, 사람에서 발달되어있지만 토끼에서는 퇴화되어있고 개와 돼지는 없다. 보행 착지에 사용되는 뼈는 돼지는 셋째 앞발가락 뼈와 셋째 뒷발가락 뼈, 개는 첫째, 둘째, 셋째 앞발가락 뼈와 첫째, 둘째, 셋째 뒷발가락 뼈, 마우스, 랫드, 토끼는 첫째, 둘째, 셋째 뒷발가락 뼈와 뒷발목뼈 이하 뼈, 사람의 경우는 뒷발목뼈 이하 뼈이다.

치아는 일생동안 영구치를 가지는 불변성치아(마우스, 랫드, 햄스터, 기니픽)와 유치에서 영구치로 바뀌는 이생치아(diphyodont ; 토끼, 개, 고양이, 돼지, 면양, 원숭이, 사람)와 여러 번 바뀌는 다생치아(polyphyodont ; 파충류)가 있다.

표 5-2. 동물과 사람의 치식

동물종	J	C	P	M	동물종	J	C	P	M
마우스	1	0	0	3	개	3	1	4	2
	1	0	0	3		3	1	4	3
랫드	1	0	0	3	고양이	3	1	3	1
	1	0	0	3		3	1	2	1
햄스터	1	0	0	3	돼지	3	1	4	3
	1	0	0	3		3	1	4	3
기니픽	1	0	1	3	원숭이	2	1	2	3
	1	0	1	3		2	1	2	3
토끼	2	0	3	3	사람	2	1	2	3
	1	0	2	3		2	1	2	3

J : 절치, C : 견치, P : 전구치, M : 후구치

위(stomach)는 단위(마우스, 랫드, 토끼, 사람 등)와 복위(면양, 산양, 소, 사슴 등의 반추류)로 나누어지며, 복위에서 제4위가 소화액 분비를 하는 실제 위이다. 분문샘은 마우스, 랫드, 햄스터, 돼지 등에서 넓게 분포되어있고 고양이, 면양, 토끼, 개, 사람에서는 분포가 적다. 유문샘은 고양이, 돼지, 사람에서 분포가 넓게 되어있다. 장관길이는 초식동물이 육식동물보다 길다. 체장과 장관길이는 마우스, 랫드는 1:9, 개 1:5, 고양이 1:4, 돼지 1:15, 면양 1:25, 사람 1:6이다. 맹장은 초식동물이 육식동물보다 길고, 조류와 포유류가 발달되어있으며, 파충류, 양서류는 작고 어류는 없다. 토끼의 맹장은 나선형으로 내부는 주름 발달로 계단모양, 설치류 무균동물은 맹장이 발달되어있으며 충수는 토끼, 원숭이, 사람에서 볼 수 있다.

담낭은 마우스, 사람, 대부분의 포유류에서 볼 수 있으며, 랫드, 말, 사슴, 낙타, 코끼리는 담낭이 없다. 췌장관은 토끼, 고양이, 돼지, 사람은 1개이고, 마우스, 랫드, 개는 2개이다.

포유류, 조류는 2심방 2심실이고, 파충류, 양서류는 2심방 1심실이고 어류는 1심방 1심실이다.

성숙 포유류는 적혈구의 핵이 없는데 포유류 태아, 조류, 양서류, 파충류, 어류는 적혈구에 핵이 있다. 적혈구의 수명은 랫드 50～60일, 토끼 50～70일, 개, 사람 120일이다.

수컷의 부생식선인 정낭은 토끼는 주머니 모양이고 마우스와 랫드는 샘포 형태이며, 개, 고양이는 정낭이 없다. 요두망울샘은 돼지는 발달되어있으나 개는 없다. 마우스와 랫드는 응고샘이 있다.

2 동물종의 특성

(1) 생애

① 동물의 수명과 노화연구는 밀접한 관련이 있다.

② 동물의 임신기간 태아 발생의 시기에 차이가 있다.

- 태생기(착상전기-중요기관형성기-태아성장기)-포유기-유약기-청년기-성인기-노화기
- 착상전기 : 개의 착상전기는 길어 수정난 발달 과정 연구에 적합하다.
- 기관형성기 : 기형발생 연구, 태아성장기 : 원숭이는 길고 설치류는 짧다.

③ 분만시 성숙정도 : 조숙(기니픽), 만숙(생쥐,흰쥐) 및 계절번식과 주년번식이 있다.

④ 산자수와 단태/다태 동물의 차이가 있다.

⑤ 원숭이 속간 차이와 염색체의 동물종간 차이가 있다.

⑥ 자궁형태가 종간 차이로 반상, 대상, 산재성, 궁부성 자궁이 있다.

(2) 골격

① 추골(경추, 흉추, 요추, 천추, 미추)수의 동물종간 차이

- 포유동물 7개 경추, 흉추와 미추에서 차이 심함
- 원숭이류의 추골수 변이 - 생활공간과 관련

② 상/하악골의 차이 치아의 차이

- 초식류중 반추류는 상악절치가 없다.
- 토끼는 설치류와 다른 치식을 가지고 있다.
- 구치상면이 초식류는 움푹하나 육식류는 작고 볼록하다.
- 영장류의 치식 차이가 있다.

(3) 내장

① 성장곡선

- w=A-Be-kt(절대성장과 상대성장 allometry)사람의 성장곡선의 유형 general, neural, genital, lymphoid type성숙체중과 장기중량 - 동물간 차이
- 몸이 크면 장기 중량이 크다.

- 뇌의 중량은 영장류에서 크다 - 뇌신경 발달 정도와 대응
- 운동량이 많은 종에서 호흡, 순환계 기관의 중량이 크다.

② 각 장관의 길이가 동물별 차이
초식류는 육식류보다 길고, 초식류는 맹장이 잘 발달

③ 위의 비교
- 반추류는 복위를 가지고 있다.
- 단위동물은 위식도부가 차지한 비율이 동물 종에 따라 차이가 있다.

④ 폐의 비교
포유류와 조류 간 차이 - 분엽형태에서 차이

⑤ 뇌의 비교
- 동물에 따라 형상에 차이
- 취구의 비율과 진화와 관련
- 뇌의 크기와 용량의 차이

⑥ 심장의 비교
- 어류(1실 1방), 양서류, 파충류(2방 1실), 조류, 포유류(2방 2실*완전심장) 심장의 형태와 흉곽내 위치에서 동물종간 차이
- 심장크기와 몸의 크기는 비례
- 조류와 빠른 운동 동물의 경우 심장이 크다. - 생활환경과 개체 운동량에 따라 차이

⑦ 관상동맥의 심실표면에 분포, 좌우 관상동맥의 지배부위, 세동맥 수준 에서 문합정도 차이 미니돼지의 유사성, 돼지 모델(atherosclerosis 자연발증)심장 판막의 구조 차이
- 포유류의 방실판은 2～3개로 건막성첨판, 건삭에 의해 유두근에 연결
- 조류 방실판은 우방실판이 근육성판으로 수축능이 있음 심장내부 유두근 위치
- 설치류(심실중격), 개, 고양이, 원숭이(심실중격 심천부, 개체중 우심실 유리벽에 걸쳐 있음). 소, 말, 양, 친칠라, 돼지(심실중격 동맥하 유두근 기부와 심실유리벽의 대유두근 기부를 가로지르는 횡삭 있음)자극 전도계(동발결절-심방-방실결절-his속-좌우각-퍼킨예섬유-심실근)조류는 방실전도 구조가 복잡하여 주계와 부계(Purkinje ring)로 구성
- 심전도(p파-심방흥분, QRS파-심실흥분, T파-흥분의 쇠퇴)에서 동물종간 차이
- 쌍극유도(심첨-심저)에 의한 QRS파형 형(사람, 원숭이, 개, 흰쥐, 생쥐), rS/QS(조류, 유제류), Rs형(파충류, 냉혈동물)

(4) 뇨

① 경로 : 조류는 총배설강으로 분과 뇨를 배설하지만 포유류는 별개 경로를 가지고 있다.
② 농도 : 담수산 동물은 혈액보다 저장, 해수산은 등장, 육생동물은 고장이고 소량이다. 일일 배뇨량은 몸의 크기에 비례
③ 수분공급이 적은 동물은 요산, 풍부한 동물은 요소, 수생동물은 암모니아를 배설한다. 초식류는 알칼리고 점조도가 높은 뇨, 식육류는 산성이고 특유한 냄새의 뇨를 배설한다.

(5) 혈청

① 혈청의 생화학 성상은 성, 연령, 사료성분 및 계측방법에 따라 달라진다.
② 조사항목 : 단백질총량, 알부민과 글로부린 양, glucose, 총지질, 총콜레스테롤, 크레아틴, 요산, 나트륨, 칼슘, 칼륨, 인, 염소

(6) 혈액

- 조사항목 : RBC, WBC, PCV(적혈구용적비), Hb, 혈소판, fibrinogen, MCV(평균 혈구용적), MCH(평균 혈구색소량), WBC 분포(호중구, 임파구, 단구, 호산구, 호염구)

(7) 임상소견

심박수, 혈압, 호흡수, 체온은 연령, 외부환경, 동물 상태에 따라서 차이
① 심박수와 호흡수는 몸이 크면 적고 작으면 많다. 발열 시 호흡수와 심박수가 동시에 증가
② 체온의 차이(변온동물 - 파충류, 양서류, 어류 항온동물 - 조류, 포유류). 체온의 일주기성 : 오후 2~3시에 정점
③ 혈압(=말초혈압) ; 사람 - 간접측정법, 동물 - 직접계측법

(8) 유방과 유즙의 성분

① 초유 : 동물의 종류에 따라 차이가 있으나 대부분의 동물은 분만 후 일정 기간 나오는 젖에는 병원체를 방어할 수 있는 면역글루블린 성분의 모체이행항체가 높은 농도로 나온다. 갓 태어난 새끼 동물들은 어미의 초유를 충분히 먹는 것이 질병의 예방을 위해 매우 중요하다. 사람과 영장류의 경우에 임신기간에 태반을 통하여 대부분의 모체이행

항체가 자궁 내 태아에 전달되기 때문에 초유의 중요성은 다른 동물에 비교하여 떨어진다.

② 유방의 수와 위치 : 다태동물과 단태동물 차이, 평균 산자수가 많은 동물일수록 유두의 수가 많다.

③ 유두 좌우 대칭, 단태(1~2쌍), 다태(8~13쌍) 비유량은 모체상태와 연관

④ 이유시기의 동물종간 차이

표 5-3. 동물의 유두수

동물종	유두수	동물종	유두수
개	10	햄스터	12~14
고양이	8	기니픽	2
토끼	8	마우스	10
돼지	12~18	랫드	12

Q & A

◎ 이자(췌장)에서 분비되는 것은?

이자는 소화효소인 이자액을 외분비로 분비하고 랑게르한스섬에 세포에서는 글루카곤과 인슐린 호르몬을 분비하는 내분비 기능을 모두 갖은 기관이다.

◎ 중성화 수술로 수컷 동물에서 적출되는 장기는?

중성화수술로 동물 수컷의 정소를 적출하기 때문에 정자생성을 못하게 하여 불임효과를 얻을 수 있고 테스토스테론 호르몬의 분비가 차단되므로 수컷의 공격 행동과 성행동, 배뇨 나누어 누는 행동을 예방하며 정소암을 예방할 수 있다.

◎ 중성화 수술로 암컷 동물에서 적출되는 장기는?

중성화수술로 동물 암컷의 난소와 자궁을 적출하기 때문에 난자생성을 못하게 하여 불임효과를 얻을 수 있고 에스트로겐 호르몬의 분비가 차단되므로 암컷의 발정기 성행동을 예방하며 난소암과 유방암 및 자궁축농증을 예방할 수 있다.

알아두기

▶ 음경골(Os penis)

변이골로 다른 종의 동물에서는 발견할 수 없는 뼈로 개과 동물에서는 음경에 뼈가 있는데 이를 음경골이라 한다.

▶ 심장골(Os cordis)

변이골의 일종으로 다른 종의 동물에서는 발견할 수 없는 뼈로 사슴과 소의 심장 실간격막 내에 위치에 뼈가 있는데 이를 심장골이라 한다.

▶ 음핵골(Os clitoridis)

양성자(hermaphrodite)의 질에서 보이는 음경 모양의 돌출 부위에 형성된 비정상 적인 뼈이다.

▶ 양성자(hermaphrodite)

발생기 동안 성의 분화에 문제가 있는 경우에 수컷이나 암컷으로 성이 정확히 분화되지 못하고 비정상적으로 수컷과 암컷 생식기를 모두 갖은 개체가 발생되는데 이를 양성자라 한다.

단원 학습 정리

1. 골격은 중추골격으로 척주, 늑골, 흉골, 두개골, 내장골 등이 있으며, 사지골격으로 전지와 하지의 골격 등으로 구성된다.
2. 소화계통은 입에서 시작하여 항문으로 끝나는 긴 튜브 모양의 기관과 여기에 부속되는 소화액 분비샘으로 구성된다.
3. 소화관의 부속샘 해당되는 큰 소화액 분비샘으로는 침샘(salivary glands)과 간(liver) 및 이자(췌장, pancreas)가 있다.
4. 심장의 심장동맥(관상동맥)이 동맥경화로 혈액 흐름이 막히는 경우 심근경색이 발생하는 치명적인 결과가 유발된다.
5. 피부에 있는 땀샘은 사람과 말은 매우 발달되어있으나, 랫드와 고양이 및 개는 발달되어 있지 않다. 땀샘이 발달되지 않은 동물은 체온조절을 호흡수의 증가에 의한 열 발산에 의존한다.
6. 랫드, 말, 사슴, 낙타, 코끼리는 담낭이 없다.
7. 포유류, 조류는 2심방 2심실이고, 파충류, 양서류는 2심방 1심실이고 어류는 1심방 1심실이다.
8. 성숙 포유류는 적혈구의 핵이 없는데 포유류 태아, 조류, 양서류, 파충류, 어류는 적혈구에 핵이 있다.
9. 개, 고양이는 정낭이 없다. 요두망울샘은 돼지는 발달되어있으나 개는 없다. 마우스와 랫드는 응고샘이 있다.

쉬어가기

동물 종에 따른 구조의 차이

개의 음경에는 음경속 해면체 사이에 위치하는 음경골(Os penis)이 있다. 음경에 뼈가 있다는 점이 다른 동물과 많은 차이가 있는 것으로 보인다. 개는 왜 음경에 뼈를 가지고 있을까? 이에 대한 과학적 설명은 없는 상황이다. 다른 동물과 다르게 개과 동물은 교미시간이 매우 긴데 음경에 뼈가 있어 길다는 설명도 일부 있으나 개의 교미시간이 긴 이유는 생식기잠금(genital lock) 때문이다. 생식기잠금은 개의 수컷 음경 안쪽 끝에 음경망울이 잘 발달되어있어 발기시 이 부위가 더 확장되어 암컷의 질에서 잘 빠져나오지 못하도록 하는 역할을 하고, 암컷의 질은 근육이 발달되어 수컷의 음경이 빠지지 않도록 잡아주는 현상을 말 한다.

이외에도 피부에 있는 땀샘은 사람과 말은 매우 발달되어있으나, 랫드와 고양이 및 개는 발달되어 있지 않다. 땀샘이 발달되지 않은 동물은 체온조절을 호흡수의 증가에 의한 열 발산에 의존한다. 여름에 개가 숨을 헐떡이는 것을 볼 수 있는데, 이는 체온을 내리기 위하여 땀이 배출되지 않기 때문에 몸속 더운 공기를 호흡으로 배출하여 체온을 조절하는 것이다. 이러한 헐떡이는 현상을 팬팅이라고 부른다.

반추동물인 소와 사슴은 위가 4부위로 나누어져 있다. 이 중 사람의 위 역할을 하는 부위는 제4위이다. 장의 길이는 동물에 따라 차이가 나는데 초식동물이 장관 길이가 길며, 특히 맹장이 발달되어 있다. 이는 초식동물은 풀을 소화하기 위해서 장관내 미생물 반응에 필요한 시간이 소요되기 때문에 맹장이 발달한 것으로 설명되어진다. 영양소의 체내 요구도 달라지는데, 기니픽은 다른 설치류와 달리 체내 비타민 C를 합성하지 못하기 때문에 반드시 비타민 C를 급여해주어야 한다. 랫드, 말, 사슴, 낙타, 코끼리는 담낭이 없다. 쓸개 없는 동물이라 할 수 있다.

제 6 장

동물실험과 동물복지
Animal Experiment & Animal Welfare

동물실험은 의학, 치의학, 수의학, 약학, 농학, 생물학, 더 나아가서는 의공학 등을 포함한, 생명과학 전반에 필수 불가결한 연구수단으로서 그 중요성이 더욱 증가하고 있다. 동물실험을 통하여 얻어진 생명과학의 성과는 현대문명의 일익을 담당하고 있고, 앞으로도 큰 역할을 담당할 것이다. 임산부의 항구토제로 1950년대 개발되어 선풍적인 인기를 끌었던 탈리도마이드에 의한 사지결손의 기형아 출생이라는 비극적인 사건은 독성 및 안전성에 대한 철저한 검토가 필요한데 이러한 역할을 담당하는 것이 동물실험이다.

I. 동물실험

학습목표

1. 동물실험의 필요성을 이해할 수 있다.
2. 실험동물의 종류와 특성에 대해 알 수 있다.
3. 동물실험에 따른 동물 종의 선택을 이해할 수 있다.

1 동물실험의 필요성

동물실험은 의학, 치의학, 수의학, 약학, 농학, 생물학, 더 나아가서는 의공학 등을 포함한, 소위 생명과학 전반에 필수 불가결한 연구수단으로서 그 중요성이 더욱 증가하고 있다. 동물실험을 통하여 얻어진 생명과학의 성과는 현대문명의 일익을 담당하고 있고, 앞으로도 상당한 발전이 기대되고 있다.

(1) 탈리도마이드 비극

탈리도마이드(Thalidomide)는 임산부의 항구토제로 1950년대 개발되어 선풍적인 인기를 끌었던 약품이다. 발매 당시 유럽의 임산부들이 대부분 복용할 정도로 많이 사용되어졌는데 비극적인 사건은 탈리도마이드를 복용한 임산부들이 출산하였을 때 일어났다. 출산한 아이들이 팔다리가 없는 사지결손의 기형아로 출생되었기 때문이다(그림 6-1). 탈리도마이드 비극의 발생 이후로 세계적으로 약의 안전성에 대한 반성과 함께 기준을 설정하고 있다. 탈리도마이드 비극과 같은 사건이 일어나지 않기 위하여 독성 및 안전성에 대한 철저한 검토가 필요한데 이러한 역할을 담당하는 것이 동물실험이다. 동물실험은 사람이 먹는 식품과 약품의 안전성 평가에 필수 불가결한 도구인 것이다.

그림 6-1. 탈리도마이드 비극에 의한 사지결손

(2) 신약 개발(New drug development)

새로운 질병의 출현과 내성 세균의 출현 등으로 신약의 개발 필요성은 갈수록 증가되고 있다. 신약의 개발 단계에서 안전성에 대한 충분한 검토가 없다면 제 2의 탈리도마이드 비극은 되풀이될 수밖에 없다. 신약개발의 단계를 간략히 설명하면 그림 6-2와 같이 합성에 의한 신약 후보물질의 개발, *in vitro* 약효 및 독성 평가, 동물실험에 의한 약효 평가(screening of pharmacological effects), 안전성 평가 실험(safety evaluation), 임상실험(clinical evaluation)의 단계로 나누어 볼 수 있다. 동물실험은 신약개발 단계 중 약효 및 안전성 평가를 위하여 5년 이상의 오랜 기간이 수행되는 중요한 단계이다. 동물보호론자들은 동물실험을 반대하지만 동물실험을 통하여 사람에서 발생할 수 있는 독성을 예측하는 것은 신약개발에서 반드시 필요한 과정이라 할 수 있다.

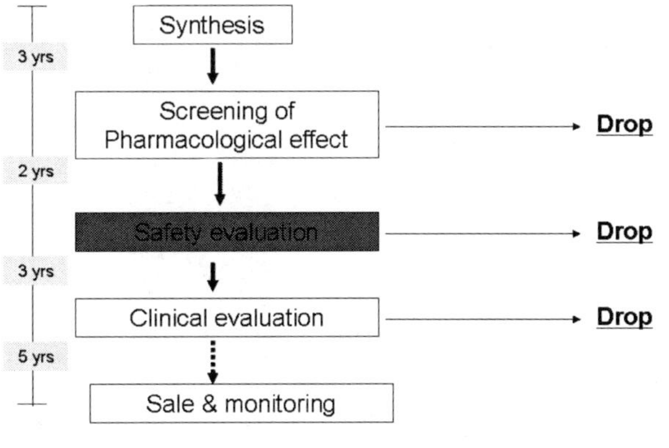

그림 6-2. 신약개발의 단계

(3) 건강기능식품 개발

건강기능식품 개발 또한 인체 의약품의 개발과 같이 사람에 영향을 주는 약리활성을 가진 물질을 포함하기 때문에 효능평가와 안전성평가의 과정을 거쳐 인체에 도움을 주면서도 해가 없는 안전한 제품을 만들도록 법규로 제한을 하고 있다. 건강기능식품 개발의 단계는 그림 6-3과 같이 소재를 탐색하여 상품으로 개발할 소재를 선정하고 전임상 효능평가를 통한 기능성 입증을 할 수 있는 효능평가 실험으로 다양한 실험관내 실험(*in vitro*)과 동물실험(*in vivo*)을 수행한다. 평가 결과 효능이 입증되지 않으면 선택된 소재의 상품화는 포기(drop)하게 된다. 기능성 효능이 입증된 소재는 안전성 평가로 독성 시험이 수행된다. 기능성 효능과 안전성이 입증된 소재는 기능성식품 임상시험센터와 같은 임상시험을 수행할 수 있는 허가된 기관을 이용하여 사람을 대상으로 한 효능과 안전성 평가 시험이 수행된다. 이상의 과정을 거쳐 효능과 안전성이 입증된 소재는 개별인정을 받기 위한 서류 작업을 거쳐 식품의약품안전처에 개별인정형 건강기능식품 인증을 신청하게 되고 심사결과 허가를 받게 되면 제품화를 하게 되는 것이다. 지금까지 건강기능식품의 개발 단계를 살펴보면서 알 수 있듯이 고부가가치 건강기능식품의 개발을 위해 기능성 효능 평가와 안전성평가는 가장 중요한 단계이며 이를 담당할 수 있는 숙련된 동물실험 전문 인력의 양성이 절실히 필요한 상황이라 할 수 있다.

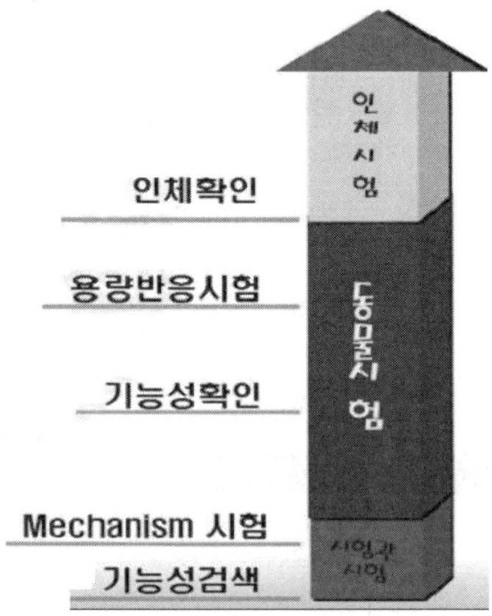

그림 6-3. 건강기능식품의 단계(자료출처 : 식품의약품안전처)

(4) 생명과학의 발달

생명과학의 발달에 따라 새로운 유전정보에 대한 방대한 지식이 축적되고 있다. 그림 6-4와 같이 특정 유전자를 빼거나 삽입한 핵을 이식한 실험동물의 수정란을 제작하여 대리모 실험동물에 착상하여 출산시켜 얻은 동물의 발현된 현상으로 유전자의 기능을 확인할 수 있다. 이와 같이 동물실험은 생명과학의 발달에 필수불가결한 역할을 담당하고 있다. 실험동물은 불치병이나 유전 질환을 치료할 수 있는 의약품을 개발하는 도구로 활용되며, 우수한 품종의 가축개발과 복제연구에 사용되고 인공 장기 개발도 담당하고 있다.

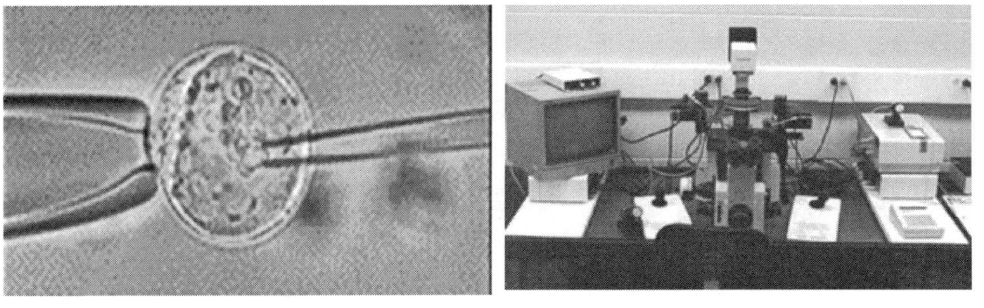

그림 6-4. 난자의 핵이식 및 매니퓰레이터

2 실험동물의 정의

지금까지 실험동물이라고 하는 용어는 막연하게'실험에 사용되는 동물'의 의미로 쓰여져 왔다. 그러나 실험에 사용하는 동물의 중요성이 점차로 인식되면서 이 용어는 다음과 같은 명확한 윤곽을 가지게 되었다. 실험동물이란 검정, 검사, 시험, 연구, 교육, 제조, 진단을 포함하는 모든 연구에 중요하다고 생각되어 목적에 맞게 육성, 번식, 생산된 동물을 말한다. 이러한 실험동물은 영어로 laboratory animals가 일반적으로 쓰여 지지만, experimental animals라고 하는 용어도 자주 쓰인다. 이 두 가지 단어는 모두 동일하다고 보아도 되지만, 실험동물과 실험용동물의 구별은 확실히 하여야한다. 실험동물이란 마우스, 랫드, 기니픽, 햄스터, 토끼, 특정 종류의 개, 고양이 등이 이에 속한다. 그렇지만 동물실험에 사용되는 동물은 이보다 훨씬 많아서 가축(소, 말, 면양, 산양, 돼지, 닭, 개, 고양이 등), 야생동물(원숭이류, 설치류, 조류, 파충류, 양서류, 어류, 곤충류 등)도 많이 사용되기 때문에 이러한 모든 것들을 총칭해서 실험용동물이라고 부른다. 연구목적을 위해서 만들어진 실험동물이 가축이나 야생동물과 다른 점은 갖가지 연구를 할 때에 그 용도에 맞게끔, 그리고 실험동물을 사용한 동물실험에 정도와 재현성을 높이기 위하여 알맞게 만들어진 동물이라고 하는 점이다. 가축은 주로 고기, 젖, 알, 털, 가죽 등을 생산하기 위해서나 애완의 목적으로 만들어진 동물이지만, 연구목적을 위해서는 컨트롤되어 있지 않다. 또 야생동물도 야외에서 포획된 것이 대부분이며, 일부 실험실내 사육도 하고 있지만 이것 역시 연구목적을 위해서 컨트롤 되어 있지 않은 것은 마찬가지이다. 이러한 실험용동물을 이용하는 동물실험(animal experiment)이란, 동물에 실험처치를 하고 그 결과로서 나타나는 동물의 생체반응을 관찰, 측정, 해석하는 것이다. 한편 생물검정(biological assay, bioassay)이란 약물, 화학물질, 생물학적 제제 등의 효력의 단위, 혹은 역가(potency)에 관해서 동물을 사용하여 정성(定性), 정량적(定量的)으로 검정하는 것을 말한다.

3 실험용동물의 종류와 용도

실험용동물을 분류하면 실험동물(實驗動物), 가축(家畜), 야생동물(野生動物)로 분류된다. 가축이나 야생동물은 실험동물과 달라서 연구목적을 위하여 개발되거나 개량된 것이 아니라는 점을 주의할 필요가 있다. 그러나 최근에는 일부의 가축이나 야생동물 가운데 연구용으로 실험동물화가 이루어지고 있는 것도 있어서, 대체로 실험동물의 종류는 매우 풍부하고 다양해져 가고 있는 실정이다. 실험동물의 용도는 크게 연구, 검정, 진단, 제조, 교육의 5가지로 구분할 수 있고, 또한 실험용동물은 그 종류에 따라서 연구용도에 차이가 있다. 실험용동물의 종류에 따른 용도의 차이는, 그 각각의 용도에 따라 쉽게 쓸 수 있는지, 혹은 연구목적에 대해서 적당한지, 또는 각각의 연구분야에 있어서 그 동물에 관한 정보량의 집적(集積)의 정도 등에 의해서 결정되는 것이라고 생각된다.

(1) 실험동물(Laboratory animals)

연구(검정, 진단, 교육, 제조를 포함)에 사용되기 위하여 개발, 개량되어 육성, 번식 생산된 동물로서 연구용으로 사용되기 위한 컨트롤이 이루어져 있다.

① 무척추동물 : 초파리, 집파리, 모기류, 바퀴류 등
② 어류 : 송사리
③ 양서류 : 아프리카 개구리
④ 조류 : 메추리, 닭

⑤ 포유류 : 마우스, 랫드, 햄스터류, 기니픽
⑥ 기타 : 설치류, 토끼, 개, 고양이, 돼지, 염소

(2) 가축(Domestic animals)

인류사회에 필요한 고기, 알, 젖, 가죽, 털 등을 얻기 위한 축산의 목적과 애완의 목적을 위해서 개발, 개량되어 육성, 번식, 생산된 동물로서 연구용으로 사용되기 위한 컨트롤이 이루어져있지 않다.

① 무척추동물 : 누에
② 어류 : 옥새송어, 잉어, 금붕어, 뱀장어, 송사리, 구피, 방어
③ 조류 : 닭, 비둘기, 거위, 집오리
④ 포유류 : 토끼, 개, 고양이, 돼지, 양, 염소

(3) 야생동물(Animals obtained from nature)

자연계에서 포획된 동물로서 인위적인 번식, 생산을 하고 있지 않으므로 연구용으로 컨트롤이 되어있지 않다.

① 무척추동물 : 대합, 모시조개, 오징어류, 가재류
② 어류 : 붕어, 미꾸라지
③ 양서류 : 개구리류, 두꺼비, 남생이
④ 포유류 : 원숭이 류

표 6-1. 실험용동물의 분류

실험동물 (laboratory animals)	연구(검정, 진단, 교육, 제조를 포함)에 사용되기 위하여 개발・개량되어 육성・번식・생산된 동물. 연구용으로 사용되기 위한 컨트롤이 이루어져 있음.
가축 (domestic animals)	인류사회에 필요한 고기, 알, 젖, 가죽, 털 등을 얻기 위한 축산의 목적과 애완의 목적을 위해서 개발・개량되어 육성・번식・생산된 동물. 연구용으로 사용되기 위한 컨트롤이 이루어져 있지 않음.
야생동물 (animals obtained from nature)	자연계에서 포획된 동물. 인위적인 번식・생산을 하고 있지 않으므로 연구용으로 컨트롤되어 있지 못함.

4 실험동물의 선택

실험동물의 용도가 동물실험의 연구를 목적으로 할 경우에는 그 목적에 맞는 동물을 선택하지 않으면 안 되겠지만 우선 그 선택의 자유는 연구자에게 달려 있다. 그런데 용도가 검사, 검정일 경우에는 사용하는 동물은 어느 정도 규제되어 있으며, 연구 때와는 달리 자유선택이 허락되지 않는다. 그렇다면 연구의 경우에 있어서 동물의 선택에 신경을 쓰지 않아도 되느냐 하면 그렇지가 않다. 실제적으로는 일정한 범주내의 양질의 동물을 선택할 것이 요구되기 때문에 그렇게 생각해서는 안 된다. 그러므로 실험동물로서는 목적에 알맞은 종류나 계통 혹은 질(質)의 선택을 하지 않으면 안 된다.

(1) 선택의 기반

실험목적에 알맞은 동물을 선택하는 데 있어서 사람을 예로 들어 생각해 보면, 인체에 관한 연구를 위한 동물실험에서 그 기반이 되는 사고방식은, 있는 그대로의 생체의 비교가 아니라는 것이다. 있는 그대로의 생체의 비교라면 사람의 연구에 사람 이외의 동물은 사용할 수가 없게 된다. 동물실험은 어느 부분이 어느 정도 사람과 비슷한가, 혹은 사람의 어느 기능에 대해서 어느 정도 유추할 수 있는가, 다른 동물을 사용해서 이루어지는 실험이므로 그것은 세포, 조직, 기관, 기능의 수준에 관한 일부분의 비교인 것이다.

(2) 선택의 목표

동물을 선택하는 경우 취급하기 편리하다든가, 경제적이라든가, 수적으로 많이 사용할 수 있다든가, 과거의 성적과 비교를 할 수 있다는 것 등은 바람직한 조건임은 말할 것도 없겠으나 무비판적으로 그런 것들을 받아들여서는 안 된다. 앞에서 말한 바와 같은 기반 위에서 동물의 종류와 계통을 선택하고, 또 그 질을 잘 선택하여야 한다.

1) 동물종의 선택

모르핀(morphine)은 사람의 중추신경을 억제하는 작용을 가진다. 동물에 관해서 살펴보면 원숭이에서는 사람에서와 같이 작용하지만(단, 동공은 반대), 마우스나 고양이에서는 흥분제로서 작용한다. 이런 점을 본다면, 마우스나 고양이에서의 실험성적을 직접 사람에게 적용한다는 것은 무리이다. 그러나 약제(藥劑)의 약리작용을 검색하는 경우에는 사람과 다른 반응이 출현하는 동물이라도 상관없을 때가 있다. 예를 들어 미량의 모르핀은 마우스에서 거미반응(擧尾反應, Straub reaction : 꼬리가 서는 현상)을 일으키는데 어떤 검체(檢體)가 마우스와 같은 반응을 일으키면서 또 그 증상이 모르핀 길항제(拮抗劑)에 의해 소실된다면, 그 약제는 모르핀과 비슷한 작용이 있다는 것을 알 수가 있다. 이런 경우에는 마우스라도 사용될 수가 있다.

2) 동물계통의 선택

가장 많은 계통이 육성되고 있는 마우스에 관해서 살펴보면, 종양연구를 비롯하여 비만증, 당뇨병, 백내장, 근이영양증 등을 일으키는 각종의 계통이 육성되어 각각의 연구에 사용되고 있다. 마우스라고 하는 동물종의 특성은 대체로 같지만 어떤 약간의 형질만 달라져 있는 계통을 사용함으로써 그 형질과 생체와의 관련성의 추급(追及), 혹은 그 형질의 해석이 가능하게 된다. 그런데 이와 같은 특징을 가진 계통 즉 근교계, 변이종은 특정의 목적을 가진 연구, 검사, 검정에는 유리하다 해도 약제의 안전성시험(safety test)과 같은 일반적인 검사, 검정에 사용할 때는 타당하지 못할 경우가 있다.

3) 동물 질의 선택

동물실험에는 양질의 동물을 사용하는 것이 바람직하다. 그러나 모든 동물실험에 언제나 양질의 동물을 준비한다는 것은 불가능하다. 일반적으로는 목적에 따라 질(質, quality)에 관한 선택을 해야 한다고 본다. 여기서 말하는 질(質)은 예를 들어 미생물학적인 오염의 정도에 관한 것으로서 germ free animal과 gnotobiote, 그리고 specific pathogen free(SPF)와 conventional animal은 각각 실험목적에 따라 선정되어야 한다고 본다. 예를 들어 850 R의 방사선을 조사하고 나서 폐사할 때까지의 기간을 측정해 보면, 장관내(腸管內)에 아무런 균총을 가지고 있지 않은 germ free 랫드는 conventional 랫드 보다 2배가량이나 생존기간이 길어진다. 이와 마찬가지로 유전학적 컨트롤의 정도에 따라서는 근교계, 폐쇄군, 교잡군과 같이 분류되며, 앞에서와 마찬가지로 이것도 실험동물의 질을 구성하는 인자이므로 확실한 것을 선택해야 한다.

4) 외삽(外挿, extrapolation)

동물을 선택하는 데 있어서 누구라도 고심하게 되는 것은 사람에의 외삽의 문제이다. 실험동물의 유전적 개량(질환모델동물의 개발도 포함)은 생물학적이나 의학적 실험에 적합한 동물을 준비한다는 데 그 의의가 있다. 그러나 그 적합하다는 말의 뜻은 매우 중요하고 또 복잡한 것이다. 왜냐하면 생물학적 실험은 아주 다양하며, 또 각각의 실험은 그 실험의 특수성이 요구되기 때문이다. 바꿔 말하면, 그 다양이라는 것도 생물학이나 의학의 발전에 따라 더욱 복잡해지기 때문이다. 이러한 적합한 동물을 개발하기 위해서는 동물의 종류도 다양해야 하고, 또 의학을 위해서는 질환모델동물도 인간의 질환의 종류와 같이 많이 개발되어야 유효, 적절하게 사용되어질 수 있으리라고 생각된다. 그런데 우리가 실험동물을 사용하여 여러 가지 실험을 하기 전에 먼저 염두에 두어야 할 점이 있다. 바로 이점을 실험 전에 생각하지 않으면 그 실험 성적을 유효하게 사용하는 데는 많은 어려움이 있으리라고 생각된다. 외삽을 생각하였을 경우에는 동물의 적절한 여러 조건이 고려되어야 할 것이다.

5) 비교실험동물학

현재 우리들이 문제 삼고 있는 동물실험에서 사람에서의 위험도를 추정하고 있는 분야는, 사람과 실험동물만을 포함하는 비교적 좁은 분야의 생물학만 요구하고 있다. 비교동물학이란 학문적으로 좋은 업적을 내고 있지만, 이것은 동물의 진화과정을 중심으로 논해지고 있다. 그러나 우리는 사람을 포함한 더욱 좁은 분야, 즉 비교실험동물이라는 분야를 생각하여, 그것에 대한 성적을 축적해야 한다고 생각된다. 종래의 연구에서와 같이 실험동물은 실험동물, 사람에 대한 것은 사람만이라는 태도를 고쳐서 실험동물과 사람 양쪽을 모두 포함한 학문체계를 만들 필요성이 있다. 이러한 것들을 종합하여 보면, 선대 연구자들이 지금까지 취급한 실험동물은 정말 잘 선택되어진 것을 알 수 있다. 예를 들면 그 크기에서, 마우스 20g에서부터 인간의 70 kg까지 적당한 간격으로 분배되어 있고, 또 수명도 적당한 간격, 마우스의 2년에서부터 인간 70년까지 잘 분포되어 있다. 식성의 다양성도, 초식, 잡식, 육식으로 전부 갖춰져 있다. 분류학적인 면에서도 설치류에서 영장류까지 고루 잘 갖춰져 있다.

따라서 하나의 실험동물종 뿐만 아니라, 이렇게 여러 실험동물의 집단을 생각하여, 그 집단 전체의 공통, 보편적인 원리를 확인하고, 무엇인가 이상할 때는 그 원인을 조사할 필요성이 있다. 이러한 것들의 대상으로서 마우스, 랫드, 기니픽, 토끼, 개, 원숭이의 6가지 동물을 표준적 동물로 삼아 사람을 포함하여 연구하는 학문을 비교실험동물학이라 한다.

6) 여러 종류 동물의 비교 검토의 곤란성

위에서 논한 것과 같이 여러 종류의 동물을 비교하는 데는 여러 가지 어려움이 따른다. 우선 같은 종의 동물내에서도 약물의 투여방법과 동물의 연령 즉 생물학적 단계 등이 문제가 된다. 또한 동물의 종류에 따라 유전적 통제의 차이도 많이 난다. 근교계 마우스의 경우와 야생원숭이의 경우는 유전적 요인이 완전히 비교가 안될 정도로 차이가 있고, 대사계에 있어서도 많은 차이가 있다. 또 성적의 정도에 있어서도 고려를 하여야 한다. 마우스에 있어서는 실험군이 20마리, 개에 있어서는 3마리, 원숭이에 있어서는 1마리와 같은 경우가 많이 있기 때문이다. 내인성, 외인성 척도의 양쪽에서도 연령의 차가 있는 것은 경험적으로 알려져 있다. 따라서 연령의 차이라는 것에 대하여 위험도를 평가해 보아야 한다. 이것에는 크게 나누어 2개의 의의가 있다. 첫째는 외삽에 있어서 연령의 차이에 의한 보정계수를 알기 위해서고, 또 하나는 생물학적 단계의 대응을 위한 자료, 즉 지표로서의 의의가 있다. 연령차에 대한 인식은 계통적으로 많이 연구되지는 않았지만, 실제로 조사하여 보면 그렇게 복잡한 형을 나타내지는 않고, 비교적 단순한 형태로 나타나서, 몇 개의 전형적인 형태로 분류된다. 즉 연령의 변화는 어떤 일정한 형에 거의 대부분이 속한다. 만약에 어떤 특정한 지표의 연령변화가 이 분류의 어느 것인가에 속한다는 것을 알면, 기준치(성숙시기)를 비교하여 평가하려고 하는 특징의 연령에서 그 수치가 상승하는지, 하강하는지, 그 변동의 범주를 기준치와 비교하여 조사할 수 있기 때문에 연령차라는 것은 어느 정도 정량적으로 취급하기가 쉽다. 생체의 생리학적 기능이나 형태학적 수치와 같은 내인성 척도는 거의 전부가 연령과 같이 그 수치가 변하기 때문에, 그 반영을 생각할 수 있는 외인성 척도에 대해서도 연령변화를 고려해야 한다. 실제로 지금까지 몇몇의 것에 대해서는 연령차가 증명되어 있다. 따라서 동물종간의 정확한 비교를 하기 위해서는 각 동물의 일생에서의 연령 비교의 형을 조사하여, 그 각각의 동물종의 생물적 단계에 대하여 알맞게 대응하도록 그 부분에의 수치를 비교할 필요가 있다. 이러한 것들은 발생의 단계에서나 생리학적 대사, 조직학적 측면에서도 마찬가지이다.

7) 외삽의 구체적 단계

여러 종류의 동물의 성적으로부터 사람에의 외삽의 경우에 대하여 논해보면, 그 첫 번째는 질적 요인을 점검하는 것이고, 대상이 되는 현상이 동물에 따라 질적으로 큰 차이가 없을 때는 그 나름대로의 고려가 필요하고, 그 후에 외삽이라는 것을 생각하여야 한다. 이러한 것들의 의미는 최초의 단계에서 질적 차이가 큰 부정적인 검색을 하는 체계의 확립을 막기 위해서이다. 두 번째로는 생물학적 단계를 잘 맞춰서 비교하는 것이다. 세 번째로는 종자의 지배법칙을 잘 분석하여 공통적인 척도를 찾아내어, 실험식을 구하여 사람의 치를 구하는 통상적인 과정이다. 이 경우의 기본적인 입장은 우리가 외삽을 하려고 구하는 치는 어떠한 형태로든 내인성 척도를 반영한 것이고, 공통척도로 생각할 수 있는 내인성 척도를 나열해 보면 어떤 직선이 나타나 그 연장선 위에 사람의 것이 나타날 것이라는 것이다. 동일 동물종 내에서도 인종차, 계통차, 연령차, 성차, 개체차 등 여러 가지 변동요인이 있다. 인종차에 대해서도 환경의 차가 주요인가, 유전이 주요인가가 문제가 된다. 계통차의 큰 차이는 유전적 지배가 판단기준으로 의미가 있고, 근교계는 그 한 계통이 사람의 개체에 해당한다고 생각하는 사람도 있다. 그러나, 근교계에서 얻은 성적은 기전의 보편성, 타당성을 점검하는 데 도움이 된다고 생각한다. 성차는, 하나의 동물종에서 얻은 관계가 다른 동물에서 성립하지 않는 경우가 많다. 가끔 거꾸로 나타나는 경우도 있기 때문에 주의하여야 한다. 개체차에 있어서도 사람의 특이체질을 실험동물에서는 어떻게 생각하여야 할 것인가도 문제점이다.

8) 외삽의 예

새로운 약재를 만들어서 동물실험을 하고 난 후 사람이 임상시험에 들어갈 때의 경우이다. 그러나 임상시험에는 많은 문제점이 있다. 그러한 문제점을 순조롭게 넘어가기 위해서는 사전에 여러 가지 시험을 하는데, 약재의 안전성 시험에 2종 이상의 동물을 사용하도록 요구하는 것도 그런 이유 때문이다. 예를 들어 6가지의 약물(항생물질, 합성항균제, 신경안정제, 중추신경안정제, 당질 코르티코이드, 알코올산첨가 브록크제)에 관해서 랫드와 개를 이용하여, 각종 독성시험에 의한 사람에의 부작용의 추정과 임상시험성적의 관련을 보면, 추정이 적중하는 비율은 약물에 따라 28.6%에서 100%까지 있어 외삽이 얼마나 어려운 것인가를 잘 말해 주고 있다.

외삽이란 것은 어떠한 동물에서 얻어낸 사실을 기초로 하여 사람 또는 기타동물에 적용하는 것을 말한다. 그러므로 각종 실험동물에서 얻은 실험성적을 사람에게로 외삽하기 위해서는 일반적으로 Simulation 및 Comparative approach의 2가지 방법을 취하고 있다. Simulation은 사람을 중심으로 하여 각종 동물종에 있어서 부분적 유사성을 추구하고 연구에 적합한 실험동물을 얻어서 실험을 실행되게 하는 것을 말하며, Comparative approach는 많은 동물종에 대해 검색하고 이것을 계통발생적으로 보고 사람으로의 외삽을 실시하는 것이다. 원숭이류는 계통발생적으로 사람에 가깝기 때문에 이용되고 있지만 원숭이가 반드시 만능이라고 생각하는 것은 잘못된 생각이다. 예를 들어 morphine 길항제의 진통작용 효과는 원숭이 보다 마우스, 랫드를 사용한 writhing test가 더 유리하다고 되어 있기 때문이다.

II. 동물실험에 영향을 주는 요인

학습목표

1. 유전 요인에 대해 알 수 있다.
2. 미생물 요인에 대해 알 수 있다.
3. 환경 요인에 대해 알 수 있다.

동물실험이나 생물검정의 특징으로서, 실험이나 검정의 성적에 영향을 미치는 변동요인이 상당히 많고, 그 변동요인의 인위적 컨트롤이 매우 어려운 것은 사실이다. 동물실험이나 생물검정을 할 때에는 이와 같은 특징을 잘 이해하여 대책을 세울 필요가 있다. 그러기 위해서는 우선 실험결과에 대해서 본질적으로 영향을 줄 수 있는 요인을 미리 컨트롤한 후에 실험을 행함으로써 신뢰성과 재현성이 있는 결과를 기대할 수 있게 된다. 그러나 실험에 영향을 미칠 수 있는 제요인을 컨트롤했다고 해도 아직도 동물실험에서는 그 결과로서 표면적으로 오차가 생겨나기 때문에 그것들을 처리하기 위하여 통계적 방법이 필요하게 된다. 동물실험에 영향을 주는 제요인을 크게 동물측의 요인, 동물을 둘러싼 환경측의 요인으로 분류하고, 다시 그 요인은 세부요인으로 분류되는데, 이들 제요인은 지금까지 많은 동물실험이나 생물검정에 있어서 변동요인이 된다고 보아 온 것이다. 현재 실험동물에 영향을 주는 주요한 요인의 컨트롤로서는 주로 유전컨트롤(genetic control), 질병컨트롤(disease control), 환경컨트롤(environmental control)이 있으며 그에 대한 컨트롤 방법이 검토되고 있다.

1 유전 요인

동물실험이나 생물검정의 결과에 영향을 미치는 변동요인으로서는, 동물의 종이나 계통의 유전적 차이에 의한 요인을 들 수 있다. 동물의 종이나 계통은 각각 그 특유의 유전적 소질을 가지고 있기 때문에 각종의 실험이나 생물검정 등에 대해서 특유의 반응을 나타낸다. 따라서 유전적으로 컨트롤되어 있지 않은 동물을 사용하는 경우에는, 동물의 종이나 계통 등의 차이가 동물실험이나 생물검정의 결과에 영향을 주어 결과적으로 성적에서 서로 다른 차이가 크게 나타나게 된다. 실험동물에 있어서 유전컨트롤의 목적은 동물의 유전적 원인에 의해서 생기는 개체간 차(差)를 작게 하여 실험이나 검정의 정도를 높이기 위함이다. 유전컨트롤면에서 본 실험동물의 분류는 근교계(inbred strain), 변이계(mutant strain), 폐쇄군(closed colony), 교잡군(hybrid), 잡종(mongrel)으로 구분된다.

(1) 근교계(inbred strain)

근교계란 20대 이상 형매교배 또는 친자교배 중 한 가지를 계속한 계통의 동물을 말하며, 형매교배와 친자교배를 혼용해서는 안 된다. 이렇게 교배되어 확립된 근교계는 유전적으로 일란성 쌍둥이와 같은 상태가 된다. 즉, 모든 유전자가 동일한 대립유전자를 가지는 상태가 되므로 유전자형에 따른 개체간 차이가 없는 상태가 되는 것이다. 따라서 실험결과에 있어서 유전적 변이에 따른 차이를 배제할 수 있어서 재현성의 확보에 매우 유리하다.

근친교배 과정에서 생물로서의 적응성이 현저히 저하되는 경우가 나타나 계통확립에 어려움을 주는 경우가 자주 나타나는데 이를 "근교퇴화"라고 한다. 일반적으로 나타나는 근교퇴화의 예로는 유량감소, 산자수감소 등을 볼 수 있다.

(2) 폐쇄군(closed colony)

폐쇄군은 다른 곳으로부터의 출입이 없이 일정한 집단 내에서만 번식이 계속되고 있는 군으로서 기원은 근교계에서 유래하지만 형매교배의 계속을 중지한 군과, 근교계는 아니지만 5년 이상 일정한 집단 내에서만 번식을 계속하고 있는 군이 있다. 따라서 근교계나 변이종으로 특별히 유지되고 있는 계통이 아닌 경우에는 대부분 폐쇄군이 된다. 근교계 유래의 폐쇄군은 근교계에 가까운 정도의 상당히 높은 유전적 균질성을 나타내며 대체로 건강하므로 동물의 대량생산 등을 위해 많이 사용된다.

(3) 변이종(mutant strain)

유전자기호를 가지고 나타낼 수 있는 유전자형을 특성으로 가지고 있는 계통 및 선발/도태에 의해서 특정의 유전형질을 유지할 수 있는 계통을 말한다.

인위적으로 개발한 변이종으로는 대표적인 것으로는 유전자를 삽입한 동물(transgenic animals, 유전자과발현동물)과 야생형유전자의 정상적인 발현을 제거한 동물(knock-out animals, 유전자적중동물)로 크게 나누어 볼 수 있으나, 최근에는 특정한 조직 또는 특정한 시기에 유전자발현과 유전자적중을 시키는 기술들이 다양하게 보급되어 이용되어지고 있어서 이들에 대한 기본적인 이해를 하고 있어야만 적합한 유지와 관리가 가능하게 된다.

(4) 교잡군(hybrid)

확립된 계통간의 교배에 의하여 태어난 동물로서 1세대 동물(F1), 2세대 동물(F2), 환원 교잡종 등이 있다.

(5) 잡종(mongrel)

잡종은 유전적 조절이 전혀 이루어지지 않은 동물로서 야생에서 포획한 들쥐 등이 이에 속한다.

2 미생물 요인

실험동물 자체가 어떤 감염병이나 질환을 앓고 있다면 그것을 사용한 동물실험의 결과는 매우 달라질 것이다. 그런데 확실한 임상적 증상을 나타내고 있는 동물은 실험자가 알아서 사용하지 않기 때문에 다소 안심이 되지만, 문제는 병원체가 불현성감염(unapparent infection)된 경우이다. 실험이라는 처치는 대체로 동물에게 정도의 차이는 있더라도 커다란 자극이 아닐 수 없기 때문에 발병을 일으키기 쉽다. 예를 들어 부신피질호르몬을 투여한 랫드군에서는 점차로 체중이 줄어들어 폐사하기 시작하였는데, 부검하여 보면 간에 소상괴사(focal necrosis)가 많이 생겨 있음을 볼 수 있었으며, 설치류의 질병인 Tyzzer's disease 때문이었다. 불현성 감염의 형태는 발견이 곤란하게 되어 근절하기가 어려워서, 새로운 세대가 태어날 때마다 혹은 사육관리가 철저하지 못할 때에 유행을 일으켜 실험동물의 생산 시설에 손해를 입히거나 실험처치에 의해서 유발, 발병되어 동물실험의 결과에 영향을 미친다. 이러한 불현성 감염병을 배제하기 위하여 최근에 무균동물(Germ free animal)을 만들어 내는 기술이 확립되었고, 그 기술을 응용하여 SPF동물(Specific pathogen free animal)이란 것이 만들어지게 되어, 자연 감염병이 없는 건강한 동물의 생산이 가능하게 되었다. 현재는 표 6-2와 같이 병원성미생물이나 기생충 등의 감염병을 일으키는 원인체가 존재하는가의 여부에 따라서 실험동물의 질을 분류하고 있다.

표 6-2. 미생물 컨트롤 면에서 본 실험동물의 분류

	정의	비고		
		미생물의 상태	작출방법	유지
Germ free animal	봉쇄방식과 무균처치를 하여 얻어진, 검출해 낼 수 있는 모든 미생물이나 기생충을 가지지 않은 동물	검출 가능한 미생물은 없음	제왕절개나 자궁절단 유래	isolator
Gnotobiotes animal	가지고 있는 미생물총(동, 식물)의 모든 것이 명확하게 알려져 있는 특수하게 사육된 동물	가지고 있는 미생물이 어떤 것인지 확실함	Germ free animal에 명확하게 동정된 미생물을 인위적으로 정착시킴	isolator
SPF animal	특별히 지정된 미생물이나 기생충이 없는 동물, 지정된 이외의 미생물이나 기생충은 반드시 없다고 볼 수 없다.	가지고 있지 않은 미생물이 어떤 것인지 확실함	Germ free animal, Gnotobiotes animal에 미생물을 정착시킴	barrier system

Germ free animal은 무균동물을 말하는데, 임신말기(보통 18일~20일)에 자궁 절단 또는 제왕절개수술에 의해서 무균적으로 새끼를 꺼내어 무균상태의 isolator에서 인공포유시켜 육성시킨 것으로서 검출 가능한 모든 미생물, 기생충이 없는 동물을 말한다.

Gnotobiotes animal이란, 작출과정은 무균동물과 같으나 명확히 동정된 미생물을 정착시킨 동물로서 생체 내에 보유하는 검출 가능한 모든 미생물이 명확히 알려져 있는 동물을 말한다.

Specific pathogen free animal(SPF)이란, 작출과정은 무균동물과 마찬가지이지만 일정하게 규제된 환경에서 유지되고 있는 동물을 말하며 특별히 지정된 미생물이나 기생충이 없는 동물을 말한다. 보통 Germ free animal이나 Gnotobiotes animal에 미생물을 자연정착 시켜서 Barrier system에서 사육한다.

3 환경 요인

(1) 영양요인

실험동물의 영양요인은 자칫 등한시되기 쉽지만, 면역기능 및 번식효율의 저하의 발생은 감염에 의한 것뿐만 아니라 영양의 부족에 의한 경우도 많다. 또한 각종 영양소의 부족에 의한 이상에 관한 많은 보고를 볼 수 있다. 따라서 동물의 생리, 생체의 특성을 고려한 충분한 사료의 급여가 중요한 요소 중의 하나이다.

(2) 기상 및 물리, 화학요인

야생동물은 대기 중의 제현상, 즉 온도, 습도, 기압, 바람, 일조시간 등의 양향에 의해서 그 생활이 현저하게 좌우된다. 실험동물에 있어서도 이러한 제현상은 사육, 번식, 혹은 동물실험성적에 현저한 영향을 미친다는 것이 알려져 있다. 그래서 실험동물 사육실은 환경조건을 인공적으로 컨트롤한 것이다. 실험동물 사육실은 온도, 기압, 습도, 조명 등이 인공적으로 컨트롤되어 있다고 하더라도 외계기후의 영향도 받기가 쉬우므로 이들 요인에 대해서 충분히 고려하여야 한다.

1) 온도의 영향

일반적으로 외계의 온도는 낮과 밤이 다르며 계절에 따라서도 변동하고, 지방에 따라서도 크게 달라지는데 그의 영향은 동물에서 확실히 나타난다.

① 번식, 사육관리에 미치는 영향

고온에서는 마우스, 랫드, 토끼의 발육이 나쁘고 암컷에서는 성주기 발현시기의 지연, 산자수의 감소, 사산율의 증가, 비유량의 감소가 일어나며 수컷에서는 정소나 정소상체가 위축되고 정자형성의 능력이 저하된다고 한다. 고온 또는 저온에서 체중의 증가가 좋지 않다는 것은 잘 알려진 사실이지만 체중뿐만이 아니고 외모나 체형도 변화할 때가 있다.

② 생리기능에 미치는 영향

동물의 생리기능은 환경온도에 의해서 영향을 받는다. 마우스는 37℃ 이상의 고온환경에서 체온이 40℃ 이상이 되면 호흡수는 현저하게 증가하여 열성다호흡(panting) 현상을 일으킨다. 25℃ 이하의 저온환경에서는 노출 직후부터 호흡수가 증가하고 체온이 30℃ 이하로 하강하면 서서히 감소한다. 마우스의 혈압은 고온에 노출할 경우 초기의 10~15분까지는 감소하는데, 그 후 서서히 증가한다. 저온에 노출할 경우에는 노출 직후에 상승하고 이후 서서히 하강한다. 순화과정에 있어서도 생체는 증강하거나 혹은 감소하여 서서히 정상상태로 돌아온다. 부신은 더위나 추위의 스트레스에 대해서 중요한 역할을 담당하는데, 부신을 떼어낸 마우스나 랫드는 저온이나, 고온에 대해서 저항성이 약하고 자극에 의한 호산구(eosinophil)의 출현도 억제된다고 한다. 체온조절은 화학적 조절과 물리적 조절로 나눌 수가 있는데, 저온에서 채식량, 활동, 심박수, 호흡수, 떨림 등이 증가하는 것은 체열산생을 주로 하는 화학적 조절이라고 생각되며, 고온에서 채식량, 활동, 심박수, 혈압 등의 감소는 체열산생을 억제하려고 하는 소극적인 화학적 조절이라고 생각된다. 또 저온에서의 입모, 피모의 효과, 케이지 한쪽에 몰리는 행동, 고온에서 땀을 흘리는 일, 침을 흘리는 일, 체표혈관의 확장, 열성다호흡 현상 등은 물리적 체온조절이라고 말할 수 있겠다. 이와 같이 동물은 환경온도의 변화에 대하여 그 항상성을 유지하기 위하여 각종 기능이 항진 또는 억제됨으로써 종합적인 형태로 생체를 방어하고 있는 것이다. 정상이 아닌 환경온도에 있어서 외견상 동물의 상태에는 현저한 변화가 보이지 않더라도 생리적으로는 현저한 기능의 항진 또는 억제가 일어나고 있다. 따라서 동물실험성적도 환경온도가 다를 경우에는 다른 결과가 나타날 수가 있다. 그래서 환경온도조절의 목적은 온도에 의한 동물의 생리적 변화를 최소한으로 줄여서 재현성과 신뢰성이 있는 성적을 얻으려는 데에 있는 것이다.

표 6-3. 동물실험에 영향을 미치는 제요인

(1) **동물 측의 요인**
1) 유전요인 : 종 계통
2) 성별요인
3) 연령요인 : 태생기, 포유기, 성육기, 성시기, 노령기
4) 질병요인 :

(2) **환경 측의 요인**
1) 영양요인
2) 기상요인
3) 물리화학적 요인 : 소음, 조명, 취기
4) 거주요인 : 건물, 케이지, 깔짚
5) 동종동물간의 요인 : 사회적 순위, 투쟁, 수용밀도
6) 이종동물간의 요인 : 바이러스, 세균, 기생충 등의 감염증, 사람 및 타종동물

2) 습도의 영향

실험동물에 미치는 습도(humidity)의 영향으로서는 랫드의 신생자에 출현하는 ring tail이 문제가 된다. 이것은 꼬리가 ring상으로 괴사(necrosis)를 일으키며 심할 경우에는 꼬리가 떨어져 나가는 질병인데, Njaa(1957)와 Totton(1958)은 저습환경의 유약 랫드에서 이런 현상이 많이 발생한다는 사실을 관찰 보고했다. 실험동물 사육시설에 있어서 습도의 컨트롤 목표는 보통 50%정도 유지를 하여야한다(최저 30% 미만이나 최고 70% 이상이 되면 안 된다.)

3) 기압의 영향

저기압 또는 고기압이 생체에 미치는 영향에 대해서 몇 가지 알아보면, Weihe(1966)는 540m의 고도에서 생산된 랫드를 성숙 후, 3,450m의 고도에 노출시켰을 때 채식량 및 체중에 감소가 일어났으나 같은 주령 랫드에서는 이와 같은 감소가 보이질 않았고 순화능력이 강했다고 보고했다.

4) 조명의 영향

현대적인 동물사육실 가운데에는 무창(無窓)인 사육실이 많이 있는데 조명의 질, 강도를 일정하게 하고, 조명시간은 auto timer로 자동적으로 조절하도록 되어 있는 곳이 많다. 이때의 조명기구는 먼지가 앉지 않게 보호할 필요가 있으며, 사육실의 조명은 사육자의 관리를 위해서보다 동물을 우선적으로 생각해서 선택해야 한다.

5) 소음의 영향

마우스나 랫드는 12~25KC 사이의 강한 음을 발생시켰을 때, 음의 발생과 동시에 케이지 내를 뛰어 돌아다니며 점프하거나 경직을 일으키고, 혹은 옆으로 쓰러져 경련을 일으키는데, 심할 경우에는 그대로 폐사하기도 한다. 이것을 청원성경련(audiogenic seizure)이라고 한다.

6) 취기의 영향

취기(odors, smell and gases) 가운데에서도 가장 주목해야 할 취기는 암모니아 가스이다. 암모니아 가스는 마우스의 번식에 영향을 미치기도 하는데, 어미가 새끼를 잡아먹어 버리는 원인 중에 하나는 이 취기의 자극에 의한 것도 포함된다고 한다. 일반적으로 환기불량일 때, 폐나 간장에 병변이 다발하는 것은 잘 알려진 사실이다.

(3) 주거요인

1) 케이지

케이지에는 스테인레스, 알루미늄, 아연인철판, 금망, 목제, 유리제, 플라스틱 등이 있으며, 최근 합성수지의 제품 가운데 polycarbonate수지의 케이지가 우리나라에서도 개발되어 시중에 나와 있다. 이러한 케이지들의 재질, 크기, 형태 등이 동물이나 동물실험에 영향을 미칠 수 있다.

2) 깔짚

깔짚의 이상적인 조건은 동물에 악영향을 미치지 않고, 안락하며, 흡수성, 보온성, 흡습성, 유연성이 뛰어나고, 먼지가 적게 나고, 입수하기 쉬우며 멸균이 가능한 것 등이다.

3) 성별, 연령, 기타 생리상태 요인

성별, 연령, 기타 생리상태 와 같은 요소들이 다를 때에 실험성적(반응)에 차이가 나타날 때가 있다. 따라서 실험을 할 때에는 이런 것들을 고려해야만 한다. 예를 들어 KK마우스에서 당뇨가 나타나는 것은 어느 연령이상 되어야 하며 또 NC마우스나 KK마우스 어느 것에서나 뇨단백의 발생빈도는 수컷이 훨씬 높다. 실험동물의 생존연령은 종류, 계통이라도 사육환경이 다르면 형질이 달라진다. 그래서 특히 장기실험 같은 것을 계획할 때에 중요한 것은 실험에 사용하는 동물 종, 계통의 여러 환경 하에서의 생존연령과 나이(aging)에 의해서 발생하는 질병의 종류, 정도 등을 미리 잘 알아둘 필요가 있다. 특히 종양 연구자는 각자가 사용하는 계통에 관한 이런 종류의 성적(data)을 가지고 있어야만 한다.

III. 동물 복지

학습목표

1. 동물실험과 동물복지에 대해 알 수 있다.
2. 실험동물 관련 법률에 대해 알 수 있다.
3. 동물실험 대체법에 대해 알 수 있다.

1 동물실험과 동물복지

(1) 실험동물의 복지

동물복지(Animal welfare)는 인간을 중심으로 바라보는 동물에 대한 관점에서 시작되며, 주로 인간과의 직접적인 이해관계가 성립하는 동물을 대상으로 하고 있다. 동물복지는 인간이 수행해야하는 행동규범으로 대부분 '인도적'이라는 용어를 일반적으로 사용한다. 동물복지는 사회적, 생리적 필요성에 부합하는 해당 동물에 대한 공간적 환경, 영양 등을 제공하고 유지하는 것으로 정의할 수 있으며 동물의 복지실현에는 아래의 다섯 가지 기준을 준수해야한다.

*** 동물의 5대 자유**

① 갈증, 배고픔으로부터의 자유
② 불편함으로부터의 자유
③ 고통, 상처, 질병으로부터의 자유
④ 정상적인 행동을 표현할 자유
⑤ 두려움과 스트레스로부터의 자유

한국에서는 동물보호법을 1991년 제정하여 고통을 가능한 주지 않는 것을 원칙으로 동물실험을 하여야 한다는 규정을 마련해 놓고 있다. 최근 동물 보호단체의 압력과 동물 복지에 대한 여론으로 이 보다 더 강화된 조항이 포함된 동물보호법이 2008년에 마련되었다. 또한 윤리적인 동물실험 뿐 아니라 동물의 사육과 시설 관리에 대한 과학적인 기준과 규제를 포함한 실험동물법이 2009년 마련되었다.

전 세계적으로 동물실험의 지침으로 손꼽히는 미국 NIH(국립보건원)의 가이드라인(Guide for the Care and Use of Laboratory Animals : 7th ed ILAR)은 세계적으로도 보급되어 읽히고 있고 한국어판도 번역되어 국내에 보급되고 있다. 미국에서는 동물실험을 하는 기관은 국제실험동물관리공인협회(Association for Accreditation and Assessment of Laboratory Animals : AAALAC International)의 인증을 받지 않고서는 동물실험이 거의 불가능한 상황인데 국내에는 한국화학연구소, 삼성생명과학연구소, 성균관대학교, 식품의약품안전처가 인증을 획득하였다. 이 인증은 동물실험이 과학적이면서도 윤리적인 차원에서 동물실험이 진행되고 있음을 입증해주는 자격이다.

1) 실험동물에 관한 윤리

동물실험은 과학적이면서 동시에 윤리적이지 않으면 안 된다. 여기서는 동물실험의 윤리에 관한 세계의 동향과 연구자가 가져야할 태도를 설명한다.

2) 동물복지와 동물애호

20세기 전반의 미국과 유럽에서의 동물관은 동물은 사람이 보호해야할 대상이라고 생각하였다. 그 구체적인 행동을 동물보호라고 하였다. 동물애호도 동물보호와 거의 비슷한 의미로 사용되었다. 그러나 현재의 미국과 유럽에서는 동물복지(animal wellbeing)라는 말이 많이 사용되고 있다. 보호나 애호의 의미는 서로의 입장을 고려하지 않고 한쪽이 일방적으로 약자에 도움을 주는 것으로서, 복지라는 용어는 서로의 입장이나 권리를 인정하고 도움을 주는 것이다. 최근에는 동물복지의 관점으로부터 여러 나라에서 관련법규의 책정 및 개정이 되고 있다.

3) 동물권

사람에 인권이 있듯이 동물에도 동물권(animal right)이 있다고 생각하는 것이다. 동물의 입장에 서서 동물과 접촉하여야한다는 생각의 하나로서, 1970년대에 들어서 동물권 운동으로 발전하였다. 즉 동물에는 사람과 동등하게 생을 누릴 권리가 있으며, 사람에는 동물의 그와 같은 권리를 지킬 의무가 있다는 것이다. 사람에게 유익하다면 동물은 실험에 제공해도 좋다고 생각하는 사람은 종차별주의자이며, 인종이나 성에 의한 차별도 똑같이 허용할 수 있는 편견을 가진 사람이라고 동물권리자는 주장하고 있다. 그러나 동물권리자들 중에서도, 그들의 의견은 여러 갈래로 나뉘어져 있으며, 대부분의 경우 육식이나 모피착용도 반대하고 있다. 그러한 행동과 주장은 동물의 권리를 지키기 위해서 연구시설에 침입하여 동물을 풀어주는 비합법적 수단도 불사하는 과격파로부터, 회의활동, 의회활동, 매스컴활동 등을 중심으로 행동하는 온건파까지 다양하다. 동물권 운동은 일부에서는 자연보호, 환경보호 또는 평화운동과 깊은 관계를 가지고 활동하고 있다.

4) 동물실험에 대한 비판

동물실험은 본래 사람뿐만 아니라 동물의 복지에도 기여하고 있으며, 따라서 동물실험을 시인하는 일반 사회인도 적지 않다. 그러나 그러한 사람들로부터도 동물실험의 현상에 대한 비판이 없는 것은 아니다. 예를 들면 동물실험의 실시계획은 사람이 입안하는 것이므로 실험결과의 혜택은 거의 사람이 받으며, 동물은 희생만하는 것이 아닌가하는 주장을 하는 사람도 있다. 생태계에 있어서 사람이 누릴 권리를 인정하면서, 한편으로는 현실적으로 지적받고 있는 동물실험의 문제점들을 생각해보면, 그러한 동물경시의 대부분은 동물실험에 있어서 연구자의 윤리관의 결여로부터 발단하고 있는 것으로 결론지을 수 있다. 사람으로서 얻을 수 있는 득이 많으면 많을수록, 어떠한 실험도 허용할 수 있다는 태도는 동물권리자 뿐 아니라 일반사회인의 사이에서도 통용되지 않는다. 이와 같이, 허용되는 실험과 허용되지 않는 실험을 명확히 구분하는 것은 때때로 곤란하다. 그래서 혜택을 받는 측의 동물에서의 이익의 크기와 실험동물이 받는 고통에 대한 균형적인 평가는 동물실험의 수행에 앞서 전문가들이 동물실험의 허가여부를 판단하는 기준으로 검토되고 있다.

5) 연구자로서의 노력

동물을 사용하여 연구한 결과를 이용하여 인간이 생명을 연장하고 고통으로부터 해방되며 과학이 진보하는 한편, 그 연구가 동물에 고통을 주며, 죽음으로 이르게 하는 딜레마에 연구자는 어떻게 반응할 것인가? Russell과 Burch는 동물실험의 금후의 방향, 바꾸어 말하자면 연구자가 해야 할 노력으로서 3R 즉, 공시동물수의 감소(Reduction), 실험동물의 대체(Replacement), 동물실험의 세련화(Refinement)를 제창하였다.

최근 세계 각국에서는 동물이 느끼는 고통의 정도에 따라 동물실험을 분류하며, 실험계획서를 원칙으로 고통을 심사한 후, 실험의 허가 여부를 검토하여 인가를 해주는 제도가 정립되고 있다. 고통의 정도에 따른 동물실험의 분류 방법은 표 6-4와 같으며, E 등급의 경우 동물실험의 고통이 가장 높은 실험으로서 실험 전에 꼭 필요한 실험인지에 대한 꼼꼼한 검토와 심사가 필요로 한다.

표 6-4. 고통의 정도에 따른 동물실험의 분류

등급	동물실험
A	생물개체를 이용하지 않는 실험 또는 식물, 세균, 원충 또는 무척추동물을 이용한 실험
B	실험이나 실습, 연구 및 수술을 목적으로 하여 사육 중이거나 적응 또는 유지되는 동물로서 아직 상기의 목적에 사용되지 않고 있는 동물
C	고통이나 억압이 없고 또 고통을 경감시키는 약물을 사용하지 않는 교육, 연구, 실험에 사용될 동물
D	고통이나 억압을 동반하는 실험, 교육, 연구, 수술 또는 시험이 수행될 동물로서, 적절한 마취제, 진통제, 진정제 등이 사용될 동물
E	고통이나 억압을 동반하는 실험, 교육, 연구, 수술 또는 시험이 수행될 동물로서, 적절한 마취제, 진통제, 진정제 등이 사용될 경우 교육, 연구, 실험, 수술, 시험의 실험과정, 결과, 해석에 부정적인 영향을 주는 경우

6) 동물실험계획서의 심사와 실시상황의 감시

동물실험은 윤리적이면서 과학적으로 수행되지 않으면 안 된다. 과학적인지 아닌지의 평가는 연구자 자신과 학회 등에 위임한다. 그러나 윤리적인지 아닌지에 대한 판정은 관련분야의 연구자뿐만 아니라, 그 연구와는 무관한 지식인이 참여한 조직이 필요하다. 이와 같은 위원회가 국가에 설치되어 있는 나라와 연구자가 소속한 기관의 책임자 하에 기관별로 설치되어있는 나라가 있으며, 이러한 위원회에 계획 및 실시단계에서의 동물실험의 윤리성에 대해서 심사하는 권한과 책임이 주어지게 된다. 이 위원회의 구성과 권한 및 범위에 대해서는 나라별로 그 내용과 범위가 상당히 다르다. 그러나 후술하는 바대로 미국과 유럽에서는 상기위원회의 심사만으로 만족하지 않고 면허제도를 채택하고 있다. 미국에서는 윤리성을 심사하는 권한과 책임을 각각의 기관의 관리 위원회에 맡기고 있다. 이 경우 나라는 동물위원회의 활동 상황을 심사하는데 그치며 내용에 대해서는 간섭하지 않는다. 일본의 관련법규에 있어서는 동물위원회의 권한과 책임의 범위가 미국과 유럽에 비하여 아주 약하다. 국내에는 2008년 개정된 동물보호법과 2009년 실험동물법에 의하여 실험동물에 관련된 복지를 확립하려고 노력하고 있다. 이와 같이 국가별로 동물실험의 윤리성에 관한 법적대응에 많은 차이가 있으며 그것은 사회의 부응에 대응한 결과이기도 하다.

(2) 3R

3R은 Reduction(감소), Replacement(대체), Refinement(정제)를 의미한다. 실험동물의 윤리적 이용에 관한 기준제시로 1959년 영국의 과학자 러셀(W.M.S Russell)과 버크(R.L Burch)는 'The Principle of Humane Experimental Technique(인도적인 실험기법에 대한 원칙)' 저서에서 처음으로 소개되었고, 동물을 사용하는 모든 연구는 3R이 잘 적용되는지의 여부를 평가받아야한다고 제시하였다. 이후 1978년 영국의 생리학자 D. Smith는 'Alternatives to Animal Experiments(동물실험의 대체)' 저서에서 '대안(alternative)'이라는 용어를 사용하기 시작하였으며, 이 두 사람의 이론을 바탕으로 3R은 윤리적 연구수행을 위한 구체적인 기준으로서 현재까지 실험동물의 연구, 관련법규 및 국가정책에 적용되고 있으며, 동물을 기초로 하는 과학적 수행에 있어 널리 수용되고 있는 윤리적 원칙이 되었다.

대체법(Replacement)은 상대적 대체와 절대적 대체 방법으로 구분할 수 있다. 상대적 대체는 척추동물이 아닌 좀 더 하위 동물인 무척추동물, 미생물, 식물 등을 이용하여 연구하는 방법이다. 지각이 있는 동물(척추동물)을 다소 지각이 부족한 동물(곤충, 세균과 같은 무척추동물)로 대체하는 것을 의미할 수 있다. 또한, 절대적 대체는 컴퓨터 프로그램, 모형도, 물리화학적 방법 등을 이용하여 살아있는 생명이 아닌 비생명체를 이용하는 것을 의미한다.

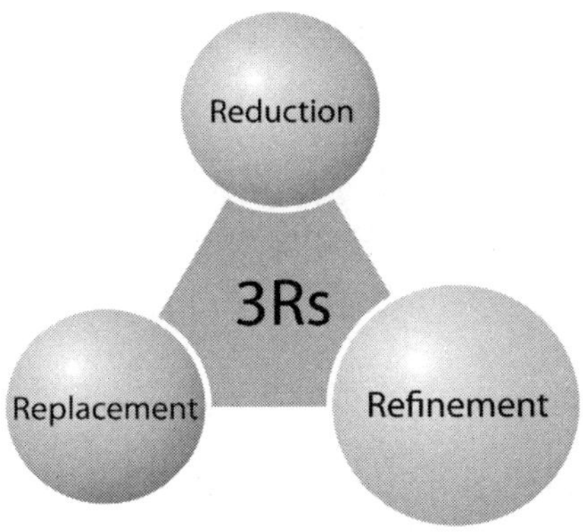

- 감소법(Reduction)
  적정한 실험동물 수 사용
- 대체법(Replacement)
  컴퓨터 프로그램, 모형도, 비생물체 이용
- 정제법(Refinement)
  고통을 최소화, 실험동물 복지를 개선

그림 6-5. 동물실험의 윤리적 기준 3Rs

감소법(Reduction)은 더 적은 수의 동물을 이용하여 동일한 양의 데이터를 얻거나, 주어진 수의 실험동물을 이용하여 더 많은 정보를 얻는 방법으로 대부분의 실험에서 가장 보편적으로 사용할 수 있는 방법이다. 완벽한 실험 설계, 유전적으로 동일한 동물 사용 등을 통하여 반복적인 실험을 피하고 실험에 사용되는 동물의 수를 효과적으로 줄일 수 있다.

정제법(Refinement)은 실험동물의 고통을 최소화하거나 복지를 개선하는 방법으로 여러 가지 측면에서 다양하기 때문에 거의 모든 연구에서 개별적으로 이용될 수 있다. 심한 통증이나 스트레스를 야기할 가능성이 있는 연구를 중재하여 초기에 멈출 수 있도록 하는 것은 refinement의 예가 될 수 있다.

2 실험동물 관련 법률

(1) 국내현황

최근 국내외적으로 동물보호·복지 문제가 대두됨으로 인해 농림부 소관의 「동물보호법」이 대폭 개정되어 2008년부터 시행되었다. 법 개정 이전에는 연간 400만 마리에 실험동물이 과학실험의 대상으로 사용되고 있음에도 불구하고 실험동물의 복지 및 윤리적인 취급에 대한 법규는 전무한 실정으로 무분별하게 동물실험이 진행되었다. 이러한 이유로 새로 개정된 동물보호법의 주요 내용 중에는 실험동물의 윤리적 사용에 대한 '동물실험의 원칙'과 '동물실험윤리위원회의 설치'를 의무화 하는 내용이 포함되어 시행되고 있다.

또한, 「실험동물에 관한 법률」이 보건복지부에 의해 제정되어 2009년도부터 시행되고 있으며, 실험동물의 과학적 사용·관리에 필요한 사항 및 지도·감독에 관한 사항을 마련하여 규정하고 있다.

현재, 「동물보호법」의 '동물실험윤리위원회'와 「실험동물에 관한 법률」의 '실험동물운영위원회'는 각 법률에 위원회의 설립을 규정하고 있으며, 동물실험 운영기관은 해당 기관을 선정하여 한쪽에 등록하고 있다.

1) 실험동물운영위원회

실험동물의 적절한 관리를 통하여 생명과학의 발전과 국민보건의 향상을 도모하고자 보건복지부 산하 식품의약품안전처를 중심으로 「실험동물법(안)」 제정 작업에 착수하여 「실험동물에 관한 법률」이 2008년 3월 28에 공포되었다. 그 후, 동 법률의 하위법령(시행령, 시행규칙)도 마련되어 현재 시행되고 있다.

이 법률에 따르면 동물실험시설은 식품의약품안전처에 등록해야하고 실험동물운영위원회(Institutional Animal Care and Use Committee, IACUC)를 설치·운영하여야 한다.

실험동물을 사용하는 자는 동물실험에 관한 계획서를 IACUC에 제출하여 승인을 받아야 하고 동물실험현황을 작성하여 사용된 동물의 수·종류 등을 기록·보관하여야 한다. 또한 식품의약품안전처는 실험동물의 사용 및 관리에 관한 정책을 수립·추진하여 품질향상에 관한 연구를 지원하거나 등록시설에 대한 지도·감독 등의 사후관리를 수행하고 동물실험 시설의 설치 및 관리자, 실험동물 공급자, 동물실험 수행자를 대상으로 교육을 실시하여야 하는 역할과 책임을 명시하고 있다.

(2) 동물실험윤리위원회

모든 동물실험은 동물실험윤리위원회의 심의를 거쳐 윤리적인 사용이 되는지 감시되어져야만 한다. 2008년 개정된 한국의 동물보호법에 의하면 동물실험을 수행하는 모든 기관은 동물실험윤리위원회를 구성하여야 하며, 동물실험윤리위원회는 수의사와 동물보호단체 추천자를 각각 1인씩 외부위원으로 반드시 포함한 3인 이상 15인 이하 위원회로 소속 기관의 모든 동물실험 계획서를 제출 받아 검토하여 윤리적 사용 여부를 검토하여 실험 진행 여부를 결정한다.

3 동물실험 대체법

동물실험대체법은 동물실험을 하면서 동반되는 윤리적인 문제를 해소하거나 경감시킬 목적으로 수행되며, 이러한 방법은 실험진행에 있어 소요되는 비용, 노력 그리고 시간이 동물실험과 비교해 적게 소요되는 이점이 있다. 동물실험은 많은 경비가 들고 시간이 소요되는 작업으로 근대의 많은 과학자들은 동물실험 대신 신속하고 경제적이며 정확한 결과를 얻을 수 있는 *in vitro* 대안법을 추구하게 되었다. 현대에 이르러서는 동물의 고통을 경감시키고자 하는 목적이 동물실험에 대한 대안으로서의 목표가 되고 있다.

2009년부터 유럽연합(EU) 각국이 동물실험에 의거해서 개발된 화장품을 단계적으로 판매 규제한다는 방침을 정하고 화장품 원료에 대한 동물실험을 금지하기로 하였다. 2013년 이후 부터는 동물실험을 거친 원료를 포함하는 모든 제품의 판매금지를 하고 있다. 향후 동물실험에 대한 대체법 개발은 필수적이며, 현재 국내에서 동물 실험의 대체 시험법으로 HET-CAM 등 일부의 방법만 이용되고 있을 뿐 아직 대체법에 대한 연구가 적극적으로 수행되어 있지 않다.

동물실험대체법은 동물실험과 비교하여 동등한 결과를 얻는 데는 한계가 있으며, 현재 동물실험을 완벽하게 대체할 수 있는 공인된 방법은 많지 않으며, 동물실험에 전혀 의존하지 않고 대체법의 자료만으로 화학물질의 유해 작용을 평가하기는 어려운 점이 있다

현재 동물실험 대체법으로 개발되어 이용되는 방법은 아래와 같다.

① Corrositex Kit법 : 화학물질의 부식성 테스트

② Irritation dermal Kit법 : 피부 자극성 테스트

③ Irritation Ocular Kit법 : 안자극성 테스트; Draize test

④ Bovine Corneal Opacity Assay법 : BCOP Assay

⑤ HET-CAM법 : The Hen's egg test-Chorioallantoic membrane test

⑥ 생체 세포 및 인공피부를 이용한 방법

⑦ 컴퓨터 시뮬레이션을 이용한 방법

⑧ 제브라피쉬(zebrafish) 종양모델

Q & A

◎ 탈리도마이드(Thalidomide)란?
임산부의 항구토제로 유럽에서 1950년대 개발되어 선풍적인 인기를 끌었던 약품이다. 부작용으로 사지결손 기형아 출산이 잇따랐다.

◎ 실험동물이란?
검정, 검사, 시험, 연구, 교육, 제조, 진단을 포함하는 모든 연구에 중요하다고 생각되어 목적에 맞게 육성, 번식, 생산된 동물을 말한다.

◎ Gnotobiotes animal이란?
생체 내에 보유하는 검출 가능한 모든 미생물이 명확히 알려져 있는 동물

◎ Specific pathogen free animal(SPF)이란?
특별히 지정된 미생물이나 기생충이 없는 동물.

◎ 동물권(animal right)이란?
동물복지 보다 동물 입장을 대변 하는 것으로 동물에는 사람과 동등하게 생을 누릴 권리가 있으며, 사람에는 동물의 그와 같은 권리를 지킬 의무가 있다는 것이다.

알아두기

▶ 동물실험(animal experiment)
동물에 실험처치를 하고 그 결과로서 나타나는 동물의 생체반응을 관찰, 측정, 해석하는 것이다.

▶ 생물검정(biological assay, bioassay)
약물, 화학물질, 생물학적 제제 등의 효력의 단위, 혹은 역가(potency)에 관해서 동물을 사용하여 정성(定性), 정량적(定量的)으로 검정하는 것을 말한다.

▶ 외삽(外挿, extrapolation)
동물실험을 통해서 얻은 결과를 기초로 하여 사람 또는 기타 동물에 적용하는 것을 말한다.

▶ 근교퇴화
근친교배 과정에서 생물로서의 적응성이 현저히 저하되는 경우.

단원 학습 정리

1. 탈리도마이드 비극과 같은 사건이 일어나지 않기 위하여 독성 및 안전성에 대한 철저한 검토가 필요한데 이러한 역할을 담당하는 것이 동물실험이다.
2. 동물보호론자들은 동물실험을 반대하지만 동물실험을 통하여 사람에서 발생할 수 있는 독성을 예측하는 것은 신약개발에서 반드시 필요한 과정이라 할 수 있다.
3. 실험동물의 용도는 크게 연구, 검정, 진단, 제조, 교육의 5가지로 구분할 수 있고, 또한 실험용동물은 그 종류에 따라서 연구용도에 차이가 있다.
4. 실험동물에 영향을 주는 주요한 요인의 컨트롤로서는 주로 유전컨트롤(genetic control), 질병컨트롤(disease control), 환경컨트롤(environmental control)이 있다.
5. 유전컨트롤의 목적은 동물의 유전적 원인에 의해서 생기는 개체간 차(差)를 작게 하여 실험이나 검정의 정도를 높이기 위함이다.
6. 실험동물의 복지는 3R로 대변된다. 3R은 공시동물수의 감소(Reduction), 실험동물의 대체(Replacement), 동물실험의 세련화(Refinement)이다.
7. '동물보호법'에 의해 동물실험은 동물실험윤리위원회를 구성하여 윤리적 사용여부를 승인받아야 한다. 동물실험윤리위원회는 수의사와 동물보호단체 추천자를 각각 1인씩 외부위원으로 반드시 포함한 3인 이상 15인 이하 위원으로 구성한다.
8. 실험동물운영위원회는 '실험동물에 관한 법률'에 따라 동물실험시설의 식품의약품안전처 등록과 의무적 설치가 이루어져야 한다.

쉬어가기

탈리도마이드의 비극

약은 인류가 숙명적으로 받아들여 왔던 질병의 예방과 치료를 위해 탄생한 귀중한 산물이다. 과학기술이 발달하면서 20세기에 앞 다투어 쏟아져 나온 수많은 약들이 쏟아져 나오고 있다. 예를 들어 2차 대전 때 개발되어 상처의 염증으로 전장의 이슬로 사라질 운명에 처했던 수많은 부상병들의 생명을 구해냈다. 페니실린의 개발로 인류는 항생제의 시대를 열었고 세균과의 싸움에서 강력한 무기를 얻게 되었다.

신약의 개발은 항상 긍정적 측면만 보장되는 것은 아니다. '약은 독이다.'라는 말이 있듯이 효과가 있으면 부작용도 있는 것이다. 효과와 부작용의 시소에서 효측면이 더 클 때 우리는 이를 약으로 사용한다. 식약 개발 때 부작용에 대한 철저한 고려가 따르지 않는다면 사람에 큰 위해를 가져올 수 있다. 그 중의 한 예가 탈리도마이드 사건이다.

탈리도마이드(Thalidomide)는 임산부의 항구토제로 1950년대 개발되어 선풍적인 인기를 끌었던 약품이다. 발매 당시 유럽의 임산부들이 대부분 복용할 정도로 많이 사용되어졌는데 비극적인 사건은 탈리도마이드를 복용한 임산부들이 출산하였을 때 일어났다. 출산한 아이들이 팔다리가 없는 사지결손의 기형아로 출생되었기 때문이다. 탈리도마이드 비극의 발생 이후로 세계적으로 약의 안전성에 대한 반성과 함께 기준을 설정하고 있다. 탈리도마이드 비극과 같은 사건이 일어나지 않기 위하여 독성 및 안전성에 대한 철저한 검토가 필요한데 이러한 역할을 담당하는 것이 동물실험이다. 동물실험은 사람이 먹는 식품과 약품의 안전성 평가에 필수 불가결한 도구인 것이다.

제 7 장

반 려 동 물
Companion Animal

Ⅰ. 애완동물과 반려동물
Ⅱ. 개의 종류와 특성
Ⅲ. 고양이의 종류와 특성

가축화된 동물이 사람의 식량자원이 아닌 사육하는 주인에 즐거움과 교감을 주는 목적으로 사육되는 동물을 애완동물(pet animal)이라 한다. 반려동물(companion animal)이란 사람과 함께 더불어 살아가는 동물을 말한다. 반려동물은 주로 개와 고양이가 선호된다. 인류와의 만남이 인류 역사와 거의 함께한다고 할 만큼 인간과 반려동물로서 개와 고양이의 만남은 오랜 역사를 가지고 있다. 사춘기 시기의 아이들에게 반려동물은 가족의 사랑을 대체할 수 있는 정신적 사랑의 대상이다. 반려동물은 노인들의 삶에 사회적, 심리, 정서적, 신체적 긍정적 효과를 제공한다. 반려동물은 사람들 사이에서 유대 관계의 형성과 발전을 촉진하는 역할을 하며 노후생활에서 사회성 증진에 많은 영향을 준다.

I. 애완동물과 반려동물

학습목표
1. 애완동물과 반려동물의 차이점을 알 수 있다.
2. 인간과 반려동물의 관계에 대해 알 수 있다.

1 애완동물과 반려동물의 차이

(1) 애완동물

애완동물은 사육의 목적이 일반적인 축산동물과 같이 고기나 우유 또는 알의 제공과 같은 동물성 식량자원으로서가 아니라 키우는 과정에서의 즐거움과 상호반응에 의한 교감 등의 이유로 사육된다. 애완동물이란 인간이 즐거움과 보람을 얻기 위해 기르는 동물이다. 물론 이때 둘 사이의 관계는 상호 공생적이어서 인간이 애정을 기울이는 것만큼 동물 또한 인간에게 여러 가지 만족감을 준다. 인류가 동물을 사냥의 대상이 아니라 사육하여 식량자원을 비축하고자 시작한 것이 축산의 역사라 할 수 있다. 사람에 의해 가축화된 최초의 동물은 개라 할 수 있다. 학자에 따라 차이는 있으나 개와 사람의 만남은 기원전 14,000년 전, 구석기 시대부터인 것으로 알려져 있다. 그 이후 가축화된 동물 중 고양이와 같은 동물 또한 식량자원으로서의 의미가 아니라 사람에 즐거움과 교감을 주는 목적으로 주로 사육된다. 이와 같이 가축화된 동물이 사람의 식량자원이 아닌 사육하는 주인에 즐거움과 교감을 주는 목적으로 사육되는 동물을 애완동물(pet animal)이라 한다. 애완동물은 주로 개와 고양이가 있으나, 사람에 따라서 새, 물고기, 햄스터, 기니피그, 토끼, 이구아나, 거북이, 뱀 등을 키우는 사람들도 있다.

1) 애완동물의 역사

애완동물의 역사는 인간이 동물을 길들이는 것과 함께 시작되었다. 고대인들은 사로잡은 어린 야생 동물을 길들여 함께 데리고 다녔는데, 세월이 지나면서 끊임없는 훈련을 통해 인간과의 관계는 꾸준히 향상되었다. 오늘날 대표적인 애완동물이 된 개의 조상은 늑대였다. 선사시대 주거지나 무덤에서 발굴되는 그림과 조각품을 통해 보면 개는 구석기시대 이미 가축화가 되었으며 약 50만 년 전부터 늑대를 길들이려 노력했던 것으로 알려져 있다. 인간과 어떤 면에서 먹이사슬 안의 경쟁자였던 늑대를 이용하여 먹이를 찾고 추적하는 능력을 효과적으로 이용하였다.

어떠한 이유에서 처음에 늑대를 야생에서 데려왔는지 확실치 않지만 사람과 지내기 적합한 늑대를 고르고 개량하던 것이 아마도 현재의 개를 만들어 내게 된 기원이라고 믿어진다. 개에게 실용적인 역할이 주어지는 것과 달리, 반려자로서의 역할도 생각할 수 있게 하는 여러 가지 증거가 있는데, 북 이스라엘에서는 개와 사람이 같이 묻혀있는 구석기시대 묘지가 발견되었으며, 개와 주인간의 친밀한 유대 관계를 강조라도 하듯, 죽은 사람의 손이 개의 어깨 위에 올려져 있었다.

메소포타미아나 고대 이집트의 그림에서도 길들여진 애완동물이 그려져 있다. 특히 고대 이집트인들이 남긴 고 왕국시대의 벽화를 보면 개, 고양이, 기러기, 사자 등이 인간과 특별한 관계인 것으로 묘사되어 있다. 이집트 사람들은 5천 년 전부터 종교적 목적으로 고양이를 사원에 두었으며 3천 년 전부터는 고양이를 기르는 것이 일반화되었다고 한다. 이는 인간과 가장 친밀했던 동물이었음을 의미한다. 말은 고대 문명에서 소보다 늦게 출연하여 종교적인 상징을 가질 수는 없었지만 역시 일찍이 인간에게 길들여져 야성을 버리고 주요한 운반수단이 되었다.

우리나라에서도 여러 설화에서 인간과 동물이 아주 가까운 관계인 것으로 묘사되어 있다. 단군 신화에도 곰과 호랑이가 등장하며, 가야국의 설화에 나오는 구지가를 보면 거북은 신성한 인물의 출현을 알리는 역할을 한다. 또 목숨을 던져 주인을 구한 오수의 개 이야기는 두말 할 것도 없이 인간과 동물의 긴밀한 관계를 보여주는 것이다.

물론 인간이 동물을 키우는 것은 친밀감 이외에도 실제적인 목적 때문이기도 하다. 개나 사자, 고양이, 매 등은 인간을 위한 사냥을 돕는 역할을 하였으며 개나 거위 등은 예민한 후각과 청각을 이용하여 인간을 보호하는 책임을 다하였다. 그리고 기니피그 등은 식량이 부족할 때 식용으로 이용되었다.

생활에 여유가 생기면서 사람들은 실용적인 목적이 아닌 취미로 동물을 기르기 시작하였는데 개, 고양이, 앵무새를 비롯한 새 종류, 물고기류는 대표적인 애완동물이다. 그밖에도 유리로 된 동물 사육장에서 기르는 개구리, 거북, 도마뱀, 두꺼비, 뱀 등의 파충류와 양서류가 있다. 실내외의 우리에서 기를 수 있는 애완동물로는 기니피그, 생쥐, 쥐, 토끼, 햄스터, 황무지 쥐 등이 있다.

물고기류는 모양이 화려한 열대어와 민물고기도 많다. 그래서 물고기를 잡고, 기르고, 공급하는 애완동물 산업이 성행하고 있다.

애완동물은 또한 개인적인 표현의 창구로 이용되기도 한다. 즉 기르고 있는 동물이 그 사람들의 개성을 반영한다. 예를 들면 사나운 개를 기르는 것은 사회에 대한 적대감의 표현이라 볼 수 있으며 진기하거나 위험한 동물을 키우는 것은 자신의 지위를 나타내거나 그런 동물처럼 독립적이고 특별하다는 것을 나타낸다고 할 수도 있다.

현대인들에게는 동물은 가족과 같은 존재이다. 그러므로 마음내키는 대로 키우다 말다 할 수 없다. 동물을 기르려면 동물의 서식 환경, 먹이, 질병 등에 대해 잘 알아야 한다. 많은 사람들이 충분한 준비 없이 시작하기 때문에 간혹 동물을 병들게 하거나 죽게 하고 있다.

동물을 한 가족과 같이 생각하는 것은 그만큼 애완동물이 인간에게 큰 의미를 갖는다는 말도 된다. 애완동물의 소유를 통해 인간들은 심리적, 육체적인 건강을 증진시키며 사회적 감정적 욕구를 충족시키듯 한다. 애완동물의 소유에 따른 경제적 부담이 생겨남에도 불구하고 많은 사람들이 애완동물을 키운다는 것은, 애완동물과 인간과의 관계는 금전적으로 계산할 수 없는 어떤 도움을 주는 관계, 즉 서로 사랑과 애정을 나누는 특별한 관계를 나타내는 것이라 할 수 있겠다. 동물은 인간이 보살피는 정성만큼 주인에게 애정과 즐거움을 주는 관계라 할 수 있겠다.

(2) 반려동물

애완동물(pet animal)은 앞서 설명한데로 사육하는 주인에 즐거움과 교감을 주는 목적으로 사육되는 동물을 말한다. 애완이라는 용어는 장난감과 같이 주인에 소유된 물건의 개념이 강하게 포함되어 있다. 우리는 어린 시절 가지고 싶어 했던 값비싼 장남감이 싫증이 나거나 새로 산 친구 것 보다 조잡하여 마음이 상해 버리거나 창고에 던져 버린 경험이 누구나 한 번쯤 있을 것이다. 장남감과 같이 애완동물의 의미에는 주인의 의지에 의해서 버려지거나 죽을 수도 있다는 소유의 개념이 들어있다. 오늘날 애완동물이라는 용어는 점차 반려동물로 바꾸어 부르고 있다.

반려동물(companion animal)이란 사람과 함께 더불어 살아가는 동물을 말한다. 다만 애완동물이라고 하여 인간이 일반적으로 즐기거나 사랑하는 관계에서 벗어나 때로는 인간에게 협력하여 그의 능력이나 행동이 인간을 위해서 쓸모가 있을 것으로 기대된다. 사람과 반려동물은 일방통행이 아니라 서로가 도움을 주는 왕복의 관계이기에 human animal bond라고 생각하는 관련을 중요시하는 것이다. 즉 bond는 얽음이란 뜻도 된다. 이러한 개념은 나라, 문화, 생활 기타 많은 요인에 따라 다를 수 있다. 예를 들면 서양에서는 말(馬)도 반려동물이다. 우리나라에서도 말을 경마 산업으로만 취급하지 않고 말과 시민생활과 묶어 보다 큰 뜻을 이루도록 하는 노력도 필요하다.

(3) 반려동물의 종류

반려동물은 주로 개와 고양이가 많이 사육된다. 인류와의 만남이 인류 역사와 거의 함께 한다고 할 만큼 인간과 반려동물로서 개와 고양이의 만남은 오랜 역사를 가지고 있다. 반려동물로서 개와 고양이가 주로 사육되는 이유는 개와 고양이가 사람의 생활과 서로 마찰 없이 잘 지낼 수 있는 성격과 생리적 특성을 가지고 있으며, 사육하는 사람의 마음을 잘 읽고 반응과 표현을 빠르게 할 수 있다는 점이 다른 어느 동물 보다 개와 고양이를 반려동물로서 선택하는 이유가 될 것으로 생각된다. 또한 사람과의 동행의 역사가 긴 만큼 개와 고양이의 사육 방법이나 질병에 대한 연구가 잘되어있어 사육하는 사람들이 편리하며, 인수공통감염병의 위험에서도 벗어날 수 있다. 번식력 또한 적정하여 원하는 사람들이 용이하게 어린 개체를 입양할 수 있고, 수명이 15년 정도이기 때문에 죽음에 의한 너무 빠른 이별을 사육하는 주인이 경험하지 않는다는 점도 장점이다. 예를 들어 햄스터의 경우에 개와 고양이 보다 사육하는 주인과 교감이 적고 반응이나 표현도 낮다. 또한 햄스터의 수명은 2년이기 때문에 사육하면서 정들었던 주인이 죽음을 받아들이기에 너무 빠르다. 거기에 햄스터의 질병이 잘 연구되어있지 않으며, 사람에 오는 인수공통감염병을 예방할 수 있는 적절한 방법도 상품화되어있지 않다.

반려동물의 종류는 앞서 설명한 강점에도 불구하고 반드시 개와 고양이로 한정되는 것은 아니다. 사람에 따라서 승마를 즐기는 사람은 말이 반려동물일 수도 있고, 돼지를 애완동물로 사육하면서 반려동물로 받아들이는 사람도 있다. 반려동물의 종류는 특정 종에 제한된 것이 아니라 사육하는 사람과 정서 속에 강한 유대감을 상호반응으로 갖으며 동반감을 가지고 있는 관계에 해당되면 종에 상관없이 반려동물이라 할 수 있다.

2 인간과 반려동물의 관계

(1) 인간과 반려동물

인간에게 있어서 반려동물의 의미는 일상생활을 함에 있어서 애착과 책임감을 갖게 하며 불확실한 미래에 대한 불안감에서 벗어나는 탈출구를 제공하기도 한다. 현재 눈앞의 귀여운 반려동물과 함께하는 이 시간의 즐거움은 현재의 중요성을 더욱 느끼게 해주기 때문이다. 반려동물은 무조건적 사랑과 무조건적 수용태도를 갖추고 있어 인간에게 깊은 애정과 변함없는 충성심을 제공하고 있기 때문에 인간에게 있어서는 기댈 수 있는 정신적 고향이며 폭풍 속에 안주할 수 있는 항구와 같은 존재이다.

미국에서 반려동물의 사육이유를 조사한 결과에 의하면 생활의 동반자(71%), 사랑과 애정의 대상(53%), 취미생활(39%), 경비 및 보호용(36%) 등의 목적 순으로 다양한 혜택을 인간에게 제공하고 있음을 알 수 있다. 특히 여러 애완동물 중 애견의 사육이 이러한 다양한 요구를 가장 잘 충족시키는 것으로 집계되었다.

반려동물의 가장 큰 장점은 그들의 대체성과 지속성에 있다고 할 수 있다. 반려동물은 결혼을 해서 주인을 쓸쓸히 혼자 남겨두거나 혹은 새로운 주인을 섬기거나 하는 일이 없기 때문에 그들이 죽음에 이르기 전까지는 언제나 충성스럽게 주인을 섬길 것이다. 이러한 애완동물에 대한 소유감은 인간의 신체적, 정신적 영역에 긍정적 영향을 줄뿐 아니라, 인간의 사회성에도 큰 영향을 미치는 것으로 알려져 있다.

미국의 500대 기업인들 중에서 95%의 기업인이 강아지나 고양이를 키워본 경험이 있으며 75% 기업인이 현재도 키우고 있다고 한다. 이러한 수치는 1983년 당시 전국 가구 수의 반려동물 보유평균인 53%보다 훨씬 높은 수치이며 이러한 반려동물을 통한 경험이 그들을 성공으로 이끄는 필수적 요소였던 열정, 감정, 훈련 그리고 책임감 같은 특성을 개발하는 데에 크게 기여하였다.

(2) 인간이 동물을 사랑하는 이유

동물은 인류가 생존하고 있는 자연환경의 일부이기 때문에 중요한 의미를 갖고 있다. 동물은 꿈과 환상 속에 존재하는 고대원시 인류의 모습이다. 인류와 동물의 유대는 제한된 도시로부터 인류를 좀 더 자유롭고 심오한 자연의 세계로 향하게 한다.

문명화 된 사회생활에서의 고통 받는 영혼을 치료하여 자연의 일부분으로 귀향하게 만드는 매개체인 것이다. 심리학자 프로이드는 사회의 성인들보다는 어린이들이 동물에 대한 동질감을 더 많이 느끼며 곧 친숙해질 수 있다고 말한다.

야생동물을 길들이고 사회화 시키는 것은 우리의 본성을 유지하면서 문화의 평형을 유지하고 좀 더 인간답게 살기위한 인류의 자연스런 의지인 것이다.

반려동물이 사람을 대신할 수 있는 것은 아니다. 하지만 사회관계의 결핍이나 제한된 인간관계를 맺고 있는 개개인에게 애정과 동료애 그리고 건강한 생활을 위한 활력소를 제공할 수 있다. 동물을 사랑하는 것은 사람을 사랑하는 것보다 쉽다. 사람과 달리 동물을 사랑하는 것은 어떠한 조건도 따르지 않고 비평도 있을 수 없기 때문이다. 개나 고양이는 주인의 애정을 조건 없이 받아들이며 그 사랑의 양이나 질에 결코 불평하지 않는다. 또한 사회에서 위축된 생활로 인해 친구, 가족, 동료들과의 만남을 회피하고 자신의 울타리만 지키는 사람들이 반려동물에게까지 그들의 울타리를 제한시키는 경우는 없기 때문에 반려동물은 그들에게 있어서 사회와 이어주는 울타리가 되어준다.

우울함을 느끼고 있는 사람들이 반려동물에게 편안함을 느낀다면 그 다음 단계는 반려동물과 동네를 산보하면서 이웃을 만나 즐거운 인간관계를 맺으며 다시 한 번 사회생활의 변화를 맛보는 일일 것이다.

반려동물은 근심걱정 내부적 요인과 스트레스 외부적 요인의 가장 효과적인 처방전인 적당한 운동과 긴장을 완화시켜주는 역할을 하고 있다. 특히 반려견과의 산보는 두 가지의 장점을 제공한다. 실제 운동을 함으로써 얻는 신체적 효과와 가장 친근한 대상과 함께 있음으로써 얻는 심리적 안정 효과다.

(3) 반려동물과 인간의 생활

인생에 있어서 가장 반려동물이 필요한 시기는 어릴 때와 나이가 들었을 때의 두 시기라고 한다. 특히 아이들과 동물과의 관계는 자연스럽고 좀 더 각별하여 심지어 신비스럽기까지 하다.

외국의 학자들은 아이들과 동물에 대한 관계형성이 생후 1년 이내에 형성된다고 하는데 6~12개월 된 아기들은 반려견이 방에 들어올 때 웃음을 보이며 13개월 이상의 아이들은 반려견을 따라가려고 한다. 7~16세 사이의 아이들은 반려동물을 그들의 놀이 친구이자 신뢰감 있는 동료로써 인식하고 있었으며 특히 반려견은 그중 가장 전반적으로 선호되는 반려동물이었고 지능을 가진 가족 구성원으로서 인식하고 있었다.

반려동물이 어린이에게 교육적, 정신적 역할을 다양하게 수행하고 있는 것을 보면 매우 놀랍다. 즉 정서지원, 태도조정, 사회화형성, 신체보조, 의욕고취, 훈련, 교육과 동기부여 등을 통하여 어린이에게 도움을 주고 있다.

사춘기 시기의 아이들에게 반려동물은 가족의 사랑을 대체할 수 있는 정신적 사랑의 대상이다. 사춘기는 역할 변화의 의식이 생겨나고 거칠어지며 자신에 대한 의구심이 생겨나는 혼란스러운 시기이다. 어린이도 어른도 아닌 신체적, 사회적, 정서적 중간자로서 위치해 있기 때문이다. 사춘기 때의 아이들은 크게 사회, 가족, 동료에게서 압박을 받고 있다고 생각하며 이상과 제한된 자신의 능력에 대한 실존을 찾기 위해 방황하고 있다. 또한 결론 없는 결론을 가지는 시기이며 그들이 해 나가는 모든 것들이 어느 것 하나 중요하지 않는 것이 없는 것처럼 보이는 시기이기도 하다.

많은 노인들은 반려동물이 그들의 가장 큰 불만을 해갈 시킬 수 있다고 믿고 있다. 실제로 반려동물은 노인들이 살아있는 생물을 만지며 애정을 느낄 수 있는 대상으로서 정서, 관심, 희생 그리고 책임의 사회에서 한 발짝 물러난 그들이 생활 질서를 다시 회복시키는데 커다란 도움을 준다. 노인들이 활력적인 사회생활에서 물러났을 때 인간 외의 환경, 특히 반려동물의 중요성은 크게 부각될 수 있다. 반려동물은 수용, 숭배, 용서, 무조건적 사랑을 행할 수 있는 능력을 가지고 있기 때문이다.

미국에서 수행된 연구 중에는 수감 생활 중 애완동물을 정기적으로 만나 활동할 수 있게 한 범죄자 그룹과 비만남 범죄자 그룹과의 차이를 실험하여 1년이 경과한 후에 분석한 결과 비만남 범죄자는 1년의 실험 기간 중 수감 중 인 동료와 12번의 싸움을 하였고 3번의 자살을 시도한 반면 반려동물과의 정기적 만남 그룹의 범죄자는 자살시도는 없었고 비만남 그룹보다 약의 사용량도 현저히 줄어들었다.

(4) 노후생활과 반려동물

반려동물이 노인들의 삶에 미치는 영향은 사회적 효과와 심리, 정서적 효과, 신체적 효과로 나누어 볼 수 있는데 반려동물은 자식과 친구, 그리고 사회와 동떨어진 곳에서 정체된 노인들에게 다시 사회와 접할 기회를 주고, 다시 사회에서 일할 수 있는 힘과 동기를 주게 되며, 한 인간으로서의 자신감을 불어 넣어 새로운 역할을 할 수 있도록 하여 삶의 뒤안길에 있다는 관념에서 벗어나 적극적이고 건강한 생활을 영위할 수 있게 해준다.

또한 반려동물은 일상생활에서 받는 각종 스트레스를 풀어주고, 완충시키는 작용을 하여 인간생활의 파탄을 가져오는 여러 가지 일들(예; 배우자와의 사별 등)에 대하여 위안을 얻고, 노인들에게 정신적, 육체적 건강을 유지할 수 있도록 도움을 준다.

노후의 생활에서 노인들이 사회조직에서 일자리를 잃거나 그들의 친구들과 사별하는 경우 등의 일로사회와의 접촉이 단절되거나 줄어드는 일들이 발생 할 수 있다. 또한 건강상태나 경제사정이 예전만큼 사회생활을 왕성하게 할 수 없게 만들기도 한다. 그러나 반려동물 사육 같은 특별한 취미나 종교생활, 집의 아이를 돌보는 일들을 통하여 사회와의 접촉을 계속 유지하기도 한다. 어떤 경우에 사람들은 반려동물을 매개로 다른 사람을 사귀기도 한다.

반려동물은 사람들 사이에서 유대 관계의 형성과 발전을 촉진하는 역할을 하며 노후생활에서 사회성 증진에 많은 영향을 준다.

그림 7-1. 노인과 반려동물(동물매개치료 프로그램 활동 중 사진)

(5) 반려동물이 사람에게 주는 효과

1) 반려동물의 사회성 효과

개의 존재가 노인의 사회화에 도움이 되고 사회적 행동을 증가 시키는 예는 매우 다양하다. 양로원에 있는 노인들, 집에서 간호를 받는 노인들, 심지어는 알츠하이머병과 같은 노인성 치매를 앓고 있는 노인들에게도 개의 존재는 그들의 사회성의 증진에 많은 도움을 준다고 한다. 노인들이 사회와의 접촉이 줄어들수록 사회성의 유지에 대한 반려동물의 역할을 그만큼 커진다.

반려동물은 노인들에게서 흥미와 활동을 유발하며 나아가 그들과의 유대관계를 통해 즐거움을 주고, 외로움을 잊을 수 있는 위안처가 되기도 한다. 어떤 경우에 있어서는 반려동물이 유일한 사회화 도구가 되기도 하는데, 이런 사람들은 자신의 반려동물이 마치 사람인 듯이 그들과 대화하고 의지하며, 더불어 살아가게 된다.

2) 반려동물이 정서에 미치는 영향

반려동물을 사랑하는 사람은 자신과 비슷한 상황의 다른 사람들과 쉽게 사회적인 유대관계를 형성할 수 있다. 노인병을 연구하는 기관의 한 조사에 따르면 자원봉사자들의 방문에서 가족적인 분위기를 만드는 데 동반한 반려동물의 역할이 주효했다고 말한다. 환자들은 조금씩 자신들의 가족들과 건강, 동거자, 신앙, 일들에 대하여 이야기를 하게 되었다. 이로써 반려동물은 사람들 간의 분위기를 가족적으로 만들고 유대관계를 촉진시키는 역할을 함을 알 수 있었다. 아마도 자원봉사자들은 동물을 사랑하는 다른 사람과의 편안하고 즐거운 만남을 위해 반려동물을 데려가는 것이 좋다고 생각할 것이다.

3) 반려동물의 심리적 안정에 미치는 영향

반려동물을 기르는 것이 일시적인 또는 심각한 스트레스를 해소하는 데 도움이 된다는 사실을 증명하려는 많은 연구가 진행되었다. 노후의 생활은 젊었을 때에 비하여 여러 가지 육체적, 정신적 스트레스를 받게 되기 쉽다. 개개인은 배우자를 잃었을 때 엄청난 스트레스를 견디어야 하며 나이가 먹을수록 그 고통은 더욱 커진다. 홀로 되는 것과 사회적인 고립은 노인들로 하여금 쉽게 우울증에 빠지게 한다.

같은 조건에서 반려동물을 키우는 사람은 그렇지 않은 사람들에 비해 훨씬 더 정신적으로 안정하며 반려동물과 유대관계가 깊을수록 더욱 그렇다. 한 연구에 의하면 애완동물의 소유와 스트레스에 대한 연구에서 반려동물을 기르지 않는 사람은 스트레스를 받았을 때, 그로 인해 병원을 찾는 빈도가 현저히 증가하였으나, 반려동물을 기르는 사람이 비슷한 스트레스를 받았을 때에는 그다지 증가하지 않았다고 한다.

4) 반려동물이 신체적 건강에 미치는 효과

노후에 건강유지를 위하여 생활습관을 확립하는 것은 매우 중요한 일이다. 노인들은 노화 자체에 대하여 정신적인 불안감을 갖고 있다. 반려동물을 키움으로서 갖는 대표적인 이점 중에 하나는 시간을 건설적이고 생산적으로 사용하는 것이다. 반려동물은 규칙적인 생활을 하도록 동기를 부여한다. 모든 반려견의 소유자들은 개들이 걷기를 좋아하여 주인을 하여금 많은 신체 활동을 하도록 동기를 부여한다고 말한다. 여러 연구에서 반려견들은 건강에 필수적인 운동을 자연스럽게 또한 즐겁게 할 수 있게 동기부여를 해주며 따라서 노인들이 자신의 건강을 증진시키는 데 큰 몫을 한다고 말할 수 있다.

아마도 인간-동물간의 유대관계에 대하여 가장 널리 알려진 것은 반려견과 함께 홀로 된 노인 가정을 방문하는 것일 것이다. 반려견은 자원봉사자들의 환자나 다른 사람들과의 상호관계를 매끄럽게 즐겁게. 해주는 촉매역할을 하고 있으며, 이것은 환자뿐 아니라 방문자 자신에게도 큰 도움이 된 다. 물론 자원봉사자가 환자에게 애완동물보다는 더 큰 영향을 주지만 반려견을 동반함으로써 방문자로 하여금 방문의 기회를 만들고 더 늘리는데 결정적인 역할을 하는 경우가 많다.

이런 많은 장점에도 불구하고 주위에는 여러 가지 여건 때문에 반려동물을 기르지 못하는 노인들이 많다. 반려동물을 키우지 못하는 여러 상황에는 노화에 의한 시력장애, 거동이 불편하다든지 손을 쓸 수 없다든지 하는 신체적인 장애가 문제될 수도 있고, 집안과 마당의 공간부족이 원인이 될 수도 있을 것이다.

반려동물을 소유한 그 순간부터 운동, 동물병원 내원 진료, 미용, 사료구입 등 여러 가지의 신체적, 정신적, 그리고 경제적 활동을 해야만 한다. 분명한 사실은 노인들이 반려동물을 기름으로서 그들의 사회성을 회복시키며, 일상에서의 스트레스를 해소하고, 적극적인 삶의 동기를 부여받아 보다 윤택하고 건강한 노후를 설계할 수 있다는 것이다. 그러므로 정부나 민간 기구들은 노인들이 여러 제한조건에 구애 받지 말고 반려동물을 기를 수 있도록 제도적, 사회적, 그리고 경제적 뒷받침을 해주어야 한다.

5) 반려동물이 주는 10가지 이점

많은 연구 결과들에 의하면 반려동물을 키우면서 얻을 수 있는 이점들이 무궁무진한데, 그 중 10가지를 정리해보면 아래와 같다.

① 스트레스를 줄인다.
② 혈압수치를 낮춘다.
③ 고통을 인내하고 수용하는 능력이 커진다.
④ 혈중 콜레스테롤을 낮춘다.
⑤ 정신적, 감성적 모드를 풍부하게 유지시킨다.
⑥ 사람들과의 사회화 과정이 쉬워진다.
⑦ 뇌졸중의 위험이 줄어든다.
⑧ 혈당의 관리가 잘된다.
⑨ 알레르기를 예방하고 면역력을 증가시킨다.
⑩ 아이들의 감수성 발달을 증대시킨다.

3 반려동물과 관련된 이색 직업

(1) 동물행동상담사

동물행동상담사는 동물행동상담을 수행할 수 있는 자격을 취득한 자로서 인간과 반려동물과의 상호작용을 이해하고 반려동물의 행동상담을 통해 동물보호자 가족과 반려동물의 올바른 관계성을 맺도록 도와주며, 인간과 반려동물의 삶의 질을 개선하는데 도움을 주며, 나아가 동물복지와 동물매개치료활동의 역할을 담당한다.

국내에서 동물행동 관련 자격은 한국동물매개심리치료학회(http://www.kaaap.org/)에서 발급하는 동물매개행동상담사 자격증이 국내 유일하게 동물행동상담 관련 자격증으로 민간자격 인증을 받고 발급하고 있다.

국내의 동물행동상담사는 향후 반려동물의 문제 행동을 교정하고 보호자와 반려동물간의 상호 교감을 향상하여 행복한 반려동물 문화 형성에 크게 기여할 수 있는 직업으로 각광을 받고 있다.

(2) 펫 마사지

펫 마사지는 반려동물인 개와 고양이들에게 마사지를 해 주는 것으로, 펫 마사지를 통하여 반려동물에게 휴식을 줄 수 있고, 스킨십을 제공하여 반려동물들이 사람들과 사회화가 촉진되며, 공격적 성향을 갖지 않도록 하기위한 예방 효과도 유도할 수 있다. 아동들에게는 반려동물들의 신체에 대한 구조를 알려주며 사람과 다른 인간들이 보호해야 하는 존재임을 가르칠 수 있다. 펫 마사지는 동물들의 건강에 유익한 효과가 있을 뿐 아니라, 보호자들의 정신건강 향상과 반려동물과의 반려감 상승에도 큰 도움을 준다.

국내에서 펫 마사지 관련 자격은 한국동물매개심리치료학회(http://www.kaaap.org/)에서 발급하는 펫 마사지사 자격증이 국내 유일하게 펫 마사지 관련 자격증으로 민간자격 인증을 받고 발급하고 있다.

국내의 펫 마사지는 향후 반려동물의 건강을 향상 시키고 보호자와 반려동물간의 상호 교감을 향상하여 행복한 반려동물 문화 형성에 크게 기여할 수 있는 이색 직업으로 주목을 받고 있다.

(3) 펫 요가

펫 요가는 반려동물인 개와 고양이들에게 요가를 보호자와 함께 하는 것으로, 펫 요가를 통하여 반려동물의 적절한 운동과 신체 재활, 적절한 자극의 제공을 통하여 건강 향상에 크게 기여할 수 있고, 보호자와 반려동물이 공동으로 요가 자세를 구현하게 되어 보호자의 성취감 제공과 활동 과정에 스킨십을 제공하여 반려동물들이 사람들과 사회화가 촉진되며, 공격적 성향을 갖지 않도록 하기위한 예방 효과도 유도할 수 있다. 펫 요가는 반려동물들의 건강에 유익한 효과가 있을 뿐 아니라, 보호자들의 정신건강 향상과 반려동물과의 반려감 상승에도 큰 도움을 준다.

국내에서 펫 요가 관련 자격은 한국동물매개심리치료학회(http://www.kaaap.org/)에서 발급하는 펫 요가 지도사 자격증이 국내 유일하게 펫 요가 관련 자격증으로 민간자격 인증을 받고 발급하고 있다.

국내의 펫 요가는 향후 반려동물의 건강을 향상 시키고 보호자와 반려동물간의 행복하고 즐거운 경험을 공유하게 하여 건전한 반려동물 문화 형성에 크게 기여할 수 있는 이색 직업으로 주목을 받고 있다.

4 국내 반려동물 산업 현황 및 비전

반려동물로 불리는 반려견 관련 국내 시장의 규모는 1995년 5천억 원에 달했지만, 2010년 1조 8천억 원, 2020년에는 6조 원 규모로 성장할 것으로 예측되고 있다. 1990년 1인 가구의 수는 약 백만 명에 달했지만, 2010년에는 1인 가구가 4백만 명으로 크게 증가한 것으로 인해 주거환경이 변화하면서 반려동물에게 보내는 애정의 손길이 더욱 짙어지는 것으로 보고 있다.

현재 대한민국 국민 중 천만 명 이상이 반려동물을 키우고 있는 것으로 추정되고 있으며, 반려동물이 강아지나 고양이에 국한되지 않고 물고기, 새, 말 등 다양한 종류로 확대되고 있다. 농림수산검역검사본부가 지난 2012년 실시한 '동물보호에 대한 국민의식 조사'에 따르면 2012년 기준 국내 반려 고양이의 숫자는 총 115만8932마리로 추산됐다. 국내 반려 고양이의 숫자는 계속 늘어나고 있다.

반려동물 천만 시대가 오면서 반려동물 관련 상품의 비용이 점차 늘어나면서 최근 통계청 에서 조사한 '2014 블루슈머(http://bit.ly/1gy3vWR)'에는 반려동물을 키우는 보호자들을 뜻하는 반려족이 블루슈머로 선정되었다. 반려동물의 관심 증가로 인해 반려동물을 위해 지출하는 월평균 비용은 2014년 통계청자료로는 10~20만원 미만이 31.4%로 가장 많았으며 50~100만원 미만인 경우도 2.6%에 달하는 것으로 나타나고 있다.

반려동물의 증가와 더불어, 유기동물 문제도 늘어나고 있다. 통계청 자료에 따르면 2012년을 기준으로 99,254마리의 유기동물이 발생하고 있다. 이 중에서 분양된 유기동물은 27.4%에 불과했으며, 24.5%는 안락사가 되고 있고, 23.2%는 자연사가 되어, 총 47.7%가 죽는 것으로 분석되고 있다.

II. 개의 종류와 특성

학습목표

1. 개의 기원에 대해 알 수 있다.
2. 개의 진화과정에 대해 알 수 있다.
3. 개의 신체적 특징에 대해 알 수 있다.
4. 개의 분류 및 종류에 대해 알 수 있다.
5. 개 기르기와 예방접종에 대해 알 수 있다.

1 개의 기원

(1) 선사시대

개는 가장 먼저 가축화(domestication)된 동물이다. 개의 기원에 대해서는 여러 가지 견해가 있다. 현대의 모든 개들이 어느 한 종의 선조로부터 유래 되었다는 주장과 현대의 개들이 크기와 성격 등 다양한 품종을 갖고 있는 것은 2종이상의 서로 다른 야생의 선조들의 혼혈에서 유래되었기 때문이라는 설 등이 있다.

화석에 나타난 최초의 가축은 개로 알려져 있으며 개를 최초로 순화시킨 사람들은 중근동 및 신대륙의 사람들일 것으로 추측되며, 그 연대는 최고 3만 5천 년 전에서 1만 2천 년 전 사이로 거슬러 올라간다. 가장 오래된 화석은 최근에 서독의 유적지에서 출토된 단일의 턱뼈이며 대략 1만 4000년 전의 것으로 추정되고 있다. 최초의 집개의 화석은 지금의 이스라엘의 원형 집 자리(Ain Mallaha)에서 발견된 1만 2천 년 전의 화석으로서 개를 안은 자세로 묻힌 여인의 유골과 함께 발굴되었다.

한편 미국 일리노이주 리버밸리의 한 선사 유적지에서도 기원전 8,500년경에 정성스럽게 매장된 네 구의 개 유골이 발견되었다. 개들을 가지런히 묻은 것으로 보아 이곳에 살던 사람들은 아주 오래 전부터 개를 다정한 친구로서 소중하게 여겼던 것을 알 수 있다.

먹이가 부족한 개들이 인류의 거주지로 자주 나타나 먹다 남은 음식을 주워 먹음에 따라 자연스럽게 교류가 생겼을 수도 있다. 뿐만 아니라 개는 인류 곁에서 생활하게 되면서 맹수들의 접근이나 위험을 짖음으로써 알려 주었고 사람들은 밤에 안심하고 잠을 잘 수가 있었다. 그 뒤부터 인류는 개의 소중함을 알게 되었고 어디든지 동반하게 된다.

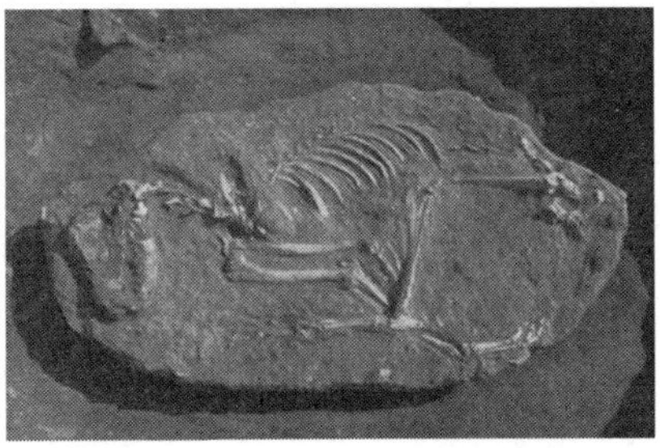

그림 7-2. 개의 화석(좌)과 조상 동물(우)

개는 인간보다 뛰어난 후각과 청각을 지니고 있으므로 예부터 경비용, 사냥용으로 이용되었으며 그 뒤 사역견(썰매견, 구조견, 가축몰이견), 애완견으로 발전되었다.

최근 유전학적 연구에 따르면 16,000년 전에 회색 늑대(gray wolves)가 처음으로 동남아시아에서 가축화되어 길러졌으며, 이러한 늑대가 개의 조상으로 인간과 함께 생활하며 여러 품종으로 개량되었다. 가축화된 대부분의 개의 품종은 초기 네 개의 그룹 오스트레일리아 딩고, 뉴기니 싱잉 도그, 콜리, 레트리버에서 분류되어 현재는 많은 수의 품종으로 개량되어 사육되어지고 있다.

개의 가축화 이유는 맹수의 접근 감시와 집 지키기와 동반 사냥 등 상부상조의 이유 때문일 것으로 추정하고 있다.

(2) 현대시대

현대사회에서 개는 아래와 같은 이유로 사육되고 있다.

① 친구로서의 애견(Pet → Companion)
② 가족의 일원(가축의 범주에서 벗어남)
③ 복잡한 사회생활에서 오는 압박감이나 스트레스 해소
④ 생명의 신비, 사랑의 마음, 생명의 존엄성 느끼게 해줌
⑤ 치료도우미견, 맹인견, 경찰견, 구조견 등 우리 생활에서 중요한 역할 함

2 개의 진화과정

개의 진화 과정을 화석에 의해 추정해보면 개의 조상은 마이아키스이었을 것으로 추정하

고 있다. 이어 사이노딕티스와 사이데스머스를 거쳐 늑대로 진화하였고 이 후 오늘 날 개의 형태로 진화된 것으로 추정하고 있다.

개의 조상 동물의 화석을 통한 연구에서 개의 진화는 아래와 같이 정리된다.

① 약 3만 5백만 년전 Miscis(마이아키스)
② 약 2천 5백만 년전 곰 - Cynodictis(사이노딕티스) - 고양이, 살쾡이
③ 약 1천 5백만 년전 Cynodesmus(사이데스머스)
④ 약 1천만 년 전 여우 - tomarctus(토마크터스) - 너구리
⑤ 약 1천 년 전 코요테, 자칼 - Canis(캐니스) - 늑대
⑥ 현대 개

3 개의 신체적 특징

개는 식육목과 개과의 포유류 동물이다. 발가락은 앞발에 5개, 뒷발에 4개로 땅을 걸어 다니는 지행성이고, 땀샘은 피부에 없고 발바닥과 혀에 있다. 개의 크기는 품종에 따라 다르며 어깨 높이는 8～90cm이고, 체중은 0.4～100kg 이상까지도 있다. 털은 장모, 단모, 이중모, 털이 없는 것도 있으며 빛깔이나 무늬의 변화가 많다. 개는 대뇌가 발달되었고 감각기관으로는 청각과 후각이 뛰어나다.

성별이나 개체 등은 모두 냄새로 분별하며, 먹이를 찾는데도 주로 후각에 의존한다. 개의 코끝이 젖어 있는 것은 공중에 떠다니는 냄새를 잡아내고 오래된 냄새를 제거하기 위함이다. 청각은 인간의 청각에 비해 4배나 먼 거리의 소리를 들을 수 있다. 시력은 100m 정도 떨어진 주인도 식별할 수 없을 정도로 약하지만, 움직이는 물체에 대해서는 민감하게 반응한다.

4 개의 분류 및 종류

1) 독일 셰퍼드(German Shepherd Dog)

- 원산지 : 독일
- 목양견과 늑대 교잡종
- 이용 측면 : 군용견, 경찰견, 맹도견, 조난 구조견, 사역견 등 이용
- 장 / 단모(2종)
- 감각 예민, 충성심이 있어 훈련용이.
- 체고 : ♂60~65, ♀55~60cm
- 체중 : ♂33~38, ♀26~31kg
- 눈 : 암색의 아몬드 모양
- 귀 : 직립되어 있고 끝이 뾰족하다.
- 꼬리 : 늘어져 있고 끝이 약간 굽었음.
- 털 : 목과 배의 색은 회색·담황갈색, 등은 검거나 밝은 밤색

그림 7-3. 독일 셰퍼드
(German Shepherd Dog)

(2) 콜리(Collie)

- 원산지 : 스코틀랜드
  영국왕실 → 미국
- 장 / 단모(2종)
- 경계심이 강함
- 교외 사육이 적합하다.
- 주둥이가 길며, 다리 골절이 많은 편이다.
- 체고 : ♂61~66, ♀56~61cm
- 체중 : ♂27~34, ♀23~29kg
- 눈 : 아몬드 모형
- 귀 : 반 직립, 끝은 약간 굽음.
- 꼬리 : 늘어졌다.
- 털 : 거칠고 양이 많다. 색은 흑색, 황갈색, 흰색 등

그림 7-4. 콜리(Collie)

(3) 도벨만(Doberman)

- 원산지 : 독일
- 주인에게 충실, 타인 경계, 훈련용이
- 이용 측면 : 군용견, 경찰견, 번견(집지키는 개).
- 공격적임.
- 체고 : 최대 68~70cm
- 체중 : 30~40kg
- 눈 : 짙은 암색
- 귀 : 서 있는 것이 좋다. 단이(귀 잘라주는 수술)함.
- 꼬리 : 단미(꼬리 짧게 잘라주는 수술)함.
- 털 : 짧고 부드럽다. 색은 검정, 적색, 청색 등 여러 종류.

그림 7-5. 도벨만(Doberman)

(4) 세인트버나드(Saint bernard)

- 원산지 : 스위스(세인트버나드 사원 번식)
- 이용 측면 : 조난 구조견, 산악지대 우유, 버터 운반견
- 경계심이 강하여 침입자를 보고 잘 짖지만, 공격하지는 않는다.
- 복종 훈련이 필요 하다.
- 체고 : ♂70 이상, ♀65cm 이상
- 체중 : ♂64~91, ♀54~77kg.
- 귀 : 삼각형으로 늘어짐.
- 꼬리 : 굵고 끝이 뾰족함.
- 털 : 장모와 단모의 두 종류.
- 색 : 백색에 적색무늬, 적색에 백색무늬 등.
- 동화 '폴란다스의 개'에 나오는 '파트라슈'

그림 7-6. 세인트버나드 (Saint bernard)

(5) 로트와일러(Rottweiler)

- 원산지 : 로마 → 독일 로트와일러 지방
- 힘이 강하여 가축유도 용이, 짐차 견인 용이
  (20세기 이후 사역 금지. 급격히 감소)
- 이용 측면 : 경찰견, 번견(집지키는개)으로 사육.
- 끈기, 활력, 지구력 겸비.
- 체고 : ♂63~68, ♀58~63cm
- 체중 : 45~55kg
- 귀 : 늘어짐(단이하지 않음)
- 꼬리 : 단미수술 필요(꼬리를 짧게 잘라 줌)
- 털 : 짧고 밀생. 색은 검정색에 황갈색 무늬

그림 7-7. 로트와일러(Rottweiler)

(6) 시베리안 허스키(Siberian Husky)

- 원산지 : 미국
- 털색 : 회색, 검정색, 붉은색 등
- 알래스카 유래, 추운지방 출신, 썰매 끌고, 순
  록을 지킴.
- 체고 : 53~60cm
- 체중 : 16~27kg

그림 7-8. 시베리안 허스키(Siberian Husky)

(7) 비글(Beagle)

- 원산지 : 영국
  (인기 있는 엽견으로 토끼 사냥에 주로 이용되며, 동물실험의 대표적 실험동물 개이다.)
- 목소리 울림. 실내 사육 부적합
- 훈련 필요.
- 집중력 떨어짐.
- 식욕 왕성, 비만 주의
- 체고 : 33~38cm
- 체중 : 7~12kg
- 눈 : 밤색으로 온화한 표정
- 귀 : 길게 늘어진 귀.
- 꼬리 : 높게 들여 있다.
- 털 : 매끄럽고 두껍다. 색을 청흑반점,
- 백, 흑, 오렌지, 황갈색 반점 등.

그림 7-9. 비글(Beagle)

(8) 바셋트 하운드(Basset hound)

- 원산지 : 프랑스
- 후각 발달. 사냥 능숙. 훈련 어려움.
- 비만, 변비, 고창증 호발.
- 큰 귀(상처 호발), 피부질환 호발.
- 다산 - 칼슘부족, 골격 이상, 산욕열 호발.
- 체고 : ♂약 36, ♀약 34cm
- 체중 : ♂약 28, ♀약 26kg.
- 눈 : 우묵 들어갔음.
- 귀 : 길어서 머리 아래 부위까지 늘어짐.
- 꼬리 : 위로 굽음.
- 털 : 윤기가 있고 짧은 털색은 검정과 갈색, 흰색의 삼색.

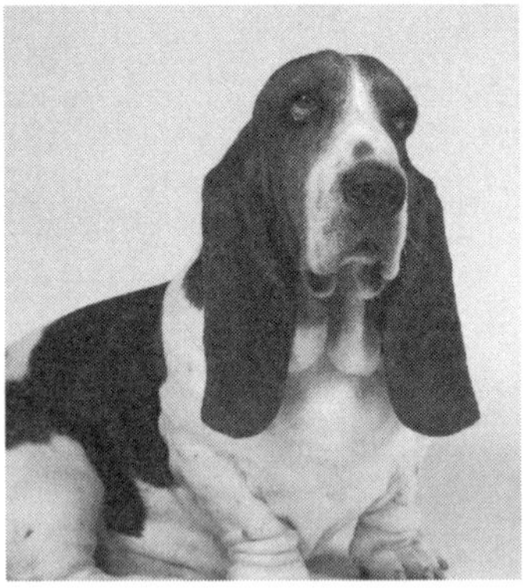

그림 7-10. 바셋트 하운드 (Basset hound)

(9) 그레이하운드(Greyhound)

- 원산지 : 고대 그리스와 이집트에서 사육했던 역사가 오래된 견종이다.
- 엽견 → 경주견, 가정견.
- 시각 발달, 훈련 어려움.
- 비만, 다산 - 칼슘 부족, 골격 이상, 산욕열
- 체고 : ♂71~77, ♀69~72cm
- 체중 : ♂29~32, ♀27~29kg.
- 눈 : 밝고 생기 있다.
- 귀 : 작고 부드러운 로즈 귀
- 꼬리 : 가늘고 늘어져 있다.
- 털 : 짧고 촉감이 좋다. 색은 어느 것이나 인정받는다.
- 보통은 백색, 그레이 색

그림 7-11. 그레이하운드(Greyhound)

(10) 블러드하운드(Bloodhound)

- 원산지 : 고대 그리스나 로마에서 도주하는 노예의 색출에 사용하였던 개의 후손
- 훈련 어려움.
- 규칙적 운동 필요.
- 다산(새끼를 많이 낳음)
- 체고 : ♂64~69, ♀58~63cm
- 체중 : ♂41~50, ♀37~45kg.
- 눈 : 황색에서 다색. 모색 닮음.
- 귀 : 길고 늘어졌다.
- 꼬리 : 낮게 늘어졌고 약간 구부러졌다.
- 털 : 짧고 조강하며, 색은 검고 황갈색에 붉은 무늬

그림 7-12. 블러드하운드(Bloodhound)

(11) 포인터(Pointer)

그림 7-13. 포인터(Pointer)

- 원산지 : 중세 유럽 프랑스, 독일 등 여러 나라에서 유행적으로 사육.
- 이용측면 : 엽견, 경주용, 가정견.
- 철저한 훈련 필요.
- 규칙적 운동 필요.
- 체고 : ♂63~69, ♀61~66cm
- 체중 : ♂22~25, ♀20~22kg.
- 눈 : 밤색으로 선량한 표정.
- 귀 : 머리에 밀착되어 늘어짐.
- 꼬리 : 동체에 수평으로 들려 있음.
- 털 : 짧고 아름답다. 색을 레몬과 백색, 오렌지와 백색, 흑과 백, 적갈색과 백색 등.

(12) 닥스훈트(Dachshund)

그림 7-14. 닥스훈트(Dachshund)

- 원산지 : 독일 원산의 엽견.
- 짧은 다리, 긴 허리 특징. 훈련 어려움.
- 척추손상 호발, 비만 주의.
- 피모 : smooth, long, wire의 3종류.
- 체고 : 표준형 35, 소형종 20cm
- 체중 : 표준형 7~12, 소형종 4 kg 미만.
- 눈 : 난형으로 중간 크기.
- 귀 : 머리에 밀착되어 늘어졌다.
- 꼬리 : 등에서 곡선으로 뻗어 있다.
- 털 : 짧고 광택이 있다. 색을 황갈색, 초콜릿색에 황갈색, 적갈색 반점.

(13) 잉글리쉬 코커스파니엘(English cocker spaniel)

- 원산지 : 영국
- 이용 측면 : 조립견, 가정견.
- 특징 : 귀가 크다.
  (주의 - 먹이 먹을 경우, 귀 청소 잘하기.)
- 체고 : ♂39~41, ♀38~39cm
- 체중 : ♂11~15, ♀11~15kg.
- 눈 : 크고 다색.
- 귀 : 낮게 부착, 길고 늘어짐.
- 꼬리 : 단미수술 필요.
- 털 : 견사처럼 부드럽다.
- 색 : 적갈색, 오렌지색, 황색, 검정색 등

그림 7-15. 잉글리쉬 코커스파니엘
(English cocker spaniel)

(14) 라브라도 리트리버(Labrador retriever)

- 원산지 : 캐나다(19세기 영국으로 건너감.)
- 이용 측면 : 조립견, 맹도견, 경찰견, 마약 탐지견, 사역견 등 만능견의 역할 담당.
- 충분한 공간 사육, 수영 즐김, 규칙적 운동 필요.
- 체고 : ♂56~62, ♀54~58cm
- 체중 : ♂27~34, ♀25~32kg.
- 눈 : 밤색으로 표정이 풍부
- 귀 : 머리에 부착되어 늘어짐.
- 꼬리 : 굵고 끝이 가늘게 되어 있음.
- 털 : 짧고 밀생되었음. 모색은 흑색이나 황색의 단색 또는 황색과 혼색

그림 7-16. 라브라도 리트리버
(Labrador retriever)

(15) 핀셔(Pinscher)

- 유래 : 19세기 말 독일.
- 체고 : 45~48cm
- 체중 : 8~10kg
- 눈 : 난형으로 암색
- 귀 : 직립한 것이 좋다. 단위 수술을 한다.
- 꼬리 : 3미추에서 단미.
- 털 : 짧고, 밀집되어 나며 밀착.
- 털색은 흑에 황갈색 무늬, 초콜릿색, 밤색에서 다갈색 등

그림 7-17. 핀셔(Pinscher)

(16) 요크셔테리어(Yorkshire terrier)

- 유래 : 19세기 중엽 스코틀랜드로부터 요크셔 지방.
- 혼합교잡종.
- 쥐 사냥용.
- 상류사회 애완용.
- 체고 : 15~18cm
- 체중 : 1.5~3.0kg
- 눈 : 암색으로 빛난다.
- 귀 : V자 형으로 서 있다. 미용시 귀 털을 짧게 해준다.
- 꼬리 : 보통 단미한다.
- 털 : 견사처럼 촉감이 좋다.
- 색은 어두운 청색으로 가슴, 머리,
- 다리에는 황갈색의 무늬를 가지고 있다.

그림 7-18. 요크셔테리어 (Yorkshire terrier)

(17) 퍼그(Pug)

• 유래 : 중국에서 기원, 티베트의 승원에서 사육
• 짧은 주둥이 특징.
• 성격 - 완고하고 게으른 점도 있다.
• 주인에게는 가지고 있는 애정을 모두 줄 정도로 우호적.
• 호기심 왕성 → 훈련 용이.
• 체고 : 25cm 전후 이상
• 체중 : 3~6kg
• 눈 : 동공은 암색으로 빛난다.
• 귀 : 작은 검정색으로 융단 모양 버튼 귀.
• 꼬리 : 전형적으로 말린 꼬리.
• 털 : 짧고 부드럽다. 색은 황갈색, 은색, 흑색 등
• 주름이 많다.

그림 7-19. 퍼그(Pug)

(18) 미니어쳐 슈나우저(Miniature schnauzer)

• 원산지 : 독일
• 독특한 눈썹과 턱수염이 특징.
• 애정이 깊고 주인과 같이 생활하기를 즐김.
• 타인 경계, 하지만 투쟁심은 없다.
• 체고 : 30~35cm
• 체중 : 5~7kg
• 눈 : 암색으로 난형, 돌출되지 않음.
• 귀 : 높게 부착, 반직립(유럽에서는 단이 시켜서 세운다.)
• 꼬리 : 제3미추에서 단미.
• 털 : 길고 뾰족한 눈썹 털과 굵고 억센 수염색은 검정이나 검정에 은색 등의 혼색.
• 미용시 머리와 등의 털을 짧게 하고, 다른 부위는 길게 다듬는다.

그림 7-20. 미니어쳐 슈나우저(Miniature schnauzer)

(19) 푸들(Poodle)

- 원산지 : 원래는 독일이나 러시아가 발생지로 추정
- 오랫동안 프랑스의 대표적인 국견으로 인정.
- 수금류(야생 물새) 사냥에 이용
- 잦은 손질 필요
- 체고 : standard 45~55, miniature 25~35, toy 25cm 이하.
- 체중 : standard 22, miniature 12, toy 3~7kg 이하
- 눈 : 검정이나 호백색으로 표정이 풍부.
- 귀 : 뺨에 늘어진 귀.
- 꼬리 : 보통 1/3 길이에서 단미
- 털 : curl 또는 줄을 꼰 것처럼 치장. 색은 흑, 백, 밤색, 회색 등.

그림 7-21. 푸들(Poodle)

(20) 말티즈(Maltese)

- 역사가 오래된 견종
- 원산지 : 지중해 몰타섬.
- 중세 유럽 - 상위 신분
- 잦은 손질 필요.
- 추위, 더위주의.
- 흰털의 강아지는 눈물이 착색, 관리 주의.
- 소형견은 약하므로 관심이 필요.
- 체고 : 21~25cm
- 체중 : 2~3kg.
- 눈 : 크고 생기 있음.
- 귀 : 삼각형으로 늘어졌음.
- 꼬리 : 방모가 있고 등에 굽어있음.
- 털 : 모량이 많고, 장모, 광택이 있으며 견사와 같은 촉감.

그림 7-22. 말티즈(Maltese)

(21) 치와와(Chihuahua)

- 원산지 : 멕시코 치와와 지방.
- 최소형견.
- 체력 약함, 추위 주의, 난산 위험,
- 급식 어려움. 저혈당증 주의.
- 단모종이 털이 더 잘 빠짐.
- 체격이 작은 편이라 눈이 커 보인다.
- 체고 : 13cm 내외
- 체중 : 0.9~2kg 정도.
- 눈 : 흑, 청, 밤색으로 또렷.
- 귀 : 폭이 넓고 45도로 부착.
- 꼬리 : 길고 굽어 있다.
- 털 : 장단이 있고 모색의 지정은 없다.

그림 7-23. 푸들(Poodle)

(22) 페키니스(Pekingese)

- 원산지 : 고대 중국 왕실.
- 짧은 주둥이 특징.
- 난산 다발, 백내장, 녹내장 다발.
- 비강협소 다발.
- 품종 중 흰색견이 더 약함.
- 체고 : 20cm 전후
- 체중 : 3~7kg 정도
- 눈 : 크고 돌출됨.
- 귀 : 하트형으로 머리에 부착되어 늘어짐.
- 꼬리 : 등에 굽어 있음.
- 털 : 길고 직립. 색은 백색 및 적갈색 이외는 관계없음.

그림 7-24. 페키니스(Pekingese)

(23) 시츄(Shih Tzu)

- 원산지 : 중국(티베트 지방), 라사압소에서 유래
- 애완견으로 인기 증가
- 체고 : 22~26cm
- 체중 : 4~7kg
- 색깔 : 모든 색이 가능.
- 감성이 풍부하고 애교도 많다.
- 장모종이라 매일 털 손질의 요한다.

그림 7-25. 시츄(Shih Tzu)

(24) 포메라니언(Pomeranian)

- 원산지 : 독일령이었던 발트해 연안의 포메라니아지방에서 기원
- 털 관리 주의, 더위 주의
- 체고 : 20.3~27.9cm
- 체중 : 1.4~3.2kg

그림 7-26. 포메라니언(Pomeranian)

(25) 풍산개(Poongsan)

- 원산지 : 북한 풍산
- 체고 : 55~60cm
- 체중 : 20~30kg
- 털색 : 흰색, 잿빛 섞인 색
- 이용 측면 : 사냥, 경비견
- 북한 1964년도에 천연기념물 128호 지정
- 현재 북한의 국가적 보호 아래 사육

그림 7-29. 풍산개(Poongsan)

(26) 진도개(Jindo)

- 원산지 : 한국 진도(한국 특산견)
- 이용 측면 : 번견, 수렵견
- 체고 : ♂45~58, ♀43~53cm
- 눈 : 삼각형.
- 귀 : 삼각형으로 작은 편이며 약간 전방으로 숙어 있음.
- 꼬리 : 등위에 말려 있음
- 털 : 상모는 약간 뻣뻣, 꼬리털 약간 김
- 모색은 황색과 백색이 환영 받는다.
- 충견이며 귀소성이 강하다.
- 대담하고 용맹스러움
- 특별한 훈련 없이 뛰어난 자질을 갖춤

그림 7-27. 진도개(Jindo)

(27) 삽사리(Sapsaree)

- 원산지 : 한국 경주(신라 왕궁유래). 현재 경북 경산시에 삽사리 보호를 위한 집단서식지 마련
- 삽살개라고도 하며, 귀신이나 액운을 쫓는 개로 알려져 있다.
- 체고 : 45.5~53.4cm
- 체중 : 15.4~21.8kg
- 털색 : 황색, 청색
- 이용 측면 : 가정견
- 1992년도에 천연기념물 제 368호 지정.
- 귀 : 아래로 쳐짐
- 머리 : 숫 사자를 연상할 정도로 크다.
- 꼬리 : 선 꼬리, 말린 꼬리
- 경계심, 충성심이 강하다.

그림 7-28. 삽사리(Sapsaree)

(28) 동경이(Pinscher)

- 원산지 : 한국 경주(신라)
- 댕견 혹은 동경개(東京犬)라고도 한다.
- 체고: 44~50cm
- 체중: 14~18kg
- 눈: 둥글고 눈썹이 발달
- 귀: 앞을 향해 쫑긋
- 꼬리: 꼬리 없거나 아주 짧다.
- 털: 흰색, 검은색, 누런색 다양
  2012년도에 천연기념물 제 540호로 지정

그림 7-29. 동경이(Dongkyung-i)

5 개 기르기와 예방접종

(1) 개 기르기

개는 젖을 떼는 6주~8주에 건강한 개체를 입양하여 이유 후 개 전용 사료를 급여하여 기를 수 있다. 일반적으로 6개월 이전의 자견은 1일 3회 영양가 높은 사료를 급여한다. 이 시기에 급성장하기 때문에 영양부족은 질병과 연결될 수 있다. 1년 령 이상의 개에는 성견 사료로 1일 2회 급여한다.

몸 관리는 1주에 1회 개 전용샴푸를 이용하여 목욕을 시키고 귀청소는 개 전용 ear cleaner를 이용하여 귀 안 쪽까지 깨끗이 청소하여야 한다. 또한 개 전용 치약을 사용하여 양치질을 해주고 발톱은 너무 짧지 않게 정기적으로 조금씩 잘라준다.

1) 주의해야 할 먹이

아래 음식물은 개에게 급여시 탈이 날 수 있어 주의를 요하는 식품이다.

① 파와 양파 : 개에게 매우 독이 되는 식품이다. 파와 양파는 적혈구를 파괴시켜서 혈뇨를 누게 하고 심한 경우 빈혈로 사망하게 만든다.

② 새우 : 괜찮을 수도 있으나 소화 불량의 의한 구토증상을 보이는 경우가 많다.

③ 향신료 : 고추, 후추, 식초 등 자극성 음식 및 감미료, 위를 강하게 자극하여 위염이 되기도 한다.

④ 초콜릿 : 테모브로민 성분이 중독의 원인이 되 심장질환을 일으키고 잘못 하다가는 치명적일 수도 있다.

⑤ 햄과 소시지 : 염분이 많아 해가 되기도 한다.

⑥ 닭 뼈 : 닭고기의 뼈 등은 매우 날카롭게 잘려서 찔리기가 쉬우므로 절대로 줘 서는 안된다. 닭고기를 먹은 후 휴지통에 버릴 때에는 개가 접근하지 못하도록 각별한 주의가 요망된다. 간혹 휴지통의 닭 뼈를 먹고 사망하는 경우들이 발생한다.

⑦ 짠 음식 : 강아지는 땀샘이 적어 땀으로 배출이 안 된다.

⑧ 문어, 오징어 류 : 저단백이며 소화 잘 안 된다.

⑨ 꽁치, 정어리 등 : 지방이 많은 어류는 습진이나 알레르기, 탈모의 원인이 된다.

⑩ 과자, 사탕 등 : 당분이 많은 과자류는 충치의 원인. 설사의 원인이 되며 비만의 원인이 될 수 있다

⑪ 계란의 흰자위 : 설사의 원인

⑫ 우유 및 유제품 : 우유를 차게 하면 설사의 원인, 너무 뜨거우면 응고되어 흡수력이 떨어진다. 유당 분해 효소인 락타아제의 분비가 적기 때문에 사람이 먹는 우유를 먹게 되면 설사를 일으킬 수 있으므로 개전용 분유를 먹인다.

⑬ 뼈 : 과다하면 변비가 유발된다.

⑭ 야채류 : 몸에서 비타민 C를 합성하므로 필요 없음(단, 변비에는 효과가 있음)

⑮ 포도 : 우발적 포도 섭취로 통팔 손상으로 사망한 예가 보고되고 있어 주의를 요함.

2) 항문낭 관리

개에게 있는 특이한 구조물로 항문 양 옆에 있는 항문낭(anal sac)이 있는데 항문낭은 개 특유의 냄새가 나는 곳이다. 이곳에서 분비되는 항문낭 액은 적을 쫓거나 자신의 영역을 표시하는 역할을 하는 것으로 야생동물의 영역 표시 방법으로 사용되던 것으로 추정되는데 애완동물의 경우에 항문낭은 냄새와 항문낭 염증의 원인이 되기 때문에 정기적인 관리가 필요하다.

3) 중성화 수술

중성화수술은 수컷의 경우에 정소(testis)를 적출하여 주는 것이고 암컷의 경우에는 난소와 자궁을 적출해주는 것이다.

중성화 수술의 목적은 수컷의 경우에 정소에서 나오는 남성호르몬 테스토스테론이 만들

어지지 않도록 어린 연령에 정소를 제거함으로서 중성화를 시키는 것이다. 중성화수술은 수컷의 특징인 영역 표시하는 오줌을 나누어 배뇨하는 습관을 예방하여 사육이 용이하게 할 수 있고, 성격이 온순해지며, 정소에 자주 발생하는 암을 예방할 수 있다.

암컷의 경우에 어린 연령에 난소와 자궁의 제거로 원치 않는 임신을 예방하고 발정기 행동을 억제해 가출이나, 발정기 출혈이 없어지므로 위생상 문제를 예방하고, 여성호르몬 에스트로겐 분비가 억제되므로 이와 연관 있는 유방암 유발을 막아줄 수 있다. 또한 3년 이상 어른 개체에서 자주 발생되는 자궁축농증을 예방할 수 있다.

(2) 모체이행항체(母體移行抗體)

개는 분만 직후 일반 비유기 젖보다 더 진한 형질의 젖을 분비하는데 이를 가리켜 '초유'라고 하고 그 초유에는 모견이 살아오면서 체험한 질병에 대한 면역물질과 백신 접종에 의하여 형성된 면역물질이 함유되어있어 이를 '모체이행항체'라고 부르며 그 항체의 수준을 계수화 시켜 놓은 것을 항체가(抗體價)라고 한다. 모체이행항체에 의한 항체 획득은 자신의 노력이 아닌 젖을 통한 항체 획득이라는 의미로 「수동면역」이라 하고 그 반면에 백신에 의한 항체 형성은 바이러스의 체내 증식에 의하여 형성된 항체라고 하여 「능동면역」이라고 한다. 모체이행항체는 질병 별로 항체가 수준이 달라 반감기에 의하여 어떤 질병은 방어항체가 수준 이상으로 남아있는데 비하여 어떤 질병은 이미 방어 항체가 수준 이하로 저하되어 바이러스에 노출되면 감염이 된다. 일반적으로 충분한 항체를 소유한 모견의 초유를 충분히 먹은 자견의 경우라 하더라도 생후 주령이 늘어나면서 모체이행 항체가 소실되어 12주령이 넘어가면 완전 소실로 면역공백이 생기게 된다. 대부분 방어항체가 수준 이하로 모체이행항체가 소실되기 전에 백신을 접종하는 것이 좋다. 개체에 따라 모체이행 항체 소실 시기가 다르지만 일반적으로 젖을 떼는 6주 이후부터 예방접종을 시작하도록 권장하고 있다. 1회 접종으로 병원체를 막아낼 수 있는 충분한 방어항체가 체내에 생성되지 않기 때문에 2~4주 간격으로 3~5회 정도의 기본 백신 접종 프로그램이 요구되고 있다.

(3) 개의 예방접종

일반적으로 비교적 간섭 현상이 덜하고 표적장기(target organ)가 다른 백신을 사용자가 쓰기 편하게 몇 개씩 묶어 사용하는 종합백신이 이용되고 있다. 국내에 주로 사용되는 종합백신은 DHPPL로서 개 홍역, 개 간염, 개 감기, 개 파보장염, 렙토스피라 감염증과 같은 5종 병원체에 대하여 예방할 수 있다. 5종 병원체 중 렙토스피라는 인수공통감염병으로 사람의 질병을 유발할 수 있으나, 나머지 4종은 모두 개에만 문제가 된다.

모체이행항체가 소실되기 이전인 생후 6주령부터 예방접종을 실시하여 방어항체 수준을 끌어올리기 위해서 백신을 프로그램에 따라 반복 접종을 한다.

기생충 구제를 위해 정기적으로 구충제를 먹이고, 심장사상충을 예방하기 위하여 매개 곤충인 모기가 있는 계절에는 심장사상충 예방약을 먹이도록 한다.

표 7-2. 개 예방접종의 종류와 접종 프로그램

백신 종류	예방 목적 질병	접종 프로그램
종합백신 (DHPPL)	개 홍역, 개 간염, 개 감기, 개 파보 장염, 렙토스피라	• 생후 6주부터 2~4주 간격으로 5회 접종 • 이 후 매 년 1회 보강접종
코로나 장염	Canine corona virus	• 생후 6주부터 2~4주 간격으로 2~3회 접종 • 이후 매 년 1회 보강접종
켄넬코프	*Boardetella brochiceptica* Parainfluenza virus	• 생후 8주부터 2~4주 간격으로 2~3회 접종 • 이후 매 년 1회 보강접종
광견병	Rabies virus	• 생후 3~4개월령 1회 접종 • 이후 6개월 마다 보강접종

III. 고양이의 종류와 특성

학습목표

1. 고양이의 기원에 대해 알 수 있다.
2. 고양이의 종류 및 특성에 대해 알 수 있다.
3. 고양이 기르기와 예방접종에 대해 설명할 수 있다.

1 고양이의 기원

(1) 고양이의 진화 및 사육의 역사

Credonts Miacids Pseudaelurns Felis lunensis Modern cats

고양이는 식육목 고양이과의 포유류에 속하고, 한자로 묘(描)라고 한다. 애완용 고양이는 아프리카, 남유럽, 인도에 걸쳐 분포하는 리비아 고양이를 사육하여 순화시킨 것이다. 따라서 고양이들의 조상은 5000년 전의 리비아 살쾡이가 선조라고 할 수 있으며, 이 리비아 살쾡이가 고대 이집트 시대 때에 곡물창고의 쥐를 잡아먹었고, 사람들은 쥐로부터 곡식을 보호하기 위해 고양이를 사육하기 시작 하였다. 리비아 살쾡이를 사육하면서 번식을 시작해 시간이 많이 지나며, 지금의 고양이로 모습이 고정 되었다. 시간이 흐르며 고양이는 여러 곳에서 쓰이게 되었으며, 무역선을 통해 여러 지역으로 퍼지게 되었습니다. 아프리카와 인도에 살던 고양이는 유럽과 아시아로도 옮겨지기도 하고, 사람들이 인위적으로 교배를 시켜 종류도 다양해 져서 현재는 약 30~40여 종이 보고되어 있으며, 미국의 CFA(Cat Fancier's Association)에서 인정받은 고양이 종류는 30종에 이른다.

우리나라에서는 중국에서 불교가 전래될 때 경전을 쥐로부터 보호하기 위하여 들여왔다는 설이 있다.

현재 고양이는 개와 더불어 가장 대중적인 반려동물로서 자리를 차지하고 있다.

2 고양이의 선조

Scottish wildcat

Spanish wildcat

African wildcat

Indian desert cat

그림 7-30. 고양이의 선조 동물

인간과 고양이의 만남은 약 5,000년 전으로 거슬러 올라간다. 사람들이 쥐들로 부터 곡물을 지키기 위해 북아프리카에 서식하는 리비아 고양이를 가축화한 것이 시초라고 알려져 있다. 온순해서 사람을 잘 따르는 리비아의 들고양이들은 식량이 풍부해지고 고대 이집트의 여러 도시에서 차츰 분포 범위를 넓혀 나가 이후 각지의 들고양이들과 교잡하여 현재의 '고양이'가 되었다.

고양이는 가축화한 역사가 짧다는 것과 쥐를 잡는 것 이외에는 별로 실용적이지 못하였기 때문에 개들처럼 형태적으로 차이는 별로 없다. 고양이의 품종 연구는 대단한 고양이

애호가였던 빅토리아 여왕에 의해 이루어졌다. 그때까지 각지에서 혼혈과 돌연변이로 여러 가지 종류의 고양이가 탄생하였지만, 현존하는 대부분의 종류는 19~20세기에 영국이나 미국에서 만들어져 품종으로 고정된 것들이다. 새로운 품종을 만들어내고 순혈종을 고정시키는 작업은 지금도 품종 개량가(breeder)들에 의해 계속되고 있다.

3 고양이의 신체적 특징과 습성

고양이의 몸길이는 47～51cm이고, 꼬리길이 22～38cm, 몸무게 7.5～8.5kg이다. 귓바퀴는 삼각형이고, 귀의 등 쪽에 살쾡이에서 볼 수 있는 흰 무늬는 없다. 앞발에 다섯 발가락, 뒷발에 네 발가락이 있으며, 예리한 발톱이 있는데, 발톱은 속에 감출 수 있다. 앞 뒷발의 발바닥에는 연한 pad(육구, 肉球)가 있어 소리를 내지 않고 걸을 수 있으며, 뒷발이 비교적 길어서 도약력(跳躍力)이 뛰어나다.

(1) 신체적 특징

1) 눈

① 어두운 곳에서 잘 볼 수 있음

② 사람이 볼 수 있는 빛의 양의 7분의 1정도.

③ 색을 잘 볼 수 없음

④ 망막에 반사판이 있어 어둠에서 빛이 반사되어 눈이 반짝인다.

2) 귀

① 개보다 청각이 좋음(가청주파수 : 30Hz~60kHz)

② 개의 가청 주파수 : 20Hz~40kHz

③ 사람의 가청 주파수 : 20Hz~20kHz

④ 사람이 들을 수 없는 소리도 들을 수 있음

3) 이빨

① 유치와 영구치가 있음.

㉠ 유치 : 생후 8주 전에 모두 갖춤(26개)

㉡ 영구치 : 생후 3~5개월 사이 영구치로 이갈이 함(30개)

② 송곳니 : 크고 날카로움
③ 어금니 : 표면이 뾰족함(찢는 기능), 물리면 상처가 깊어 조심하여야 한다.

4) 코

① 개보다 뒤떨어짐
② 세력권(Home Area와 Hunting Area가 있음)을 냄새로 확인
③ 음식의 부패 여부, 맛 등을 냄새로 확인
④ 유해 물질의 제거 적당한 온도와 습도의 조절과 냄새를 맡는 역할

5) 꼬리

① 미추라는 작은 뼈로 이어져 있음. 점프나 높은 곳에서 뛸 때 균형유지
② 꼬리의 움직임으로 고양이의 기분을 알 수 있음
　㉠ 심하게 휘휘 돌릴 때 - 기분이 나쁠 때
　㉡ 꼿꼿이 세울 때 - 기분이 좋음
　㉢ 꼬리를 부풀릴 때 - 흥분 또는 공포를 느낄 때

6) 수염

정보 수집을 위한 고성능 측정기로 감각모라고 불리는데 사람에게는 이런 기관이 없다. 입 주위, 눈, 코, 앞다리 뒤쪽에 있는 식모 안에도 있다.

7) 등

고양이의 털 색깔을 내는 겉털과 속털에 덮인 몸통은 교묘하게 공격을 피할 수 있는 이점이 있다. 땀샘이 없어 털 손질로 털을 눅눅하게 만들어 체온을 조절하고 피부가 두꺼워 자유롭게 신축할 수 있다.

8) 다리

단거리 경주라면 동물 가운데 상위권에 둔다. 앞발보다 긴 뒷발의 강한 근육과 부드러운 관절이 점프, 나무타기에 최적이다. 뒷발은 추진력뿐이고 방향을 바꾸는 것은 앞발의 역할이다.

(2) 고양이 습성

1) 고양이의 행동 특성

① 야행성 동물 : 낮에는 자고 밤 11시경 가장 활발함

② 단독으로 생활하는 동물
③ 어릴 때는 여러 마리를 함께 기르는 것이 좋다.
④ 적응력이 뛰어나 각기 자기의 생활 스타일을 만들어 갈 수 있다.
⑤ 한 밤중에 밖에 나가는 경우가 있다.

2) 세력권을 가진다.

① 가정영역(Home Area) : 다른 고양이의 출입을 허락하지 않는 배타적 영역
② 사냥역역(Hunting Area): 다른 고양이와 공유하는 공간(반경 100~500m)
③ 냄새 묻히기 : 자기의 세력권에 자신의 냄새를 묻혀 둔다.
④ 여러 마리를 같이 키우는 경우 고양이들 사이에 우열의 순위가 결정됨

3) 발톱 갈기를 한다.

① 고양이의 발톱 갈기는 본능입니다.
② 행동개시를 할 때 발톱 갈기를 함
③ 일정한 곳에서 발톱 갈기를 할 수 있도록 도와줌
④ 발톱 갈기를 시작하려고 할 때 발톱 갈기 도구가 있는 곳에 데려다 줌

4) 정해진 곳에 배변하는 습성을 가짐

① 정해진 곳에 배설하는 습성을 가지고 있음
② 맨 처음이 중요함 - 맨 처음 화장실에서 배설하도록 도와주면 거의 성공

4 고양이 종류

고양이는 장모종(長毛種)과 단모종(短毛種)으로 분류된다. 개와 달리 체격상 차가 적으므로 각 품종 중의 내종(內種)이 발달되어 있다. 고양이는 누가 뭐라고 해도 개와 더불어 가장 대중적인 반려동물이다. 품종은 약 30여 종이 되며 다른 동물에 비해 비교적 오래 사는 편으로 보통 15~25년쯤 산다.

(1) 장모종

1) 페르시안 고양이(Persian)

- 원산지 : 페르시아 → 영국
- 기원 : 1800년대
- 체중 : 3~4kg
- 털종류 : 장모(긴 털)
- 체형 : 통통하고 둥글다
- 털색 : 단일색, 실버, 스모그, 바이칼라 등 7가지로 분류
- 눈색 : 청동색
- 특징 : 둥글고 큰 머리에 작은 귀를 지녔다. 아주 동그란 큰 눈에 짧고 납작한 코. 목은 짧고 굵으며 어깨 폭은 넓고 몸통은 짧다. 다리와 꼬리도 짧으며 정사각형 체형이다. 긴 털이 장식하듯 몸 전체를 덮고 있다.

2) 아메리칸컬(American curl)

- 원산지 : 미국
- 기원 : 1881년
- 체중 : 3~5kg
- 털종류 : 장모(긴 털)
- 체형 : 약간 가는 체형
- 털색 : 다양. 몸 끝은 진한 색
- 눈색 : 청색
- 특징 : 아메리칸컬의 귀는 만져보면 견실하고, 얼굴에서부터 머리의 가운데 뒤를 향하여 우아한 아치를 그리면서 뒤집혀있다. 이것은 바로 부모대로부터 물려받은 유전적인 변화이다. 호기심이 많고, 동료애가 있으며, 매우 사람을 잘 따른다.

3) 노르웨이 숲(Norwegian forest)

– 노르웨이안 포레스트 캣

- 원산지 : 북유럽(노르웨이)
- 털종류 : 장모
- 체형 : 당당하고 큰 체형
- 털색 : 다양
- 눈색 : 초록색, 황금색

- 특징 : 밝은 에메랄드 녹색 눈에 황금 띠가 둘러있다. 털은 길게 흘러내린다. 얼굴은 상냥한 표정을 띤다. 귀는 말쑥하고, 발가락은 다듬어져 있다.

(2) 단모종

1) 샴(Siamese)

- 원산지 : 태국
- 기원 : 14세기→1700년대 개발
- 체중 : 2.5~5.5kg
- 털종류 : 단모(짧은 털)
- 체형 : 매우 가늘고 길다.
- 털색 : 포인트
- 눈색 : 사파이어 블루
- 특징 : 근육질이고, 파이프 모양의 몸체를 긴 다리가 받치고 있으며, 기다란 목과 꼬리가 우아하다. 짧고, 빽빽하고, 비단결 같은 털이 긴 몸매를 강조해준다. 기다란 머리는 아주 똑바른 옆모습과 미끈한 쐐기꼴이다. 커다란 귀는 쐐기 꼴을 완성해 주며, 진한 청색의 아몬드 모양의 눈은 기울어서 자리 잡고 있다. 이 고대의 품종은 족보가 있는 고양이 중에서 가장 오래된 고양이이다.

2) 아비시니안(Abyssinian)

- 원산지 : 에티오피아→영국
- 기원 : 고대 이집트 집고양이.
  1800년대 말 영국
- 체중 : 4~7.5kg
- 털종류 : 단모(짧은 털)
- 체형 : 가는 체형.
- 털색 : 적갈색, 청색, 붉은 색, 황갈색
- 눈색 : 황금색, 초록색
- 특징 : 매우 사람에게 맞도록 길들여진 고양이이다. 무릎 위의 고양이가 아니라 사람과 어울리기 좋아하고, 사람이 뭘 하는지 알고 싶어 하고, 도와주기를 원하는 고양이이다.

3) 엑조틱(Exotic)

- 원산지 : 미국
- 기원 : 1960년대
- 체중 : 3~3.6kg
- 털종류 : 단모
- 체형 : 통통하고 짧은 체형.
- 털색 : 다양
- 눈색 : 다양
- 특징 : 엑조틱의 털은 품종의 특징이며, 부드럽고, 둥그스름한 장난감 곰처럼 보이게 한다.

4) 망스(Manx)

- 원산지 : 영국
- 기원 : 1800년대
- 체중 : 3.5~5.5kg
- 털종류 : 단모와 장모
- 체형 : 등이 짧고 체형이 둥글다.
- 털색 : 다양
- 눈색 : 청동색
- 특징 : 망스는 영국 해안의 맨 아일랜드(Man 섬)에서 수백 년 전에 기원한 것으로 생각된다. 꼬리가 없거나 짧은 것이 특징이나 긴 꼬리를 가진 개체도 있다.

5) 러시안 블루(Russian Blue)

- 원산지 : 북유럽
- 기원 : 1800년대
- 체중 : 3~5.5kg
- 털종류 : 단모
- 체형 : 약간 가는 체형.
- 털색 : 청회색
- 눈색 : 초록색
- 특징 : 피모는 이중이고 고급 융단을 만지는 듯한 촉감이며 털색은 반짝반짝 빛나는 라이트 블루이다. 둥근 눈은 진한 초록으로 미간이 벌어져있다. 입주위의 독특한 미

소는 러시아의 스마일로 불린다. 다리는 길고 몸통은 가늘고 길며 몸놀림이 부드럽고 아름답다.

5 고양이 기르기와 예방접종

(1) 고양이 기르기

1) 고양이 사육 관리

① 고양이 전용 사료 급여

고양이 전용 사료에는 타우린이 포함되어있어 별도의 타우린 공급을 하지 않아도 되는 등의 영양 공급이 용이하다는 장점이 있기 때문에 전용 사료를 공급하는 것이 좋다. 타우린 결핍의 경우에 심근병이 유발되어 치명적으로 폐사에 이를 수 있다. 일반적으로 자묘용(7개월령 미만)과 성묘용(8개월령 이상)으로 구분하여 연령에 맞는 영양 공급이 될 수 있도록 나오고 있으며, 모구증(hair ball)을 예방할 수 있는 성분이 첨가된 사료도 나오고 있다.

② 배변상자, 배변 모래 준비

고양이는 대소변을 해결할 수 있는 화장실용 배변상자를 준비하는 것이 필요하다. 바닥이 얇고 고양이가 다 자란 후에도 사용할 수 있는 정도의 적당한 넓이의 시판용 고양이 화장실을 준비하도록 한다. 이 안에 고양이 모래를 집어넣으면 배설물과 함께 뭉치게 되어 처리가 용이하다.

③ 발톱갈이용 판

고양이가 처음 집에 와서는 낯설어 하다가 점차 집안 분위기에 익숙해지면 주변의 가구나 기둥 또는 카펫 등을 발톱으로 할퀴게 된다. 이것은 본능적인 행동이기 때문에 어쩔 수 없다. 대신 발톱갈이용 판을 준비하여 가구나 기둥이 상하지 않게 해야 한다.

④ 고양이 장난감과 용품

고양이는 개와 매우 다른 습성을 가지고 있다. 고양이 장난감으로 특이한 것은 고양이는 높은데 올라가는 것을 좋아하기 때문에 계단이 있는 타워 집 놀이 기구를 구입하여 준다. 개다래(cat nip) 나무 잎 성분이 들어있는 간식은 고양이 기분을 좋아하게 한다.

2) 모구증(헤어볼, Hairball) 예방

① 원인

고양이는 자기 털을 핥고 다듬는 습관이 있어서 털을 많이 삼키게 되는데, 털은 소화가 되지 않으므로 변과 함께 배출되기도 하지만 배출되지 않은 털은 위에 남아 서로 엉키게 된다. 이것을 헤어볼(Hairball)이라 하고 야구공 보다 단단하며 크기도 다양한데 위나 기도에 생기기 쉬우며 발생 빈도는 50~80%에 이른다. 자기 털을 유난히 자주 핥거나 길고 굵은 털을 가진 고양이들이 헤어볼 또는 모구증(毛球症)이 발생할 확률이 더 높다.

② 증상

크기가 작은 경우에는 별 문제가 되지 않으나 커지면 소화 기능이 저하되고 심하면 장을 막을 수도 있다. 헤어볼은 소화가 불가능하므로 고양이들은 입으로 뱉어내려고 애를 쓴다. 기침을 하며 입을 벌리고 헛구역질을 하거나 토한다. 주로 나타나는 증상은 설사, 변비, 또는 잦은 구토 등이다.

③ 헤어볼 발생을 증가 시키는 요인

- 봄, 가을 털갈이 철이 한창일 때
- 피부나 털이 건강치 못할 때
- 스트레스가 심할 때
- 어미 고양이가 갓 낳은 고양이 털을 핥아 주는 시간이 길 때
- 주인이 고양이 털을 충분히 빗질해 주거나 다듬어 주지 않을 때

④ 헤어볼 예방법

털갈이 철을 비롯해 평소 브러시 질을 자주 해주는 것이 효과적인 예방이며 고양이에게 물리적인 부담을 주지 않는 환경을 조성해서 스트레스 탈모를 줄인다. 수위사의 정기적인 검진도 필요하다. 최근에는 고양이 사료에 헤어볼 제거 성분이 포함된 사료가 시판되고 있어 이러한 사료의 급여로 질병의 예방에 도움이 된다.

(2) 예방접종 종류

고양이 종합백신 국내에서 3종백신이 주로 사용되며, 4종백신 또한 일부 이용되고 있다.

1) 3종 종합백신

고양이 범백혈구감소증(Feline panleukopenia virus, FPV)과 바이러스성 호흡기질환으로 고양이 바이러스성 비기관염(Feline viral rhinotracheitis, FVR), 고양이 칼리시 바이러스(Feline Calici virus, FCV)의 3개 병원체에 대한 예방

2) 4종 종합백신

3종 종합백신 병원체 + 고양이 백혈병 바이러스(Feline leukemia virus)의 4개 병원체에 대한 예방

3) 단독백신

- 고양이 전염성 복막염(Feline infectious peritonitis, FIP)
- 고양이 광견병 : Rabies virus 예방
- 클라미디아 : *Chlamydia pschittasi* 병원체 예방
- 고양이 면역결핍 바이러스(Feline immunodeficiency virus, FIV) : lentivius 일종

(3) 고양이 예방접종 스케쥴

① 고양이 백신은 생후 8주령부터 접종하는데, 종합백신은 흔히 3종 백신으로 「백혈구감소증(FPV)+바이러스성 호흡기질환(FVR, FCV)」의 3개 병원체에 대한 백신이 혼합되어 있는 제재를 많이 사용하며, 생후 8주부터 접종을 시작하여 3~4주 간격으로 3회를 실시한다.

② 이후 매 1년에 한번 이상 추가접종을 해주며 종합백신 추가접종 시에는 고양이 백혈병 바이러스 검사를 필수적으로 해주어야 한다.

③ 12주령에 고양이 백혈병 바이러스 백신 1차 접종, 16주령에 2차, 이후 1년에 1회 추가 접종한다.

표 8-3. 고양이 예방접종의 종류와 접종 프로그램

연 령	백 신 종 류
6~8주령	1차 : 3종 종합백신 「백혈구감소증(FPV)+바이러스성 호흡기질환(FVR, FCV)」
12주령	2차 : 3종 종합백신 「백혈구감소증(FPV)+바이러스성 호흡기질환(FVR, FCV)」 1차 : 백혈병(FeLV)
16주령	1차 : 전염성복막염(FIP), 광견병(rabies) 2차 : 백혈병(FeLV) 3차 : 3종 종합백신 「백혈구감소증(FPV)+바이러스성 호흡기질환(FVR, FCV)」
매년	3종 종합백신 「백혈구감소증(FPV)+바이러스성 호흡기질환(FVR, FCV)」, 백혈병, 광견병

* FPV : 고양이 백혈구감소증, FVR : 고양이 바이러스성 비기관염, FCV : 고양이 칼리시바이러스, FeLV : 고양이 백혈병, FIP : 고양이 전염성복막염

④ 고양이 전염성복막염과 고양이 광견병 예방주사는 생후 16주령에 1차 접종한 후 매년 추가 접종을 한다.
⑤ 고양이의 기생충 감염은 때로 사람에게도 옮겨 질 수 있기 때문에 기생충 검사 후 건강 상태에 따라 구충제를 먹여야 한다.
⑥ 고양이는 개와 마찬가지로 모기가 매개하는 심장사상충이 문제가 되기 때문에 심장사상충 예방약을 모기가 있는 계절에 먹이도록 한다.

6 고양이 이야기

(1) 마네키 네코

마네키 네코는 고양이 모양의 작은 입상이다. 그러나 단순한 고양이 모양을 마네키 네코라고 하지는 않는다. 사람을 부르는 것처럼 한쪽 앞발을 들고 앉아있는 고양이 입상을 마네키 네코라고 한다. 일본에서는 이것을 집에 두면 행복을 불러오고, 가게에 두면 행운과 손님을 불러온다고 한다. 이는 일종의 행운을 가져다주는 부적이라고 할 수 있다. 일본 상인들은 미신을 많이 믿는다. 그들은 언제나 많은 손님과 번영하는 사업을 희망하면서 가게의 앞이나 뒤에 행운의 부적으로 마네키 네코를 둔다. 두 가지 종류의 마네키 네코가 있는데, 하나는 왼쪽 발을 든 것이고, 다른 하나는 오른쪽 발을 든 것이다. 왼쪽 발을 든 것을 손님을 반기는 것이고, 오른쪽 발을 든 것은 돈이나 행운을 불러들인다는 전설이 있는데, 기원은 알려져 있지 않다.

그림 7-29. 마네키 네코 인형

(2) 검은 고양이에 대한 미신

검은 고양이는 행운을 혹은 불행을 가지고 있을까? 검은 고양이를 둘러싼 미신은 고양이가 여신에게 바쳐진다고 생각했던 고대 이집트에서 시작되었다. 점차 고양이는 신의 상징이 되었으며, 위대한 고양이 여신으로 존재했다. 지금도 고양이에 대한 숭배를 나타내는 그림이 많이 남아있다. 중세 전에는 고양이 특히 검은 고양이가 악마의 상징으로 받아들여지지 않았다. 불행하게도, 고대의 뿔이 있는 신이 악마의 모습으로 받아들여지게 된 것처럼 이집트에서 신으로 받아들여졌던 고양이에 대한 박해가 시작되었고, 고양이는 야행성이고 밤에 돌아다녔기 때문에 초자연적인 악마의 부하로 여겨졌으며, 심지어 악마가 변한 모습이라고 믿기까지 했다. 고양이의 유연한 몸놀림과 밤이면 빛나는 눈 또한 악마에 대한 희생양이 되었다. 검은 고양이는 어둠과 의혹을 구체화시켰으며, 비이성적이고 설명할 수 없는 두려움을 나타내게 되었다. 또한 애드가 알렌 포우의 검은 고양이라는 소설은 고양이에 대한 이미지를 좀 더 나쁘게 만드는데 일조를 한 것도 사실이다. 하지만 외로운 사람에게 고양이는 좋은 친구이다. 이교도에게 사랑받았었다는 이유만으로 악마의 상징이 되어버린 검은 고양이. 하지만 그들은 고양이의 아름다운 특징이 좀 더 부각되었을 뿐이다.

(3) 고양이와 개의 차이점

개가 침대에 뛰어오르는 이유는 당신을 좋아하기 때문이고, 고양이가 침대에 뛰어오르는 이유는 침대를 좋아하기 때문이다. 고양이는 개보다 똑똑하다. 어느 누구도 고양이 여덟마리를 묶어서 썰매를 끌게 할 수는 없다. 고양이는 짖을 수 있다. 다만 하지 않을 뿐이다. 개는 당신에게 사랑하는 법을 가르치고, 고양이는 사는 방법을 가르친다. 당신은 개를 훈련시키지만, 고양이는 당신을 훈련시킨다.

- 개 : "사람들은 나를 먹여주고 사랑해주고, 쓰다듬어주고, 따뜻한 집을 제공해주고, 나에게 너무 잘해줘. 그들은 분명히 신일꺼야~"
- 고양이 : "사람들은 나를 먹여주고, 사랑해주고, 쓰다듬어주고, 따듯한 집을 제공해주고, 나에게 너무 잘해줘. 나는 분명히 신일꺼야."

Q & A

◎ 애완동물과 반려동물의 차이점은?
주인에 즐거움과 교감을 주는 목적으로 사육되는 동물을 애완동물이라 부르고, 사람과 함께 더불어 살아가는 동물을 반려동물이라 부른다. 애완동물이 장난감 소유와 같은 의미가 있다면 반려동물은 가족과 같은 동반자적 의미가 강하다.

◎ 개의 조상 동물은?
개의 조상은 마이아키스에서 진화되어 사이노딕티스와 사이데스머스를 거쳐 늑대로 진화하였고 이 후 오늘 날 개의 형태로 진화되었다.

◎ 개의 감각 중 발달된 것은?
청각과 후각이 발달되어 있으며 특히 후각이 예민하다.

◎ 초콜릿은 개에 해로운가?
테모브로민 성분이 중독의 원인이되 심장질환을 유발한다.

◎ 고양이는 밤에 눈에 불이 들어오나?
고양이는 어두운 곳에서 잘 볼 수 있음 망막에 반사판이 있어 어둠에서 빛이 반사되어 눈이 반짝인다.

알아두기

▶ 세인트버나드(Saint bernard)
동화 '폴란다스의 개', 조난 구조견, 산악지대 우유, 버터 운반견

▶ 항문낭(anal sac)
항문 양 옆에 있는 분비선으로 영역을 표시하는 냄새를 분비한다.

▶ 개 종합백신(DHPPL)
개 홍역, 개 간염, 개 감기, 개 파보장염, 렙토스피라 감염증과 같은 5종 병원체에 대하여 예방할 수 있다.

▶ 가정영역(Home Area)
다른 고양이의 출입을 허락하지 않는 배타적 영역

▶ 사냥역역(Hunting Area)
다른 고양이와 공유하는 공간

단원 학습 정리

1. 반려동물은 주로 개와 고양이가 많이 사육된다. 인류와의 만남이 인류 역사와 거의 함께한다고 할 만큼 인간과 반려동물로서 개와 고양이의 만남은 오랜 역사를 가지고 있다.
2. 반려동물은 어린이들에게 가족의 사랑을 대체할 수 있는 정신적 사랑의 대상이며, 노인들의 삶에 사회적, 심리, 정서적 효과, 신체적 긍정적 효과를 제공한다.
3. 개에서 파와 양파는 적혈구를 파괴시켜서 혈뇨와 빈혈을 유발한다.
4. 개 5종 종합백신은 개 홍역, 개 감기, 개 파보장염, 렙토스피라 감염증과 같은 5종 병원체에 대한 예방을 한다.
5. 중성화수술은 수컷의 경우에 정소(testis)를 적출하여 주는 것이고 암컷의 경우에는 난소와 자궁을 적출해주는 것이다.
6. 고양이들의 조상은 5000년 전의 리비아 살쾡이이며, 주요 반려동물이다.
7. 고양이 감감은 개보다 청각이 좋다.
8. 고양이 3종 종합백신은 고양이 범백혈구감소증(Feline panleukopenia virus, FPV)과 바이러스성 호흡기질환으로 고양이 바이러스성 비기관염(Feline viral rhinotracheitis, FVR), 고양이 칼리시 바이러스(Feline Calici virus, FCV)의 3개 질병에 대한 예방을 한다.
9. 개와 고양이는 모기가 매개하는 심장사상충에 대한 예방을 위해 예방약을 모기가 있는 계절에 먹여야 한다.
10. 고양이는 타우린이 필수적인 영양소로 결핍되면 심장의 심근병이 유발되기 때문에 반드시 타우린이 들어있는 고양이 전용 사료를 급여해야 한다.
11. 동물행동상담사는 반려동물의 문제 행동을 분석하고 행동교정을 수행한다.

쉬어가기

기록을 세운 고양이들

건강한 고양이의 경우 평균수명이 남자 고양이는 15~17년이며, 여자 고양이의 경우 17~19세이다. 그런데 여기 영국의 데본에 사는 조지 무어가 키운 여자 얼룩 고양이는 24년을 살다가 1957에 운명을 달리했다. 또 다른 얼룩 고양이 또한 데본의 미세스 홀웨이가 키우던 것으로 36세까지 살았다. 그러나 기록은 또 깨져서 '그램파렉스'라는 이름의 고양이는 현재 40세까지 살고 있는 것으로 그 지역 수의사에 의해 알려져 있다.

오스트레일리아의 퀸스랜드에 사는 토마스의 고양이 '히미'는 기록에 남아있는 고양이 중에 가장 크다. 1986에 그가 10살의 나이로 숨을 거두었을 때, 그의 몸무게는 21.3Kg이었다. 그의 목둘레는 38.1cm, 허리둘레는 83.8cm, 길이는 96.5cm이었다. 이는 초등학교 저학년 아이의 몸무게와 비슷하다. 개들도 꼼짝 못했을 것 같다. 호랑이로 착각했을지도 모르겠다.

미국 일리노이주의 카트리나, 스코트 부부의 고양이 '팅커 토이'는 이름만큼이나 귀여운 고양이었다. 그는 파란 눈의 히말리아-페르시안 고양이였습니다. 키는 7cm, 길이는 19cm였다.

영국 옥슨의 게인 교회에 살던 버마/샴 고양이의 기록으로 1970년에 한번에 17마리의 귀여운 아기 고양이를 출산했다.

영국의 조지 존스톤씨의 고양이 더스티는 1987년 30세의 나이에 그녀의 막내 고양이 2마리를 낳았다.

영국의 테이사이드의 그렌터레드 증류장에 살던 세가지 얼룩을 가졌던 고양이 '토우저'는 1987년에 24세의 나이로 세상을 떠날 때까지 총 28,899마리의 쥐를 잡았다. 이를 날짜로 나누어보면, 하루 평균 3마리의 쥐를 잡은 것이다.

1950년에 스위스의 제네바에 사는 조세핀 아우프덴블라텐의 늙은 고양이는 스위스 알프스의 마테호른 정상까지 등반가를 따라간 기록이 있다. 마테호른의 높이는 4498m이다.

제 8 장

동물의 행동
Animal behavior and Ethology

Ⅰ. 동물행동학의 연구
Ⅱ. 동물의 의사소통
III. 동물의 성행동과 짝지키기 행동
Ⅳ. 동물행동과 유발인자
Ⅴ. 동물행동상담사

동물과 사람의 행동을 연구하는 생물학의 한 분야를 동물행동학(ethology)이라 한다. 좁은 뜻의 동물행동학에서는 행동을 유발하는 원인과 그 반응으로서의 행동을 취급하고, 행동의 기능을 설명하는 경우가 많다. 또한 동물의 종에 따라 다른 행동을 비교함으로써 행동의 진화를 논한다. 동물행동학 연구는 야외나 실내를 불문하고 행동에 대한 관찰과 실험을 하기 위해 동물심리학, 동물생태학, 동물사회학, 감각생리학 등과 밀접한 관련을 가지며, 중복되는 부분도 많다.

I. 동물행동의 연구

학습목표

1. 동물행동학을 이해하고 설명할 수 있다.
2. 동물의 행동 특징을 이해하고 설명할 수 있다.
3. 동물행동학의 연구방법을 알 수 있다.
4. 동물행동의 결정 요인을 이해할 수 있다.

1 동물행동학의 정의와 역사

(1) 동물행동학의 정의

모든 동물은 먹을 것을 찾거나 신체 상태를 정상적으로 유지하려는 등의 행동을 함으로서 삶을 유지한다. 뿐만 아니라 동물에 따라 여러 가지 방법으로 번식함으로 그가 속하는 종의 영속성을 보장하는데 기여한다. 이와 같이 신체운동으로 나타나고 수반하는 활동을 '행동'이라고 한다. 행동이란 동물개체가 외계에 대응할 때 나타나는 모든 움직임을 말한다. 다시 말하면 행동은 동물이 살아가는 하나의 생활방식이다.

동물행동학(動物行動學, ethology)은 바로 동물의 행동을 연구하는 학문이다. 'Ethology'라는 말의 기원은 17세기까지 거슬러 올라가지만 정식으로 처음 사용된 것은 1854년 '생틸레르'에 의해서이다. 오늘날 동물행동학은 동물의 행동을 자연 상태에서 객관적으로 관찰할 것을 주창한 로렌츠와 틴버겐에 의하여 점차 확립되었다. 즉 동물행동학(動物行動學 ethology)은 관찰하고 있는 사실의 원인을 찾고 그것이 동물의 생존에 어떠한 가치를 발휘하는 가를 찾고 또 진화의 기원을 밝혀내려고 하는 것이다. 그러기 위해서는 동물을 자연환경 속에서 야생상태로 연구하는 것을 기본으로 한다. 동물행동학이란 동물의 행동양식과 특성, 행동양식에 영향을 주는 외부환경요인 사이의 관계를 규명하는 학문이다. 즉, 동물의 행동을 연구해서 각각의 행동의 의미를 탐구하는 학문을 동물행동학이라 한다.

동물과 사람의 행동을 연구하는 생물학의 한 분야를 동물행동학(ethology)이라 한다. 좁은 뜻의 동물행동학에서는 행동을 유발하는 원인과 그 반응으로서의 행동을 취급하고, 행동의 기능을 설명하는 경우가 많다. 또한 동물의 종에 따라 다른 행동을 비교함으로써 행동의 진화를 논한다. 동물행동학 연구는 야외나 실내를 불문하고 행동에 대한 관찰과 실험을 하기 위해 동물심리학, 동물생태학, 동물사회학, 감각생리학 등과 밀접한 관련을 가지며, 중복되는 부분도 많다. 동물행동학이라는 말은 1854년 프랑스 동물학자 '조프루아 생틸레르'가 만든 것인데, '생물의 본능·습성 및 그 밖에 일반적으로 나타나는 행동과 외부환경과의 관계를 연구하는 과학'이라고 정의하였다. 그러나 실제로 이 정의는 사용되지 않고, 동물행동학의 창시자들은 '동물행동학이란 행동에 관한 비교연구를 하는 과학이며, '다윈' 이후의 모든 생물학의 방법을 동물이나 인간의 행동에 적용함으로써 생겨난 것이다(K. 로렌츠)' 또는 '동물행동학이란 행동의 생물학적 연구이다(N. 틴버겐)'라고 정의하였다.

(2) 동물행동학의 역사

17세기 '데카르트'는 동물을 자동으로 움직이는 살아있는 로버트 기계에 비유했고 '뷔퐁'은 동물자신이 자신의 존재를 의식하고 감각기능을 갖고 기억한다고 보았다. 그는 인간과 동물의 차이는 본질의 문제라고 보았다.

20세기 초에는 동물행동학자들은 동물의 행동을 설명하데 동물을 자동적으로 몰고 가는 신비한 원리로써의 본능으로 설명했고, 이와는 반대로 미국의 '왓슨'과 '손다이크' 등 이른바 행동주의 심리학자들은 동물의 행동을 생리적으로 설명하려 하였다. 즉 그들은 행동의 기초를 반사에 있다고 믿었고 생득적인 행동의 존재를 부인했다.

미국의 '로브'는 동물의 행동을 신경을 통해 받은 자극에 대한 반응을 하는 '굴성'으로 설명하였다. 또 러시아의 '파블로프'는 동물의 행동을 거의 조건반사로 보았다. 이에 반하여 동물의 행동을 '자연상태'에서 '야생상태'로 관찰할 것을 '로렌츠'와 '틴버겐'에 의해 주장되었다. 즉 '실험실과 자연상태에서의 동물의 행동은 틀리다'고 보았다. 또 하나는 '하일만'과 '슈나일라'는 동물의 행동을 생득적인 행동과 학습을 부정하였다.

행동 자체는 예로부터 박물학자의 흥미를 끌었다. 그들은 여러 가지 동물의 행동에 관하여 기술하였으며, 그 중에는 의인적(擬人的) 해석이 첨가된 것도 있다. 이 시기의 연구자로는 '곤충기'를 저술한 '파브르'를 들 수 있다. 1871년 '다윈'은 인간을 포함한 진화의 연속성을 주장, 동물의 구조나 기능이 자연선택에 의해 진화했다는 것을 제시하였는데, 행동에도 역시 자연선택이 적용된다고 생각하고 그 비교연구의 중요성을 제시하였다. Ethology의 번역어로 전에는 '습성학'이라는 말이 사용되었는데, 그것은 그 시기까지 적합한 것이었다. 한편 행동에 관한 연구가 생물학의 한 분야로 인정된 것은 비교적 최근의 일이다. 1910~1920년대 영국의 '헉슬리'는 번식기의 새가 이성을 유인하는 행동은 하나의 신호시스템으로 되어 있으며, 신호효과가 큰 것을 선택하는 방향으로 자연선택이 작용한 결과라고 주장하였다. 독일의 동물학자 '하인로트'는, 새의 행동형은 생득적(生得的)으로 결정되어 있으며 동물의 분류군마다 고유의 행동형이 있다고 하였다. 동물행동학을 독립된 학문으로 확립한 사람들은 오스트리아의 '로렌츠', '프리슈', 네덜란드의 '틴버겐' 등이며, 1930~1960년대 연구결과를 발표하여 세 사람 모두 1973년 노벨생리학상을 수상하였다.

'파브르'와 같은 박물학자들은 자연의 야생상태에서 동물들을 정밀히 관찰하면서 본격적인 동물행동학의 첫 장를 열었으며 그 후에는 독일의 '하인로트'에 의한 '오리'를 대상으로 한 연구, 미국의 '휘트몬'에 의한 '비둘기'를 대상으로 한 연구, 영국의 '헉슬리'가 '논병아리'를 대상으로 한 연구를 통해 발전되었고 동물의 행동을 객관적으로 관찰할 것을 주창한 '로렌츠'와 '틴버겐'과 '프리슈'에 의하여 점차 확립되었다.

동물행동학의 주요 연구자들을 정해해보면 아래와 같다.

① 찰스 다윈 : 1809년에서 1882년 사람으로 진화론 이론을 정립
② 칼 폰 프리쉬 : 1886년에서 1982년 사람으로 꿀벌들이 꿀밭의 위치를 동료에게 전하는 행동을 발견
③ 로렌츠 : 1903년에서 1989년 사람으로 행동학의 창시자
④ 파블로프 : 1849년에서 1936년 사람으로 개에게 먹이를 제공했을 때의 타액분비의 연구로 먹이를 먹일 때마다 종을 울리게 하면, 결국에는 종소리만으로도 개가 타액을 분비하게 된다는 것을 증명(조건반사)
⑤ 스키너 : 1904년 출생으로 행동주의자라 불림.
⑥ 틴버겐 : 1907년 출생으로 '본능의 연구' 등의 저술로 유명
⑦ 제인구달 : 최근 잘 알려진 동물행동학자로 유인원의 행동을 연구

(3) 동물행동학의 분야

순수 생물학과 생태학적 측면에서는 동물행동학자에 의한 동물의 행동 관찰과 이해 연구를 하고 있고, 동물의 합리적 이용 측면에서는 동물자원과학, 수의학 분야에서 동물행동학을 연구하고 있다.

동물행동학의 분야를 알아보면 동물행동학은 다시 세분화되어 행동생태학, 사회생태학, 행동생리학, 행동유전학, 행동계통학, 행동발생학, 인간행동학이 있다.

(4) 동물행동학 연구의 결과

1) 로렌츠와 각인

로렌츠는 새의 생득적인 행동을 조사하였다. 회색기러기의 새끼는 부화 뒤 바로 걸을 수 있는데, 어미새 뒤를 따라가며 이동한다. 그러나 생후 1~2일 안에 처음으로 움직이는 사람이나 풍선을 보면 마치 어미새인 것처럼 뒤를 쫓아다닌다. 이것을 '각인(imprinting)'이라고 한다. 각인의 대상에 따라서는 교미상대를 선택할 때에도 나타난다. 로렌츠는 생득적으로 지니고 있는 고정적 행동형을 중요시하였다. 포란 중인 회색기러기가 둥지 밖으로 굴러나간 알을 부리로 제자리에 되돌려 놓는 행동은 고정적이며, 일단 행동하기 시작하면 외부 상황과는 독립적으로 일련의 행동이 끝나기까지 계속된다. 이것은 이 종에게 고유한 릴리서(releaser ; 解發因)이다. 어미새에게는 둥지 밖에 있는 알이 릴리서이다. 로렌츠는 동물행동학 연구 성과를 인정받아 1973년 노벨생리의학상을 수상 받았다.

그림 8-1. 각인(imprinting). 어미거위를 새끼거위가 쫓아가는 행위는 각인에 의함.

2) 틴버겐

릴리서와 고정적 행동형과의 관계는 '틴버겐'의 참가에 의해 더 실험적 방향으로 진행되었다. 여러 가지 모델을 만들어 형태・색깔・크기・위치 등을 바꾸어 조사한 결과, 회색기러기는 둥지 밖에 있는 자기 알보다 큰 모델알에 더 강한 반응을 나타내는 것(초정상자극)을 발견하였다.

틴버겐의 큰가시고기에 관한 생식행동의 연구도 유명하다. 큰가시고기의 수컷은 번식기에 배 부분이 빨개지고(婚姻色), 다른 수컷에 대하여 보금자리를 중심으로 세력권(territory)을 지킨다. 이 경우 빨간색은 공격을 유발시키는 촉진제 역할을 한다. 보금자리를 완성한 뒤, 수컷은 몸색깔을 바꾸고 헤엄쳐 오는 암컷에게 춤을 추어 보이며 보금자리 안에 알을 낳도록 유인한다. 이 춤은 지그재그로 이루어지며, 암컷과 수컷의 고정적 행동이 서로 연쇄적인 과정으로 진행된다.

틴버겐은 그 밖에도 참새목 조류의 새끼가 먹이를 갖다 주는 어미새에게 입을 벌리는 행동과 굴뚝나비의 교미행동 등 여러 가지 야외실험을 실시하였다. 로렌츠가 사색적・사변적인 데 비해 틴버겐은 실험적・실증적이었다.

3) 프리슈

'프리슈'는 꿀벌의 벌집 안에서의 커뮤니케이션을 조사하였다. 꿀이 있는 곳을 발견한 일벌이 집으로 돌아오면 원을 그리며 벌집위에서 춤을 춘다. 꿀이 있는 곳과 태양과의 수평각도의 크기는 일벌이 춤을 출 때 그리는 각도로 표시되며, 꿀이 있는 곳이 가까우면 빠른 속도로 춤을 춘다. 춤을 추는 벌 주위의 일벌들은 이 정보를 얻어 꿀이 있는 곳으로 출발한다.

4) 미국의 동물행동학 연구

한편 미국에서는 전혀 다른 측면에서 행동에 관한 연구가 실시되었다. 그것은 1913년 '왓슨'이 주장한 이후, 행동주의심리학에 바탕을 둔 것으로 행동과학이라고 불린다. 즉 '행동이란 학습의 산물이며, 본능에 의한 것이 아니다'라는 전제 아래 실험실 안에서 흰쥐에 관한 학습실험을 하여, 이를 기초로 인간의 심리를 이해하려고 하였다. 따라서 생득적 행동이 유전자 속에 프로그래밍 되어 있어 동물의 성장이나 계절 변화에 따라 나타나는 것이기 때문에 학습은 필요하지 않다고 주장하는 유럽의 동물행동학자(ethologist)와 학습을 중요시하는 미국의 심리학자들은 당연히 대립하게 되었다.

2 동물행동학 연구 이유

(1) 동물행동학에서는 무엇을 연구하나?

동물행동은 야외뿐만 아니라 실험실에서도 연구하고 있다. 자연에서 동물의 행동을 관찰하기도 하지만, 실험실에서도 자연과 같은 환경을 만들어 놓고 관찰도 하고 또 실험장치를 만들어 놓고 연구하기도 한다. 행동을 관찰, 기록하기 위해서는 무한한 인내뿐만 아니라 그들의 행동을 방해하지 않고 접근할 수 있는 주의력과 기술이 필요하다. 이런 작업을 위해 비디오로 녹화도 하고 또 사진을 찍어 분석도 한다. 뿐만 아니라 소리를 녹음하여 실험실에 가져와 분석을 한다. 소리 녹음하는 방법은 다시 소리를 동물에게 들려주고 동물이 그 소리에 어떻게 반응하는지도 연구한다.

동물행동에서 연구하는 대상은 동물이 먹이를 찾아내는 방법, 포식자로부터 피하는 방법, 그리고 몸을 숨기기 위한 방법, 이동방향을 알기 위한 항로결정, 동물 상호간의 구애행동이나 공격행동, 그들이 서로 어떻게 의사소통을 하는가에 대한 것들이다.
그밖에도 동물의 행동이 어떻게 해서 현재 볼 수 있는 모양을 취하게 되었는가, 즉 유전적 요인과 학습적 요인을 포함한 행동의 진화, 행동의 발생 등을 연구한다. 그리고 동물의 사회적 행동도 흥미 있는 분야이다. 종의 사회구조, 예를 들어 일부다처제인가 혹은 일부일처제인가를 연구하기도 한다. 그리고 이들의 서열제를 알아보는 것도 이런 사회구조를 연구하는데 도움이 된다.

(2) 왜 동물행동을 연구하나?

동물들은 다양하게 인간생활에 영향을 주고 있다. 그들의 행동을 이용하여 사냥을 하기도 하고 또 해충이나 해로운 동물을 박멸 혹은 수를 줄이는 방안을 수립한다. 또 동물행동의 연구를 통해서 인간에게 유익한 동물로도 만든다. 가축동물을 이해하는 것은 동물행동을 연구하는 사람들에게 있어 중요하고 유익한 일이며 나아가서 그들로부터 최고의 정보를 끌어내고, 그들이 쾌적한 생활을 보낼 수 있도록 배려하는 데도 도움이 된다.

동물행동의 연구는 자연보호의 관점에서도 아주 중요하다. 여러 가지 서식환경이 인간의 개발로 인해 놀라운 속도로 파괴되어 가고 있으며, 그에 수반하여 점점 많은 종이 멸종위기에 처해 있다. 그들의 생태와 행동에 대한 자세한 이해에 의해서만 개체군의 보호나 관리가 확실히 가능해지기 때문이다.

동물행동학의 응용 분야는 동물자원 분야, 수의학 분야, 초지학 분야 등에서 동물행동학적 지식을 활용하여 이용하고 있다.

1) 동물자원분야

① 산업동물, 반려동물에 응용
② 동물관리시스템의 개발로 합리적 사육관리가 가능
③ 동물복지에 도움

2) 수의학분야

현대 사회는 개와 고양이와 같은 반려동물이 증가하고 있는데 동물행동학을 응용하여 동물의 진료에 도움이 되며 진료시 안전성이 향상되고 치료에 도움을 받는다. 즉, 동물행동학은 동물들이 행동하는 이유를 이해하게 함으로서 수의사와 주인이 동물의 상태를 조금 더 잘 알게 되고 수의사는 진료와 치료에 도움을 받으며 주인은 동물을 건강하게 키우는데 많은 도움을 받을 수 있다. 이와 같이 동물행동학은 반려동물과 인간의 공존에도 도움이 된다.

외국의 경우에 비정상적인 행동을 보이는 동물의 행동 교정은 동물행동학을 전공한 전문가들이 개설한 동물행동치료센터에서 행동의 교정이 이루어진다고 한다. 국내의 경우에 훈련사들에 의하여 행동 교정이 이루어지는 TV 프로를 보게 되는데 자칫 동물행동에 대한 이해 없이 반복적인 체벌과 상에 의하여 행동을 교정하는 방법으로 동물복지가 침해당하고 있다는 우려가 제기되고 있다. 이러한 이유로, 국내에서도 동물행동상담사 자격을 운영하여 반려동물의 문제 행동을 교정하는 역할을 하고 있다.

3) 초지 이용 분야

소와 같은 가축의 방목 사육 시 무리행동의 관리와 초지, 즉 먹이가 되는 목장 사료 풀의 지속적 유지가 필요한데, 동물행동학은 방목하는 가축의 초지 이용 행동 특성을 잘 파악하면 효과적인 관리 방안을 수립할 수 있도록 도움을 줄 수 있다.

3 동물의 행동 결정 요인

(1) 본능과 학습

유럽의 동물행동학자들과 미국 심리학자 사이에 '행동은 본능이냐 학습이냐'라는 논쟁이 시작되었다. 단, 유럽의 동물행동학자들은 선천적으로 지닌 행동을 생득적 행동이라 부르고, 본능이라는 말을 사용하는 것을 피하고 있었다. 후천적으로 배운 행동, 즉 학습이 행동에 영향을 준다는 것은 인간의 행동을 보면 쉽게 알 수 있다.

이 논쟁은 이윽고 새의 노래(지저귐)에 관한 연구로 결말을 보게 되었다. 참새목 새들의 수컷은 종류에 따라 번식기에 특유한 노래를 지저귄다. 이 노래는 일반적으로 동성(同性)에게는 세력권 선언이고, 이성(암컷)에게는 유인한다는 뜻이 있는 것으로 보고 있다.

노래가 생득적인가 학습의 결과인가를 알기 위해서는 인공부화한 새끼의 수컷을 격리시켜 사육한 뒤, 어른 새가 되었을 때 지저귀는 노래를 조사하면 된다. 단순한 노래를 지저귀는 뻐꾸기·닭·비둘기 등은 종의 특유한 노래를 지저귀지만, 복잡한 노래를 가진 청머리회색되새나 흰머리멧새는 종의 특유한 노래를 지저귀지 못하였다. 격리중인 새끼에게 다른 새의 노래를 들려주자 탁란조(托卵鳥)인 천인조는 그것과 비슷한 노래를 지저귀게 되었지만, 청머리회색되새나 흰머리멧새는 그것을 배우지 못하였다. 조금 배운 부분은 같은 종류의 노래와 똑같은 부분뿐이었다. 어미새에 의해 어느 기간 동안 자라난 뒤에도 흰머리멧새 새끼의 고막을 실험적으로 파괴하면 올바른 노래를 지저귀지 못한다.

이들 실험에서 캘리포니아 공과대학의 고니시 마사카즈는, 발육 초기 감수성이 높은 시기에는 같은 종류의 새의 노래를 들어 그 틀을 익히고 어른새가 된 뒤부터는 자기 지저귐을 귀로 들으면서 노래를 완성해 간다고 결론지었다. 즉, 복잡한 지저귐은 학습에 의한 것이지만, 자기와 같은 종의 노래를 선택적으로 받아들이는 점은 생득적인 것이다.

'본능이냐 학습이냐'라는 양자택일의 문제가 아니라, 대부분의 행동이 다양한 비율로 양자가 뒤섞인 것이라 생각된다. 그러나 그 동물이 선천적으로 지니고 있는 학습적 소질이 존재하므로 그 범위 내에서만 학습이 이루어진다. 이 학습에 의해 성장·발육 단계가 일상생활의 환경변화에 대응하여 행동을 변화시키게 되므로 매우 적응적인 것이라 하겠다.

(2) 동물행동의 분류

1) 사회성에 의한 분류

동물행동을 사회성에 의하여 분류하면 개체유지행동과 사회행동으로 나누어 볼 수 있는데, 개체유지행동은 먹이 먹기, 물 마시기, 휴식과 수면, 배설, 호신, 몸단장, 탐색 의 행동을 말한다. 사회행동은 구애, 성, 공격, 세력권, 방어, 무리, 모성, 놀이 등의 행동이 해당된다..

2) 지식의 습득에 의한 분류

① 선천적 행동

출생부터 하는 행동으로 학습 경험 없이 유전정보에 의한 본능적 행동이다. 예를 들어 아기가 아프거나 배고프거나 할 때 우는 행동이나 동물 출산 시에 안전한 곳을 찾는 행동, 포유류 새끼가 본능적으로 어미젖을 찾는 행동 등이 이에 해당된다. 뻐꾸기는 선천적 행동으로 학습 없이 탁란 행동을 하는데, 탁란이란 남의 새 둥지의 알을 밀어 떨어뜨리고 자신의 알을 낳아 남의 새가 자신의 알을 품어 부화되고 돌보도록 하는 행동이다. 이 때 부화한 뻐꾸기 새끼는 품어준 새 종류 알보다 일반적으로 먼저 부화되어 성장하는데 학습하지도 않았는데도, 선천적으로 다른 새의 알을 밀어 떨어뜨리고 다른 새 어미가 자신의 새끼로 알고 가져다주는 먹이를 배불리 받아먹는다.

② 학습행동

태어나서 후천적으로 습득한 행동으로 일란성 쌍둥이의 차이를 예로 들 수 있다. 태어날 때 똑같은 유전 배경을 가지고 있어도 환경차이, 학습의 차이에 의하여 성장하면서 성격이나 개성이나 외모가 차이가 나게 된다. 비둘기 학습행동측정실험의 결과 비둘기는 다양한 여러 모양 도형 비추고 특정 도형 부리로 찍을 때 모이 제공하는 것으로 경험이 누적되면 모이를 자주 먹을 수 있다. 이러한 실험을 통하여 동물도 학습에 의하여 행동을 배우게 된다는 것을 증명할 수 있다.

③ 조정행동

변화하는 환경의 자극에 변화해서 행동을 조절하는 것으로 예로서 계절에 따라 먹이를 변화하는 행동을 들 수 있다.

④ 공격행동

위협, 물리적 압박, 상대방을 제압 격퇴하는 행동으로 순위서열 결정. 세력권 형성, 먹이를 먹을 때, 공포감을 느낄 때, 짝짓기의 경우 암수 불화 경우, 배가 고프거나 피로할 때 등에 나타날 수 있다. 수컷의 공격 행동은 짝짓기시기에 자주 발생하는 현상이다. 공격에서 이긴 수컷이 암컷을 차지하게 된다. 힘이 세고 우성인 개체가 유지되어 종족이 번식할 수 있도록 자연선택의 법칙 중 일부로도 볼 수 있다. 사람에 의하여 필요한 품종을 개량하는 육종은 다른 측면에서 보면 자연선택의 법칙을 무시하고 사람의 입맛에 맞는 개체를 선택 번식하는 방법으로 볼 수 있다. 먹이 사냥을 할 때 공격행동을 또한 볼 수 있다.

⑤ 이상행동

공간적 스트레스에 의한 이상행동은 복합적 요인이 작용하여 연구의 어려움을 경험하게 되는데 영향요인으로는 고밀도사육, 사육군대규모화, 운동부족, 심리적, 유전적 요인이 작용한다. 카니발리즘은 동물의 대표적 이상행동이다. 공포에 의한 이상행동은 위험에 처하게 될 상황에서 느끼는 감정의 반응으로 회피, 방어 행동으로 볼 수 있다. 이미 인지하고 있는 대상이나 상황에 의해 일어나는 것으로 알려져 있다. 불안에 의한 이상행동은 불쾌한 감정적 반응에 의한 것으로 낯선 환경, 알지 못하는 상황에 의한 것이다. 예를 들어 처음 동물병원 내원시 동물은 불안에 의한 이상행동을 보일 수 있고 두 번째 내원 시 첫 내원 시 받았던 주사나 수술 등에 의한 기억에 의한 공포에 의한 이상행동을 보일 수 있다.

4 동물행동의 특징

동물은 식물과 달라 그 행동에는 특징이 있는데 다음 3가지로 나눈다.

1) 한 개체가 나타내는 행동

이동방법과 항행술(연어의 회유, 철새의 방향 선정), 먹이 취득방법, 놀이, 도구 사용, 생물리듬(활동주기 · 생물시계) 등이 있으며, 생활의 모든 부분에서 나타내는 행동이 동물행동학의 대상이다.

2) 복수의 개체가 나타내는 사회행동

공격행동 · 털형성 · 번식행동이 포함된다. 공격행동에 의해 세력권제나 순위제가 인정되는 경우도 많다. 사회행동과 사회조직의 연구는 동물사회학(사회생물학)과 중복되는 부분이 많다. 번식기에는 동일한 종의 수컷과 암컷의 만남 · 구애 · 교미 · 새끼보육 등 일련의 번식과정이 진행된다. 이들 번식행동에는 다른 시기에서 볼 수 없는 독특한 커뮤니케이션이 나타난다. 독특하고 화려한 몸짓, 소리, 냄새 등이다. 번식행동은 종족을 유지시키는 것인 만큼 종마다 특유한 형태를 가지며, 근연종만이 조금 다를 뿐이다. 그러므로 이것들은 고전적 동물행동학의 대상으로, 또는 행동의 비교에 의해 행동의 진화를 논하는 재료로 취급되는 경우가 많다.

3) 다른 동물과의 사이의 행동

나비와 나방의 날개, 물고기의 체표에 있는 둥근무늬의 위협적인 효과, 벌의 황색과 검은색 줄무늬의 경계색, 의태(擬態)를 이루는 종과 모델종과 포식자의 행동, 포식자로부터의 도피행동, 먹이를 발견하는 포식자의 행동, 경계성(警戒聲)에 반응하는 새들의 행동, 뻐꾸기의 탁란, 종사이의 세력권 등이 있다.

그 밖에 동물행동학의 대상으로는 발육이나 성장에 수반되는 행동의 발달, 감각기를 위주로 하는 신경계와 행동의 발현메커니즘과의 관계, 행동에 있어서 호르몬의 영향 등에 관한 연구가 있다. 이들 연구는 생리학과 밀접하게 결부되며, 중복되는 부분도 많다. 이와 같이 동물행동학은 인간을 포함한 모든 동물의 여러 가지 행동을 대상으로 하며, 연구방법도 매우 다양하다. 또한 각 연구 분야가 동물행동학의 작은 분과로서 확립되지 못하여 학문 체계가 아직 정비되지 않은 상태이다.

5 동물행동학의 접근 방법

동물 행동을 관찰하고 이해하기 위해 동물행동학자들이 이용하는 동물행동에 대한 접근법을 알아보면 행동학적 접근법과 경험적 접근법, 생리학적 접근법으로 분류할 수 있다.

1) 행동학적 접근법

행동학적 접근법은 동물학의 전형적 연구방법으로 야생동물의 주변 환경 적응 동물들의 행동 파악, 동물의 생존과 번식 등을 알 수 있다.

2) 경험적 접근법

경험적 접근법은 체험과 경험을 통한 행동 연구로 예를 들어 아래와 같은 것들이 있다.

① 거위가 출생 시 처음 보는 개체를 어미로 각인하는 것
② 시행착오 경험을 통한 행동의 습득
③ 순화, 가축화, 길들이기를 통한 행동의 습득
④ 안내견, 청각도우미견, 인명구조견 등과 같은 훈련의 경험을 통한 행동 습득

3) 생리학적 접근법

신체 내부 여러 기관들에 의한 제어 조절과 행동과의 관련성을 연구하는 것이다. 생리학적 접근법은 신경계나 호르몬 등이 행동에 미치는 영향이나 행동조절을 연구하는 것으로 예로는 파블로프 실험에서 증명한 조건반사와 중성화 동물들의 행동 변화 등의 예가 있다. 파블로프에 의한 실험은 먹이를 줄 때마다 종을 쳐주었을 때 먹이를 주지 않고 종을 쳐도 침의 분비가 증가하여 조건에 의한 반사가 일어난다는 것을 증명한 실험이다. 이와 같이 동물행동학의 연구는 생리학적 연구와 같은 접근법을 통하여 동물행동을 이해할 수 있다.

6 동물행동학 연구의 실제

독일의 '칼 폰 프리슈' 박사는 교수생활 전부에 걸쳐서 꿀벌에 대하여 연구를 한 결과 꿀벌의 행동이 그 당시 동물(특히 곤충류)에 대한 생각 즉 동물체 전 생애의 행동이 자극에 대한 단순한 반사와 본능이 전부라는 동물과 인간은 정도의 차이가 아니라 본질의 문제(기계론, 본능론)라고 설명되던 것을 동물체도 정도의 차이지만 후천적인 행동을 할 수 있다는

것을 알아내 그 당시 '로렌츠'와 '틴버겐'과 현대 동물행동학의 시초를 마련한데 그 의의가 있다고 보인다.

'준자연(準自然) 상태에서 관찰' 방법은 프리슈에 의해 사용한 방법으로 '프리슈' 박사는 꿀벌을 대상으로 연구한 방법이다. 동물을 사육하되 넓은 면적에서 사육하여 최대한 자연 상태를 유지하는 방법으로 연구를 하였다.

아래 '프리슈' 박사의 꿀벌을 대상으로 연구한 내용과 결과의 해석 방법을 보여주고 있다.

(1) 프리슈 박사의 실험

1) 실험 1

'프리슈' 박사는 꿀벌들이 항상 자기 벌통으로 돌아오는 것을 보았다. 꿀벌들이 항상 자기 벌통으로 돌아온다는 가정 하에 그는 이를 확인하기 위해 꿀벌의 등 부분에 페인트칠을 하여 놓은 결과 페인트칠한 벌은 항상 자기 벌통으로만 돌아오는 것을 알았다.

2) 실험 2

자기 벌통으로만 돌아온 페인트칠한 벌을 관찰한 결과 즉시 꽃가루를 놓은 다음에 일정한 모양의 춤을 추는 것을 관찰하고 대부분의 벌들이 이 벌의 춤을 보고 나가는 것을 보고 그는 일정한 모양의 춤이 먹이와 관계가 있음 가정하여 먹이의 거리와 벌통의 거리를 변화시켜보니 춤의 모양이 2가지로 변화되는 것을 관찰하였다.

- 먹이가 100m 이내에는 ---------- 원형춤
- 먹이가 100m 이상에는 ---------- 꼬리춤

3) 실험 3

꼬리 춤의 경우 자세히 관찰한 결과 꼬리 춤의 속도가 매일 변하는 것을 보아서 춤 속도와 먹이와의 거리가 관계가 있다는 가설을 설정하고 먹이와 벌통간의 거리를 측정한바 다음과 같은 자료가 나왔다.

거리가 가까울수록 꼬리 춤의 속도가 빨라지는 것을 알 수가 있었다. 거리에 따라 회전수가 달라지는 것을 알았다

4) 실험 4

꼬리 춤의 경우 자세히 관찰한 결과 꼬리 춤의 방향이 태양의 위치에 따라 변화는 것을 관찰하고 이는 먹이의 방향과 관계가 있다고 가정을 하고 춤추는 벌통주위에 태양을 가로

막으니 춤을 추지 않았고 다시 가로막은 것을 걷으면 춤을 추는 것으로 보아 태양을 중심으로 먹이와 벌통을 일정한 각도로 추는 것을 보았다 또한 이것이 시간에 따라 수정을 가해서 춤을 추는 것을 알았다.

이러한 페인트를 칠한 정탐 벌의 행동을 보고 대부분의 다른 벌들이 이 춤을 해석하고 먹이가 있는 곳으로 가는 것을 볼 때, 이 춤은 선천적인 것이나 아무 의미 없는 행동이 아니라, 후천적인 경험의 획득형질에 의해 얻어진 것을 알아냈다.

또한 이 춤으로 정탐벌이 다른 벌들에게 의사를 표현하면 다른 벌들은 이를 해석하고 습득한다는 것을 알아냈다. 이것은 명백한 후천적으로 일어난 행동임을 밝혀냈다.

이에 프리슈는 후천적인 행동이 가능하다면 인공적으로 학습(學習)훈련을 시킬 수 있다는 가정을 설정하여 푸른 종이 위에 설탕물을 넣은 접시로 푸른색을 기억시킨 후에 설탕물을 넣은 접시를 빼도 다른 색으로 가지 않고 푸른색으로만 모여드는 것을 보았다.

이 발표로 인해 로레츠 박사의 각인(刻印), 파블로프 박사의 조건반사(條件反射) 등의 동물들의 후천적 학습에 대한 이론의 기초를 제공했다. 이는 벌과 같은 동물의 행동은 선천적으로 단순한 반사와 본능 만이라고 생각했던 당시의 사상을 뒤엎고 제한된 범위에서 동물도 자극에 대해 판단하고 기억해서 후천적으로 다르게 적응이 가능하며 이것이 환경에 적응하고 나아가 진화의 한 방법도 될 수 있다는 획기적인 사실을 발표했다.

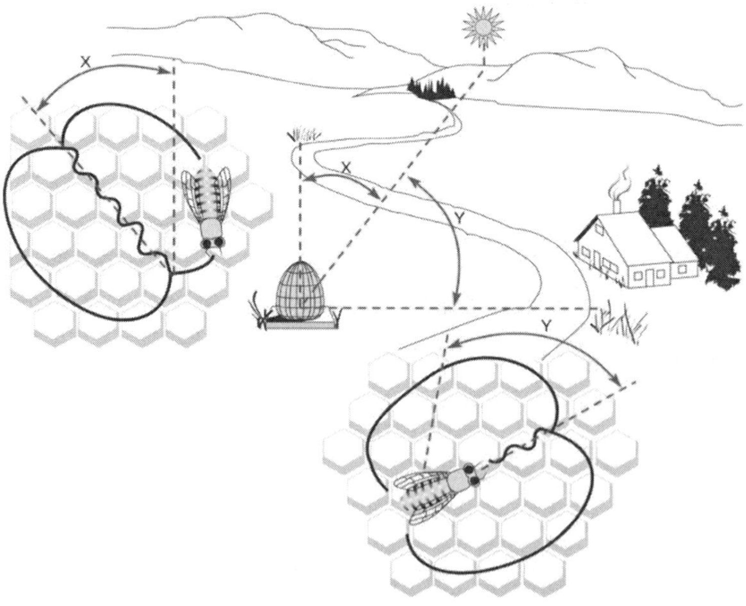

그림 8-2. 프리슈 박사의 꿀벌 행동 관찰 연구

(2) 동물행동학의 연구 방법

동물행동학 연구방법으로는 비디오로 녹화하여 분석하는 방법, 사진을 찍어 분석하는 방법, 소리를 녹음하여 분석하는 방법, 소리 등의 자극에 대한 반응을 분석하는 방법 등이 이용되고 있다.

동물행동학에서 연구하는 대상을 알아보면, 동물이 먹이를 찾아내는 방법, 포식자로부터 피하는 방법, 몸을 숨기기 위한 방법, 이동방향을 알기 위한 항로결정, 동물의 사회적 행동, 종의 사회적 구조, 서열제 연구 등이 있다.

1) 자연상태에서 관찰

주로 '틴버겐'이 갈매기를 대상으로 연구한 것에 의해서 주창되었다. '배렌쯔'는 어류를 대상으로, '살러'는 고릴라를 대상으로, '발터'는 영양을 대상으로 연구하였으며, 이러한 방법은 동물행동설명에 이상적이나 시간과 경제 등의 관점에서 비효율적인 것으로 알려져 있다.

2) 준자연 상태에서 관찰

'로렌츠'와 '프리슈'에 의해 사용한 방법으로서, 동물을 사육하되 넓은 면적에서 사육하여 최대한 자연상태를 유지하는 것이다. 사람과 접촉이 빈번하므로 완전 순수한 자연상태는 아니라고 할 수 있다.

3) 포획상태

포획상태로 연구하는 것으로서, 어류, 양서류, 파충류 연구에 쓰인다. 자료가 빈곤하다는 단점이 있다. 자연상태에서 관찰의 보조방법으로 사용된다.

4) 제인 구달의 방법

아프리카 침팬지 연구할 때의 방법으로 구성원의 일원이 되어 연구를 하는 것이다. 현재까지 최상의 연구방법으로 알려져 있다.

그림 8-3. 제인구달 박사와 침팬지

7 최근의 동물행동학

동물의 행동을 자연상태에서 야생상태로 관찰할 것을 로렌츠와 틴버겐에 의해 주장된 후에(본능의 연구) 조류학(鳥類學), 곤충학(昆蟲學), 포유동물학(哺乳動物學)을 통해 반사(反射), 본능(本能), 학습(學習)으로 발전되었고 현대 동물행동학은 동물의 사회성(社會性)과 그것을 일으키는 물질 및 표현수단을 연구하는 신경생리학적(神經 生理學的)인 것으로 발전되었다.

'로렌츠'나 '틴버겐'의 고전적 연구로 대표되는 동물행동학의 방향은 급격히 쇠퇴하고 있으며, 현재 동물행동학은 2가지 방향으로 분극화되고 있다.

하나의 방향은 신경생리학과 관계되는 분야로 '신경행동학(neuroethology; 뉴로이솔로지)'라는 말이 쓰이고 있다. 많은 요소를 포함한 야외관찰이나 야외실험으로부터 실내로 동물을 끌어들여 제어된 조건하에서의 행동표현을 유발시켜 체내의 메커니즘, 블랙박스라고 불리는 뇌의 작용에 대한 해명이 진행되고 있다.

또 하나의 방향은 사회생물학과 행동생태학이 포함된 분야이다. 이들은 주로 야외관찰에 기초를 두고 행동을 해석한다. 사회생물학은 미국의 곤충학자 윌슨의 저서 '사회생물학(sociobiology, 1975)'을 발간으로 하여 비약적인 발전을 하였다. 그는 '사회생물학이란 모

모든 사회행동을 생물학의 입장에서 체계적으로 연구하는 것이다'라고 정의하였다. 사회성 동물이라고 불리는 집합성 동물의 혈연선택이나 이타적 행동의 진화를 개체수준의 적응으로 설명하는 점이 종래의 동물사회학과는 다르다. 행동생태학은 행동에 관한 해석을 통하여 동물생태의 법칙성을 발견하는 것이다. 윌슨에 의하면 동물행동학은 신경행동학과 사회생물학이나 행동생태학을 결부시켜 포괄하는 학문이라고 하였으며, 점차적으로 고전적 동물행동학이 쇠퇴할 것이라고 예측하였다. 그러나 동물의 행동관찰에서 연구소재를 발견하는 고전적 동물행동학의 연구방법은 분극화되고 있는 최근에 넓은 뜻의 동물행동학에서도 필수적인 연구방법의 하나라 하겠다.

현재 행동이 자세히 밝혀진 동물의 종 수는 매우 적다. 그나마 척추동물에 대하서 가장 많은 지식이 알려진 셈이고 무척추 동물에서는 곤충이 가장 많이 연구되었으며 특히 사회성 곤충들(개미, 꿀벌)이 가장 잘 알려져 있다.

II. 동물의 의사소통

학습목표

1. 청각에 의한 동물의 의사소통에 대해 알 수 있다.
2. 시각에 의한 동물의 의사소통에 대해 알 수 있다.
3. 후각과 페르몬에 의한 동물의 의사소통을 이해할 수 있다.

1 동물의 의사소통

(1) 청각에 의한 의사소통

동물의 의사소통은 시각과 청각신호 주로 의존하는데 그 중 청각과 발성에 대하여 알아보면 청각 발달은 개, 고양이가 사람보다 훨씬 월등하다. 동물은 또한 음성 이외의 소리로 의사전달 수단을 하기도 하는데 말 앞다리 땅 두드리기, 돼지 이갈기, 소 콧소리, 조류 깃털 털기 등이 있다.

또한 동물은 울음소리로 의사표현을 할 수 있는데 발정 시 또는 위협이나 새끼 부르기 등에 의사표현으로 울음소리를 이용하며 이를 이용하여 일본에서는 개 통역기가 개발되어 다양한 개의 발성을 사람의 말로 번역하는 기계가 나오기도 하였다.

(2) 시각에 의한 의사소통

시각에 대하여 알아보면 주간 활동형 동물이 야간 활동형 보다 시각 의존도가 높고 돼지〉양〉소〉개〉말 순으로 시력이 좋다. 개 시각은 사람의 색맹에 해당되며, 농도 차이에 둔감하다. 반추동물은 장파장 색을 잘 인지하는데 이를 이용하여 투우의 경우에 빨간색 망토를 사용한다.

동물의 의사소통으로 시각의 예로는 말의 위협 행동은 귀를 뒤로 빼는 자세를 보이고 발정 암고양이는 교미허용을 행동으로 보여 시각 정보로서 의사전달을 한다.

(3) 후각에 의한 의사소통

동물의 의사소통의 방법으로 냄새가 있다. 후각과 냄새 묻히기는 동물의 중요한 의사 전달 수단이 된다. 동물의 분비물, 페르몬 등이 같은 종의 동물의 후각을 자극하는데 이러한 냄새는 상당기간 지속될 수 있다.

냄새는 성행동, 새끼 식별에 냄새가 관여하기도 하는데 쥐 사육 시 어미의 오줌을 묻혀 카니발리즘이 감소되고 동료식별의 방법으로 사용되기도 한다.

영역표시 방법으로서 수컷 개는 낮 선 장소에 배뇨를 빈번히 여러 곳에 하여 오줌 냄새를 묻히기를 하고 수고양이는 배뇨를 스프레이처럼 하여 냄새를 묻혀 영역을 표시한다.

천적의 냄새는 도피를 유발하는데 쥐는 고양이의 냄새를 맡게 되면 본능적으로 도망을 가게 된다. 영역 표시를 하기 위하여 분변이나 오줌의 냄새를 주변 환경에 묻혀 동종 동물의 경쟁을 피하려 하는데 이러한 냄새는 천적에게도 영향을 주어 천적의 냄새를 맡고 도피를 하게 된다. 이를 이용하여 일부 농가에서는 동물원의 호랑이 분변을 수거해서 농작물 주변에 뿌려 멧돼지나 산짐승들로 부터 농작물 피해를 줄여보려 시도한기도 한다.

동물의 의사소통 방법으로 냄새에 의한 것으로 페르몬이 있다. 페로몬이란 특정 동물이 분비하는 분비물로서 냄새를 유발하여 성적 행동이나 생리적 변화를 유발하는 물질이다. 주로 페르몬은 성적 유혹과 암수, 발정기 등을 인지하게 하여 이성을 유혹하여 종족보전을 위한 교배가 이루어 질 수 있도록 한다. 페르몬은 냄새로서 코에 있는 후각신경에 인지되어 뇌 후각중추를 자극하여 이성을 유혹하는 것으로 밝혀져 있는데 뇌 후각중추는 동물이 잘 발달되어 있다. 이런 이유인지 사람에서는 아직 효과 있는 페르몬은 보고되어있지 않다. 현재까지 사람에서 효과 있는 페르몬은 발견되어있지 않다. 즉, 고가의 페르몬 향수를 구입하여 사용하여도 별다른 기대효과를 얻기 힘들다는 이야기이다. 본인의 장점을 개발하여 보여주는 것이 사람에서는 이성에게 매력적으로 보이는 가장 강한 페르몬 효과를 얻을 수 있을 것이다. 일부 동물에서는 페르몬 자극을 받은 이성의 동물이 잇몸을 들어 올리고 우는 특이한 모양의 행동을 하는데 이를 플레멘 행동이라 합니다.

III. 동물의 성행동과 짝지키기 행동

학습목표

1. 동물의 성행동에 대해 알 수 있다.
2. 동물의 짝지키기 행동에 대해 이해할 수 있다.

1 동물의 성행동

(1) 성의 분화

발생기에 암수 생식기 발생이 일어난다. 발생기 성분화는 호르몬의 지배를 받는데 androgen, testosterone에 의하여 태아는 수컷화가 되고 estrogen에 의하여 암컷화가 된다. 중성화 수술 영향으로 호르몬 배출이 억제되고 교미 행동이 억제될 수 있다. 동물에서는 프리마틴이라는 현상이 있는데 쌍생아의 경우에 암컷 태아는 열성인자를 타고나오는데 수컷의 testosterone 영향으로 쌍생아 암컷은 생식기 기형과 수컷 행동을 하게 된다.

(2) 동물의 성성숙

성성숙의 기전은 시상하부 – 뇌하수체 – 생식선의 상호작용에 의하여 분비되는 번식호르몬의 지배를 받는다. 성성숙에 미치는 요인으로는 체구가 작은 동물이 성성숙이 빠르고 교잡 잡종은 성성숙이 빠르며 동물의 유전적 요인이 성성숙에 영향을 미치는 것으로 알려져 있다.

(3) 짝짓기 전략

자연선택에 의한 적자생존의 원칙에 의하여 경쟁력이 떨어지는 종은 지구상에서 멸종해왔다. 멸종의 위협으로부터 자신의 종을 지켜나가기 위해 선택할 수 있는 전략은 자신의 자손을 많이 퍼뜨리는 것이다. 이를 위해 암컷은 발정이 나서 배란이 되는 기간을 놓치지 않기 위해서 시끄럽게 울부짖거나 외부 외음부 종창과 페르몬 분비 등을 통해 적극적으로 임신을 할 수 있는 기간임을 수컷에 알리려 한다. 이러한 행동을 발정행동이라 한다.

발정행동에 자극 받아 모여든 수컷들이 배란기 암컷을 차지하기 위해 싸움을 하는 것도 멸종위협을 극복하려는 본능적 행동의 하나인 것이다. 자연환경에서 생존에 유리한 강한 유전자를 가진 자손을 퍼뜨리기 위해서 힘이 센 수컷의 정자를 받으려는 전략이 수컷들의 싸움에 의한 선발제도인 것이다.

멸종위협에 대한 자손을 퍼뜨리는 전략에 있어서 암컷과 수컷은 다른 전략을 가지고 있다. 이는 해부생리학적 차이가 근본적으로 암컷과 수컷에 차이가 있기 때문이다.
암컷은 배란되는 난자의 수자 제한되어 있다. 예를 들어 개의 경우를 살펴보자. 암캐는 통상적으로 1살부터 7살까지 배란을 년 2회 할 수 있는데, 평균 배란 난자수가 4개라 할 때, 일생동안 배란되는 난자의 수는 4개 / 회 × 2회 × 6년 = 48개로서 일생동안 12번의 임신기회가 있으며, 총 48개의 난자를 배출할 수 있다. 반면 수캐는 1회 수십만개 이상의 정자를 배출하며, 1살 이상 성견은 7살까지 잡는다고 하더라도 셀 수 없이 많은 정자를 수시로 배출할 수 있다.

이러한 해부생리학적 차이 때문에 암컷과 수컷의 자손을 퍼뜨리는 전략에 차이가 난다. 암컷은 제한된 임신의 기회를 놓치지 않으려 발정행동을 과장하여 수컷에 임신가능기간을 선전하며 다닌다. 배우자를 선택할 때는 소중한 임신의 기회에 생존 가능성이 높은 강한 유전자를 가진 개체의 정자를 받기 위해 노력한다. 즉, 임신할 수 있는 회수가 제한되어 있기 때문에 후손을 만드는데 관여하는 배우자의 유전자는 우수한 개체의 것을 받으려 노력하는 전략을 구사한다.

반면 수컷은 무수히 많은 정자를 수시로 퍼뜨릴 수 있는 신체 구조를 가지고 있기 때문에 암컷과 달리 고르지 않고 기회만되면 정자를 퍼뜨리려 한다. 자신의 유전자를 가진 후손들을 지구상에 많이 퍼뜨리려는 것이 수컷의 전략이고, 이러한 전략 때문에 모든 동물의 수컷들은 바람둥이인 것이다.

사람의 경우에도 이러한 동물의 암수간 씨 퍼뜨리기 전략의 차이는 유사하다. 남자는 수컷 동물과 마찬가지로 기회만 되면 주변 여자들에 관심을 가지고 기회만 주어지면 임신을 시키려 한다. 이러한 바람기는 동물행동학적으로는 당연한 씨퍼뜨리기 전략인 것이다. 그러나 사람은 동물과 다르게 윤리와 법을 가지고 있고, 이러한 제도와 본인의 이성으로 동물의 본성인 씨퍼뜨리기 전략의 유혹을 이겨내려 노력한다.

사람의 여자는 암컷 동물의 경우와는 많이 다른 양상을 보인다. 암컷 동물들은 자신의 임신 기회를 놓치지 않기 위해서 배란 시기임을 드러내놓고 발정행동으로 선전을 한다. 멀리 있는 수컷들을 불러 모아 우수한 유전자를 가진 수컷을 골라 정자를 받기 위해서 배란시기의 암컷 동물들은 발정기 특유의 울음소리를 내거나, 페르몬을 풍기거나 외음부를 부풀리고, 꼬리를 들어주는 등의 행동을 통해 수컷을 유혹한다. 반면 사람의 여자는 배란시기임을 드러내놓고 선전하는 발정행동을 하지 않는다. 이런 이유로 사람의 여자는 '배란은폐'라는 동물의 암컷과 다른 전략을 보여준다고 한다. 배란은폐는 사람의 여자가 배란시기를 남자가 알지 못하도록 본능적으로 은폐한다는 것이다. 이런 면에서 사람은 배란시기를 드러내놓고 선전하지 않는 유일한 동물이다. 그 이유에 대해서 연구자들 중에는 사람의 여자는 동물과 달리 자신의 배우자 남자가 다른 여자에 관심을 갖지 못하도록 하기 위해서 배란은폐를 한다는 설명을 하고 있다. 사람의 남자는 수컷 동물과 유사하게 본능적으로 자신의 유전자를 퍼뜨리기 위한 본능적 행동으로 바람을 피우게 된다. 배우자 남자를 잡아두기 위한 전략으로 여성은 배란시기를 숨기는 전략을 가지게 되었다는 설명이다. 남자는 본능적으로 자신의 유전자를 퍼뜨리기 위해 마음에 드는 여자에 열심히 구애를 하고 경제적인 투자를 한다. 자신의 배우자 여자의 배란시기를 모르기 때문에 남자는 자신의 배우자 여자가 항상 임신가능한 시기로 착각을 하고 열심히 잘 보이기 위한 구애행동으로 선물 등의 환심을 사기 위한 경제적 투자를 아까워하지 않는다.

(4) 동물의 성행동

1) 수컷 성행동

수컷 성행동은 암컷에 올라타는 승가행동이 있고, 이어 음경삽입이 이루어진다. 다회 삽입하는 동물은 생쥐, 흰쥐, 원숭이가 있고, 1회 삽입하는 동물은 소, 면양, 산양, 돼지가 있다. 음경삽입 후 허리운동이 있는데 1회로 끝나는 동물은 소, 면양, 산영, 고양이, 흰쥐가 있고, 다회 동물은 생쥐, 돼지, 개, 원숭이가 있다. 개과 동물에서는 음경삽입 단계에서 생식기고정 현상이 있는데 이 기간 동안 30분 이상을 암컷과 다른 방향을 보며 음경삽입을 유지한다. 이어지는 행동은 사정으로서 정액을 암컷의 질에 배출하는 행동이다. 사정 후 수컷은 암컷으로 부터 하강을 하게 된다.

2) 암컷 성행동

유혹행동으로 발정기에 수컷을 유혹하는 행동이 있고 허용행동으로서 유혹행동에 의하여 승가 하는 수컷에 대하여 부동자세와 승가허용의 행동을 한다.

(5) 성행동의 중추신경계 조절

시상하부에서 성선자극호르몬방출호르몬을 분비하면 생식 호르몬 분비에 영향을 주어 성행동에 영향을 줄 수 있다. 시상하부 병변은 성행동 소실로 결과 되어진다. 중추신경계인 시삭전 중앙, 중전뇌삭, 중뇌간각와에 실험적으로 전기자극을 주면 실험동물에서 교미행동을 하는 것을 확인할 수 있다. 뇌의 배해마 부분도 교미 행동을 지배하는 것으로 보고되었고 대뇌피질 병변은 발정 행동을 유발하며, 복측 시상하부 병변 또한 발정 행동과 관련되는 것으로 확인되고 있다. 이러한 보고들로 부터 성행동은 중추신경계에 의하여 조절 받고 있다는 것을 알 수 있다.

성행동의 내분비계 조절을 알아보면 시상하부 -뇌하수체-생식선의 축은 생식 호르몬 분비와 밀접히 관련되고, 이들 장기들의 자극을 통하여 분비되는 생식 호르몬은 성행동에 영향을 준다. 수컷은 정소에서 androgen, testosterone 남성호르몬을 분비하고, 암컷은 난소에서 estrogen, progesterone 여성호르몬을 분비한다. 님프마니아라는 질병은 고환, 난소의 양성종양으로 기능항진에 의하여 생식 호르몬의 과다분비로 과다한 성행동을 하는 색광증을 유발한다.

1) 페르몬

페르몬은 성 행동을 유도하는 화학신호 물질로서 이성의 후각센타를 자극하여 성적 흥분을 유도한다.

페르몬을 분비하는 장기로서 피부선에서 분비되는 돼지, 반추류, 말 등의 동물이 있고 항문선에서 분비되는 개과 동물이 있으며 측안면, 미근부에서 분비되는 고양이과 동물이 있다.

페르몬은 이성에 성적 유혹을 일으키는 냄새로 동물에서 유용한 상품들이 개발되어 이용되고 있다. 돼지의 경우에 페르몬 제품을 이용하여 암돼지에 스프레이로 페르몬 제품을 뿌려주어 발정확인에 이용하며, 암돼지끼리 투쟁 감소에도 활용하고 초발정을 단축하는 효과를 얻고 있다.

사람의 페르몬 향수가 일부 인터넷 사이트에서 판매되는 것을 볼 수 있는데, 동물과 다르게 사람에서는 페르몬 효과에 대한 과학적 연구가 보다 진행되어야 하며 현재까지 동물에서 상용화되는 페르몬 제품과 같은 효과를 보이는 페르몬 상품은 없다.

동물의 성행동 평가법으로서 성행동 강도 평가법을 이용하는데, 성적 반응성 평가로서 성욕, 성적반응을 평가하는데 평점/등급법을 이용하고, 승가, 교미회수를 기준으로 평점화하거나, 교미의 질을 등급법으로 나누어 평가하는 방법을 이용한다. 이외에도 잠재시간법이 이용되는데 성적자극 후 잠재시간과 반응시간을 조사하여 평가하는 방법이다. 교미성공률 측정법은 교미회수, 성공률 조사, 교미 기민성을 평가하는 것이다. 교미실행능력 평가는 교미빈도와 사정횟수를 평가하는 방법이다.

소, 면양에서 교미빈도와 교미개체수, 교미횟수, 교미능력, 발정발견율을 조사하여 번식자료로 활용하고 있으며 사정 평가법으로 사정횟수와 사정 후 회복 시간을 평가하여 이용하고 있다.

암컷 발정강도 평가는 Estrus intensity로서 평점법을 활용하여 발정 행동의 강도를 평가하는 방법을 이용한다. 이러한 성행동 강도 평가법은 동물의 번식율을 높이기 위한 자료로 활용되고 있다.

(6) 성행동에 영향을 주는 요인

다양한 요인이 동물의 성행동에 영향을 준다. 우선 시각자극이 동물의 성행동을 유발할 수 있다. 예를 들어 승가허용 부동자세는 시각적 자극을 주어 수소가 교미를 개시하도록 영향을 준다. 암컷 모양의 의빈대 또한 수컷에게 교미 행동을 자극할 수 있다. 어린 암소 또한 수소의 시각을 자극하여 성행동을 유발한다. 꼬리를 들거나 오줌을 누는 등의 암말의 발정기 행동 또한 시각적 자극으로 숫말의 성행동을 촉진한다.

후각이 성행동을 자극하기도 하는데 성 페르몬은 대표적인 사례로 페르몬 자극에 의하여 수컷의 성행동이 유발될 수 있다. 유제류는 암컷 오줌냄새에 의하여 후각자극을 받고 수컷에서 플레멘 반응과 같은 성행동이 유발된다.

청각자극은 구애소리와 같은 예에서 보듯이 성행동 유발에 영향을 줄 수 있다. 발정기에 암컷의 구애소리는 수컷의 교미의욕을 상승시키는 것으로 알려져 있다. 말은 청각 효과가 커서 소리에 의하여 자극을 많이 받는 것으로 알려져 있다.

촉각자극 또한 성행동에 영향을 주는데 수소가 인공질의 온도에 의하여 음경이 온도 촉각에 반응하여 사정하는 것을 예로 들 수 있다. 수퇘지, 수말은 음경 압박, 촉각으로 사정이 일어나며 수컷의 머리를 발정난 암컷의 엉덩이에 올려놓는 친레스팅(Chin-resting) 성행동은 암소에 승가 허용으로 결과 되어지고 암퇘지 발정 검사로서 사람이 등에 올라타는 것을 허용하는지를 검사하는 부동자세 검사 또한 촉각에 의한 성행동 영향의 예이다.

성행동에 영향을 주는 다른 요인으로 교미상대가 있다. 면양의 경우에 수컷 도입으로 발정이 발현되고 돼지는 수퇘지와 접촉하여 성성숙 즉 춘기발동이 단축된다.

기후와 계절도 성행동에 영향을 주는데 계절번식은 기후와 계절의 영향을 크게 받는다. 일반적으로 덥거나 추울 때 동물의 성행동은 감소한다. 사회화 / 성경험의 영향은 사회경험이 적으면 성행동이 약하다. 유전적 요인 또한 영향을 주는데 유전자에 의해 조절 받는 것으로 알려져 있다.

성행동에 영향을 주는 다른 요인으로 호르몬이 있는데 성선 호르몬은 성행동에 영향을 끼친다. 성선 호르몬은 동물의 생식선인 정소와 난소에서 만들어지는 테스토스테론, 에스트로겐과 프로게스트로겐 등을 말한다. 고양이, 돼지는 에스트로겐에 의하여, 개, 면양은 에스트로겐과 프로게스트로겐에 의하여 성행동의 영향을 받게된다.

다른 요인으로 성행동의 조기 경험을 또한 들 수 있다. 개별 사육의 경우에 사회화가 늦어지고 교미 빈도가 저하될 수 있다.

또 다른 요인으로는 중성화 수술이 있다. 수컷의 경우에 정소 적출, 암컷의 경우에 난소와 자궁의 적출로 중성화 수술이 시술되어지며, 동물의 경우에 여러 가지 이유로 어린 연령에 중성화가 이루어지고 있다. 중성화의 경우에 생식선 호르몬의 분비가 없기 때문에 성행동에 영향을 주게 된다.

(7) 동물별 성행동

1) 말의 성행동

수말의 성행동을 살펴보면 성적 자극을 받은 수말은 구애행동과 플레멘 행동을 보이며 맥관 근육성 음경이 발기하게 된다. 발기된 수말의 음경은 30~50cm의 길이나 되며, 수차례 암말을 승가하고 음경 삽입하고 15~30초 정도 thrusting으로 불리는 허리운동을 하다 사정을 하게 된다. 수말은 1일 평균 3회 사정하고, 봄에 성욕의 증가를 볼 수 있으며, 시각적 자극으로 암말 외음부를 보는 것으로 후각적 자극으로 암컷의 냄새, 즉 페르몬에 의하여 성적 자극을 받는다.

플레멘 행동은 말이나 소 또는 염소가 윗입술을 코에 대고 위쪽으로 고개를 쳐든 채 웃는 형태의 행동이다. 수소가 암소의 배설물이나 분비물에서 나는 페로몬을 맡은 뒤 구애 활동을 할 때도 이 행동을 한다. 간혹 수소와 수소, 암소와 암소 사이에서도 볼 수 있다.

말의 교미행동으로 암말의 standing estrus와 수말의 승가, 음경삽입이 있다. 암말의 성행동을 살펴보면 발정주기와 발정지속시간은 봄, 여름 번식계절을 하고, 21~22일 발정주기를 가지며 발정지속시간은 평균 5~6일이다. 발정행동으로 수말의 접근 허용과 잦은 배뇨, 승가허용, 외음부 윙클링을 보입니다. 외음부 윙클링이란 발정난 암말에서 볼 수 있는 외음부를 반복 개폐하는 행동이다. 청각 자극으로 수말의 구애 울음소리가 암말의 배우자 선택에 중요한 것으로 알려져 있다.

2) 양의 성행동

수양의 성행동을 살펴보면 구애행동으로 플레멘 반응과 암양 배뇨물의 냄새 맡기와 같은 행동을 볼 수 있으며 승가를 하여 음경을 삽입함과 동시에 사정이 이루어진다. 서열 우위 수양이 교미 기회를 차지하는 것으로 알려져 있다.

암양의 성행동은 평균16일 발정주기를 가지고, 발정지속시간은 평균 20~36시간이며 발정행동으로 수양의 접근을 허용하고, 승가를 허용하는 것을 볼 수 있다. 면양의 구애와 교미행동으로 접근하여 냄새 맡기와 핥아주기, 승가허용, 수양의 사정을 볼 수 있다.

수산양의 성행동을 살펴보면 구애행동으로 암산양의 배뇨에 반응하여 플레멘 반응을 보인다. 수상양은 외음부 냄새맡기, 암컷의 배뇨 냄새맡기, 그리고 플레멘 반응, 승가, 음경 삽입과 사정을 볼 수 있다. 암산양의 성행동은 15~24일 발정주기를 가지고 발정지속시간은 32~48시간이다. 발정행동으로 잦은 배뇨, 높은 소리를 지르고, 수산양의 접근을 허용하고, 승가를 허용하는 것을 볼 수 있다.

3) 돼지의 성행동

수돼지의 성행동을 살펴보면 구애행동으로 냄새 맡기와 특유의 구애소리를 내고 이를 갈고 입에 거품을 내는 행동을 보인다. 승가와 교미행동은 암컷이 승가를 허용하면 승가하여 음경을 삽입하고 사정을 한다. 수돼지의 음경이 삽입되면 암돼지 나선형자궁경관에 의하여 압박자극을 받게 되고 사정이 일어난다.

암돼지의 성행동은 발정주기와 발정지속시간은 평균 21일 발정주기를 가지고 발정지속시간은 40~80 시간이다. 발정행동으로 승가, 불안, 배뇨 빈도의 증가와 승가 허용을 보인다. 암돼지의 발정 확인법으로 발정난 암돼지를 올라 타 보는 방법으로 간단히 발정 여부를 확인할 수 있다. 발정난 암동물에서 볼 수 있는 스탠딩 에스트러스로서 발정난 암컷은 승가를 허용하며 후지를 고정하고 서있는 자세를 보인다.

4) 개의 성행동

개의 성행동을 살펴보면 수캐의 경우에 구애행동으로 페르몬 영향으로 암캐의 배뇨 냄새 맡기와 암컷 생식기 핥기를 볼 수 있다. 승가와 교미행동을 보면 암컷이 승가를 허용하면 승가 하여 허리운동 하면서 음경을 삽입하고 음경의 음경망울(Bulbus glandis)이 팽대하면서 질 근육이 수축하고 생식기고정 즉, 생식기잠금(genital lock)이 걸리면 서로 반대 방향 보기를 한다. 생식기고정 또는 생식기잠금이란 개과 동물에서 볼 수 있는 현상으로 교미 동안 암수의 특징적 해부학 구조 때문에 30분 정도 음경이 암컷의 질내에 있게 되는 상황을 말한다. 생식기고정이 10~30분 동안 지속되며 사정이 일어난다. 수캐는 1일 약 5회 교미를 하는 것으로 알려져 있다.

암캐의 성행동은 발정주기와 발정지속시간은 년 2회, 봄, 가을 계절 발정하며 발정행동으로 배뇨빈도 증가, 성 페르몬 분비, 수캐 접근 허용, 승가 허용 등을 보인다. 개의 성행동으로 수컷의 구애행동과 핥아주기, 암컷의 꼬리들기를 볼 수 있다.

5) 고양이의 성행동

수고양이의 경우에는 오줌의 배뇨를 spray처럼 뿌리고, 항문선 분비액을 묻히는 방법으로 영역을 표시한다. 또한 암고양이 냄새 맡기, 암컷 생식기 핥기와 암고양이 목을 물고 승가 하여 음경삽입하고, 1~4초에 사정하며, 1일 15-30회 교미를 하는 것으로 알려져 있다.

암고양이의 경우에 14~21일의 발정주기를 가지며 발정행동으로 배뇨빈도 증가, 승가 허용, 교미 후 좌우 구르기 등을 볼 수 있다. 고양이는 교미자극 배란 동물로서 암컷의 배란은 수컷의 교미 후 자극에 의하여 배란이 이루어지는 특징을 가지고 있다.

6) 토끼의 성행동

토끼의 성행동을 알아보면 수토끼의 경우에 뒷발로 바닥 치기, 배뇨 등의 행동을 보이며 암컷 등 뒤 털을 물고 승가 하여 허리운동을 하고 음경을 삽입함과 동시에 사정을 하는 것으로 알려져 있다.

암토끼의 경우에 4~17일 수컷 허용기간을 가지며 발정행동으로 외음부 붓고, 충혈, 승가 허용 등의 행동을 보인다. 토끼도 고양이처럼 교미자극 배란 동물로서 교미 후 10~13시간에 배란이 이루어지는 특징을 가지고 있다.

7) 닭의 성행동

닭의 성행동을 살펴보면 수탉의 경우에 사회적 우위 수탉이 교미 기회를 차지하여 교미 횟수가 높고 1일 30회 교미가 이루어진다. 구애행동으로 과장된 몸동작을 하고 암탉 목 깃털 물고 승가 하여 3~4초 교미하며, 1초 총배설강 접촉으로 사정이 이루어진다. 암탉의 경우에 1일 10~15회 교미가 이루어진다.

2 짝 지키기 행동과 질투

(1) 동물의 짝 지키기 전략

인간의 질투심에 관해 과학적 설명을 시도해 성과를 거둔 분야는 진화심리학이다. 진화심리학은 진화생물학과 인지심리학이 결합된 학제간 연구다. 요컨대 진화심리학은 진화론에 입각해 사람의 마음을 연구한다.

진화론의 중심 개념은 자연선택이다. 자연선택 이론은 적자생존으로 규정된다. 적자는 생존경쟁에서 살아남아 그들의 유리한 형질을 자신의 집단 속으로 퍼뜨리고 부적자는 도태되는 것이 자연선택이다.

1) 사람에서 짝 지키기의 진화심리학적 해석

생물이 자신의 집단 안에서 경쟁하는 다른 개체보다 생존 가능성이 높은 자손을 더 많이 생산하기 위해서는 변화하는 환경에 적응하는 능력을 갖지 않으면 안 된다. 생물학에서 적응이란 자연선택이 오랜 세월 지속적으로 작용하다 생물의 기능 중에서 효과적인 부분만을 선택해 진화시키는 것을 의미한다. 사람의 마음을 이러한 적응의 산물로 간주하는 학문이 진화심리학이다.

진화심리학자들은 현대인의 머릿속에는 석기시대 조상들의 마음이 들어 있다고 주장한다. 인류의 조상들은 진화의 역사에서 99% 이상을 석기시대에 수렵채집을 하면서 살았다. 자연선택은 유목생활에서 날마다 부딪히는 문제들, 이를테면 사냥을 하고 양식을 구하고 짝짓기를 하고 자식을 기르는 따위의 일상적인 문제를 해결하는 데 적합한 신경회로망을 서서히 사람의 뇌 안에 새겨놓았다. 말하자면 현대인의 마음은 석기시대 조상들이 직면했던 적응 문제를 해결하기 위해 자연선택에 의해 설계된 수많은 정보처리 장치들의 집합체인 것이다.

진화심리학은 기본적으로 모든 인간의 마음이 보편적인 특성을 공유하고 있다고 전제한다. 그러나 한 가지 결정적인 예외는 불가피하게 인정하고 있다. 남녀의 성 역할이 다르기 때문에 자연선택이 남녀의 마음을 다르게 구성했다는 것이다. 이러한 맥락에서 인간의 짝짓기 행위를 분석한 대표적인 인물은 미국의 '데이비드 부스' 교수다. 그는 6대륙 37개 문화권에 속한 1만여 명의 남녀를 대상으로 5년간 성의식을 연구한 결과를 94년 〈욕망의 진화〉라는 책으로 펴냈다. 그는 오늘날 남녀의 성 전략을 수렵 채집하던 인류의 조상들이 짝짓기 문제를 해결하는 과정에서 진화된 것이라는 결론을 내렸다.

'부스' 박사에 따르면, 짝짓기 못지않게 짝 지키기가 중요하기 때문에 인간은 짝을 지키기 위한 특유의 전술을 진화시켜왔다. 그 전술 중에서 가장 중요한 것은 물론 짝의 요구를 잘 들어주는 것이다. 그러나 라이벌도 같은 전술을 시도할 수 있다. 따라서 인류의 선조들은 외부로부터의 잠재적인 위협에 긴장할 수 있도록 특별히 설계된 심리구조를 담보로 했다. 다름 아닌 질투심이다. 남녀 간에 질투심을 느끼는 횟수나 강도에는 차이가 없다. 그러나 질투의 목적이나 내용에는 성의 차이가 나타난다. 남자들의 질투심은 짝이 다른 남자를 성적으로 좋아하는 배신의 눈치를 보일 때 발동하는 반면 여자들의 질투심은 짝의 투자가 다른 여자에게로 전환될 조짐이 나타날 때 발동한다. 다시 말해서 남자에게는 짝이 아이를 낳았을 때 자신의 자식임을 확신하기 위한 적응의 문제로 질투심이 생기는 반면에 여자에게는 짝에게 약속을 상기시켜 짝을 구속하기 위한 적응의 문제로 질투심이 일어난다. 요컨대 짝의 바람기와 맞서 싸우기 위해 진화된 하나의 심리적 전략이 질투심인 것이다.

'부스' 박사는 2000년에 〈위험한 열정〉이라는 책을 펴냈다. 부제는 '왜 질투는 사랑이나 섹스처럼 필요한가?'이다. 질투심이 결코 정신적인 질환이 아니라 짝 지키기 전술로 진화된 구조라고 거듭 주장하고 있다.

2) 동물의 짝지키기 전술

짝지키기 전술은 동물세계의 짝짓기에서도 중요한 역할을 한다. 예를 들어 곤충이 가장 흔히 사용하는 방법은 경쟁자들로부터 짝을 숨기는 것이다. 귀뚜라미 수컷은 원래 큰 소리로 우는데 암컷에게 다가갈 때는 다른 수컷이 눈치 채지 못하도록 소리를 낮춘다. 숨기기 전술보다 적극적인 방법은 라이벌 수컷의 접근을 봉쇄하는 것이다. 가장 특이한 수단은 교미마개이다. 어떤 벌레는 교미가 끝나면 특수한 물질로 암컷의 생식기 입구를 막아서 다른 수컷들의 정액이 들어가지 못하게 한다. 부스는 곤충들이 짝을 지키려고 취하는 행동 속에 숨겨진 적응 논리는 인간의 것과 흡사하다고 주장한다. 설치류의 경우에는 정액을 만들어 내는 부생식선 중에 응고선이 발달되어 교미 후 정액의 성분 중 응고선 분비물이 왁스처럼 굳어서 암컷 질입구를 막는 질전(vaginal plug)을 형성한다. 질전은 마우스나 랫드와 같은 설치류 교미 여부를 확인하는 유용한 방법으로 사용된다.

그렇다면 동물들도 사람처럼 짝이 바람피우는 것을 막기 위해서 질투심 같은 심리 전술을 진화시킨 것은 아닐까. 이 질문은 "동물들도 사람처럼 감정을 느끼는 능력을 갖고 있는가"라는 질문과 맥락을 같이한다. 다시 말해서 "동물들도 인간처럼 사랑하고 슬퍼하고 분노할 줄 아는가?"라는 질문에 대한 대답이 나오면 동물들이 질투심을 갖고 있는지 여부를 알 수 있을 터이다.

생물학자들은 동물이 감정을 갖고 있다는 주장에 동의하기를 꺼려했으나 최근에 변화가 일어나고 있다. 동물행동학과 신경생물학의 연구에서 동물도 사람처럼 감정을 느낀다는 증거가 속출하고 있기 때문이다. 특히 2000년 미국의 '마크 베코프' 교수가 편집한 〈돌고래의 미소〉가 발간된 것을 계기로 동물의 감정에 대한 관심이 고조되었다. 이 책에는 개, 고양이, 침팬지, 곰과 물고기, 이구아나 등의 연구에 생애를 바친 50여명의 사례보고서가 집대성돼 있다.

'베코프' 교수에 따르면 동물의 감정은 1차감정과 2차감정으로 나뉜다. 1차감정은 본능적인 것이라면 2차감정은 다소간 정보처리가 요구되는 것이다.

대표적인 1차감정은 공포감이다. 공포감은 생존 기회를 증대시키기 때문에 모든 동물이 타고 난다. 예컨대 거위는 포식자에게 한 번도 노출된 적이 없는 새끼일지라도 머리 위로 독수리 같은 모양새만 지나가더라도 질겁하다 도망친다. 이러한 1차감정은 사람의 경우 뇌에서 가장 먼저 진화된 부분인 변연계에서 발생된다. 변연계는 물고기, 양서류, 파충류, 새, 포유류 따위에서 모두 발견된다.

2차감정은 기쁨, 슬픔, 사랑처럼 일종의 의식적인 사고가 개입되는 감정이다. 동물이 사람처럼 감정을 갖고 있는지 여부에 대해 논란이 되는 대상이 바로 2차감정인 것이다.

먼저 기쁨의 경우 많은 등뼈동물이 놀이를 하면서 즐거움을 느낀 사례가 관찰되었다. 돌고래와 물소가 좋은 보기이다. 또한 쥐가 놀이를 하는 동안에 뇌 안에서 도파민이 분비되는 것이 확인됐다. 신경전달물질인 도파민은 사람의 뇌에서도 분비된다. 일부 동물들이 사람처럼 기쁨을 느끼는 능력을 갖고 있는 셈이다.

3) 동물의 사랑

슬픔 역시 야생동물들이 느낄 줄 아는 감정이다. 강치 어미는 고래가 새끼를 죽이면 슬프게 울부짖는다. 어느 침팬지는 어미가 죽은 뒤에 단식하고 결국 굶어죽었다. 가장 슬픔을 잘 느끼는 동물은 코끼리이다. 가족이 죽으면 시체 옆에서 밤샘을 한다.

많은 동물들이 로맨틱한 사랑을 한다. 구애와 짝짓기 동안에 대부분의 새와 포유류는 사랑하는 것처럼 행동한다. 큰까마귀와 고래가 대표적인 사례다. 이러한 동물들의 뇌에서 옥시토신이 분비된다. 옥시토신은 사람의 뇌에서도 분비되는 호르몬으로 모성애나 섹스와 관련된다.

동물들이 감정을 느끼는 증거가 속속 확인됨에 따라 적어도 일부 등뼈동물은 공포나 혐오감은 물론이고 인간이 느끼는 대부분의 감정, 이를테면 기쁨, 슬픔, 분노, 연민 심지어 질투심까지 느낄 수 있다고 주장하는 학자들이 늘어나는 추세이다.

4) 페르몬

페르몬이란 동물에서 같은 종의 동물에 정보를 전달하는 냄새물질로 정의될 수 있다. 페르몬의 종류에서도 이성 페르몬은 동물에서 같은 종의 이성 동물을 유혹하는 냄새 물질로 정의될 수 있다. 일반적으로 페르몬은 이성 페르몬을 말한다.

페르몬은 동물에 따라서 오줌이나, 항문 주위, 얼굴의 분비선에서 분비하며, 특히 발정 시에 더 많은 양이 분비되어 수컷의 교미 행위를 자극하게 하는 도구로 이용된다.

사람에서 페르몬은 개발되어 있지 않으며, 간혹 상품화된 페르몬 화장품이 판매되는 경우가 있는데 사람에서 효과 있는 페르몬은 현재까지 없다.

돼지와 같은 일부 가축에서는 페르몬이 스프레이 제품으로 상품화되어 발정유발, 교미 행위 자극, 암컷끼리의 투쟁 감소 등의 목적으로 사용되어지고 있다.

페르몬 냄새를 인지하는 곳은 수컷의 비강 점막에 서비골 기관(Vomeronasal organ)의 후각상피세포이다.

5) 플레멘 반응

페르몬 자극에 의해 수컷 동물이 반응할 때 특징적으로 보이는 현상으로 말과 염소, 양 등에서 자주 볼 수 있는데, 윗입술을 올리고 잇몸을 드러내며 웃는 듯한 특징적인 표정을 보이는 행동을 플레멘 반응이라 한다. 플레멘 반응이 관찰되는 경우, 수컷 개체는 성적으로 많이 흥분되어 있는 상태라 할 수 있다.

이러한 플레멘 반응은 암컷의 페르몬 냄새를 수컷이 맡으며 유발되는데, 발정난 암컷의 오줌이나. 외부 생식기의 냄새 등에 페르몬 분비가 있어 이를 수컷이 냄새를 맡으며 유발된다.

그림 8-4. 페르몬 자극에 의한 플레멘 반응(좌)과 말의 페르몬 자극 인지 기관(우)

IV. 동물 행동과 유발 인자

학습목표
1. 동물의 행동적 표현형 결정 인자에 대해 알 수 있다.
2. 행동적 표현형과 내·외부적 요인에 대해 이해할 수 있다.

1 동물행동 표현형

(1) 동물의 행동적 표현형 결정 인자

동물계의 행태는 인간 사회에서 특히 사회적 일탈로 규정되는 '비정상' 행동의 뿌리가 동물에 있고, 따라서 인간은 어디까지나 동물로부터 진화되어 온 존재임을 확인해 주고 있다. 문제는 인간 사회의 평화를 위해 인간의 문화가 어떤 식으로 인간의 본성을 통제하느냐에 있으며, 그 정도와 방식은 인간의 품위와 인간성에 대한 기준에 따라 달라질 것이다. 어쨌든 사회생물학은 인간의 행태와 인류 사회의 여러 가지 단면들을 진화생물학적으로 조망하고 있으므로, 인간의 문화적 소산인 도덕 기준과 이데올로기 등 여러 가지 가치관과 상충하고 있다. 사회생물학이 뜨거운 논쟁거리로 부각되는 중요한 이유는 바로 이 때문이다. 그리고 여러 가지 가운데 가장 큰 주제가 생물학적 결정론이다.

인간은 과연 '스키너'가 말한 것처럼 여러 가지 외적, 내적 환경에 의해 얼마든지 변형될 수 있는 존재인가, 아니면 '로렌츠'의 주장처럼 타고난 본능의 노예인가? 인간의 주체성과 존엄성 그리고 자유 의지의 존재 여부를 가리는 이 문제를 탐색하는 데는 역시 생물의 본능이란 무엇인가를 먼저 묻고 그 다음 결정론이 검토되어야할 것이다.

1) 본능

본능에는 공격성, 텃세, 먹이, 성 본능, 도망 등 여러 가지 기본적인 유형들이 있다. 그러나 세부적으로 관찰해 보면 동물과 행동의 종류에 따라 순전히 본능으로 이루어진 행동이나 아니냐에 관해서 일정하지 않다.

예를 들면, 두 가지 앵무새로서 분홍앵무새와 갈라앵무새는 알을 낳을 때 유칼립투스 숲의 나무에 나 있는 구멍 하나를 함께 쓴다. 그래서 알을 품을 때엔 비좁은 공간으로 인해 두 종류의 앵무새가 다투게 되는데, 몸집이 큰 분홍앵무새가 이겨 갈라앵무새를 내쫓고 두 종류의 알을 모두 품게 된다. 그러나 알이 부화된 후 새끼가 자랄 때 나타내는 여러 가지 행동 가운데, 갈라앵무새 새끼는 구걸 울음과 경보 울음에 대해서는 본래 자기 종의 울음소리를 내지만 날개짓이나 접촉 울음 그리고 좋아하는 먹이 선택은 분홍앵무새를 닮는다. 즉, 전자는 타고난 본능적 행동이고, 후자는 학습에 의해 형성되는 것임을 뜻한다.

*** 본능의 종류**

① 공격성, 텃세, 먹이, 성본능, 도망

② 분홍앵무새와 갈라앵무새의 사례

㉠ 구멍 난 유칼립투스에 알을 같이 남

㉡ 몸집 큰 분홍앵무새만이 알을 품음

㉢ 갈라앵무새 새끼의 특징

- 본능적 행동 : 구걸 울음, 경보 울음(본래 종)
- 학습 : 날개짓, 접촉 울음, 먹이 선택(분홍앵무새를 닮음)

2) 학습

새의 수컷이 자기의 터를 알리고 암컷에게 구애하기 위해 부르는 노랫소리도 본능과 학습을 구분하는 연구에 적합한 재료가 된다.

북아메리카의 흰머리참새는 변이가 많고 지방에 따라 사투리가 있다. 실제로 이들은 정상 조건에서는 부화 후 200~250일이면 노랫소리를 완전히 낼 수 있다. 그러나 사투리를 배우는 능력은 이보다 훨씬 일찍 나타난다. 즉, 부화한 지 불과 1~3개월 된 새끼들을 따로 격리시켰을 경우에도 이들은 노래 속에 본래 태어난 지방의 사투리를 내기 때문이다. 그러나 이보다 더 일찍, 즉 부화 후 3~14일 이내에 둥지에서 옮겨 키우면 이 새들은 대체로 그 종 특유의 소리를 낼 뿐 사투리를 내지 않는다. 따라서, 사투리를 낸다는 것은 새끼가 어떤 소리를 내기 시작한 성체로부터 학습된다는 것을 말한다. 결국 종 특유의 노랫소리는 생득적이지만 지역 특유의 노래는 전통적으로 학습된다고 할 수 있다. 다시 말해 새의 노랫소리는 본능과 학습의 복합으로 이루어짐을 의미한다.

3) 각인

오리와 거위에서 확인된 각인(刻印)은 유명하다. 부화 후 먹이를 주러 나타나는 사람을 나중에도 늘 따라다니는 추종 반응을 우리는 흔히 본능의 맹목성의 전형으로 꼽는다. 이렇게 자란 거위 새끼는 사람의 뒤를 쫓아다닌다. 이것은 '로렌츠'가 실제 경험한 일화로 유명하다. 그러나 이러한 행동을 유전학적으로 정의한다면, 추종의 대상을 같은 종의 이성으로 국한하도록 인지하는 능력이 미처 따르지 못한 불완전한 '본능' 행동이라고 할 수 있다. 닭, 오리, 거위와 같은 조류뿐 아니라 포유류, 어류, 곤충류에서도 나타나는 학습의 한 형태라 할 수 있다.

*** 각인이란**

① 추종의 대상을 같은 종의 이성으로 국한하도록 인지하는 능력이 미처 따르지 못한 불완전한 '본능'

② 각인의 예는 '로렌츠'가 연구한 거위실험이 좋은 예로 알려져 있다.

그림 8-5. 로렌츠 박사와 거위. 각인에 의해 로렌츠 박사를 따라 다님

그림 8-6. 영화 '아름다운 비행' 속 기러기들의 각인 현상

③ 어린 동물들이 처음으로 시각적, 청각적, 촉각적 경험을 하게 된 대상에 관심을 집중시킨 다음 그것을 쫓아다니는 학습의 한 형태이다.
④ 청둥오리 새끼나 병아리는 태어난지 2～3시간 만에 각인이 완성되지만, 각인 자극에 대한 감수성은 30시간 정도 후에 사라진다.
⑤ 자연 상태에서는 각인의 대상은 언제나 부모이나, 실험에서는 다른 동물이나 무생물을 쓰고 있다.

(2) 행동적 표현형과 내 · 외부적 요인 상호 작용

결국 오늘날 모든 행동적 표현형들이란 내부적 요인과 외부적 요인의 상호 작용의 결과로 인식되고 있다. 따라서 이른바 본능도 언제나 완전히 유전적인 것은 아니며, 학습 행동 역시 완전히 환경에 의한 것임은 아니라고 할 수 있다. 학습이 완전히 환경 요인으로만 이루어지는 것이 아님이 분명하다. 예를 들어, 우리가 한국어를 배우고 말하는 것은 이탈리아나 미국 가정이 아닌 한국 가정에 태어났기 때문이다. 그러나 그 어느 나라에서 태어났든 말을 배울 수 있는 능력은 본래 타고나지 않았다면 어느 나라 말도 할 수 없을 것이다. 즉, 말은 이렇게 말할 수 있는 본능적 능력의 바탕 위에서 이루어질 수 있는 학습인 것이다. 결국 행동의 종류에 따라 그 표현에 필요한 생득과 학습의 몫은 여러 가지로 다르다고 할 수 있다. 그러나 한편 많은 동물이 나타내는 도망 반응에서와 같이 학습이 전혀 필요 없는 순수한 본능도 존재하며 종의 생존을 돕는 적응의 의미를 나타낸다.

*** 행동적 표현형은 두 요인의 상호작용의 결과임**

① 내부적 요인(본능) - 언제나 완전히 유전적인 것이 아님
② 외부적 요인(학습) - 완전히 환경에 의한 것이 아님

*** 북아메리카 흰머리참새의 특성**

① 변이도 많고 지방에 따라 다른 사투리를 지님
② 부화 후 1~3개월에 격리해도 지방의 사투리를 냄
③ 부화 후 3~14일 이내 격리하면 사투리를 내지 않음
④ 종 특유의 노랫소리 - 생득적(본능)
⑤ 지역 특유의 노랫소리 - 학습
⑥ 새의 노랫소리 - 본능과 학습의 복합

V. 동물행동상담사

동물행동상담사는 동물행동상담을 수행할 수 있는 자격을 취득한 자로서 인간과 반려동물과의 상호작용을 이해하고 반려동물의 행동상담을 통해 동물보호자 가족과 반려동물의 올바른 관계성을 맺도록 도와주며, 인간과 반려동물의 삶의 질을 개선하는데 도움을 주며, 나아가 동물복지와 동물매개치료 활동의 역할을 담당한다.

최근, animal communicator, animal whisperer에 대한 관심이 높아지고 있다. 이들은 동물과 대화를 한다는 점을 강조하고 있다. 그러나 엄밀히 말하면 사람이 동물과 대화를 하는 것이 아니라, 사람이 동물의 행동을 이해하고 그들이 하는 body language를 이해하여 서로 소통하는 것이다. 따라서 동물교감사, animal communicator 또는 animal whisperer는 동물행동상담사의 다른 명칭이라 할 수 있다. 동물행동상담사는 동물의 자연스런 행동을 이해하고 동물에 대한 상호 교감에 기반을 둔 대화를 수행할 수 있다.

동물행동상담사에 의한 동물의 문제행동 상담은 동물의 행동을 이해하고 동물의 관점에서 행동의 변화를 유도하는 행동 교정법을 이용하기 때문에, 동물에 강압적이지 않고 동물복지를 보장할 수 있는 방법으로 동물의 문제 행동 해결을 위해 가장 바람직한 방법이라 할 수 있다. 동물행동상담사는 보호자와 그들의 반려동물을 연결해 주는 다리(bridge) 역할을 하며, 문제 행동을 유발하는 반려동물이 보호자로부터 포기되는 불행한 결과들을 예방할 수 있어, 반려동물의 삶의 질을 높이고 동물복지 향상을 실현하는 중요한 역할을 할 수 있다.

국내에서 동물행동 관련 자격은 한국동물매개심리치료학회(http://www.kaaap.org/)에서 발급하는 동물매개행동상담사 자격증이 국내 유일하게 동물행동상담 관련 자격증으로 민간자격 인증을 받고 발급하고 있다.

국내의 동물행동상담사는 향후 반려동물의 문제 행동을 교정하고 보호자와 반려동물간의 상호 교감을 향상하여 행복한 반려동물 문화 형성에 크게 기여할 수 있는 직업으로 각광을 받고 있다.

Q & A

◎ 탁란이란?
남의 새 둥지의 알을 밀어 떨어뜨리고 자신의 알을 낳아 남의 새가 자신의 알을 품어 부화되고 돌보도록 하는 행동이다.

◎ 페로몬이란?
특정 동물이 분비하는 분비물로서 냄새를 유발하여 성적 행동이나 생리적 변화를 유발하는 물질이다.

◎ 생식기고정이란?
개과 동물에서 볼 수 있는 현상으로 교미 동안 암수의 특징적 해부학 구조 때문에 30분 정도 음경이 암컷의 질내에 있게 되는 상황을 말한다.

◎ 교미자극 배란 동물이란?
일반 동물과 다르게 교미 후 배란이 되는 동물로 고양이, 토끼가 있다.

◎ 페르몬을 인지하는 기관은?
페르몬 냄새를 인지하는 곳은 수컷의 비강 점막에 서비골 기관(Vomeronasal organ)의 후각상피세포이다.

알아두기

▶ 동물행동학(動物行動學, ethology)
동물의 행동을 연구하는 학문

▶ 각인(imprinting)
거위와 같은 동물에서 부화시 처음 본 사물을 어미로 인식하는 현상으로, 출생후 처음 겪은 학습이 일생 잊혀지지 않는 학습의 한 형태이다.

▶ 플레멘 행동
페르몬 자극을 받은 이성의 동물이 잇몸을 들어 올리고 우는 특이한 모양의 행동

▶ 프리마틴
쌍생아의 경우에 암컷 태아는 열성인자를 타고나오는데 수컷의 testosterone 영향으로 쌍생아 암컷은 생식기 기형과 수컷 행동을 하게 된다.

▶ 동물행동상담학
동물행동학 지식을 가지고 반려동물의 문제행동을 분석하고 행동교정 프로그램을 짜는 역역의 학문이다.

단원 학습 정리

1. 페르몬은 성 행동을 유도하는 화학신호 물질로서 이성의 후각센타를 자극하여 성적 흥분을 유도한다.
2. 플레멘 행동은 말이나 소 또는 염소가 윗입술을 코에 대고 위쪽으로 고개를 쳐든 채 웃는 형태의 행동이다.
3. 토끼와 고양이는 교미자극 배란 동물로서 암컷의 배란은 수컷의 교미 후 자극에 의하여 배란이 이루어지는 특징을 가지고 있다.
4. 어떤 곤충은 교미가 끝나면 특수한 물질로 암컷의 생식기 입구를 막아서 다른 수컷들의 정액이 들어가지 못하게 한다. 이를 교미마개라 한다.
5. 각인이란 추종의 대상을 같은 종의 이성으로 국한하도록 인지하는 능력이 미처 따르지 못한 불완전한 '본능'이다.
6. 로렌츠 박사는 회색기러기의 새끼가 생후 1~2일 안에 처음으로 움직이는 사람이나 풍선을 보면 마치 어미새인 것처럼 뒤를 쫓아다니는 현상을 '각인(imprinting)'이라 정의하였다.
7. 행동적 표현형은 내부적 요인으로 본능과 외부적 요인으로 학습의 상호 반응에 의해서 결정된다.
8. 본능과 학습은 복합적으로 반응하는데 예를 들어 새끼새가 본능적 행동으로 구걸 울음, 경보 울음을 하고 학습 행동으로 날개짓, 접촉 울음, 먹이 선택 등을 한다.
9. 동물행동상담사란 동물행동학적 지식을 가지고, 반려동물의 문제행동을 분석하고 행동교정을 수행하는 전문가이다.
10. 시력은 돼지 〉 양 〉 소 〉 개 〉 말 순으로 좋다.
11. 설치류와 같은 일부 동물은 짝 지키기의 목적으로 교미 후 암컷의 질 입구가 정액 성분이 굳어 막히는 '질전(Vaginal plug)'이 형성된다.

쉬어가기

아름다운 비행

캐롤 발라드 감독의 '아름다운 비행'은 우리에게 '로렌츠' 박사의 '각인'에 의한 현상을 잘 이해하도록 해준다.

주인공 에이미는 늪지 개발 과정에 고아가 된 야생 기러기의 알들을 집으로 가져온다. 창고에 두고 부화시키자 기러기들은 '각인(刻印)'의 원리에 따라 에이미를 엄마처럼 따른다. 개발에 의한 서식지 파괴와 야생동물 사육 금지법은 에이미가 기러기들을 계속 돌봐줄 수없게 하였고, 이에 에이미는 아빠의 경비행기를 이용해 기러기를 데리고 남쪽으로 갈 계획을 세운다. 즉, 기러기가 에이미를 따라다니듯이 아빠의 경비행기를 엄마로 생각하고 따라올 것이라고 생각한 것이다.

야생 기러기와 그들의 엄마 에이미의 이야기는 미국 전역에 퍼져 환경운동가들의 지지를 받고 에이미가 무사히 기러기들을 남쪽 늪지에 착륙시키면서 늪지의 개발 계획 역시 무산된다.

최초에 기러기들이 떼죽음을 당한 것은 인간의 무분별한 개발 때문이었고 남쪽의 늪지 개발 계획이 세워진 것도 더 이상 기러기가 오지 않기 때문이었다. 자연을 파괴하는 인간들은 자연 속의 생명체들도 무참히 파괴한다. 하지만 그곳에는 언제나 새로운 생명들이 남아있고, 그것을 지키려는 순수한 노력이 또한 숨어있다. 그리고 이 영화를 본 사람이라면 그 작은 노력에 동참할 마음이 들 것이다.

비단 자연과 인간의 화합뿐 아니라 이 영화에서는 아이와 아버지의 사랑이 다시 되살아나는 과정, 하늘에서 내려다보이는 아름다운 자연의 풍경이 잘 어우러져 관객들에게 주는 감동의 수준을 한층 높여준다. 경비행기를 따라 줄을 지어 날아가는 기러기의 모습은 정말 아름다운 비행으로 오래 기억에 남을 것이다.

제 9 장

동물과 환경
Environment and Animal

Ⅰ. 생태계의 보존
Ⅱ. 축산 환경 오염의 문제
Ⅲ. 인간과 동물의 공존

생물종이 우리에게 중요한 이유는 무엇일까? 우선 많은 생물종이 인류의 식량이나 식생활에 필요한 원료로서 직접적으로 인간 생활을 지탱해주는 자원이기 때문이다.

종의 다양성이 중요한 이유는 그 것이 생태계의 평형을 유지하는 요인이 되기 때문이다. 인류와 자연의 관계는 단순히 인류가 자연의 관리자라는 관계가 아니고 우리가 자연에 의존하는 관계이다.

I. 생태계의 보존

학습목표
1. 생태계의 특성을 알 수 있다.
2. 생물다양성의 고갈에 대하여 이해할 수 있다.

1 생태계의 특성

(1) 생태계의 정의 및 특성

1) 생태계의 정의

지구의 자연 환경은 대체로 생물적인 요소와 무생물적인 요소로 이루어져 있다. 빛, 공기, 물, 토양, 기후, 지하자원 등 무생물적 환경과 생산자, 소비자, 분해자로 구분되는 생물적 환경이 결합하여 하나의 기능을 가진 체계를 구성하는데 이 체계를 '생태계(生態界)'라고 부른다. 생태계라는 말은 1953년 영국의 텐슬리에 의해 처음 제안되었다. 초기에 생태계의 개념은 '생물 군집(群集)사이의 상호 관계'라는 좁은 의미였으나, 현대에 이르러서는 '인간을 포함한 생물 및 비생물적 물질의 총체적인 상호 순환 관계'를 의미한다.

2) 생태계의 특성

생태계는 일반적으로 두 가지의 특이한 속성을 갖는다. 그것은 생태계는 그 구성 요소들 사이에 밀접한 '상호 의존성'과 '상호 순환의 구조'를 갖는다는 것이다.

무기물인 물과 이산화탄소는 녹색 식물의 엽록체에 의해 식물의 에너지인 유기물로 전환된다. 녹색식물은 초식 동물의 먹이가 되며 초식동물은 다시 육식동물에게 먹히고, 또 육식동물들 사이에도 서로의 먹이가 된다. 이러한 연속적인 과정을 통한 먹이망에 의해 생태계 내의 생물체가 거미줄 모양으로 서로 종적, 횡적으로 연결되어 있다.

3) 생태계의 구성 요소

생태계 내의 각 구성 요소들 사이에는 서로 상호 의존성이 있을 뿐만 아니라 생태계 내에서 모든 물질이 재순환되고 있음을 알 수 있다. 생명 유지에 필수 요소인 탄소, 산소, 인,

질소 등은 태양 에너지와는 달리 외계에서 지구의 생태계로 유입되지는 않는다. 이러한 물질들은 생태계 내에서의 원활한 순환 과정을 통해 끊임없이 쓰이고 또 재생산된다.

4) 생태계의 평형 보존 능력

생태계는 생태계의 '평형 보존 능력' 또는 '자기 조절 능력'을 지닌다. 생태계는 그것을 구성하고 있는 생물적 요소 내에서뿐만 아니라 생물적 요소와 비생물적 요소 사이에도 항상 균형 상태를 유지하려는 성질, 즉 평형 보존력이 있다. 이와 같은 현상은 개체, 개체군, 군집 또는 생태계 전체에서 일어나며 생물체가 환경에 적응하려는 자기 조정(self regulation)현상이다. 생태계의 네 구성 요소가 서로 완전히 평형 상태를 이룰 때 이 생태계는 안정된 상태이다. 만일 어느 한 구성 요소가 급격히 변하면 나머지 구성 요소도 따라서 변하거나, 또는 급격히 변하는 구성 요소의 변화를 자체적으로 막아 본래의 안정된 평형 상태로 다시 돌아가게 한다.

5) 생산자의 양과 수용량 한계

생물군집 사이에는 일반적으로 생산자의 양이 가장 많고, 그 다음에 1차 소비자, 2차 소비자, 3차 소비자의 순으로 양이 감소한다. 대체로 이들 상호간의 구조는 피라미드형을 이루는 것이 안정하다. 만일 생산자의 양이 어떤 외부 조건의 변화에 의해서 줄어든다면 이를 먹고사는 1차 소비자의 양이 줄어들게 되고, 따라서 그 위의 먹이 사슬에 있는 2차 및 3차 소비자들도 식량 부족으로 굶어 죽게 되어 적은 수의 소비자들로 구성된 새로운 평형 상태로 자체 조정이 된다. 이러한 자기 조절 기능이 있다는 것은, 어떤 생물 생태계 내에서 일정한 서식처가 수용할 수 있는 생물체의 양에는 상한선, 즉 '수용량의 한계'가 있다는 것을 의미한다.

6) 생태계의 파괴 문제

3차 소비자의 일부인 인구의 급격한 증가는 더 많은 생산자와 1, 2차 소비자를 필요로 하지만 지구가 생산할 수 있는 생산자의 양에는 한계가 있기 때문에 불안정한 생태계를 형성한다. 생태계 자체로서는 이러한 불안정성을 해결할 수 없기 때문에 인간은 생산자의 양을 급격히 늘리기 위해 많은 농경지를 개간하고, 또 생산 효율을 높이기 위해 많은 양의 농약이나 비료를 사용하게 된다. 농경지의 개간, 농약이나 비료의 살포는 일시적으로 생산을 증가시켜 생태계를 안정시킬 수 있으나 이에 따른 산림의 파손, 공해의 유발 등은 장기적으로 전체적인 생태계를 불안정하게 만드는 요인이 된다. 인구의 급속한 증가, 산림의 농경지화, 고도의 산업화, 도시화는 생태계의 자연적인 조절 기능에 역행하는 것이므로 생태계를 불안정하게 만들어 결국은 생태계를 파괴하는 것이 된다.

2 생물 다양성의 고갈

(1) 생태계 파괴와 생물 다양성

1) 농약의 사용과 생태계 파괴

합성 농약이 광범위하게 사용된 지 겨우 50년이 지난 오늘날 과학자들은 합성 농약에 대해 그리 호감을 갖지 않게 되었다. 농경지와 삼림에 살포된 살충제들은 쉽게 분해되지 않고 오랫동안 그대로 남아 먹이 연쇄를 통해 각종 야생동물은 말할 것도 없고 인간에게까지 전달된다. 동물 체내에 흡수된 농약은 배설이 어려워 계속 쌓인다. 따라서 이제 도시에서만 살아온 산모의 젖에서도 각종 농약 성분이 검출되는 것은 그리 놀라운 일이 아니다.

모유 속의 환경오염물질로 다이옥신만 문제되는 것은 아니다. PCB, DDT, 유기염소계 농약 등은 잔류성이 강해 사용이 금지된 지 수십 년이 지났는데 아직도 모유에서 검출되고 있다.

과학자들의 합성 농약에 대한 거부감은 이러한 체내 축적 문제에서만 비롯된 것은 아니다. 더욱더 심각한 문제는 구제 대상 곤충들이 농약에 대해서 아주 빠른 속도로 내성을 키워가고 있다는 점이다. 1850년대만 해도 말라리아모기에 대한 DDT의 살충력은 그야말로 탁월한 것이어서 열대 지방의 극히 일부 지역을 제외하고는 지상에서 말라리아가 거의 박멸되는 듯싶었다. 그러나 불과 몇 년이 지나지 않아 DDT에 내성을 지닌 모기들이 출현하기 시작하더니 말라리아는 다시 대부분의 열대 지방에서 창궐하기 시작했다. 오늘날 과학자들은 6백 종 이상의 곤충들이 적어도 한 가지 이상의 살충제에 내성을 갖고 있다고 추정한다.

그러나 극히 최근에 이르기까지 과학자들조차도 곤충들이 농약에 대한 내성을 그렇게 빨리 키워나갈 것이라고는 예상하지 못했다. 곤충들이 새로운 농약 종류에 대해 불과 몇 년 만에 내성을 얻고 또 그러한 내성이 한 지역에서 지구 전역으로, 또 한 종류의 곤충에서 다른 종류의 곤충들로 쉽게 전파된다.

리처드 프렌치 콘스탄스 박사는 곤충이 시클로딘에 내성을 갖는 것은 그 곤충이 가진 DNA의 어느 한군데서 돌연변이가 일어나기 때문에 합성살충제에 대한 내성을 쉽게 획득한다는 것을 밝혀내었다. 수십만 개의 염기 서열을 지니는 DNA에서 단 한 개의 염기쌍이 바뀜으로써 그 곤충이 살충제에 내성을 얻게 된다는 점도 놀라운 일이지만, 더욱 놀라운 점은 시클로딘에 내성을 갖는 초파리, 미국 바퀴벌레, 황열병 모기 등 다양한 종류의 곤충들이 모두 똑같은 장소의 DNA에서 돌연변이가 나타났다는 점이다. 프렌치 콘스탄트 박사는 초파리들에서는 한 개체에서 먼저 돌연변이 내성이 나타나고 그것이 전체 초파리들로 전파되는 것도 확인하였다.

이 사실은 생물학계의 기존 견해와 크게 다르기 때문에 그 중요성이 더하다. 대부분의 생물학자들은 곤충이 쉽게 내성을 지닐 수 있는 것은 유전적으로 유연성이 크기 때문이라고 설명해 왔다. 이 말은 곤충의 종류나 개체수가 다른 생물군들에 비해 대단히 많으며 수명 또한 비교적 짧기 때문에 어떤 형식이든지 자신들에게 위험이 가해지면 그것을 물리칠 수 있는 것은 유전적으로 유연성이 크기 때문이라고 설명해 왔다. 이 말은 곤충의 종류나 개체수가 다른 생물군들에 비해 대단히 많으며 수명 또한 비교적 짧기 때문에 어떤 형식이든지 자신들에게 위험이 가해지면 그것을 물리칠 수 있는 방어 방법으로 돌연변이를 신속히 일으킬 수 있다는 의미이다. 그러나 새로운 발견은 곤충류에서도 과학자들이 생각한 만큼 유전적 돌연변이가 흔하지 않다는 것에 착안하고 있다. 그 대신 농약이 살포되면 어느 한 개체에 내성을 갖는 돌연변이가 나타나고 이것은 곧 다른 개체에게 전달된다는 것이다.

2) 페루의 면화밭 사례

1949년 페루의 면화 농부들은 면화를 갉아먹는 해충을 퇴치하기 위해 DDT를 비롯한 여러 합성 화학 물질을 사용하였다. 그 결과, 면화의 생산량은 대폭 증가하게 되었는데, 살충제를 뿌린 지 3년이 지나자 그 살충제에 내성을 갖는 곤충이 나타나기 시작했다. 이것은 경쟁을 통해 환경에 가장 잘 적응하는 것만이 살아남는 자연계에서 지극히 당연한 귀결이라고 할 수 있겠는데, 그 후 농부들은 내성을 가진 곤충을 퇴치하기 위해 점점 더 많은 양의 살충제를 사용해야만 했다. 그러나 그에 따라 곤충들도 더욱 더 강해져만 갔다. 드디어 1956년에는 막대한 양의 살충제를 뿌리긴 했지만 곤충이 면화의 절반가량을 갉아먹어 버려 면화 농사를 시작한 이래 최악의 피해를 입게 되었다. 페루의 농부들은 그들이 사용하고 있었던 해충 퇴치 방법에 회의를 느끼고 다른 방법을 강구하게 되었는데, 일단 DDT를 비롯한 인공 합성 살충제의 사용을 전면 중단하고, 대신 해충의 천적인 장수말벌 수억 마리를 수입하여 겨우 문제를 해결할 수 있었다 한다.

II. 축산 환경 오염의 문제

학습목표

1. 축산 환경 오염 문제에 대해 알 수 있다.
2. 축산 오염물의 처리와 자원화 방법에 대해 이해할 수 있다.

1 축산 환경 문제

(1) 동물의 사육환경

산업동물의 집약화 사육이 통상적인 축산의 형태이다. 집약화 사육은 노동력이 덜 소요되고 편리위주의 방향으로 사육형태가 개발된 결과이다. 항생제의 과다 투여에 의한 병원균의 저항성이 증대되는 문제점이 대두되고 있는데, 이는 경제적인 이익에만 관심이 집중된 축산의 결과이다.

가축의 질병의 발생은 기계적인 상처, 생리대사 기능 불균형 장애, 스트레스 등이 가장 중요한 원인이라 할 수 있다.

환경친화적인 관점에서 보면 물질 순환 원리로 토양 - 식물 - 동물 - 인간의 순환으로 자원이 고리 형태로 순환되는데 분뇨 및 식육처리에 따른 부산물을 어떻게 처리해야 될 것인지가 관건이다.

오늘날 축산은 혐오시설로 인식되어 이웃 주민들의 동의 없이는 축산업 자체가 불가능하고 엄격한 환경 규제를 받고 있다.

2 축산 오염물의 처리 문제

(1) 축산폐기물(가축분뇨)

1) 축산폐수 관련법규

① 양돈목장 : 양돈사의 면적한계가 1400m^2(약 425평) 이상, 1000두 이상 사육

② 소, 말 목장 : 우,마사의 면적합계가 1200m^2(약360평) 이상, 100두 이상 사육

③ 시간당 5m^3 이상의 폐수를 배출하는 축사시설에는 반드시 처리시설을 구비하여 폐기물을 처리해야 한다.

(2) 축산분뇨 발생량

가축분뇨 발생량은 약 14만 2천톤/일으로 전체 오·폐수 발생량의 0.6%이나, 오염물질 발생부하는 25.8%을 차지하여 동일 발생량 대비 가축분뇨 BOD 부하량은 생활하수의 67배에 해당하고 있다.

(3) 축산분뇨 처리 현황

가축분뇨 처리의 방법으로 비료자원화(88.7%), 정화처리(7.3%), 해양배출(4%) 등으로 처리하고 있다.

비료자원화의 경우, 주로 퇴비화방법을 시행하고 있으나, 시설의 관리부실과 톱밥, 왕겨 등 부재료의 가격 상승으로 인하여 퇴비품질의 저하, 경제성 상실 등의 문제점이 발생하고 있다. 정화처리의 경우 전국의 축사폐수 공공처리시설은 39개소이며, 처리용량은 9.575m^3/d로 전체 축산폐수의 7.7%에 불과하고, 이들 처리장은 공법 선정 및 설계표준화의 시행착오, 유지비용의 과다 지출, 방류수질 및 설계수질 기준초과 등의 사례가 발생하고 있다.

(4) 축산분뇨의 자원화와 처리방법

1) 자원화를 위한 퇴비화

미생물을 이용하여 유기물을 분해하는 과정에 목질소(lignin)와 미생물단백이 결합된 lignoprotein이 생산, 흑갈색의 토양개량제가 된다.

2) 축산분뇨의 퇴비화를 위한 발효처리법

① 퇴비화, 액비화가 가장 합리적임

② 가축 분뇨 및 폐수의 처리방법

㉠ 분뇨혼합

- 처리방법 : 물로 씻어 흘려보낸다.
- 액비처리 : 저류→교반→부숙화→액비화
- 시설의 종류 : 저류탱크 토양주입 표층퇴적

㉡ 가축분

- 퇴비처리(토지환원법)
- 발효건조처리(비닐하우스, 발효조 등)
- 건조처리(화력 건조기, 기계 교반기)
- 소각처리(소각로)

㉢ 뇨 및 폐수

- 활성오니법, 산화지법, 혐기성 처리법
- 살수여상법(생물막법), 토양침투증발법

3) 축산분뇨의 액비화 및 혐기성 처리법

① 혐기성 처리법

㉠ 혐기성처리법 또는 메탄 발효법

- 정의 : 산화환원 전위가 −250 ~ −400mV의 조건하에서 기성 미생물의 작용에 의하여 유기물을 메탄가스와 탄산가스로 분해하는 방법
- 메탄생성균은 각각 기질 특이성이 있다.
- 메탄발효의 조건
- 혐기성을 유지할 수 있는 발효조 설비
- 발효온도 유지
- 오니의 농도
- 적절한 교반

㉡ 발효법 : 가축분의 볏짚이나 깔짚은 섬유소분해균이나 특정의 방선균에 의해 약 70% 분해

② 호기성 처리법

③ 혐기성 소화공법 : 메탄가스는 연료로 사용

4) 축산분뇨의 생물학적 처리법

① 활성오니법(Activated Sludge Process)

㉠ 활성오니 미생물군의 세균 : Pseudomonas, Flavobacterium, Achromobacter, Zoogloea 등

㉡ 활성오니 미생물군의 원생생물은 주로 섬모충류이고 기타 편모충류 등이다.
: *Vorticella microstoma*, *Vorticella convallaria*, *Aspidesca costata*

② 산화구법(oxidation ditch)

③ 살수여상법 또는 생물막법

④ Lagoon법(산화지법)

5) 기타 축산분뇨처리법

① 매립처분방법

② 토양침투법 : 토양 침투법과 토양침투증발법으로 구분된다.

㉠ 증발 침투법 : 흙에 매설한 배관속에 폐수를 흘러 들어가게하여 일부는 땅속으로 침투시키고 일부는 지표면으로 증발시키는 법.

㉡ 토지 환원법

③ 건조처리법(화력 또는 자연건조)

④ 퇴적발효 처리법

⑤ 기계에 의한 발효처리법

발효처리법의 장점 : 외관, 취급, 악취발생 개선, 발효열에 의해 병원균이나 기생충란을 사멸

⑥ 소각법 : 권장 못함

⑦ 건조법 :

6) 축산폐기물의 이용

① 도축 폐기물의 정제화(rendering)

- 도축장의 폐기육을 이용하여 분말비료나 사료를 만드는 방법
- dry rendering과 wet rendering으로 나눈다.

② 비료화 : 유기물과 미량원소가 풍부하므로

③ 사료화 : 사료로의 재이용

- 직접적 사료화
- 간접적 사료화 : 가금분뇨를 이용하여 chlorella 재배하여 사료화의 예

7) 악취처리 방법

① 악취물질

- Ammonia(NH3):무색, 자극성 심한 취기. 규제기준 : 대기 중의 허용한도 1~5 ppm
- Methyl mercaptane(CH_3SH) : 가연성, 썩은 양파냄새. 규제기준 : 0.002~0.1 ppm
- 황화수소(H_2S) : 가연성, 썩은 계란냄새, 대단히 유독한 가스

② 저농도 : 결막, 점막 자극. 두통, 현기증

③ 고농도 : 취각이 약해짐, 허탈, 혼수, 호흡기능 정지

- Trimethylamine[$(CH_3)_3N$] : 자극성 부패어취. 규제기준 : 0.005~0.07 ppm
- 황화메틸[$(CH_3)_2S$] : 썩은 양배추 냄새. 규제기준 : 0.01~0.2 ppm

■ 탈취법

① 직접 연소법 : 650~800도에서 행함. CO_2와 H_2O로 변화시킴

② 수세법 및 약액 흡수법 : 수세 후의 가스를 염소로 산화분해하는 법(황화수소, 저급지방산의 제거에 효과)

③ 흡착법 : 활성탄, silica gell, zeolite등의 흡착성 이용

④ 촉매연소법 : 백금이나 파라듐을 촉매로 사용하여 260 – 330도에서 악취가스를 산화분해하는 방법

⑤ 방취법 : 방향성 약제에 의한 방취법. 오존(O_3) 등은 방취제

III. 인간과 동물의 공존

학습목표

1. 생태계 공존 방법을 이해할 수 있다.
2. 인간 개입에 의한 생태계 교란을 이해할 수 있다.
3. 생물종의 감소와 종다양성 보존 노력을 알 수 있다.

1 생태계의 보존과 공존

(1) 공존의 방법

1) 개미와 식물의 공존의 예

개미는 벌과 달리 식물의 수분을 돕는 일에 거의 관여하지 않는다. 실제로 꽃의 구조나 기능은 공진화(coevolution)의 산물이다. 즉, 벌을 비롯해 수분(受粉)을 돕는 여러 동물들과 오랜 세월을 두고 함께 진화해 온 결과라는 뜻이다. 현재까지의 연구에 따르면 개미에게 수분을 맡기는 식물은 극소수에 불과하다. 여왕개미와 수개미들을 제외하곤 날개가 퇴화해 날지 못하는 개미는 꽃가루를 멀리 퍼뜨려야 하는 식물의 입장에서 볼 때 그다지 훌륭한 매체가 아니다.

그런데 상당수의 식물들은 꽃속 외에도 잎이나 가지에 꿀샘을 가지고 있다. 이를 꽃밖꿀샘이라고 부르는데, 꽃 안 꿀샘이 수분을 돕는 동물들을 위한 것인데 반해 꽃 밖 꿀샘은 거의 예외 없이 개미를 위해 준비해 놓은 것이다. 개미는 이 꽃 밖 꿀샘으로부터 고도로 농축돼 있으며 바로 양분으로 쓰일 수 있는 단물을 얻는다. 대신 개미는 그 식물을 온갖 초식동물로부터 보호한다.

한 가지 재미있는 사실은 꽃 안 꿀샘에는 단물에는 당분은 물론 단백질도 풍부하게 있는 반면 꽃밖꿀샘의 단물에는 단백질 성분이 거의 없다는 점이다. 따라서 개미는 필요한 양의 단백질을 섭취하기 위해 다른 초식동물들을 잡아먹어야 한다. 박쥐의 도움으로 수분을 하는 벌사나무(balsa tree)의 예를 보자. 박쥐를 위해 꽃안꿀샘에 준비해 놓은 단물에는 농도 11%의 설탕과 아미노산이 듬뿍 들어 있다. 이에 비해 개미를 위한 꽃밖꿀샘의 단물에는 당

분만 잔뜩 들어 있고 아미노산은 거의 찾을 수 없다. 식물의 입장에서 비교적 적은 비용이 드는 셈이다.

몇몇 열대 식물들은 아예 개미에게 음식은 물론 방까지 내주어 상주하도록 한다. 중미에 서식하는 쇠뿔(bullhorn) 아카시아 나무가 그 대표적인 예다. 우리나라 아카시아 나무들도 가시를 가지고 있지만 쇠뿔 아카시아 나무의 가시들은 실제로 소의 뿔처럼 생겼고 크기도 엄청나다. 더욱 신기한 것은 그 가시 속이 텅 비어 있다는 사실이다. 바로 그 안에 수도머멕스 개미(*Psedomyrmex ferruginea*)들이 산다. 수도머멕스 개미는 워낙 사나워서 초식 곤충은 말할 것도 없고 사슴이나 소와 말 같은 큰 초식동물조차 나무에 얼씬하지 못하도록 한다.

열대 삼림 속에서 자라는 어린 나무들은 성장에 필요한 영양분을 만들어 내는 과정인 광합성을 보다 활발하게 수행하기 위해 가끔 자리다툼에 여념이 없는 법인데, 수도머멕스 개미가 세 들어 사는 쇠뿔 아카시아 나무 주변에는 풀한 포기조차 찾아보기 힘들다. 일개미들이 자기가 살고 있는 쇠뿔 아카시아 나무 근처에서 솟아나는 새순들을 부지런히 제거해 주기 때문이다. 그래서 쇠뿔 아카시아 나무는 거의 경쟁하지 않고 성장할 수 있다.

(2) 인간의 개입에 의한 생태계 교란

1) 생물 도입에 의한 문제 유발

호주는 토끼가 없는 지역이었으나 유럽에서 토끼를 도입하면서 천적이 없는 환경이라 급격한 토끼 수의 증가를 경험하였다. 도입 초기에는 토끼를 사냥하면 벌금을 부과하기도 했다. 그러나 토끼의 증가는 많은 문제를 야기했다. 농작물의 훼손과 주변 자연의 파괴로 인해 다른 동물들의 감소를 초래하면서 사람들은 토끼의 번식을 차단하는 방법을 강구하기 시작했다. 담장을 세우거나 서식지를 파괴하는 방법을 사용했지만 그리 효과적이지 못했다. 급기야 호주에서는 토끼의 수를 줄이는 방안으로 토끼에 치명적인 점액종증(myxomatosis)을 유발하는 myxoma virus를 도입하였다. 1950년 말과 1951년 초에 점액종증은 Murray강 전역을 휩쓸어 버렸다. 그 당시에 내린 폭우로 인하여 모기가 발생하였고 그 모기는 바이러스를 전염된 토끼에서 전염되지 않는 토끼로 옮겼다. 심지어 수백 km까지 옮겼다. 3년내 그 질병은 호주 전역으로 퍼져 나갔고 토끼의 수는 급격히 감소하였다. 1953년에 학자들은 치사율이 99.9%에서 95%로 떨어진 폭은 작았지만 의미 있는 것으로 받아들였다. 전에는 6~10일 걸리던 것이 3~4주로 감염되어 죽는데 걸리는 시간이 길어졌다. 모기나 벼룩에게 3~5번 감염이 되어야 죽는 현상들이 목격된 것이다. 독성이 약한 바이러스는 토끼를 감염시키는데 성공하여 급속도로 퍼져 나갔다. 자연선택을 통하여 바이러스는 독성이 약한 형태로 진화되었던 것이다. 두 가지 요인으로 바이러스의 독성이 약화된 것과 바이러스에 대항한 토끼의 면역 능력을 획득한 것으로 인해 현재 치사율은 50%를 유지하고 있다. 급속도로 증가하던 토끼에 제동을 걸 수 있는 방법으로 인해 황폐되었던 초원이 회복되기 시작되었고 양의 목축도 정상적으로 되돌아섰다.

2) 축산 동물 항생제 오남용 문제

① 항생제 사용 비율

우리나라 축산업의 항생제 사용량이 축산물 생산량을 염두에 두면 사실상 세계 최고 수준이어서 오남용 실태가 심각한 것으로 드러났다. 현재 우리나라 축산업 항생제 사용량은 연간 1500t이다. 이는 축산물 생산량이 우리나라의 1.2배 정도인 덴마크가 연간 94t 쓰는 것과 비교하면 16배나 많은 것이다. 축산물 생산량이 우리나라의 2배 정도인 일본의 연간 1084t에 비교해도 1.5배나 될 정도로 그 양은 어마어마하다.

② 항생제내성 세균의 문제점

항생제는 미생물을 죽이거나 증식을 억제하는 약물이다. 동물 사료에 넣으면 질병을 유발하는 전염병 병원체를 예방·치료하여 생산성이 향상되는 것으로 알려져 있으며 값싸게 대규모 사육이 가능하여 축산에서 많이 사용하고 있다. 하지만 항생제를 오랫동안 많이 투여하면 일부 성분이 동물 몸속에 조금씩 쌓이게 된다. 이런 성분이 고기나 계란 같은 식품을 통해 사람 몸에 들어오면 피부질환이나 심한 경우 암까지 일으킬 수 있다. 항생제를 자주 접한 세균은 점점 똑똑해진다. 스스로 돌연변이를 일으켜 항생제의 작용을 방해하거나 항생제를 아예 분해해 버릴 정도로 강력한 "항생제 내성균"으로 바뀌게 된다. 이렇게 되면 실제로 병에 걸려 항생제를 써도 내성균은 죽지 않게 된다. 사람이 식품을 통해 항생제 성분을 간접적으로 먹어도 내성이 생길 수 있다.

현재 닭 사료로는 3가지 항생제를 한꺼번에 사용해도 된다고 허가가 되어 있다. 항생제를 가축에 쓸 경우, 살아남은 균은 내성을 가지게 된다.

소에 전염병을 막고 상대적으로 질병이 적어지면서 얻을 수 있는 결과로서 성장 촉진 효과를 얻고자 값싼 항생제를 사료에 많은 양을 첨가하고 있다. 젖소의 경우 우유를 무리하게 많이 짜내면서 생긴 유방염 발생 증가로 치료용 항생제의 사용도 늘어나고 있는 추세이다. 젖소의 유방염 치료용 항생제의 문제점이 큽니다. 최근 젖소 한 마리에서 우유를 얻는 양이 늘어나면서 유방염도 증가하고 있다. 지나치게 우유를 많이 짜서 유방염에 쉽게 걸리게 되고 그 때마다 항생제를 쓰는 악순환이 계속되고 있다.

돼지는 소와 마찬가지로 질병을 막고 상대적으로 소모성 질환이 줄어들어 얻을 수 있는 성장촉진효과를 얻고자 항생제를 넣은 분말사료를 먹인다. 분말사료의 산화를 막기 위해 산화방지제를 넣고 여름 장마기간에는 곰팡이 방지제까지 넣는다. 이런 사료를 먹고 좁고 비위생적인 곳에서 키워진 돼지들은 절반 이상이 병에 걸린다.

좁은 양식어장에서 키워져 스트레스가 높고, 인공사료 찌꺼기로 인한 물의 오염으로 병에 걸리기 쉽다. 병을 막기 위해 사용되는 승인된 항생제가 27종이나 된다. 내성균이 축산물에서보다 더 빨리 생기고, 처방전 없이도 마음껏 살 수 있어 더욱 문제이다.

③ 축산 항생제 규제 및 대안 마련

축산업에서 항생제의 오남용이 심각한 수준으로 문제 위식의 확산되면서, 축산에 항생제 사용 금지에 대한 법안이 마련되고 시행되는 국가들이 늘어나고 있다. 우리나라도 축산업에 항생제 사용을 규제하고 향후 전면 금지할 예정이다.

축산업에서는 현재 사용하는 항생제의 사용을 줄이고 동등한 질병 예방 효과를 얻을 수 있는 방법들을 개발하여 사용하고 있다. 예를 들어 천연물질들을 이용한 면역증강 성분을 이용하거나 천연물질들을 이용한 항균대체제를 개발하여 사용하여 항생제의 사용을 줄이고자 노력하고 있다.

(3) 생물종의 감소

1) 생물종의 감소

지구상에는 수많은 생물들이 환경 요소 속에서 생태계를 이루며 함께 살아가고 있다. 인간과 함께 살고 있는 다른 생물종들도 모두 생태계의 구성원이며, 우리와 어우러져 살아가야 할 중요한 생명체이다. 그 중에는 나비류와 같은 곤충류도 있으며, 야생의 조류와 맹수도 있다.

이러한 생물들이 지구상에서 멸종되는 수가 점점 많아지고 그 속도가 점점 더 빨라지는 것으로 알려지고 있다.

2) 생물들의 멸종 이유

전 세계적으로 현존 생물의 15% 정도가 환경오염으로 완전히 사라졌거나 멸종되어 가고 있다. 2050년에는 지구의 인구가 현재의 약 2배로 늘어나 약 100억 명이 될 것으로 추정되고 있고 인구 증가에 따른 문제가 복합적으로 얽혀서 생물의 멸종 문제가 더욱 심각해질 것으로 보고 있다.

산성비와 오존층의 파괴, 지구온난화현상 등의 대기 오염과 바다의 적조 녹조 현상, 기름 오염 등의 수질 오염, 농약과 화학비료, 각종 폐기물에 의한 토양 오염은 야생 동식물의 생명에 위협을 주며 종에 따라 그 번식을 중단시키거나 새끼 수를 감소시키기도 한다.

지구 온난화 현상은 대기 중에 이산화탄소가 급격히 늘어남으로써 발생하게 되며 수질의 오염은 공장이나 가정의 폐수, 해상에서의 기름 유출이 그 원인이 된다.

토양의 오염은 각종 폐기물이나 폐수의 유입과 지나친 농약 및 화학 비료의 사용이 그 원인이 된다.

생물종 감소의 원인에는 여러 가지가 있으나 생물의 서식지인 환경의 파괴가 무엇보다도 큰 요인 중의 하나이다. 인구의 증가와 더불어 자연을 파괴하는 개발이 끊임없이 진행되고 있어 큰 위협이 되고 있는 것이다.

열대우림은 지구 육지 면적의 6%에 불과하지만 지구 생물의 1/2 이상이 그 곳에 집중적으로 살고 있다. 그러나 벌채와 원주민의 경작으로 이 열대림이 매 년 1%씩 감소되고 있으며 이대로 가면 50년 후에는 모두 없어질 가능성이 있다고 한다. 벌채와 개간 등으로 생물은 앞으로 매년 수십 종씩 멸종될 것으로 예상되고 있다.

야생동물의 밀렵과 희귀식물의 채취, 인간의 이기주의에 의해서도 생물종은 많이 감소되고 있다. 코끼리와 코뿔소, 고래와 바다거북이 남획되어 멸종 위기에 처해 있으며 우리나라에서도 한약재나 건강식으로 알려진 많은 생물이 감소되고 있다.

(4) 종 다양성의 보존 노력

1) 종 다양성

어떤 지역에 살고 있는 생물종 수의 많고 적음의 정도를 종 다양성이라 한다. 일반적으로 환경 조건이 혹독한 지역에서는 그 환경에 적응 한 몇 종의 생물만 살 수 있기 때문에 종 다양성이 낮다.

위도 상으로 볼 때 적도의 열대 우림에서부터 온대 지방을 거쳐 고위도와 한 대 지방으로 갈수록 종 다양성이 감소한다.

생물종이 우리에게 중요한 이유는 무엇일까? 우선 많은 생물종이 인류의 식량이나 식생활에 필요한 원료로서 직접적으로 인간 생활을 지탱해주는 자원이기 때문이다. 지구상의 약 3,000만 생물종 중에서 100여종만이 식량자원으로 사용되고 있다.

또한 종의 다양성이 중요한 이유는 그 것이 생태계의 평형을 유지하는 요인이 되기 때문이다. 생산자, 소비자, 분해자의 순환 과정은 생태계를 구성하는 생물종이 많을수록 안정적이며 이러한 생태계의 안정 속에서만 인간이 생존할 수 있기 때문이다. 인류와 자연의 관계는 단순히 인류가 자연의 관리자라는 관계가 아니고 우리가 자연에 의존하는 관계이다.

최근에 전 세계적으로 지구의 종 다양성의 감소가 중요한 문제로 대두되고 있는데 이것은 종 다양성이 군집의 안정성과 관련이 있기 때문이다. 종 다양성이 높은 군집은 종 다양성이 낮은 군집에 비하여 안정성이 높다.

산업의 발달과 인구 증가로 인한 각종 환경오염과 야생 생물의 서식처 파괴로 말미암아 멸종되는 생물의 수가 급격히 증가하고 있다. 전 세계적으로 1600년대에는 21종, 1700년대에는 38종, 1800년대에는 84종이 멸종된데 비하여 1900년대에는 이미 184종이 멸종되었고 170여 종이 멸종 위기에 처해 있다. 21세기 말까지 700여종이 더 멸종될 것으로 추산하고 있다. 특히 생물의 보고인 열대 우림의 파괴가 급증하고 있는데 이것은 지구의 종 다양성을 감소시키는 중요한 원인이 되고 있다.

종 다양성을 보존하려면 인구 증가의 억제를 통하여 자연 서식처의 파괴를 막아야 하며, 취미나 오락 또는 상업적인 목적의 사냥을 금지해야 한다. 생명의 존엄성을 인식하여 주변의 생물을 보호할 수 있는 마음을 가지도록 하는 것이 무엇보다 중요하다.

우리나라에는 약 4,300 종류의 식물이 살고 있고, 생물 종의 수로는 3,176 정도가 있는 것으로 알려져 있다. 지금까지 밝혀진 고등 식물 고등식물 248,400종에 비하면 1.28%에 지나지 않으나 국토 면적이 전 세계 육상 면적의 0.16%인 점을 고려한다면 많은 식물종이 살고 있는 셈이다.

지금까지 밝혀진 남한의 동물은 야생 조류 450 종, 포유동물 102종, 양서 파충류 41종, 어류 905종, 무척추 동물 13,025종 등이 기록되고 있다.

12 우리나라 멸종 위기 동식물

우리나라에서는 1992년 UN 환경 개발 회의 이후 범세계적으로 야생동식물의 멸종, 감소 방지의 노력을 강화하기 위한 생물 다양성 협약에 대하여 국가적 대응체제를 마련하려고 생물 다양성 국가 전략을 수립하였다.

3) 천연 기념물의 지정 관리

우리나라에서는 천연기념물을 지정하여 멸종위기에 처한 동식물을 보호하고 있다. 1962년 문화재위원회에서는 고유한 한국의 자연을 원형대로 보존하고 기념물적 성격을 띤 자연물을 보전, 보호하기 위해 제정한 문화재 보호법에 따라 98점을 천연 기념물로 지정하였다. 이중에는 멸종위기의 동물과 식물이 포함되었다.

우리나라 지정 천연기념물로는 조류 도래지, 번식지, 극경 회유 해면, 진돗개, 오골계가 있고 종 자체를 지정한 것은 크낙새, 따오기, 황새, 두루미, 흑두루미, 먹황새, 백조, 재두루미, 팔색조, 저어새, 흑비둘기, 가막딱따구리, 사향노루, 산양, 무태장어, 어름치, 장수하늘소, 수리 등이 있다.

Q & A

◎ 화학 합성 농약의 문제점이란?

살충제와 같은 화학 합성 농약은 잔류성과 체내 축적 문제 및 내성이 문제가 되고 있다.

◎ 곤충들이 살충제에 내성을 쉽게 획득하는 이유는?

곤충은 종류나 개체수가 다른 생물군들에 비해 대단히 많으며 수명 또한 비교적 짧기 때문에 돌연변이가 신속히 일어나고 다른 개체에게 쉽게 전달된다.

◎ 인위적 생태계 교란의 예는?

호주는 토끼가 없는 지역이었으나 유럽에서 인위적으로 토끼를 도입하면서 수가 증가하면서 농작물의 훼손과 주변 자연의 파괴로 인해 다른 동물들의 감소를 초래하였다.

◎ 종 다양성이란?

어떤 지역에 살고 있는 생물종 수의 많고 적음의 정도

알아두기

▶ 생태계(生態界)

생물 군집(群集)사이의 상호 관계이며 '인간을 포함한 생물 및 비생물적 물질의 총체적인 상호 순환 관계

▶ 생태계 평형보존력

물적 요소와 비생물적 요소 사이에도 항상 균형 상태를 유지하려는 성질

▶ 수용량의 한계

생태계 내에서 일정한 서식처가 수용할 수 있는 생물체의 상한 양

▶ 공진화(coevolution)

다른 동물과 협력하며 오랜 세월을 두고 함께 진화하는 것

▶ 지구 온난화 현상

대기 중에 이산화탄소가 급격히 늘어남으로써 유발되는 대기 온도 상승

단원 학습 정리

1. 생태계는 그 구성 요소들 사이에 밀접한 '상호 의존성'과 '상호 순환의 구조'를 갖는 특성을 갖고 있다.
2. 생물군집 사이에는 일반적으로 생산자의 양이 가장 많고, 그 다음에 1차 소비자, 2차 소비자, 3차 소비자의 순으로 양이 감소한다.
3. 3차 소비자의 일부인 인구의 급격한 증가는 더 많은 생산자와 1, 2차 소비자를 필요로 하지만 지구가 생산할 수 있는 생산자의 양에는 한계가 있기 때문에 불안정한 생태계를 형성한다.
4. 곤충들이 새로운 농약 종류에 대해 불과 몇 년 만에 내성을 얻고 또 그러한 내성이 한 지역에서 지구 전역으로, 또 한 종류의 곤충에서 다른 종류의 곤충들로 쉽게 전파된다.
5. 가축분뇨 처리의 방법으로 비료자원화가 가장 많이 사용되고 있다.
6. 전염병 병원체를 예방・치료하여 성장 촉진 효과를 얻고자 과거에는 축산 가축들의 사료에 항상제를 많이 첨가하였었다. 이러한 항생제 첨가는 내성을 가진 균들이 증가하여 가축과 사람에서 항생제 내성을 유발한다.
7. 생물종 감소의 원인에는 여러 가지가 있으나 생물의 서식지인 환경의 파괴가 무엇보다도 큰 요인 중의 하나이다.
8. 종의 다양성이 중요한 이유는 그 것이 생태계의 평형을 유지하는 요인이 되기 때문이다. 또한 많은 생물종이 인간 생활을 지탱해주는 자원이기 때문이다.

쉬어가기

공유의 비극

하딩(Hardin, Garret)은 환경의 근본적인 문제는 공유의 비극(tragedy of commons)이라고 하였다. 초지에 가축을 방목할 때 방목자들이 자신의 이익을 극대화하려는 행동의 결과를 설득력 있게 지적하였다.

방목자는 두 가지 사실에 기초하여 자신의 이익을 극대화하려고 한다. 첫 째, 초원에 방목하는 자신의 가축 수가 많을수록 그 이익이 커진다는 것을 알고 있다. 둘째 과다한 방목은 초지에 피해를 주고 그 피해는 초지를 공유하고 있는 모든 사람들에게 돌아가므로 자신에 돌아오는 피해는 일부분이라는 사실을 안다. 따라서 방목자는 계속해서 가축의 수를 늘리고 싶어 할 것이다. 그러나 문제는 초지를 공유하는 방목자들 모두가 같은 생각으로 가축을 늘리려고 한다는 것이다.

결국 개인의 이익 추구가 보장되고 모든 사람들이 공동으로 초지를 자유로이 사용할 수 있는 이러한 체재에서는 초지가 제한된 자원이라는 사실을 알면서도 방목하는 가축의 수를 무제한으로 늘리는 결과를 가져오게 된다. 그 결과 초지의 황폐화로 인하여 모두 공멸하게 되는 비극을 초래하게 된다는 것이다.

산업의 발달과 인구 증가로 인한 각종 환경오염과 야생 생물의 서식처 파괴로 말미암아 멸종되는 생물의 수가 급격히 증가하고 있다. 종 다양성을 보존하려면 인구 증가의 억제를 통하여 자연 서식처의 파괴를 막아야 하며, 취미나 오락 또는 상업적인 목적의 사냥을 금지해야 한다. 생명의 존엄성을 인식하여 주변의 생물을 보호할 수 있는 마음을 가지도록 하는 것이 무엇보다 중요하다.

제 10 장

동물의 짝짓기와 번식

Animal Sex and Reproduction

Ⅰ. 포유동물의 생식기관
Ⅱ. 포유동물의 생식세포
Ⅲ. 성성숙과 성주기
Ⅳ. 동물별 번식생리
Ⅴ. 동물의 성행동과 짝지키기

동물의 번식은 암컷과 수컷의 생식세포가 만나 수정란을 형성하고 암컷 자궁에 착상하여 배아가 발육하여 출산하여 일어난다. 동물에서 번식은 자신의 자손을 유지하고 멸종의 위협을 극복하기 위한 중요한 행위이다. 이 번 단원에서는 암컷과 수컷의 생식 기관의 구조와 특징을 이해하고 나아가 수정과 임신에 관련 된 지식을 습득하도록 한다.

I. 포유동물의 생식기관

학습목표

1. 수컷의 생식기관에 대해 알 수 있다.
2. 암컷의 생식기관에 대해 알 수 있다.

1 수컷의 생식기관

수컷의 생식기관은 호르몬을 생산하는 정소(testis)와, 정소상체(epididymis), 정관(vas deferens), 음경(penis), 음낭(scrotum)과 부생식선(accessory glands)인 전립선(prostate gland), 요도구선(bulbo-urethral gland), 정낭선(vesicular gland) 등으로 구성되어 있다.

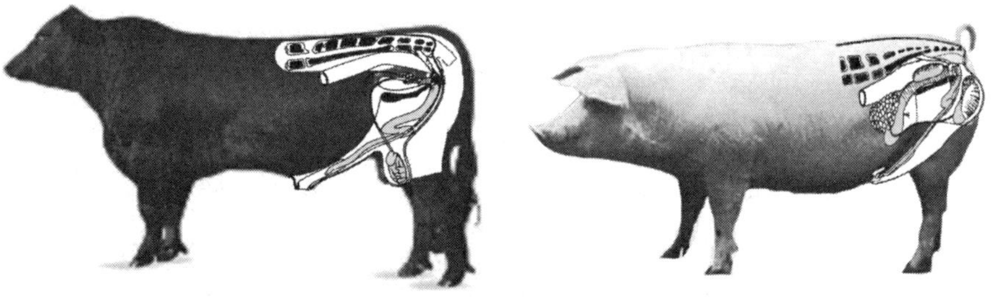

그림 10-1. 수컷의 생식기관 구조. 소(좌측)와 돼지(우측)

(1) 정소(testis)

정소는 정자와 남성호르몬인 안드로겐(androgen)을 생산한다. 테스토스테론(testosteron)은 안드로겐의 일종이다. 정소에서의 정자형성(spermatogenesis)은 생식원세포(primordial germ cell)에서 정조세포(spematogonia)로 성장하여 세정관내에서 체세포 유사분열에 의해 증가하여 정모세포(primary spermatocyte)로 성장, 제1차 감수분열에 의해 정낭세포(secondary spermatocyte)는 2차 감수분열에 의해 정자세포(spermatid)로 되어 정자(spermmatozoon)가 된다.

(2) 정소상체(epididymis)

정소와 함께 정소초막(tunica vaginalis)에 둘러 쌓여있는 정소상체는 생식선인 정소의 수출관에 연결되어 있으며, 두부, 체부, 미부로 구성되어 있다. 정자의 수송, 농축, 성숙, 저장에 관여한다. 정자는 정소상체 내에서 운동성과 수정 능력을 획득한다. 건강한 남성의 경우 매일 1억 개의 정자를 만든다.

(3) 세정관(seminiferous tubules)

정소에는 세정관(seminiferous tubules)이 구불구불하게 얽혀 들어 있는데 세정관의 전체의 길이는 1개의 정소에서 약 250미터나 된다.

정소의 세정관과 세정관 사이에 있는 라이디히 세포(Leydig Cell)에서는 남성호르몬이 분비된다. 정자는 정소 안에 포개진 세정관 속에서 만들어진다. 세정관의 바깥쪽에는 가장 미숙한 정원세포가 늘어서 있다가 2개월간의 기간을 거쳐 안쪽에서 성숙한 정자가 된다.

(4) 정관(deferent duct or vas deferens)

정소상체의 끝부분으로부터 요도까지 연결된 가늘고 긴 관으로 상피세포로 구성되어 있으며, 끝 부분은 굵게 부풀어 있는데 이곳을 정관 팽대부라고 한다. 정관은 정자의 수송과 사출기의 역할을 하는데 정관 팽대부는 사정되기 전 정자의 저장소 기능도 함께 한다.

소와 양은 팽대부가 잘 되어 있어 구애와 교미전의 자극을 받으면 정관벽은 연동운동과 분비선 벽을 수축하여 정액을 쉽게 배출하게 된다.

(5) 부생식선

정자의 생존과 수정력을 유지하기위한 정액을 분비하는 보조생식선으로 정낭선, 전립선, 요도구선으로 구성되어 있다.

1) 정낭선(vesicular gland)

정관 팽대부 옆에 위치하고 있는 포도송이 모양의 분엽화한 한 쌍의 선체로써 각각의 소엽에서 나오는 분비관은 서로 모여서 하나의 주 배출관을 형성하고 이렇게 형성된 배출관은 정관의 요도 개구부와 합류하여 사출구를 형성한다. pH 5.7~6.2의 약산성 유백색 액체를 분비하고 이것은 고농도의 단백질, 칼슘, 과당, 구연산 등이 함유되어 정자의 영양소공급과 사정 후 정자의 운동에 필요한 에너지원으로 역할을 한다.

2) 전립선(prostate gland)

정낭선 후방에서 요도구선 주위까지 발달한 1개의 분비선으로 분비물은 유백색의 알칼리성(pH 7.5~8.2)으로 정자의 운동과 대사에 필요한 물질을 함유하고 있으며 사정 시 질 내의 산성상태를 중화시킴으로 사정 정자의 생존에 중요한 역할을 한다.

3) 요도구선(urethral gland)

한 쌍의 선으로 호두모양과 같으며 요도 골반체의 뒤끝 위쪽에 있다. 요도구선의 분비액은 사정에 앞서서 요도의 세척 및 중화 작용을 한다.

(6) 음경(penis)

교미 시 이용하는 기관으로서 S-형 만곡이 있어서 음경의 돌출이 가능하다. 요도 해면체는 요도 주위해면체 근처에 있고 성적 흥분 시 혈액이 충만하여 발기가 되고 음경이 팽창하고 굳어져 발기상태가 된다.

2 암컷의 생식기관

암컷의 생식기관은 난소(ovary), 난관(oviduct), 자궁(uterus), 자궁경(cervix uteri), 질(vagina) 및 외부생식기(external genitalia) 로 구성되어 있고 외음부를 제외한 것들은 광인대(broad ligament)에 의해 지지되고 있다. 광인대는 난소를 지지하는 난소간막(mesovarium)과 난관을 지지하는 자궁간막(mesometrium)으로 되어 있다.

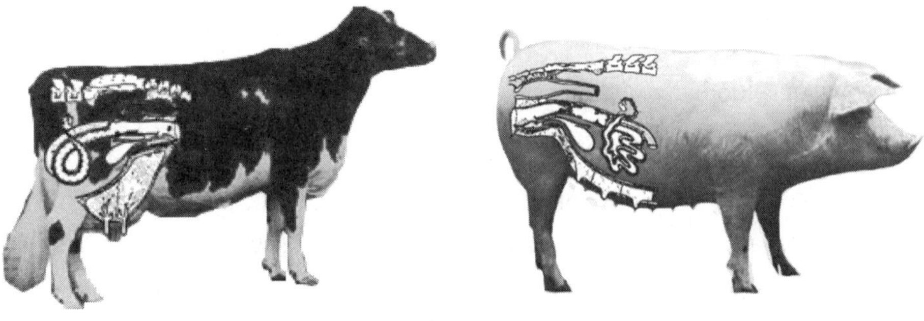

그림 10-2. 암컷의 생식기관 구조. 소(좌측)와 돼지(우측)

(1) 난소(Ovary)

난소는 복강 내에 자궁각 끝에 위치하고 있으며, 난자(ovum)를 생산하는 외분비기능과 성스테로이드 호르몬을 분비하는 내분비기능을 가진 복강 내 있는 생식선(성선, gonad)이다.

성숙기에 이르게 되면 난소는 원시난포(primary follicle)에서 제2차 난포(scondary follicle)로 발달하며, 제3차 난포(tertiary follicle)로 거쳐 그라아프 난포(Graafian follicle)로 성숙하여 배란(ovulation)과 배란 후의 황체(corpus luteum)형성 과정을 거친다.

또한 난소는 암컷의 복강 내에 위치하고 있는 한 쌍으로 된 성선으로 크기와 형태는 축종에 따라 다양하다. 난소의 무게는 소의 경우 10~20g, 돼지와 면양은 3~4g 정도가 된다.

난소에서는 일정한 주기로 난모세포가 성숙하며, 주위가 난포 상피세포로 둘러싸여 난포를 형성하고 있다. 난포가 성숙되면 난포 상피세포가 얇아져 터지고, 난모세포가 밖으로 방출 된다. 이것이 배란이다. 사람의 주기는 약 28일이다.

(2) 난관(Oviduct)

난관은 난관간막(mesosalpinx)에 의하여 유지되며 난소와 자궁각을 연결하는 도관이다. 난소 근처에 있는 난관채(fimbria), 팽대부(ampulla), 협부(isthmus)로 구성되어있다. 난관채는 배란된 난자를 복강으로 떨어지지 않게 수용하여 난관으로 이동시킨다.

팽대부는 난자가 정자와 결합하여 수정하는 곳으로 수정된 난자는 이동하면서 협부에서 난할이 일어난다. 난관의 근층 두께는 자궁 끝으로 오면서 두꺼워 진다.

(3) 자궁(Uterus)

자궁은 자궁각(uterine horn), 자궁체(uterine body), 자궁경(uterine cervix)로 구분된다. 자궁각은 자궁의 수축과 관련하고 에스트로젠(estrogen)이 자궁벽의 탄력을 증가시켜 자궁을 수축시키고 프로게스테론(progesterone)이 이완시키는 작용을 한다.

자궁경은 질과 연결된 근육층의 두껍고 좁고 단단한 부분으로 인공수정 시 수정사가 이곳을 잡고 수정용 주입기를 삽입한다. 내부의 가는 관인 자궁경관 안에는 제 1, 2, 3 추벽이 있다.

발정 시 점액이 분비되어 외음부로 배출되고, 임신 중에는 다량의 점액이 자궁각을 폐쇄하여 세균 및 이물질의 침입을 방지한다. 분만 시에는 자궁경관이 이완되어 태아의 분만이 이루어진다.

(4) 질(Vagina)

질은 외음부에 이르는 수축성이 강한 교미 기관으로 분비물이 많아 스스로 정화하는 작용이 있다. 정액의 사정부위가 되고 분만 시 태아와 태반을 만출하는 통로이다.

(5) 외부 생식기(External genitalia)

질전정(vaginal vestibule), 대음순(labia majora), 소음순(labia minora), 음핵(clitoris) 및 전정선(vestibular gland)로 구성되어 있다.

비뇨 생식기관이고 평상시에는 아무런 변화가 없으나 발정과 분만 시 많이 부어오르고 색깔도 변한다.

II. 포유동물의 생식세포

학습목표
1. 수컷의 생식기관에 대해 알 수 있다.
2. 암컷의 생식기관에 대해 알 수 있다.

1 수컷의 생식세포

(1) 정자(spermatozoon)

1) 정자의 구조

수컷의 정소에서 생산되는 생식세포로서 올챙이처럼 생겼다. 사람의 경우 길이는 약 0.05mm이고, 머리부분(두부), 중간부분(중부), 꼬리부분(미부)으로 되어 있다. 머리 부분에는 핵이 들어 있어 아기의 여러 특징들을 결정하는 유전인자의 역할을 하고, 나중에 정자가 질 내부로 들어갔을 때 난자와 수정 시 난자의 외막을 녹이는 효소를 함유하고 있는 첨체로 구성되어 있다. 중편은 운동에 필요한 미토콘드리아가 있고 꼬리에는 세포질이 들어 있으며 꼬리의 운동에 따라서 정자는 앞으로 나아가는 전진 운동을 하게 된다.

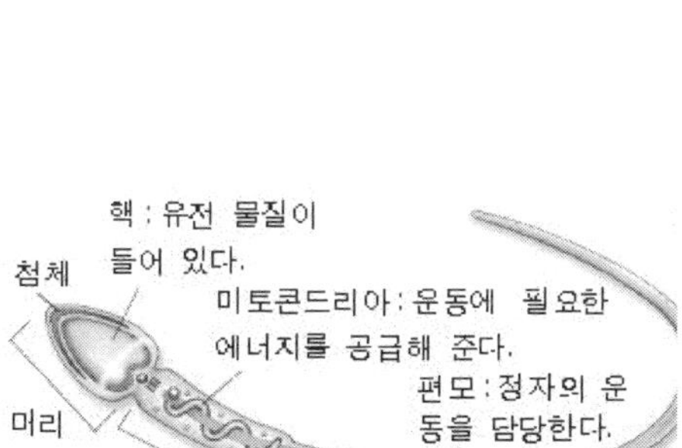

그림 10-3. 정자의 구조

2) 정자의 형성 과정

정자는 꼬불꼬불한 세정관 내벽의 맨 바깥쪽에 위치한 분화되지 않은 세포인 정원세포의 분열로부터 형성되기 시작한다. 정원세포는 체세포 분열로 그 수가 증가 하면서 제1 정모 세포로 성숙한다. 제 1 정모 세포는 감수 제1분열에 의하여 제 2 정모 세포가 되었다가 감수 제2 분열의 두 번째 분열에 의하여 4개의 정세포가 된다. 감수 분열 후 복잡한 변형 과정을 거치는 정세포는 먼저 긴 꼬리를 형성하고 세포핵을 포함하는 머리가 만들어진다. 머리와 꼬리 사이 부분에 미토콘드리아를 밀집시킴으로써 정자의 형성이 완성된다. 완성된 정자들은 부정소를 빠져나가 사정될 때까지 성숙하고 운동성도 가지게 된다. 사람의 경우 정원세포가 정자가 되기까지 약 64일이 걸린다.

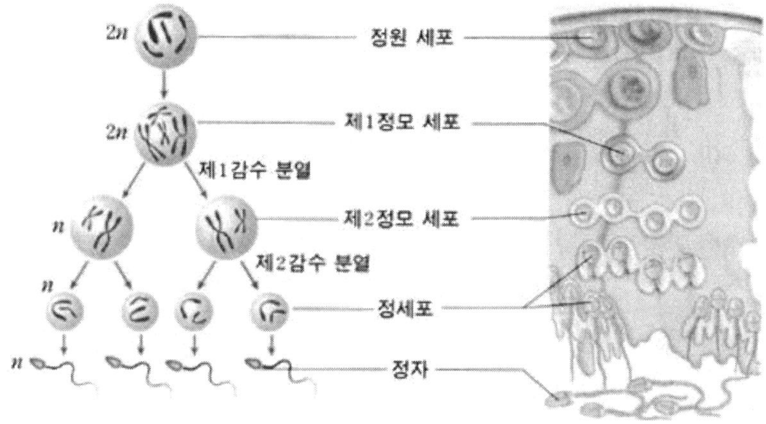

그림 10-4. 정자의 형성 과정

2 암컷의 생식세포

(1) 난자(Ovum)

1) 난자의 구조

난자는 난자와 투명대로 이루어져있는데 투명대는 나중에 정자의 첨체에 있는 효소에 의해 녹는 부분이다.

2) 난자의 형성과정

사람의 경우 여성의 생식 기관은 수정을 위하여 매달 한 개씩의 성숙한 난자를 만든다. 난자의 형성은 정자와는 달리 매우 오랜 기간을 거쳐서 이루어지며, 여성은 태어나기 전 태아 때 이미 일생동안 필요한 분화되지 않은 세포인 수십만 개의 난원세포를 형성한고 있다.

모체의 몸속에 있는 여성 태아의 몸속에 있는 난소의 난원세포는 체세포 분열에 의하여 제1 난모세포가 된 후 감수 제1 분열 전기에 멈춰진 상태로 모체로부터 출생한다.

성성숙이 진행되는 사춘기가 되면 난소의 여포 속에 있던 제1 난모세포는 멈추었던 감수 분열 과정을 완성하여 제2 난모 세포가 된다. 약 28일을 주기로 좌우 난소에서 제2 난모세포의 상태로 배란되어 감수 제2분열 과정을 거쳐 성숙한 난자가 된다.

난자도 정자처럼 하나의 세포이지만 정자보다 훨씬 크며, 정자와 달리 운동성이 없기 때문에 난관벽에 있는 섬모의 운동을 통하여 자궁 쪽으로 이동한다.

정자와 난자는 감수 분열에 의하여 형성되므로 똑같이 23개의 염색체를 가진다. 그러나 정원세포로부터 같은 크기로 나뉘어져 4개의 정자를 만드는 데 비해, 난원세포는 난황이 한 쪽으로 몰려있어 크기가 다르게 분열되므로 한 개의 난자와 3개의 극체가 만들어지며, 극체는 염색체 수와 유전자량은 난자와 같지만, 난황이 거의 없어 크기가 매우 작으며 나중에 퇴화되어 없어진다.

감수분열은 생식 세포를 만드는 과정(감수 분열)에서 염색체 수가 반으로 줄어들기 때문에 이들의 결합으로 생기는 수정란의 염색체 수는 항상 체세포의 염색체 수와 같게 된다. 즉, 생식 세포 형성 시 DNA 량이 반감되어 대를 거듭해도 염색체 수와 DNA량을 일정하게 유지한다. 또한 상동 염색체 간의 교차 현상으로 유전자가 재조합 되어 다양한 자손들이 생길 수 있게 하는 진화의 기구가 된다.

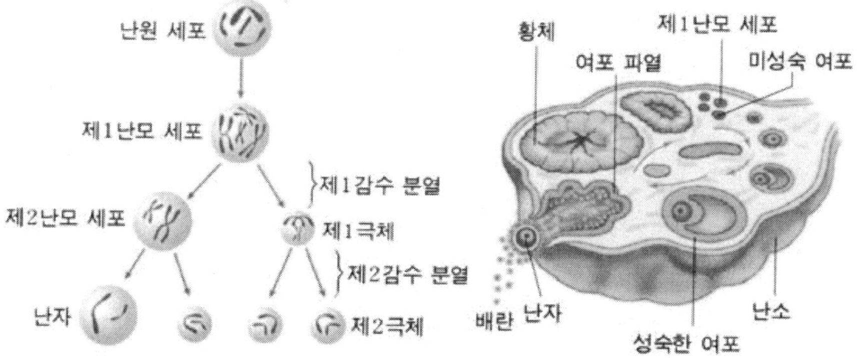

그림 10-5. 난자의 형성 과정

III. 성성숙과 성주기

학습목표
1. 성성숙에 대해 알 수 있다.
2. 성주기에 대해 이해할 수 있다.

1 성성숙(sexual maturity)

(1) 성성숙의 개념

동물, 조류는 암수 모두 생후 어떤 연령에 이르면 생식 가능한 상태가 된다. 즉 암컷은 수컷과 교배해서 임신이 되고, 수컷은 암컷과 교배해서 임신시킬 수 있는 상태이다. 이 상태를 성성숙(sexual maturity)에 이르렀다고 한다. 이와 같이 동물이 어린 시절을 지나 생식 가능한 상태로 되는데 에는 비교적 긴 시간적, 사정기능이 확립(수정 가능한 정자의 사출)됨으로써 성성숙이 되었다고 할 수 있다. 그러나 일반적으로 이들은 혼동해서 사용되는 때가 많다.

수컷에서는 정소의 급격한 발육과 세정관 내에 정자의 출현으로 춘기발동이 시작되고, 사정기능이 확립(수정 가능한 정자의 사출)됨으로써 성성숙이 되었다고 할 수 있다. 암컷에서는 난소의 급격한 발육과 배란 가능한 큰 난포가 발육될 때를 춘기발동이라 하고, 수정, 임신, 분만 및 포육이라고 하는 일련의 생식기능을 전부 할 수 있는 상태의 배란이 일어날 때를 성성숙이라고 할 수 있다. 그러나 실제로는 2차 성징의 발현, 초발정의 외부 징후를 성성숙 지표로 삼고 있다. 성성숙에 이른 후의 동물은 그 동물 특유의 번식주기를 반복한 후에 생식기능의 감퇴기에 들어간다. 이시기를 갱년기(climacterium)라고 부르고, 동물, 조류는 경제동물이기 때문에 보통 갱년기에 들어가기 전에 도살 처분되어진다.

(2) 성성숙이 일어나는 기전

성성숙 과정은 동물이 어떤 연령에 이르면 급속하게 개시되지만, 이 과정은 시상하부뇌하수체-생식선으로 하는 축의 상호작용에 의해서 이루어진다.

춘기발동 이전의 어린 동물의 생식기관이 생식자극호르몬에 반응해 스테로이드 호르몬을 분비할 수 있다. 어린 동물의 뇌하수체를 뇌하수체가 제거된 성숙한 동물의 시상하부에 이식하면 그 동물의 발정주기를 유지할 수 있다. 더구나 거세한 성숙동물의 뇌하수체에 나타나는 거세반응(조직학적으로는 공포한 거대세포의 존재, 생리적으로는 혈중 생식선자극호르몬치의 상승)은 춘기발동 전의동물에서도 나타나다. 이 사실들은 어린 동물의 시상하부가 춘기발동을 억제하고 있다는 것을 나타내는 것으로 생각된다. 확실히 시상하부는 생식선의 기능을 통제하는 번식기능계에 있어서 뇌하수체-생식선의 상위에 위치한다. 한편 이 시상하부-뇌하수체-생식선계는 상위에서 하위로의 정보전달과 함께 하위로부터 상위로의 정보전달에 의해 전체로서 기능의 항상성체 기능억제의 해제만은 아니고, 어릴 때에 전반적으로 존재하는 피드백(feedback) 기구도 생각하지 않으면 안 된다. 즉 어느 날 갑자기 시상하부에 의한 억제가 해제되어 생식선자극호르몬의 분비가 시작되는 것은 아니다. 생식선과 시상하부-뇌하수체계의 상호작용이 존재하기 때문이다.

암컷에서는 춘기발동에 이를 때까지 난소가 전혀 활동하지 않은 것은 아니다. 이미 그 이전에 미량이지만 estrogen을 분비하고 있으며, 이 양은 부생식기를 발육시키는 데에는 충분하지 않지만 성중추에 대해서는 부의 피드백(negative feedback)에 의해 생식선자극호르몬의 방출은 일어나지 않는다. 그러나 춘기발동기가 가깝게 되면 estrogen에 대한 시상하부의 역치(threshold)가 상승하고, 유년기의 estrogen수준에서는 억제시킬 수 없게 된 생식선자극호르몬 방출호르몬의 분비가 시작되며 춘기발동에 이른다고 설명할 수 있다.

수컷에 있어서도 성성숙의 도래는 성중추에 대한 억제, 해제에 의한 것이라고 생각되어지지만, 수컷에서는 출생 전후에 이미 체내에 존재하는 미량의 안드로젠(androgen)에 의해 성중추는 웅형으로 되고, 암컷에서와 같은 주기성을 갖지 않는 형으로 분화되어진다.

2 성주기

동물의 생식활동에는 주기적으로 변동하는 몇 개의 현상이 나타나며, 이들은 생리적인 의의나 주기의 길이 등에 따라 여러 개의 주기로 구별된다. 이와 같은 생식활동에 나타나는 주기적인 현상을 총칭해서 성주기 또는 생식주기(reproductive cycle)라고 한다.

(1) 번식생활사(Life cycle in reproduction)

동물의 생식활동은 생애를 통해서 볼 수 있는 것은 아니며 춘기발동을 시초로 성성숙 과정을 거쳐 생식활동기에 들어간다. 이윽고 나이가 들면 생식기능쇠퇴기를 거쳐서 생식선 노화에 들어간다. 이것은 세대를 걸쳐서 보면 주기적인 현상이 있어 이것을 번식에 있어서 생활사라고 한다.

(2) 계절주기(Seasonal cycle in reproduction)

연간 어떤 일정의 계절에 한해서 번식활동이 나타나 생식기관의 형태와 기능이 계절에 따라 변하는 주기를 계절주기라고 한다. 일반적으로 야생동물의 번식활동은 1년 중 기온과 먹이를 얻는 조건이 가장 좋은 계절에 새끼를 낳는다. 이것이 계절주기의 기초로 되어 있다. 따라서 열대지방에 살고 있는 야생동물에 비해 계절주기가 명확치 않는 경향이 있다. 또한 일반적으로 수컷은 암컷에 비해 계절주기를 표시하지 않는 것이 많다.

계절주기를 나타내는 동물의 계절번식동물(seasonal breeder)이라고 한다. 번식활동을 나타내는 계절을 번식계절(breeding season), 휴지하고 있는 계절을 비번식계절(non-breeding season)이라고 한다. 이것에 대해 계절주기를 표시하지 않는 동물을 주년번식동물(non-seasonal, continuous breeder)이라고 한다. 계절번식동물에 속하는 것은 말, 면・산양, 밍크, 여우, 개, 고양이, 사슴, 곰 등으로써 온대에 살고 있는 야생의 포유류 및 조류가 많다. 주년번식동물에 속하는 것은 가축화된 동물로써 소, 돼지, 토끼, 모르모트, 쥐 등이 포함되어 있다.

야생의 계절번식동물에는 비번식계절 중에 생식선기능이 저하해서 정자형성이나 웅성호르몬의 분비가 정지하는 것이 있다(사슴, 여우, 밍크 등), 이들의 야생동물에서는 번식계절 중에 수컷은 행동 상에 큰 변화를 나타낸다. 즉 흉폭 또는 투쟁적으로 된다.

계절주기의 발현에는 일조시간, 온도, 영양, 이성의 존재 및 기타의 환경요인이 관여하고 있다.

(3) 완전생식주기(Complete reproductive cycle)

암컷이 교배해서 임신이 성립한 때에 나타나는 완전한 형태의 생식주기를 완전생식주기라고 한다. 난포발육, 배란, 수정, 착상, 임신, 포육에 이르는 일련의 과정이 포함되며, 이것이 반복된다. 항상 자웅이 동거해 있는 경우에 이 주기가 나타나지만, 완전주기만이 반복하지 않고 사이에 불임생식기가 들어간다. 일부 동물 종에서는 완전생식주기 중에 착상지연(delayed implantation)라고 불리는 현상이 나타난다. 이것은 일반의 동물에 있는 것과 같이 배(embryo)가 자궁에 들어가서 곧 바로 자궁내막에 착상하는 것이 아니고 부유 상태를 계속해서 어떤 조건이 정비된 때에 비로소 착상하는 것을 가리킨다. 이 경우 외견상으로는 임신기간은 연장된다. 이것에는 보통 완전생식주기 중에 착상지연이 들어가는 형과 비유 중에 수정이 일어난 경우에 한해 착상지연이 나타나는 형이 있다. 전자에 속하는 동물은 밍크, 오소리, 바다표범 등이 이 형에 속하고, 후자의 예에는 캥거루, 쥐 등에 나타나기 때문에 비유 중에 배는 부유한 채 생존해 있다고 비유가 끝나면 착상해서 정상의 임신기에 들어간다.

(4) 불임생식주기(Infertile reproductive cycle)

성숙한 암컷이 수컷과 떨어져 교배가 행해지지 않는 경우 혹은 교미가 행해져도 수정 또는 착상이 성립되지 않는 경우 암컷은 완전생식주기에 들어가지 못하며, 동물 종에 따라 거의 일정한 일수를 갖고서 각기 고유의 주기를 반복한다. 이것을 불임생주기 또는 불완전생식주기라고 한다. 일반적으로 성주기라고 불리는 것은 이 불임생식주기를 지칭한다.

성숙 암컷에서는 비임신시에 난소에서는 난포발육, 배란, 황체퇴행이 반복되어지며, 이것을 난소주기라고 한다. 난포가 발육하는 시기를 난포기, 황체가 활동하고 있는 시기를 황체기라고 한다. 난포기에는 난포에서 estrogen이, 황체기에는 황체에서 progesterone이 각각 분비되어 이들의 호르몬에 의해서 자궁 및 질에 각각 특징적인 난포상 및 황체상을 나타낸다.

일반적으로 동물에서는 난포기에 만 수컷을 허용하여 발정을 나타내기 때문에 이 현상을 지표로 해서 발정부터 다음 발정까지를 발정주기라고 부르고, 사람과 원숭이에서는 월경(menstruation)을 지표로 해서 월경주기라고 부른다.

이 성주기의 발현은 시상하부-뇌하수체전엽-생식선을 축으로 상호 조절기구에 의해서 지배되지만, 시상하부의 움직임에 자웅의 차가 있기 때문에 수컷에서는 암컷에서와 같은 주기를 나타내지 않는다.

1) 소와 같은 동물의 주기

소를 포함한 대·중동물, 모르모트 등에서 나타나는 형으로써 난포기, 자연배란, 기능적인 황체의 형성에 의한 황체기가 존재하고 불임의 경우는 교미 유무에 관계없이 이 주기를 반복하기 때문에 이와 같은 동물을 '다발정 동물(polyestrus animal)'이라고 한다.

2) 사람형 주기

사람을 포함한 영장류에 나타나는 형으로써 본질적으로는 소형과 같지만, 황체퇴행기에 자궁내막으로부터 출혈이 나타나는 것이 특징이다. 다발정형에 속한다.

3) 개와 같은 동물의 주기

개에서는 자연배란으로써 배란 후 형성된 황체가 불임인 경우에도 임신기에 필적할 정도로 기능을 발휘하고 자궁 및 유선은 임신기의 비슷한 발육을 표시한다. 이것을 '위임신(pseudopregnancy)'이라고 부른다. 이 위임신이 끝날 때는 번식기에 해당하고 다음 번식기까지 난소는 휴지상태를 계속한다. 따라서 개에서는 한 번식기에 1회의 발정만 표시하며, 이와 같은 '단발정 동물(monoestrus animal)'이라고 한다.

4) 토끼형 주기

토끼는 '교미배란동물'(postcoital ovulation animal, copulatory ovulator)로써 교미자극이 없으면 배란이 일어나지 않고 난포는 잠시 존재하다 퇴행하고 새로운 난포가 잇달아 발육해 난소에는 항상 발육난포가 몇 개 존재해서 난포기가 계속하고 지속성 발정을 나타낸다. 불임교미에 의해 배란이 일어나고 기능황체가 형성되어 위임신으로 된다. 이것도 다발정형이다.

5) 고양이형 주기

고양이는 '교미배란'이라는 점에서 본질적으로 토끼와 같지만 교미자극이 없으면 난포는 배란되지 않고 존속하지만 이윽고 퇴행해서 난포기는 끝나며 토끼와 같이 발정은 지속되지 않는다. 따라서 새로운 난포가 발육해서 다시 난포기에 들어가 발정을 회귀한다. 즉 교미자극이 없으면 불완전 성수기가 반복되는 다발정형으로써 불임교미에 의해 배란이 일어나고 위임신으로 된다.

3 성주기와 호르몬

(1) 성주기의 호르몬 지배

소, 돼지, 면・산양 등의 동물의 성주기는 짧은 난포기와 2~3주간의 긴 황체기로 구성되어 있다. 단, 말은 예외로 약 1주간 비교적 긴 난포기를 갖고 있다.

시상하부의 주기적 흥분은 먼저 난포자극호르몬-분비호르몬(FSH-RH)의 분비를 촉진하고 이것에 의해 전엽에서 분비되는 난포자극호르몬(FSH)은 난소에 포상난포를 발육시켜 소량의 estrogen의 분비를 촉진한다. 이 에스트로겐(estrogen)의 정의 피드백에 의해서 황체형성호르몬-분비호르몬(LH-RH)의 분비가 촉진되어 황체형성호르몬(LH)의 방출이 일어나고, FSH와 LH의 협력에 의해 난포는 성숙하고 estrogen의 본격적인 분비가 일어나며, 동시에 progesterone의 분비도 높아져 estrogen의 발정작용에 협력해서 발정징후를 나타낸다. 한편 estrogen의 혈중 수준의 상승은 시상하부에 feedback해서 FSH-RH의 분비억제, LH-RH의 분비촉진을 일으켜 LH의 급격한 방출(LH surge)을 일으켜 이 LH의 작용에 의해서 배란이 일어난다.

소, 돼지, 면양에서는 발정기의 시작과 LH급증의 개시시기가 거의 일치하는 것이 확인되었다.

성주기에 있어서 프로게스테론(progesterone)의 혈중 수준은 발정기에 최저치를 나타내고 황체의 발달에 따라 차차로 증가해 배란 후 1~2주간에 최고치에 달한다. 혈중 LH는 황체기를 통해서 거의 일정한 낮은 값을 유지하며, 황체로부터 progesterone의 분비는 이 낮은 수준의 LH에 의해서 유지되어지고, 한편 progesterone은 시상하부-뇌하수체계에 feedback해서 LH의 급격한 방출을 억제한다.

소에 있어서 황체기에 황체를 제거하면 난포가 급속하게 발육해서 발정, 배란이 일어나는 것은 잘 알려져 있다. 발정기에 교배가 행해지지 않든가 또는 교배하더라도 불임으로 끝난 경우 황체조직은 즉시 LH에 대한 감수성을 잃고 progesterone의 분비는 급속하게 쇠퇴한다. 소, 돼지, 면, 양, 말, 모르모트, 등은 이 황체의 퇴행에는 자궁의 존재가 필요해서, 만약 황체기에 자궁을 적출하면 황체의 퇴행은 억제되어 황체기가 임신기간에 필적할 정도로 현저하게 연장되는 것을 알 수 있다. 또한 이 자궁적출 시 자궁의 일부를 남겨두면 잔존 자궁조직의 양은 황체존속기간에 역비례 한다. 이 사실로 보아 이들 동물에서는 자궁유예 황체퇴행인자의 존재가 인정되며, 이 본체는 PGF2a인 것으로 추정된다.

(2) 교미배란(Post-coital ovulation)

토끼, 고양이, 흰담비, 밍크 등은 교미자극이 없으면 배란하지 않기 때문에 교미배란동물(교미자극 배란동물, copulatory ovulator)이라고 부른다. 배란 시기는 교미 후 토끼는 10시간, 고양이 24~36시간, 흰담비 30시간, 밍크 40~50시간이다. 토끼에서는 교미자극이 없으면 난소에는 항상 발육난포가 수 개 존재해서 지속성발정을 표시하고 명확한 성주기는 인정되지 않는다.

고양이에서는 교미자극이 없으면 난포의 발육이 약 10일간 지속한 후 퇴행하고 난포기에서 볼 수 있는 불완전 성주기가 나타난다.

교미배란은 교미에 의한 자극이 신경계를 거쳐 시상하부의 흥분을 유기하고, Gn-RH 분비를 촉진해, 뇌하수체 전엽으로부터 LH의 방출을 재촉하기 위해 일어나는 일종의 신경액성 반사이다.

토끼로 한 실험에 의하면 교미 후 15~30초 이내에 마취를 시키더라도 배란을 억제시킬 수 없는 것으로 보아 이 신경전도는 순간적으로 일어나는 것을 알 수 있다. 또한 Gn-RH가 뇌하수체 문맥계를 거쳐 전엽에 이르러 LH의 방출을 일으키기에 충분한 양이 보내어지는 데는 25~30분이 걸리며, 전엽에서 배란에 필요한 충분한양의 LH의 방출에는 1~2시간 필요한 것으로 알려져 있다.

교미배란동물에 있어서 LH 배출 증가를 초래하는 요인으로써 교미자극 이외에 자궁경부에 유리봉에 의한 기계적 자극이나 전기자극에 의해서도, 또한 직접 중추를 자극하는 약물의 투여에 의해서도 배란이 유기되어진다. 역시 LH 또는 HCG의 투여에 의해서도 배란은 유기되어진다.

(3) 배란의 기전

배란이 가까이 온 난포에서는 난포벽 내 모세혈관의 투과성이 높아지고, 혈장 성분이 난포강으로 유출해서 난포액량이 증가한다. 이것에 의해 난포막 외층의 collagen 섬유가 분해해서 난포벽은 유연해지고 신장성이 풍부해진다. 이 난포벽 구조의 변화는 progesterone과 prostaglandin이 관여하는 것으로 알려져 있다.

난포액의 증량과 함께 난포는 용적이 증가되어 난소 표면에 돌출하게 된다. 이것을 난포의 배란 직전 팽창(preovulatory swelling)이라고 한다. 그 동안 난포내압은 거의 일정 수준으로 유지되어진다. 동물에 있어서 난소의 표면에 돌출해 있는 난포의 장점을 중심으로 투명한 배란반(avascular area)이 보인다. 이윽고 돌출한 난포 표면의 소부분이 국소적인 난표벽의 수축에 의한 내압의 미소한 변화에 의해서 파열되어, 난포액과 함께 과립막세포에 둘러싸인 난자가 방출되어진다.

IV. 동물별 번식 생리

학습목표

1. 개의 번식생리에 대해 알 수 있다.
2. 고양이의 번식생리에 대해 이해할 수 있다.

1 개의 번식생리

1) 성성숙

암캐는 환경에 따라 차이가 있으나 보통 생후 6~14개월이다. 소형견은 대형견보다 빠른 경향을 보인다. 수캐는 암캐보다 몇 주간 늦게 성성숙에 이른다.

2) 번식계절

암캐는 일반적으로 소형견은 5~7개월의 간격으로 2회, 대형견에서는 8~12개월의 간격으로 발정을 한다. 개는 발정주기 동안 1회만 발정을 하는 단발정 동물이다.

3) 발정전기

외음부의 종대, 충혈, 음부에서 혈액성 점액의 누출이 보이며, 불안한 행동과 명령을 따르지 않으며, 물을 많이 먹고 자주 오줌을 눈다. 평균 8.1±2.8일이다.

4) 발정기

보통 8~14일로 다른 가축에 비하여 길고, 평균 10.9±3.2일이다. 외음부의 종대는 발정기의 중간을 지나면서 서서히 퇴행한다.

5) 배란과 교배

배란은 발정초기인 1~3일째에 일어나고 배란직전의 성숙난포의 직경은 약 6mm이다. 그리고 개에 배란에 있어서 가장 큰 특징은 발정초기에 배란이 일어나고, 배란 후에도 발정이 상당히 오래 지속된다는 것이다. 배란수는 소형견은 적고, 대형견은 많다.

수태 가능한 교배기간은 배란 전 54시간부터 배란 후 108시간까지 약 7일간으로 꽤 긴 것을 알 수 있다.

■ 개의 발정징후와 경과

- 1~4일 선명한 붉은 출혈이 있으며 외음부는 충혈 되어 부풀어 오르기 시작한다.
- 4~10일 검붉은 색상의 출혈이 증가되면서 외음부는 가장 크게 부풀어 오르며 수캐에 대한 관심을 나타내기 시작한다.
- 10~11일 배란기에 해당되는 시기로서 출혈량이 감소되어 핑크색의 투명한 분비액으로 되며 외음부 역시 위축되며 수캐를 받아들일 태세를 적극적으로 나타낸다.
- 11~14일 교배적기로사 11~12일에 1차 교배, 13~14일 정도에 2차 교배를 하는 것이 제일 수정율이 높다.
- 15~16일 외음부는 수축하여 작아져 평소의 상태로 돌아간다. 분비액이 급격히 감소하며 수캐를 싫어하며 다가오지 못하게 함으로서 발정주기가 끝이 난다.

* 개에서 발정기에 보이는 음부 출혈은 사람의 월경과 다른 현상이다. 사람은 배란 후 임신이 안 되는 경우 수정란 착상을 준비하였던 자궁점막이 탈락되면서 출혈이 발생한다. 이를 월경(menstruation)이라 부르고 이 때 출혈은 배란된 난자의 죽음과 다음 번 배란을 준비하는 것을 의미하는 것이다. 그러나 개에서는 배란을 준비하는 과정에 자궁점막의 비후와 이 때 확장된 자궁점막 혈관으로부터 소량의 혈장이 스며 나오는 현상이 일어난다. 따라서 개에서 외음부확장과 음부출혈은 배란시기를 알려주는 지표로 사용될 수 있다. 일반적으로 개에서 음부출혈을 관찰한 뒤 10일째부터 배란이 시작되고 교배적기는 이 때부터 5일간으로 알려져있다.

6) 발정휴지기

이 시기는 발정출혈이 멈추어 수컷을 허용하지 않는 후부터 약 2개월의 기간을 가리킨다.

난소는 배란되어 황체가 생기게 되어 약 1개월 후에는 퇴행하기 시작한다.

7) 비발정기 또는 무발정기

발정종료 후 약 2개월부터 다음 발정기까지의 기간으로 보통 4~8개월이다. 개는 단발정 동물로서 긴 비발정기를 갖고 있다.

8) 위임신

위임신이란 임신을 하지 않았는데 임신을 한 것 같은 징후를 나타내는 것이다. 즉 자궁이 비대해지고, 유선이 발달하고 유즙의 분비도 나타난다.

9) 교배적기

발정이 일어난 6시간 후부터 24시간 내에 교배를 하는 것이 적기이다. 12시간 후가 가장 수태율이 높으며 24시간이 지난 후에는 수태율이 떨어진다.

2 고양이 번식생리

1) 성성숙

암고양이는 생후 7~12개월이고, 수컷은 암컷보다 1~2개월 늦다.

2) 번식계절

보통 봄과 늦여름에서 초가을 년 2회의 번식계절을 가지고 있다.

3) 난소의 변화

배란은 교미자극 후 약 24~30시간에 일어나고 배란수는 5~10개이고 황체가 형성된 후 10~15일에 개화기 상태로 된다.

4) 발정징후

독특한 울음소리를 내며 오줌을 자주 눈다. 사람이 다가가면 교미자세를 취한다.

V. 동물의 성행동과 짝짓기

학습목표
1. 암컷의 짝짓기 행동에 대해 알 수 있다.
2. 수컷의 짝짓기 행동에 대해 알 수 있다.

1 동물의 짝짓기 행동

(1) 암컷의 성행동

암컷은 성성숙기에 이르러 난소에 난포가 성숙함에 따라 발정을 나타낸다. 발정은 암컷의 성욕을 발현하여 수컷이 교미를 위해 승가하는 것을 허용하여 교미가 성공적으로 이루어지게 함과 동시 번식을 위한 임신의 최종 목적을 달성하게 한다.

사육중의 동물들은 번식의 적기를 알아내고 암컷이 발정하고 있는지 어떤지, 또한 발정기의 정도가 양호한지 어떤지를 판정하기 위해서 암컷에 수컷을 접근시켜 이것에 대한 암컷의 반응을 조사하는 시정이 행해진다. 이것은 특히 발정기간이 긴 말에 있어서 교배 적기를 판정하기 위해 옛날부터 행해져 왔다. 이 목적으로 사용하는 수컷을 시정웅동물이라 한다.

(2) 수컷의 성행동

수컷의 성행동은 성적흥분, 구애, 음경의 발기와 돌출, 승가, 음경삽입, 사정 및 성적 무반응으로 나누어진다. 구애 및 교미 시간은 동물 종에 따라 다르며, 소, 면・산양은 짧고, 말, 돼지에서는 길다.

1) 구애(Courtship, sexual display)

수컷은 발정 암컷의 외음부 냄새를 맡는 것이 가장 많이 나타나는 구애의 방법이다. 소에서는 수컷이 암컷을 호위하듯이 옆으로 따라 다니며 또한 앞발굽으로 흙을 파는 동작을 나타낸다. 반추동물 및 비반추동물인 말에서는 수컷이 발정한 암컷의 오줌의 냄새를 맡은 후 목을 빼면서 위를 향하여 윗입술을 들어 올려 이빨을 보이는 행동을 나타낸다. 수퇘지는 암퇘지의 옆구리를 코로 찌르고, 코끝을 사타구니 사이로 밀어 넣기도 하고 턱을 벌렸다 오므렸다하며, 거품을 내고 오줌을 찔끔찔끔 눈다.

그림 10-6. 진돗개의 발정시의 행동 : 암컷은 출혈이 발생하며, 수컷은 암컷의 외음부를 핥고 쫓아 다닌다.

2) 승가(Mounting)

발정전기 또는 발정이 끝난 후의 암컷에 대해서 수컷은 간혹 승가를 시도해 음경은 어느 정도 발기해 포피강에서 돌출하지만 암컷이 수컷을 허용하지 않을 때에는 교미는 성공하지 못한다. 승가에 앞서 수컷 중 특히 수소는 쿠퍼선에서 분비되는 유양액을 유출하고, 발기한 음경의 선단에서 적하 또는 분출되어진다. 이 분비액은 사정시 정낭선에서 분비되는 정장액과는 다른 것이다.

그림 10-7. 교미를 위한 승가

발정 암컷은 승가하면 정지해서 수컷을 허용한다. 수컷은 가슴을 암컷의 등에 놓고 앞다리로 암컷의 요각의 전방을 지지해 암컷을 감싸고 율동적인 허리의 돌진운동을 시작한다. 말·돼지에서는 교미하기까지에 몇 회 승가를 반복하지만, 기타 동물에서는 일단 승가하면 곧 바로 음경의 삽입을 시도한다.

3) 음경삽입(Intromission)

수컷이 승가하면 복근 특히 직복근이 급격하게 수축한다. 그 결과 수컷의 골반부는 암컷의 외음부에 직접 접촉하게 된다. 여기서 발기한 음경의 선단이 점액으로 습윤하게 된 질벽에 접촉되면 곧 바로 음경은 질 내에 완전히 삽입하게 된다. 이 때 복근의 수축이 강렬한 경우에는 수컷의 뒷다리가 지면을 이탈해 도약한 것이 보이는 수가 있다.

돼지에서는 삽입이 시작되면서 전 음경이 포피에서 나와 완전한 삽입이 행해진다.

그림 10-8. 교미 성공 및 생식기잠금 :
개과 동물은 교미 후 암수가 서로 30분 정도를
180도 다른 방향을 보며 붙어있는 특징적인 현상을 보인다.

4) 사정(Ejaculation)

음경은 오줌의 배출과 암컷 생식기 내로의 정액 주입, 즉 사정이라는 두 가지 기능을 갖고 있다. 사정이 일어나기 전에 음경은 발기하지 않으면 안 된다.

발기는 음경에 있는 발기기구, 즉 음경해면체와 요도해면체의 팽대에 의해 일어난다. 사정을 유도하기위한 요소는 동물의 종류에 따라 자극의 성질이 다르게 나타나는데 소, 면·

산양에서는 질의 온도가 사정에 가장 중요하고, 말, 돼지 및 개에서는 음경에 가해지는 압박감이 온도보다 중요한 조건이다.

사정의 과정은 정소수출관, 정소상체에 시작해 정관에서는 관벽에 분포한 근육의 수축에 의해 정자가 나오며, 동시에 부생식선의 벽도 수축해서 그 분비액을 방출하고 이들이 합해서 정액으로 되어 요도로 배출되며, 요도는 요도근, 해면체근의 율동정적인 수축에 의해 사출한다.

(3) 교미빈도

교미빈도는 기후, 품종, 개체, 동거하는 발정암컷의 마리수, 성적 흥분의 강도, 성적 휴지기간의 길이 등 여러 가지 요인에 의해 좌우된다. 소, 면·산양에서는 말, 돼지보다 많고, 소에서 성적으로 소모 또는 고갈할 때까지에 평균 21회 교미가 가능한 것으로 알려져 24시간에 80회, 6시간에 60회 교미한 예가 보고되고 있다.

수컷 면양이 긴 비번식계절의 후에 암컷의 무리에 들어가면 제1일에는 50회나 교미하지만 그 후에는 차차 감소하는 것으로 보고되고 있다. 연속사정 가능 횟수는 소 20-80회, 면양/염소 10～40회, 돼지 3～8회, 말 3～20회이며 사람은 1회로서 사정 후 휴지기를 가져야 다음 사정이 가능한 것으로 알려져 있다.

교미시간의 경우에 육식동물이 초식동물 보다 길다. 이는 초식동물의 경우에 교미시간이 길게 되면 포식자에 의하여 공격당할 수 있기 때문에 종족보전을 위해 필요한 교미 행위만 짧게 하는 것으로 동물행동학자들은 해석하고 있다. 소, 면양, 염소, 조류 등의 동물들은 몇 초의 교미시간을 가지고 말 40초, 돼지 5분, 개 30분의 평균 교미시간을 갖는다고 한다.

(4) 교배적기

암컷과 수컷이 자유로이 교미할 수 있는 자연교배 상태로 두는 경우는 발정기에 여러 번의 교미가 행해지어 임신을 하는데 크게 문제가 없지만 자연교배를 인위적으로 행하든가 인공수정을 행하는 경우에는 발정 기간 중의 어느 시기에 행하면 가장 수태하기 쉬운가 하는 것은 중요한 문제이다. 가장 수태하기 알맞은 교배시기를 교배적기라 한다.

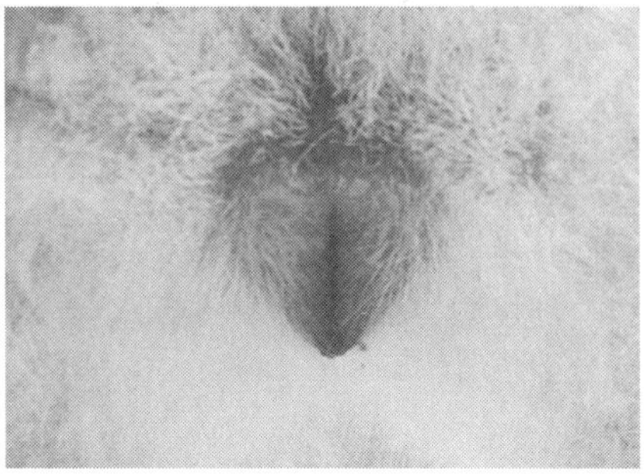

암캐의 배란시기의 부풀어 오른 외음부
선홍색의 출혈을 보인다.

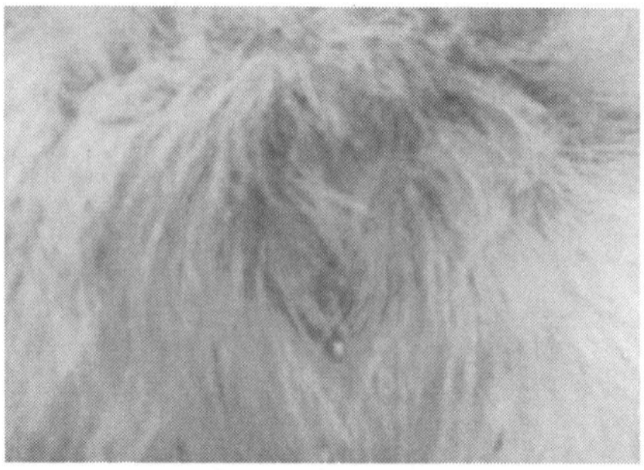

(교배적기 : 발정 후 12~13일 전후 48시간)
교배적기의 외음부는 출혈이 일시 멈추며
외음부 및 음부가 부드러워진다.

그림 10-9. 암캐의 교배적기 징후

1) 개의 교배 적기 판단을 위한 발정기 동안의 여러 가지 소견

개에서 교배적기, 즉 배란기를 판단하는 방법 중에 발정징후와 시기를 중심으로 판단을 해볼 수 있다. 아래 발정기 보이는 특징적인 소견들을 일자 별로 기술하였다. 일반적으로 개의 교배적기는 외음부 종창과 출혈이 시작되는 발정징후 시작일로부터 10일째~15일째가 배란이 일어나는 시기와 일치하는 것으로 이 때가 교배적기로 알려져 있다.

*** 발정징후를 보이는 발정전기 부터의 일수 :**
국부의 상태 / 출혈과 혈액의 상태 / 수캐에 대한 관심도

① 1일 : 크게 충혈 되어 부풀어 오른다 출혈이 시작 된다.
② 3일 : 출혈량이 증가, 빛깔이 짙어진다.
③ 7일 : 가장 크게 부풀어 오른다 출혈량이 많고, 빛깔이 더욱 짙어진다. 수캐에게 대단한 관심을 나타낸다.
④ 10일 : 출혈량이 감소되어 핑크색의 투명한 분비액으로 된다. 수캐를 받아들일 태세를 적극적으로 나타낸다.
⑤ 16일 : 점차 수축하여 작아진다. → 평소의 상태로 돌아간다. 분비액이 급격히 감소하기 시작한다. 수캐를 싫어하며 다가오지 못하게 한다.

그림 10-10. 진도개의 교미와 생식기잠금 현상

(5) 분만

동물의 분만은 주로 밤에 이루어지며 분만 당일은 진통이 시작되므로 밥을 먹지 않고 자리를 발로 긁는 등의 분만증상이 보인다. 또한 화장실 구석이나 책상 아래를 평소와는 다른 태도로 탐색하게 되었다면 분만의 장소를 찾는다는 증거이다.

분만예정일 전후가 되면 임신 동물의 상태를 주의 깊게 관찰해야 한다. 만약, 다른 장소에서 분만을 하여도 당황하지 말고 침착하게 분만 상자 안으로 넣어 주어야 한다. 대부분의 개와 고양이는 스스로 새끼를 낳지만 첫 발정에 임신이 되었거나 임신후기에 운동 부족으로 출산에 어려움을 겪는 경우가 있다. 첫 분만이라면 진통이 시작되어도 분만까지 10시간 이상 걸리는 경우도 있다.

1) 분만과정

① 1단계 : 양수가 터진다.

② 2단계 : 1단계 후 1~2시간 내에 진통이 심해지며 첫 번째 새끼가 태막에 쌓인 채 나온다.

③ 3단계 : 어미가 태막을 찢고 새끼를 핥아주며 탯줄을 깨물어 끊는다.

④ 4단계 : 가벼운 진통 후 후산을 한다.

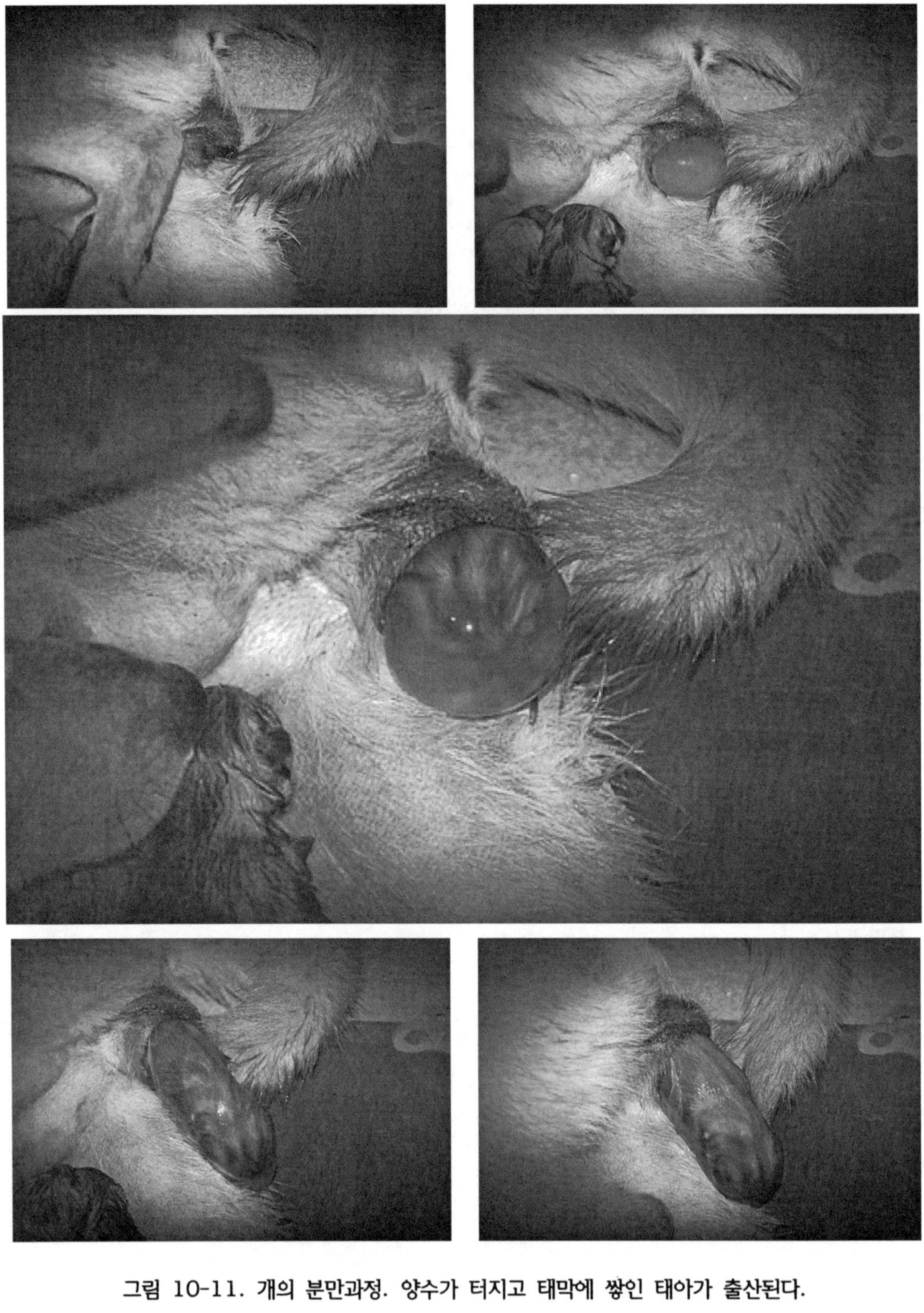

그림 10-11. 개의 분만과정. 양수가 터지고 태막에 쌓인 태아가 출산된다.

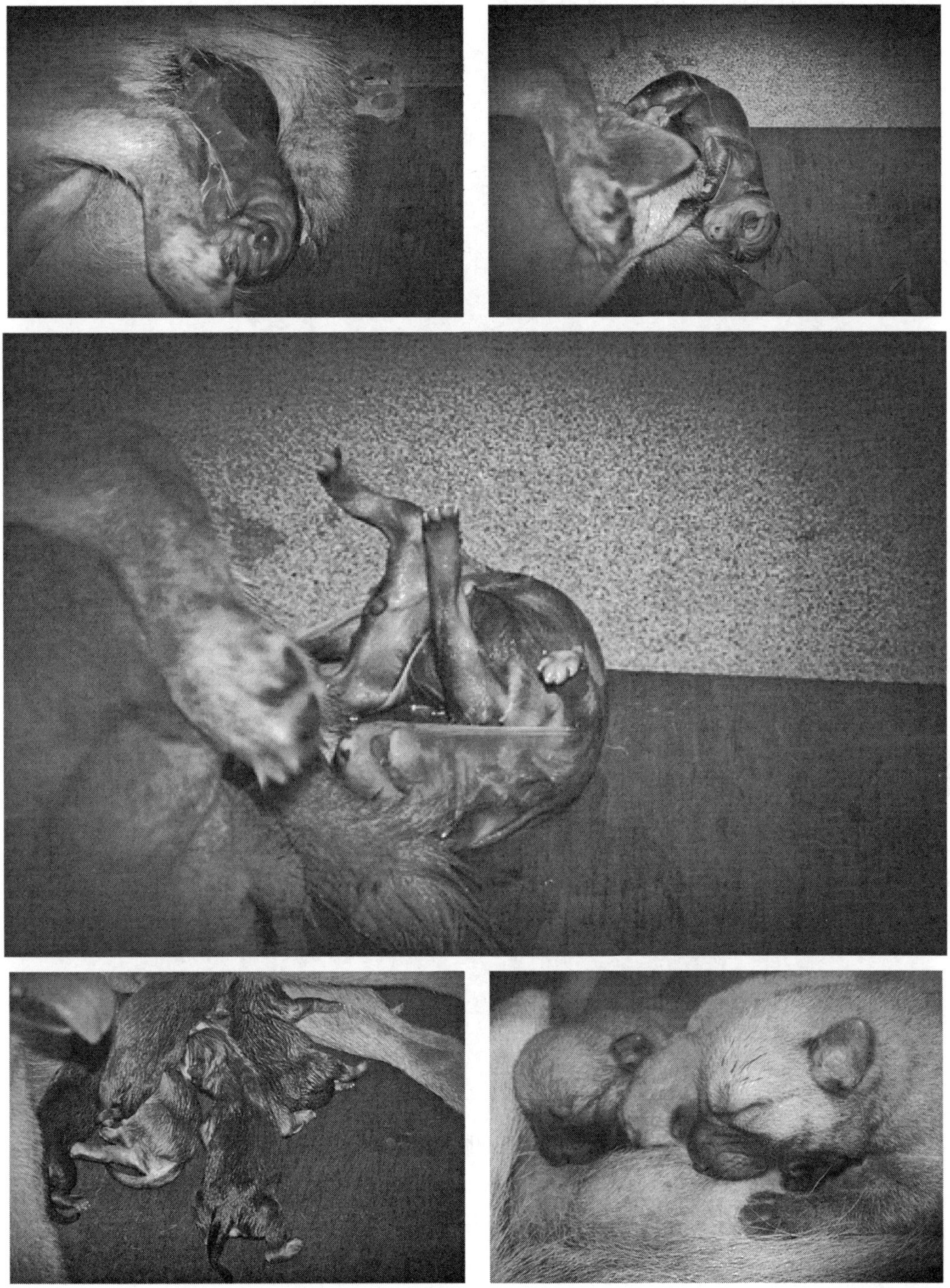

그림 10-12. 개의 분만과정. 태막을 찢고 어미가 새기를 핥아주며 양수를 제거한다.

그림 10-13. 분만 후 포유 과정. 출산된 새끼들이 젖꼭지를 물어 초유를 빨아 먹는다.

(6) 동물의 성비

동물의 성비를 알아보면 성비 sex ratio라는 것은 남자와 여자, 수컷과 암컷의 비를 말한다. 성비는 다시 1차, 2차 및 3차 성비로 나누어 볼 수 있는데 제1차 성비는 교미 시 성비를 말하며 제2차 성비는 출생 시의 성비를 말한다. 제3차 성비는 특정시기의 성비를 말한다. 일반적으로 성비라 하면 제 2차 성비, 즉 출생 시 성비를 말한다. 인간의 성비는 남자가 높은 것으로 보고되고 있다. 동물의 성비 또한 동물 종에 따라 차이는 있으나 수컷이 다소 높다.

동물의 성비조절 방법으로 이용되는 방법에는 정자 무게로 조절하는 방법으로 Y염색체 정자의 비중이 높다는 점을 이용하여 무게가 큰 정자로 수정을 시켜 수컷을 출산시키려는 노력이 있었다. F-body를 이용한 방법도 있는데 Y염색체에 특징적인 F-body를 형광염색하여 Y 염색체를 가진 정자를 가지고 수정을 시켜 수컷을 출산시키는 방법이 시도되고 있다. 또한 성염색체를 이용한 방법으로 수정란의 XY염색체 판정하여 성비를 조절하는 방법이 있다. 분자생명공학의 발달로 미래에는 유전자 조작에 의한 성비조절이 가능할 수 있는데, 유전자조작으로 YY 염색체를 가진 수컷을 만들어서 교배를 하면 출산된 개체는 모두 수컷을 만들 수 있는데 미래에는 목적에 따라 성비를 조절할 수 있는 시대가 도래할 것으로 생각된다.

Q & A

◎ 정자의 생성 기관은?

정자는 정소 안에 구불구불한 관으로 가득찬 세정관 속에서 만들어진다.

◎ 정자의 운동은 어떻게 이루어지나?

정자는 머리, 목, 꼬리로 구성되어 있으며 꼬리의 운동으로 전진운동을 한다.

◎ 착상지연(delayed implantation)이란?

배(embryo)가 자궁에 들어가서 부유 상태를 계속해서 어떤 조건이 정비된 때에 비로소 착상하는 것을 가리킨다. 임신기간은 연장된다.

◎ 교미자극 배란동물(교미배란동물)이란?

일반 동물과 다르게 교미 후 배란이 되는 동물로 고양이, 토끼가 있다.

◎ 주년번식동물(non-seasonal, continuous breeder)이란?

계절주기를 표시하지 않는 동물로 주로 가축화된 동물로써 소, 돼지, 토끼와 모르모트, 쥐 등이 있다.

알아두기

▶ 라이디히 세포(Leydig Cell)

정소의 세정관과 세정관 사이에 있는 세포로 남성호르몬을 분비한다.

▶ 계절번식동물(seasonal breeder)

말, 면・산양, 밍크, 여우, 개, 고양이, 사슴, 곰 등으로 계적적으로 번식을 한다.

▶ 불완전생식주기

일반적으로 성주기라고 불리며 배란 후 임신 없이 다음 배란이 되는 비임신 주기이다.

▶ 단발정 동물(monoestrus animal)

한 번식기에 1회의 발정만 표시하는 동물로 개와 같은 동물이 있다.

단원 학습 정리

1. 정자의 생존과 수정력을 유지하기위한 정액을 분비하는 보조생식선으로 정낭선, 전립선, 요도구선으로 구성되어 있다.
2. 난소는 복강 내에 자궁각 끝에 위치하고 있으며, 난자를 생산하는 외분비기능과 성스테로이드 호르몬을 분비하는 내분비기능을 가진 복강 내 있는 생식선이다.
3. 난자의 생성 과정은 원시난포, 제2차 난포, 제3차 난포, 그라아프 난포로 성숙하여 성숙 난자로 배출된다.
4. 정자와 난자는 감수분열을 통해 염색체 수가 반으로 줄어들기 때문에 수정란의 염색체 수는 항상 체세포의 염색체 수와 같게 된다.
5. 토끼, 고양이, 흰담비, 밍크 등은 교미자극이 없으면 배란하지 않기 때문에 교미배란동물(교미자극 배란동물, copulatory ovulator)이라고 부른다.
6. 황체형성호르몬(LH)의 급격한 방출(LH surge)을 일으켜 이 LH의 작용에 의해서 배란이 일어난다.
7. 난포기에는 난포에서 estrogen이, 황체기에는 황체에서 progesterone이 각각 분비되어 이들의 호르몬에 의해서 자궁 및 질에 각각 특징적인 난포상 및 황체상을 나타낸다.
8. 교미배란동물이란 교미자극을 받아야 배란이 일어나는 동물을 말한다.

쉬어가기

개의 교미 시간이 긴 이유

대부분의 동물은 교미 시간이 수초에서 길게는 수분으로 사람에 비교하여 현저히 짧다. 동물행동학자들은 천적으로부터 교미 시간 동안에 공격을 당하는 불의의 사고를 방지하기 위하여 동물들은 교미는 가능한 짧게 하는 쪽으로 진화되었을 것으로 추정하고 있다.

개는 특이하게도 교미시간이 30분 정도 이상으로 매우 긴 것을 볼 수 있다. 이러한 긴 교미시간은 교미할 때 승가를 하여 음경삽입한 수컷이 내려와 암컷과 반대 방향을 보면서 대부분의 시간을 보낸다. 신기한 것은 이러한 자세임에도 수컷의 음경이 암컷의 질에서 빠지지 않는다는 것이다. 이를 생식기고정 또는 생식기잠금(genital lock)이라고 부른다. 개과 동물에서 생식기잠금이 생기는 이유는 개의 해부학적 구조가 다른 동물과 다르기 때문인 것으로 설명되고 있다. 수캐는 음경에 뼈가 들어 있다. 이를 음경골(os penis)이라 부른다. 또한 음경의 몸측 안쪽 끝인 음경망울이 매우 발달하여 교미 시 이 부분이 팽창되어 크기가 증가된다. 암캐의 질은 근육이 잘 발달되어 교미 시 수캐의 음경망울이 빠지지 않도록 잘 수축한다. 이와 같은 해부학적 구조 때문에 교미 시 수캐와 암캐는 서로 반대 방향을 보는 이상한 자세로 음경이 질에서 빠지지 않고 30분 이상을 유지하는 것이다. 사정은 이러한 생식기잠금 현상이 풀리면서 음경이 질에서 빠질 때 정액의 배출이 일어난다. 생식기잠금 현상에 있는 수캐와 암캐를 강제로 떨어뜨리면 수캐의 사정이 일어나지 않아 임신이 되지 않는다.

개의 교미시간이 오래된 이유로 인류가 가장 먼저 가축화하여 사육한 동물이라 사람과 늘 함께 생활하며 신변을 보호받기 때문에 다른 천적 동물의 위협을 크게 느끼지 않기 때문이라는 설명도 있다.

개고기를 먹는 사람들 중에는 개가 교미시간을 오래 할 수 있다는 이류로 스테미너에 좋을 것으로 잘못 생각하는 사람들이 대부분이다. 이는 잘못된 지식이고 개가 정력에 좋다는 과학적인 이유가 없는 상황이며 개의 오랜 교미시간은 생식기잠금 현상 때문이다.

제 11 장

동물 생명공학

Animal Biotechnology

Ⅰ. 인위적 동물의 번식조절

Ⅱ. 분자생명공학의 응용

분자생물학의 발달로 동물의 번식도 인위적 조절이 활발히 이루어지고 있다. 동물생명공학이라 불리는 동물의 분자생물학적 적용은 복제동물의 생산과 형질전환동물의 제작으로 대변할 수 있다. 이번 장에서는 인공수정과 수정란이식과 같은 전통적인 인위적 조절 방법에 대해 알아보고, 최근 활발히 이루어지고 있는 복제동물의 생산과 형질전환동물의 제작에 대해 알아보도록 하자.

I. 인위적 동물의 번식 조절

학습목표
1. 인공수정에 대해 알 수 있다.
2. 수정란 이식에 대해 이해할 수 있다.

1 인공수정

(1) 인공수정의 역사

동물에 대한 인공수정은 1780년 이태리 생물학자 Spallanzani에 의하여 이루어 졌으며, 개에서 채취한 정액을 1cc씩 30마리의 암캐에 주입하여 18마리를 수태시키는데 성공하였다.

오늘날 같은 인공수정방법은 1907년 러시아의 Ivanov에 의하여 정액채취 후 보존 및 정액을 주입하여 수태시키는 연구를 발표한 이래 일반화를 꽤하였다. 이후 정액의 동결 보존의 효율성을 높이기 위하여 정액의 희석액, 충진 용기 및 동결방법 등이 연구되어 그 결과로 정액을 폴리비닐스트로에 충진하여 액체질소나 액체질소증기에서 효율적으로 동결하여 저장성을 높이고 필요시 녹여 수정 할 수 있는 인공수정법이 발달하였다. 과거의 인공수정이 채내 수정이라 한다면 최근에는 체외에서 인공 수정시켜 수정란을 이식하는 수정란 이식의 인공수정 단계에 와있다.

(2) 인공수정의 장단점

1) 인공 수정의 장점

① 종자가 좋은 수컷의 이용성을 증대
② 자손에 대한 유전능력을 조기에 판정
③ 수컷 적은 사육으로 사양관리비를 절감
④ 정액의 장거리 수송이 용이
⑤ 인공수정의 발전으로 높은 수태율의 증강

⑥ 전염성 생식기 질환 예방
⑦ 우수혈통으로만 사육되어 자연교배가 곤란한 수컷의 정자 이용이 가능

2) 인공 수정의 단점

① 유전형질이 불량한 경우 피해의 범위가 자연교배보다 크다.
② 전염병 등의 병원체가 함유된 경우 전파속도가 빠르다.
③ 인공수정기구의 소독이 불충분하면 생식기 전염병을 만연시킬 위험이 크다.
④ 특별히 양성된 기술자와 설비가 필요하다.
⑤ 자연교미보다 조작에 있어 시간이 더 길다.
⑥ 혼동으로 인한 실제 주입정액과 다른 정액이 중비될 가능성이 있다.

(3) 정액채취(Semen collection)

정액 채취는 정자의 농도가 높고 활력이 왕성한 정액을 다량 얻는데 있다. 따라서 적절한 수컷을 선발하여 적정한 채취 간격으로 충분히 성적 흥분을 유도한 다음 올바른 채취 기술을 적용하면 성공적으로 정액을 채취를 할 수 있다.

정액을 채취하기 전에 수컷을 성적으로 흥분시켜야한다. 이러한 흥분은 뇌중추로 부터 척추신경을 통하여 사정중추에 자극을 전달하여 사정을 유발한다.

흥분을 자극하기 위하여 채취 전 몇 번의 가승가(false mounting)를 유도한다.

1) 정액의 채취 방법

정액의 채취 방법으로는 해면체법, 질내채취법, 마사지법, 정소상체 정액채취법, 누관법, 콘돔법 및 패서리법 등이 있으나, 현재는 주로 인공질법, 전기자극법 및 마사지법을 사용한다.

① 인공질법(artificial vagina)

충분히 흥분한 수컷이 승가하면 음경 포피를 잡아 신장된 음경이 인공질의 개구부로 들어가도록 유도한다. 사정(ejaculation)은 수초 내에 일어나는데, 종웅우가 사정하면 인공질을 수직으로 들어서 정액이 채취관으로 유입되도록 한다.

② 전기자극법(electronic stimulation method)

전기자극법은 양극을 장치한 전극봉을 직장 내로 주입하고 사출신경중추에 전기적 자극을 주어 정액을 채취하는 방법이다.

③ 마사지법

마사지법은 직장벽 또는 복벽을 통하여 정낭선과 정관팽대부를 마사지하여 사정중추를

흥분시켜 정액을 채취하는 방법이다. 음경마사지법, 복부마사지법 및 정관팽대부 마사지법으로 대별된다.

그림 11-1. 말의 정액 채취. 의빈대를 이용(좌), 인공질 구조도(우)

(4) 정액의 검사 및 평가

종웅우로부터 생산한 정액에 관한 정보를 가능한 많이 확보하면 정액의 수태능력을 비교적 정확하게 평가할 수 있는데, 정액의 평가(semen evaluation)는 육안적, 현미경적 및 화학적 평가로 구분된다.

1) 육안적 평가

육안으로는 정액의 투명도, 순수도, 색 및 양 등을 평가한다. 일반적으로는 외형상 정액은 투명도에 따라 크림상, 유상 및 수양상 등으로 분류된다. 이러한 투명도는 정액 내 함유된 정자의 농도와 관련된다.

2) 현미경 평가

정액의 활력, 정자의 농도, 기형률 및 생존성을 현미경으로 평가하여 수소의 수태율을 예견할 수 있다.

(5) 정액의 동결보존

동결정액을 이용하면 인공수정의 이점을 극대화 할 수 있다. 즉 정액을 원하는 시기에 언제든지 이용할 수 있고 우수한 종웅축이 노령으로 정액을 생산하지 못하거나 사망한 경우, 여름철 정액 성상이 저하되는 시기, 생식기 전염병이 만연하는 시기에도 이전에 저장 보전한 동결 정액을 이용하면 성공적으로 수정을 시킬 수 있다.

(6) 인공수정 방법

1) 질내 인공수정

- 신선정액 채취 시 가장 우선적으로 위생적인 채취가 중요하다.
- 자연교배시 사정하는 것과 동일한 자궁부위의 위치에 주사기로 주입
- 적절한 장비(채취튜브, 위생장갑, AI 피펫, 어댑터)와 기술 필요
- 자연교배와 동일한 수정률 획득위해 세심한 시술 필요

2) 경관주입 인공수정

질내 정액 주입에 비해 수정 성공률이 높은 장점이 있으나, 경관주입 장비들과 전문수의사의 세심한 시술이 필요하다.

2 수정란 이식

(1) 수정란 이식의 개요

인공수정기술의 발전으로 인해 동물의 번식 및 육종 개량의 측면에서 많은 진보가 이룩되었으나, 암컷의 번식능력과 유전형질을 이용하는데 있어서는 미약한 점이 있었다. 이러한 문제점을 해결하기 위해 많은 연구들이 진행되어 수정란 이식(embryo transfer)이란 기술이 발달하게 되었다.

수정란 이식이란 암컷의 생식기로부터 착상전의 수정란을 회수하여 다른 암컷의 생식기내로 이식하여 착상, 임신, 분만케 하는 기술을 말하며, 이 방법을 통해 동물두수의 증가, 동물육종에 있어 세대수 단축, 특정 품종계통의 생산 및 생물 의학 연구의 발전을 도모할 수 있다.

표 11-1. 수정란 이식의 장단점

장 점	단 점
동물 두수의 증가(쌍태, 다태에 응용)	복합된 고도의 기술 필요
동물 자질의 향상	연구 단계가 많다
동물 개령 기간의 단축	경제적으로 고가
특정 품종·계통의 증산	항호르몬 생산
우량 유전의자 보존(난자의 동결보존)	수술에 의한 손상(상처, 유착, 마취사)
보호 동물의 번식	난산의 위험성(대형종을 소형종에 이식)
수송비 경감(동물 대신 수정란 수송)	특정품종에 편협
불임·번식 장애 구명에 도움됨	반자연적인 면
생물·의학 연구에 공헌 (수태와 면역,태아와 환경)	인위적 부정의 가능성
동물번식학의 국제협력(수정란 무역)	등록 복잡(혈액형 검사)

(2) 동물의 자연 수정 과정

일반적으로 포유동물은 발정기에 한하여 수컷을 허용하고, 허용의 개시는 배란에 앞선다. 또한 정자가 수정이 일어나는 난관팽대부에 도달하는 시간을 감안하면, 자연조건에서 정자는 난자에 앞서 수정 부위에 도달하는 사실을 알게 된다.

자성 생식기도 내에 주입된 정자는 수정부위에서 난자와 만나기에 앞서 난자 내 침입이 가능한 변화, 즉 수정능력을 획득하게 된다. 수정능력 획득은 자성 생식기도 이외의 환경(*in vitro*)에서도 일어나나, 발정기의 자성 생식기도 내에서 가장 효율적으로 유기된다.

1) 정자의 난자 내 침입

수정능력을 획득한 정자가 난자의 부근에 도달하면 난자주위의 물질인 난관상피세포의 분비물, 난포액 및 난구세포군에 반응하여 정자의 원형질말과 첨체외막(outer acrosomal membrane)이 부분적으로 융합하여 포상화되고 첨체의 내용물이 외부로 방출된다. 이와 같은 첨체의 구조적 변화를 첨체반응(acrosome reaction)이라고 한다.

정자는 첨체반응의 초기에 hyaluronidase를 방출하여 배란 후의 난자 주위를 둘러싸고 있는 난구세포(cumulus cell) 사이의 기질을 분해하여 과립막세포를 분산시키고 투명대의 표면에 도달한다. 그러나 소, 말, 돼지, 면양 난자의 과립막층은 배란 직후 에 분산되어 있어, 그 후에 정자의 침입을 받게 된다.

정자가 투명대와 접촉하면 첨체 내에 함유되어 있는 단백질 분해효소에 의하여 투명대에 통로를 형성하여 위난강(perivitelline space) 내에 진입한다.

정자가 투명대에 도달하여 난자 침입이 시작되는 시점에 이미 첨체외막은 소실되고 첨체 내막이 완전히 노출되어 있는 점으로 보아 투명대 분해효소(zona lysin)는 첨체 내막에 잘 확산되지 않은 상태로 밀착되어 투명대 통과를 돕는 것으로 믿어진다.

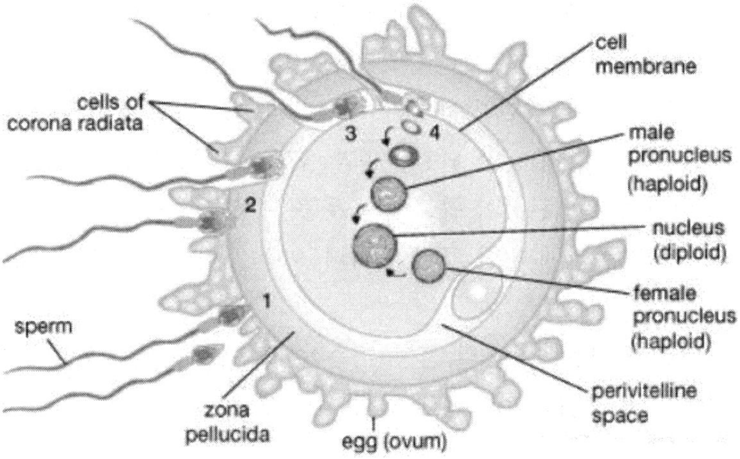

그림 11-2. 수정의 과정(정자의 난자내 침입 과정)

2) 다정자 침입의 방지

1개의 정자가 난자에 침입을 하면 난자의 투명대와 난황막이 변하여 생기는 투명대반응(zona reaction)과 난황차단(vitelline block)의 2중작용에 의하여 다정자 침입을 막는다.

정자가 난자의 세포질 내에 침입하면 표층과립이 붕괴되어 그 내용물이 위난강에 방출되고, 투명대의 성질이 변화되어 차기 정자의 침입을 거부한다. 표층과립 물질의 활성인자는 첨체에서 유래된 trypsin과 비슷한 단백질분해효소이고, 투명대의 변화는 단백질 분해효소에 대한 저항성이 증가되기 때문인 것으로 보인다.

투명대 반응과는 별도로 정자가 난자 내에 침입하면 난세포의 표면의 성질도 변화하여 정자와의 접촉에 반응하지 않게 된다. 이러한 변화를 난황차단이라고 한다.

포유동물에서는 난자 자체의 다정자 거부반응은 완전한 것이 못되고, 수정 부위에 도달하는 정자수의 제한이 실질상의 다정자 거부에 중요한 역할을 하는 것 같다.

3) 수정란의 이동

난관의 상단부에서 수정된 난자는 난전을 형성하였던 난구세포가 난자에서 이탈되면 재빨리 난관팽대부로 하강한다. 그리하여 난관액에 부유되어 자궁으로 이동해 내려가는데, 난관 내 융모의 유동운동과 난관의 수축운동에 의하여 하행한다.

수정란이 자궁에 도달하는 시간을 가축별로 보면 토끼, 산양, 면양, 돼지 및 소가 3~4일 걸리며, 말은 조금 늦어서 5~6일이 걸린다. 난관의 부위에 따른 통과시간은 토끼의 난자에서 실험한 결과를 보면 난관팽대부에서는 빨라 4.5~12.5분이 걸리고, 팽대부와 협부의 접합부에서는 1시간 이상 걸리며, 협부에서 약 3일간(70시간)의 오랜 시간 체류하다가 자궁에 도달한다. 이와 같이 난관의 부위에 따라 수정란의 이동속도에 차이가 생기는 이유는 난관의 상부인 팽대부는 관강이 넓고 난관근육과 융모 운동이 활발하여 이 부위의 통과는 빠르지만, 반대로 난관협부는 관강이 좁고 근육운동은 상대적으로 약하며 융모도 적고 그 운동성이 약하여 난자의 통과에 대한 조건이 나빠 오랜 시간이 소요되기 때문이라고 생각된다.

일반적으로 estrogen은 난관 근층의 운동을 촉진하고, progesterone은 억제한다. 난자의 이동에 대한 호르몬의 효과는 호르몬의 양과 동물 종에 따라 다르고, 그 기전은 확실하지 않다.

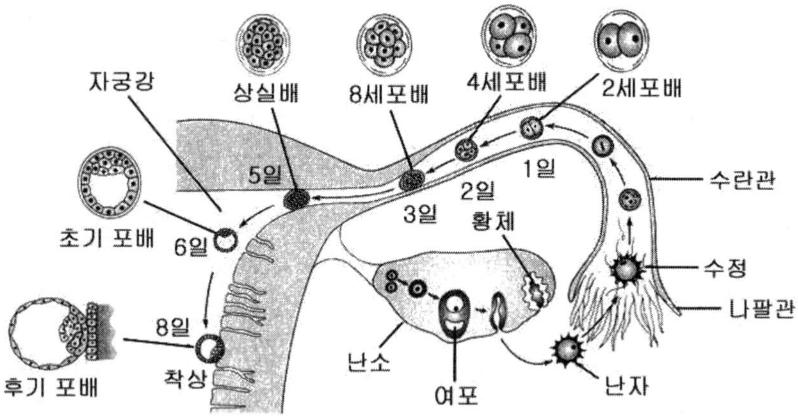

그림 11-3. 배란과 수정란의 자궁내 착상 과정

(3) 수정란 이식 방법

1) 외과적 이식

쥐, 토끼와 같은 실험동물의 경우 외과적 수술에 의해 수정란을 이식하지만 대부분 대동물의 경우는 수술과정 및 수술 후 스트레스 때문에 기피하는 실정이다. 주로 마취를 하여 정중선이나 복부 측면을 절개하여 난관 및 자궁내로 이식을 한다.

2) 비외과적 이식

Sugie 등(1965)에 의해 시도된 후 여러 가지 외과적 이식에 의한 단점들을 해소하고 수정란의 실질적인 산업화에 이용할 수 있는 이식방법을 말하며, 주입과정은 질을 통하여 자궁 내로 수정란을 주입하며, 주입형태는 정액의 인공수정 방식과 동일하기 때문에 매우 손쉽게 할 수 있다.

II. 분자생명공학의 응용

학습목표
1. 복제동물의 생산 과정에 대해 알 수 있다.
2. 형질전환동물의 제작 과정을 이해할 수 있다.

1 복제동물의 생산

(1) 핵치환에 의한 복제동물의 생산

수정란의 핵치환은 전능한(totipotent) 시기에 있는 수정란의 할구세포로부터 다수의 핵을 채취하여 이를 탈핵된 다른 난자 또는 초기 수정란에 이식시킴으로써 하나의 수정란으로부터 동일한 성과 유전형질을 가진 다수의 복제수정란을 작출하여 이를 수란축에 이식하여 복제동물을 생산한다.

1) 핵 또는 할구(nuclei or blastomere)의 확보

세포분화가 일어나기 전의 분할기에 있는 포유동물 수정란의 할구세포들은 전능성(totipotency)을 가지고 있어서 하나의 할구세포의 핵으로도 배반포를 형성하고 한 개체로의 발달이 가능하다. 핵의 확보는 첫째 공란축의 과배란 처리에 의한 핵의 확보는 과배란 처리에 따르는 비용과 기술적인 어려움이 있으며, 둘째로 체외수정에 의한 공핵란의 확보 방법은 도축장으로부터 값싸게 구할 수 있는 가장 쉬운 방법이며, 셋째로 배반포기 수정란의 내세포괴(inner cell mass)를 분리하여 핵으로 사용함으로써 보다 많은 핵을 확보할 수가 있으며, 넷째로 recycling nuclear transplantation에 의한 핵의 다량확보가 가능하다. 이들로부터 할구를 분리하여 탈핵된 수핵란에 미세주입한다.

2) 수핵난자(recipient cytoplasm)의 준비

핵을 수여받을 난자 또는 수정란의 적절한 선택과 준비는 핵치환의 중요한 요건 중의 하나이다 수핵난자로 사용할 수 있는 것은 미성숙 난포란을 체외에서 성숙시켜 사용할 수 있으며, 수정직후의 전핵기 있는 접합체(pronuclear zygote)를 이용하는 방법, 2-세포기에 있는 수정란 및 인공적으로 활성화된 난자(parthenogenetically activated eggs)를 수핵란으로 사용할 수 있다. 수핵난자는 hyalluronidase를 처리하여 난구세포를 제거하고 cytochalasin B(5-7.5μg/㎖)가 함유된 배양액에 넣고 미세조작기법으로 탈핵시켜 사용한다.

3) 핵과 세포질의 융합(nuclear-cytoplasm fusion)

핵치환 기법에서 핵-세포질의 융합은 수정란의 미세조작기법과 아울러 매우 중요한 요건이며, 융화율의 개선은 대가축의 핵치환 기술의 발달 및 산업화에 필수적인 관건이 된다. 핵-세포질의 융합 기술은 센다이 바이러스 매개에 의한 방법(Sendai virus-mediated fusion method)과 전기적 자극에 의한 방법(electro stimulated fusion method)이 있다.

4) 복제 수정란의 배양 및 발달(development fo cloned embryo)

복제란의 배양은 체내배양(*in vivo* culture)과 체외배양(*in vitro* culture) 두 가지가 있다.

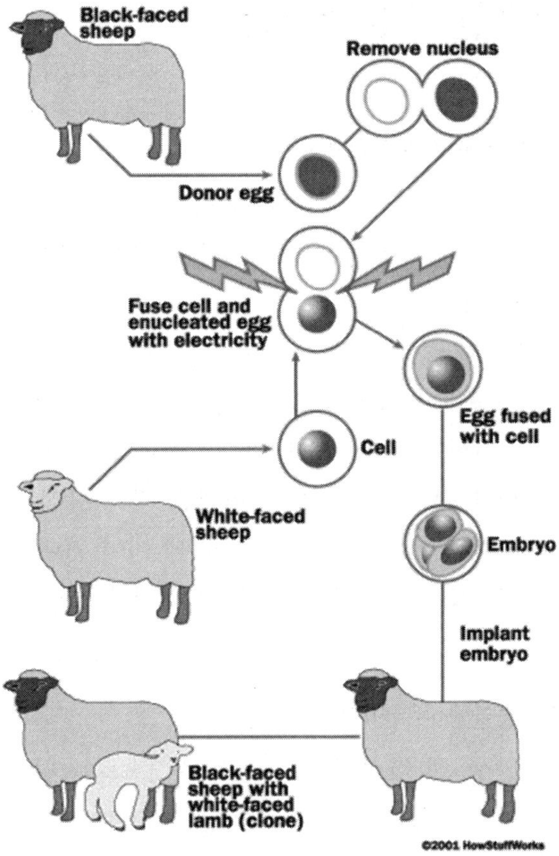

그림 11-4. 동물복제 양의 생산

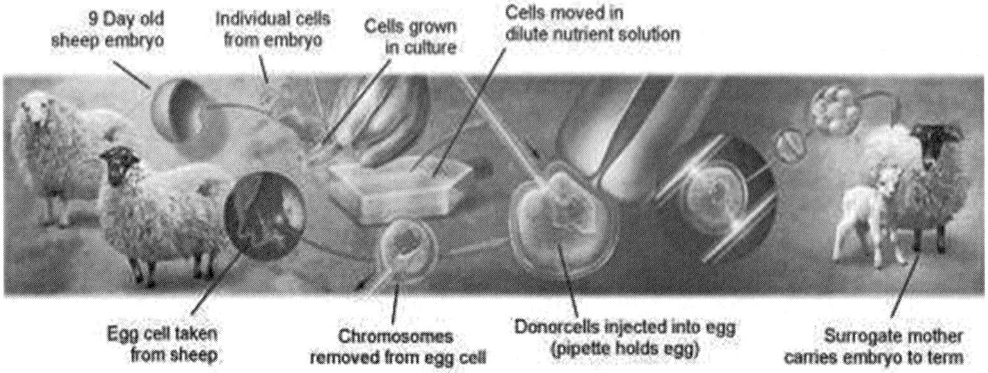

그림 11-5. 복제양 돌리의 생산

2 형질전환 동물의 생산

(1) 재조합 DNA에 의한 transgenic animal

포유동물의 수정란에 외래유전자를 주입하는 기술은 가장 직접적인 개체수준에서의 유전자 조작을 실시한다는 점에서 매우 중요한 의의를 가지며, 또한 동물의 육종 및 유전적 개량을 위한 최신의 기술이다.

외래유전자를 주입하여 거대 생쥐와 같은 새로운 형질을 지닌 동물을 작출 함으로써 성장 호르몬의 대량생산이 가능하고 질병의 저항성 유전자의 이식에 의한 동물 질병의 저항성 증가, 유단백 유전자의 이식에 의한 유량증가, 유지방 및 유단백질의 증가 등과 나아가 우유의 조성까지도 변화시킬 수 있을 것이다. 이러한 외래 유전자의 주입은 Gordon 등(1980)이 생쥐의 zygote의 전핵에 주입하는데 성공한데 이어 거대생쥐(Palmiter 등, 1983) 생산과 면양, 산양 및 소에서도 재조합 DNA의 주입에 의한 transgenic animal을 생산하였다.

1) 동물생명공학을 이용한 동물생산의 이점

생식세포 조작에 의한 발생공학적 기술의 긍정적 측면으로는 발생공학적 기술을 이용하여 아래와 같은 이점을 가지고 있다.

① 가축의 생산성 증대

② 고가 의약품 생산

③ 이식용 장기 생산

2) 동물생명공학을 이용한 동물생산의 문제

생식세포 조작에 의한 발생공학적 기술의 부정적 측면은 아래와 같다.

① 돌연변이 출현으로 인한 생태계 교란 야기

② 예기치 않은 새로운 질병의 출현 우려

③ 생명의 존엄성을 무시한 윤리적 문제 야기

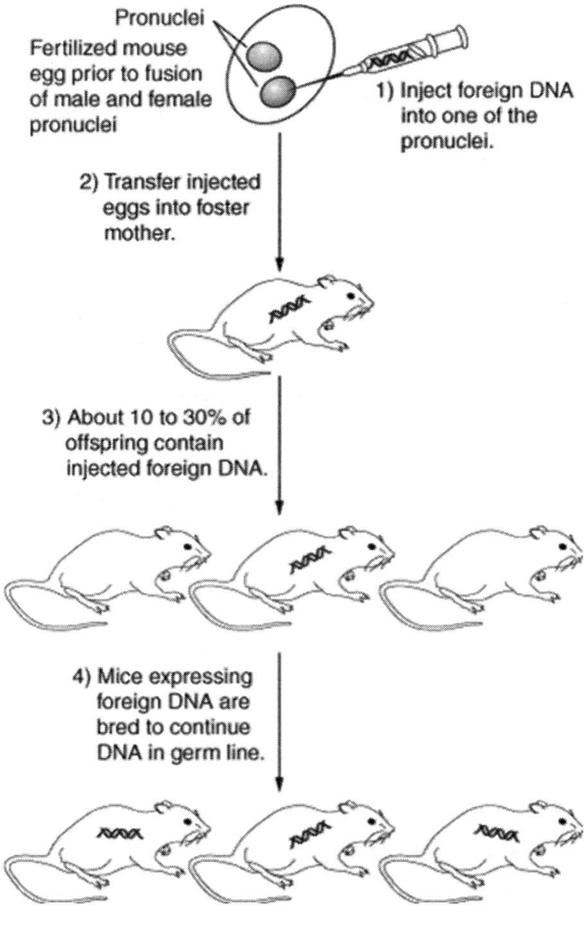

그림 11-6. 형질전환 동물의 생산

3 이종장기 이식 연구

장기 이식은 콩팥의 기능 저하 환자나 심장이나 간의 기능 저하로 위험에 처한 사람들이 선택할 수 있는 최후의 방법이라 할 수 있다. 그러나 불행히도 장기이식은 조직적합반응에 따른 적합자를 찾는 것이 매우 어려운 일이며, 장기를 제공할 수 있는 사람을 찾기가 어렵기 때문에 장기 이식을 대기자 명단에 올려놓고 적절한 시간 내에 장기이식 수술을 받지 못하고 죽는 환자들이 많은 실정이다.

최근 과학자들은 동물의 장기를 사람에 이식할 수 있는 길을 찾기 위해서 노력 중이다. 가장 앞서 가는 연구는 췌장기능 저하로 인술린 분비에 문제가 있어 당뇨병으로 고생하는 환자에 돼지의 췌장 세포를 이식하는 방법이다. 현재까지 시험적으로 이루어진 임상시험에서 좋은 효과를 얻은 것으로 보고되고 있다.

원숭이의 심장을 이용한 이식 실험은 아직 까지 장기간의 생존이 보장되지 않아 더 연구를 수행해야할 과제들을 남기고 있다.

최근에는 사람과 크기가 유사하고 번식이 잘되어 유리한 점을 많이 가지고 있는 무균 미니돼지를 이용한 장기이식 연구가 수행되고 있다. 동물의 장기를 사람이 이용하기 위해서 해결되어야할 문제는 ① 이종간 조직거부 반응을 줄일 수 있는 방법과 ② 이식된 동물의 장기로부터 감염이 일어날 수 있는 인수공통감염병에 대하여 대안이 마련되어야 한다는 점이다.

동물의 장기를 사람에 이식하는 것을 이종장기이식(xenotransplantation)이라고 한다. 만약 이종장기이식이 현실화 된다면 미래에는 장기이식이 쉬워지고 평균 수명이 획기적으로 늘어날 것이다.

4 줄기세포 연구

줄기세포는 ① 배아줄기세포와 ② 성체줄기세포로 나누어 볼 수 있다.

줄기세포는 뇌세포 손상이나 척추 세포 손상 환자 등과 같이 재생이 불가능한 환자들에서 새로운 세포의 증식으로 재생이 일어날 수 있도록 연구되고 있다.

배아줄기세포는 발생단계의 배아(embryo)에서 장기 분화되기 전의 줄기세포를 가지고 임상적용을 연구하는 것이다. 카톨릭에서는 배아단계도 생명으로 보기 때문에 윤리 문제가 크게 대두되었었고 이 점이 연구의 한계로 대두되고 있다. 성체줄기세포는 성인의 골수와 같은 곳에서 분화할 수 있는 줄기 세포를 분리하여 연구하는 것으로 윤리 문제는 없으나 얻을 수 있는 양에 한계가 있다는 점이 문제이다.

Q & A

◎ 인공수정이란?

수컷 정액을 인위적으로 채취하여 보관하고 있는 정자은행에서 정액을 구입하여 배란기의 암컷에 인위적으로 정액을 질 또는 자궁 내에 주입하여 임신을 시키는 방법이다.

◎ 수정란이식이란?

수컷의 정자와 암컷의 난자를 인위적으로 실험실적으로 수정을 시킨 후 배양하여 형성된 수정란을 인위적으로 자궁 내에 주입하여 임신을 시키는 방법이다.

◎ 첨체반응(acrosome reaction)이란?

정자가 난자를 만나정자의 머리 첨체 부위에 있는 hyaluronidase 효소가 나와 난자의 막을 녹여 구멍을 내는 반응이다.

◎ 투명대반응(zona reaction)이란?

정자가 난자의 세포질 내에 침입하면 난자의 표층과립이 붕괴되어 그 내용물이 위난강에 방출되고, 투명대의 성질이 변화되어 차기 정자의 침입을 거부하게 되는데, 이러한 반응을 말한다.

알아두기

▶ 정액의 채취방법

인공질법, 전기자극법 및 마사지법을 사용한다.

▶ 난황차단(vitelline block)

정자가 난자 내에 침입하면 난세포의 표면의 성질도 변화하여 정자와의 접촉에 반응하지 않게 되는데, 이러한 현상을 말한다.

▶ 다정자 침입 방지

1개의 정자가 난자에 침입을 하면 난자의 투명대와 난황막이 변하여 생기는 투명대반응(zona reaction)과 난황차단(vitelline block)의 2중작용에 의하여 다른 정자의 침입을 막는데, 이러한 현상을 말한다.

▶ 이종장기 이식

다른 종류의 동물의 장기를 사람에 이식하는 것을 말한다. 현재 미니돼지를 가지고 많은 연구가 진행되고 있으나, 조직거부반응을 해결하기 위해 많은 연구가 추가로 필요하다.

단원 학습 정리

1. 인공수정은 동결보존하는 수컷 정액을 배란기 암컷에 주입해 주는 방법으로 자연교배 보다 경제적인 장점을 갖는다.
2. 인공수정에 사용되는 수컷 정액은 주로 인공질법, 전기자극법 및 마사지법으로 채취할 수 있다.
3. 수정란 이식이란 암컷의 생식기로부터 착상전의 수정란을 회수하여 다른 암컷의 생식기 내로 이식하여 착상, 임신, 분만케 하는 기술을 말한다.
4. 정자의 머리 부위 윗 부분에는 첨체 부위가 있으며, 첨체에는 난자의 막을 녹일 수 있는 효소를 가지고 있다. 정자가 난자를 만나 난자의 막을 녹이는 과정을 첨체반응(acrosome reaction)이라고 한다.
5. 1개의 정자가 난자에 침입을 하면 난자의 투명대와 난황막이 변하여 생기는 투명대 반응(zona reaction)과 난황차단(vitelline block)의 2중작용에 의하여 다정자 침입을 막는다.
6. 동물생명공학의 적용으로 가축의 생산성 증대, 고가 의약품 생산 및 이식용 장기 생산을 할 수 있다.
7. 복제동물 기술은 축산 분야 면에서는 우수 형질을 가진 개체를 복제하여 우수 개체의 유지 및 보급을 증대시킬 수 있으며, 반려동물 면에서는 가족과 같은 반려동물의 죽음과 관련하여 복제동물의 제작으로 위안을 줄 수 있는 측면의 이점이 있다.

쉬어가기

주라기 공원

마이클 클라이튼 원작 소설이며 영화로도 소개되었던 '주라기 공원'에서는 중생대에 사라진 공룡이 복원된다. 외딴 섬에서 주라기 때 살았던 공룡을 부활시켜 공원을 세우려는 계획이 진행되지만 난폭한 공룡을 통제하지 못하고 공룡을 피해 섬을 탈출하는 내용이다.

영화 속 공룡의 복원은 공룡 피를 빨아 먹은 후 송진에 갇혀 화석이 된 호박 속의 모기가 나온다. 과학자들은 모기의 몸에서 공룡의 피를 찾아 그 속에 있는 공룡의 유전자를 추출하고 그 유전자를 복제하여 다른 동물의 난자에 넣어 완전한 공룡을 탄생시킨다.

영화에서처럼 유전자만으로 멸종된 생물체를 재생시키는 일은 현재 불가능하다. 영국의 자연사 박물관에서 이러한 시도를 해본 결과 호박 속에 갇힌 곤충에 들어 있는 공룔의 유전자는 그대로 보존되지 못하고 변형되어 온전한 유전자를 얻기 힘들었다고 한다. 만일 온전한 유전자를 추출한다고 해도 유전자만으로 생물체를 만들어내는 일은 불가능하다고 학자들은 말한다. 유전자는 생물체의 구조에 대한 설계도일 뿐이고 생명체가 탄생하는 데에는 그 설계도에 따라서 여러 가지 생명 활동을 수행할 다양한 화학적인 도구들이 필요하기 때문이다.

제 12 장

동물매개치료

Animal Assisted Therapy

동물매개치료는 자격을 갖춘 치료도우미동물을 활용하여 도움을 필요로 하는 사람 대상자(client)의 심리치료와 재활치료를 돕는 것을 말한다. 동물매개치료는 사람과 동물의 유대(human animal bond)를 통하여 대상자의 질병을 개선하거나 보완하는 대체요법이다. 동물매개치료는 심리치료로 대상자의 불안 감소, 자존감 향상, 우울감 감소 등의 효과를 얻을 수 있고, 재활치료로 대상자의 운동기술 향상, 활동의 증가, 신체기능 향상 효과를 얻을 수 있다.

동물매개중재(Animal assisted intervention, AAI)는 동물매개치료, 동물매개활동, 동물매개교육을 포괄하는 용어로 사용된다. 동물매개교육은 동물매개치료의 한 분야로서, 대상자들은 활동을 통하여 동기부여, 단기 및 장기 기억향상, 어휘능력 향상, 지각 및 지식 향상 등의 효과를 얻을 수 있다.

I. 동물매개치료의 개요

학습목표

1. 동물매개치료의 정의와 역사에 대해 설명할 수 있다.
2. 동물매개치료의 특징과 효과를 이해 할 수 있다.

1 동물매개치료의 정의

(1) 인간과 동물과의 유대 (Human Animal Bond, HAB)

인간과 동물의 유대(Human-Animal Bond, HAB)의 Bond는 "얽음"으로서 잘 표현되고 있다. 근래에 와서 동물과의 관계와 만남이 되어있는 지금, 왜 주목하고 이를 위해서 노력하기 시작하는가 하면 악화되어 가는 지구 환경 가운데 자연과 동물과의 만남의 기회를 잃어서 사람의 영육에 위험을 느꼈기 때문이라고 본다.

인간과 동물의 유대란 인간과 동물 간에 상호 교감을 말한다. 인간은 사육하는 동물과의 상호 교감으로부터 많은 이로운 반응들을 얻을 수 있다. 최근인간과 동물의 유대에 대한 체계적인 연구가 활발히 수행되고 있으며, 이를 이용한 사람의 치료, 즉 동물매개치료가 수행되고 있다.

인간과 동물의 유대란 인간과 동물 간에 상호 교감을 말한다. 인간은 사육하는 동물과의 상호 교감으로부터 많은 이로운 반응들을 얻을 수 있다. 최근인간과 동물의 유대에 대한 체계적인 연구가 활발히 수행되고 있으며, 이를 이용한 사람의 치료, 즉 동물매개치료가 수행되고 있다.

(2) 동물매개활동(Animal Assisted Activity, AAA)

사람과 동물과의 상호작용을 통하여 사람들의 정서적인 안정과 심리적인 안정, 신체적인 발달을 촉진시켜 삶의 질을 향상시키는 것이다. 즉 전문적인 치료활동이라기 보다는 반려동물과 함께 즐거운 시간을 보내는 정도의 오락적, 교육적, 예방적 기능에 중점을 두는 활동이다.

1) 수동적 매개활동

수동적 활동은 동물들을 특별히 훈련시킬 필요가 없고 활동에 특별한 능력이나 기술이 필요하지 않다. 이런 경우 동물의 역할은 수동적이며 사람들은 동물을 직접 만질 수 없으나 동물들의 몸짓이나 노래 소리를 보고 들으면서 효과를 얻게 된다.

2) 상호작용적 매개활동

이 활동은 사람들이 직접 동물과의 상호작용을 통하여 동기를 유발시키고 신체적 활동의 증가와 사회성 등을 향상시키는 적극적인 동물매개활동이다.

(3) 동물매개치료(Animal Assisted Therapy, AAT)

치료도우미동물이 중재되어 대상자의 심리상담 또는 재활치료 효과를 얻기 위해 전문가인 동물매개심리상담사가 프로그램을 계획하고 운영하며 효과를 평가하는 전문적인 보완대체의학적 치료 행위이다.

(4) 동물매개중재(Animal assisted Intervention, AAI)

동물매개중재(Animal assisted Intervention; AAI)는 동물과 대상자와의 상호작용에 의해 목표한 바를 얻는 모든 활동을 포함하는 포괄적인 개념이다. 동물매개중재는 구상(conception), 개발(development), 실행(execution), 평가(evaluation)를 수행하는 전문가들에 따라 분류된다. 동물매개중재는 최근에 동물매개치료와 동물매개활동을 포함하여 5개 범주로 분류할 수 있다. 동물매개중재는 동물매개활동, 동물매개치료, 동물매개교육, 동물매개평가, 동물상주 프로그램과 같은 5개 범주로 분류될 수 있다.

1) 동물매개활동(Animal Assisted Activities, AAA)

팀에서 이전에 미리 마련해 놓은 프로그램을 활용하여 목표한 효과를 얻을 수 있도록 중재단위를 1명이나 더 많은 대상자들로 구성하여 활동을 수행한다.

2) 동물매개치료(Animal Assisted therapy, AAT)

목표한 건강 치료 효과를 얻을 수 있도록 전문가인 동물매개심리상담사가 대상자와의 세션동안 치료도우미견이 대상자를 위한 촉매 역할과 동기 부여 및 지원의 기능을 할 수 있도록 한다. 중재단위에 정신과, 신경학, 심리학, 간호, 물리치료, 작업치료 등의 전문가들이 포함될 수 있다. 임상을 위한 자격증, 학위를 가진 모든 전문가들이 치료 목표 달성을 위해서 계획된 역할들을 수행한다.

3) 동물매개교육(Animal Assisted Education, AAE)

목표한 교육 효과를 얻을 수 있도록 전문가인 동물매개심리상담사가 대상자와의 세션동안 치료도우미견이 대상자를 위한 촉매 역할과 동기 부여 및 지원의 기능을 할 수 있도록 한다.

4) 동물매개평가(Animal Assisted Evaluation; AAEv)

진단 또는 치료 프로그램을 평가하기 위하여 대상자와 동물 사이의 상호반응 이점들을 평가할 수 있도록 다학제적 분야로 구성된 팀(inter-disciplinary team)과 중재단위로 구성된 활동 팀이 함께 평가를 수행한다.

5) 동물상주 프로그램(Animal Resident Program; PAR)

동물이 사용자가 있는 기관 안에 상주하여 키우게 하면서 대상자들과 매일 일상을 함께 하도록 하는 것이다. 이러한 동물은 치료도우미견으로 특별히 훈련 받고 같은 기관에서 동물매개활동에 활용될 수 있다.

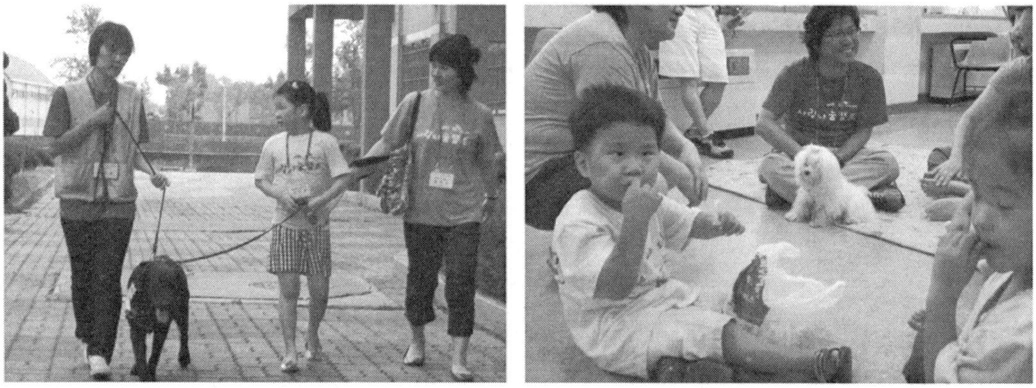

그림 12-1. 동물매개치료 프로그램 과정

2 동물매개치료의 역사

(1) 동물매개치료의 역사

동물매개치료는 인간과 동물의 유대에 의해 일어나며, 지구상에 인류가 출현한 구석기 시대부터 개와 같은 길들여진 동물들과의 교감에 의해 자연스럽게 사람의 정신적 위안과 재활 치유가 유도되었다고 볼 수 있다. 따라서 동물매개치료의 역사는 인류의 역사와 같이 한다고 볼 수 있으며, 동물매개치료의 역사는 현대 인류의 탄생 시기까지 거슬러 올라갈 수 있을 정도로 오랜 역사를 가지고 있다고 할 수 있다. 9세기에 벨기에 에서는 벌써 재활 치료의 방법으로 농장 동물을 돌보는 방법을 적용하였다고 한다.

오늘날과 같은 의학적 지식과 심리상담적 이론에 근거한 대체보완의학으로서의 동물매개치료는 1700년대부터 거슬러 올라간다. 그 이후 다양한 과학적 연구 결과를 바탕으로 동물매개치료는 더욱 체계화되고 발전하였다.

심리학자인 프로이트 박사는 그의 애견 차우차우 종 '조피'라는 애견을 데리고, 대상자 상담에 활용하여 큰 효과를 보고, 동물을 활용한 심리상담기법을 정립하였다. 미국의 소아 정신과 의사인 보리스 레빈슨 박사는 환자 치료에 그의 애견 '징글'을 활용하여 치료 효과가 높아지는 것을 발견하고, 반려동물 기반 심리치료를 체계적으로 정립하여 임상에 적용하였습니다.

(2) 외국 동물매개치료 발전의 역사

1) 초창기: 1700년대~1800년대

① 1792년. 영국 퀘이크 상인 : 정신 장애인 수용소에서 토끼나 닭을 키우게 하였다.
② 1867년. 독일에서 간질 환자에게 새나 고양이, 개, 말 등을 돌볼 수 있게 하였다.

2) 도입기: 1900년대~1950년대

① 1901년. 영국의 헌트와 선즈가 재활승마 치료
② 1912년. 프로이드(지그문트 프로이트, 정신분석 학자). 심리상담에 애견 '조피' 활용
③ 1919년. 미국 래인이 정신 질환을 앓는 군인의 치료에 개를 활용
④ 1942년. 파울링 공군요양병원 부상 병사 치료- 농장동물 프로그램을 적용
⑤ 1952년. 헬싱키 올림픽에서 덴마크의 하텔이라는 소아마비 승마선수 우승

⑥ 1958년. 영국에서 장애인 조랑말 승마단체가 설립

3) 발전기: 1960년대~1970년대

① 1962년대 미국 소아과 의사인 레빈슨 박사가 애견 '징글'을 치료매개로 활용
② 1964년. 유럽지역 재활승마 단체 간 협력 위원회가 결성
③ 1966년. 노르웨이의 베이토스톨런 장애인 재활센터에서 말 치료요법 적용
④ 1969년. 영국 재활승마협회(RDA, Riding for the Disabled Association) 결성

4) 성장, 보급기 : 1970년대 이후

① 1970년대 맬런은 발달 및 정서·행동장애아의 '치료농장 프로그램' 운영
② 1973년. 미국 파이크스 피크지역의 '이동 애완동물 방문프로그램' 적용
③ 1975년. 오하이오 주립대학의 코손은 반려동물을 이용해 양로원 환자를 치료
④ 1976년. 영국에서 미국으로 이주한 스미스는 국제치료견협회(TDI)를 설립
⑤ 1977년. 미국에서 델타협회(Delta Society)가 발족
⑥ 1990년. 국제인간동물상호작용연구협회 (IAHAIO) 발족 (22개국 30단체)
⑦ 1980년. 세계장애인승마연맹(FRD) 창립

(3) 국내 동물매개치료 역사

1) 국내 동물매개치료 활동 연혁

① 1990년. 한국동물병원협회. '동물은 내 친구' 반려동물 활동 시작
② 1994년. 삼성화재 안내견 학교 설립
③ 2001년. 삼성재활 승마단 발족
④ 2002년. 삼성 치료도우미견센터 발족
⑤ 2002년. 일산 '디오지에스 클럽' 홀트아동복지회 연계 치료견 활동
⑥ 2005년. 한국동물매개치료연구회 발족.
⑦ 2008년. 원광대학교 보건보완의학대학원 동물매개치료 전공 신설
⑧ 2008년. 한국동물매개심리치료학회 설립
⑨ 2009년. 전국 동물매개치료 유관기관 모임 개최
⑩ 2012년. 한국동물매개심리치료학회 주관 '동물매개심리상담사' 자격 발급
⑪ 2012년. 한국동물매개심리치료학회지 창간
⑫ 2014년. 원광대학교 생명환경학부 동물매개치료학 전공 신설

2) 국내 동물매개치료 연구소 현황

① 대구 푸른나무 아동심리연구소
② 일산 이보연 아동가족상담 센터
③ 원광대학교 동물매개치료연구소

3) 국내 동물매개치료 교육활동 현황

① 2005년. 원광대학교 '뉴퍼피드림' 동아리 - 동물매개치료에 의한 교육 활동
② 2007년. 원광대학교 애완동식물학과 동물매개치료학 과목 개설
③ 2008년. 원광대학교 보건보완의학대학원 동물매개심리치료 전공 신설
④ 2014년. 원광대학교 생명환경학부 동물매개치료학 전공 신설

4) 국내 동물매개치료 시설 활동 현황

① 대구광역시 재가노인복지 센터, 가정방문 동물매개치료 사업 수행
② 경기도 장애인복지관. '해피플레이' 동물매개활동
③ 에바다 장애인복지관. 동물매개치료 활동
④ 익산시 장애인복지관. 동물매개활동 프로그램 운영
⑤ 원광대학교 동물매개치료센터. 동물매개치료 사업 수행

3 동물매개치료 특징

동물매개치료는 치료도우미동물이라는 살아있는 생명체를 매개로 하기 때문에 다른 대체 의학과 다른 큰 특징을 가지고 있다. 중재의 도구로 활용되는 치료도우미동물은 도구가 아닌 생명체로서, 동물복지가 침해되지 않도록 주의를 늘 기울여 주도록 하고 있다. 동물매개치료의 특징은 다음과 같이 4개의 주요 사항으로 정리해볼 수 있다.

(1) 살아있는 생명체를 매개로 한다.

동물매개치료는 다른 심리치료나 재활치료와 달리 살아 움직이는 생명체인 동물을 활용하여 대상자를 치료하는 특수한 심리치료의 한 방법이다. 동물에게는 우리 사람과 똑같이 생명이 있고 또한 따뜻한 체온이 있다. 그러므로 도움을 필요로 하는 대상자와 생명이 있는 동물, 그리고 이들의 관계를 도와주고 치료적인 개입을 하는 치료사의 관계가 형성되는 것

이다. 성공적인 치료환경을 위해서는 대상자와 치료자인 동물매개심리상담사와의 관계형성이 중요하지만 매개동물은 대상자와의 친밀감뿐만 아니라 동물매개심리상담사와 대상자의 관계형성에도 중요한 역할을 한다.

그러므로 동물매개심리상담사는 대상자와 치료도우미동물이 원만한 관계를 유지하고 발전시켜 나갈 수 있도록 조정자의 역할을 해야 하며 그러기 위해서는 대상자인 인간 심리와 가지고 노는 놀이기구나 장난감이 아닌 생명체인 치료도우미동물의 행동이나 심리에 대한 깊은 이해와 응용기술이 필요하다.

(2) 감정을 갖고 있어 상호역동적인 작용을 한다.

동물매개치료는 생명이 있고 따뜻한 체온이 있고 사람과 같은 감정을 갖고 있기 때문에 동물과의 생활이나 상호작용에 의하여 이루어진다. 동물은 대상자가 잘 보살피고 애정을 갖는 만큼 잘 따르고 재롱도 부리며 사람들과의 감정교류가 가능하기 때문에 대상자의 행동이나 반응에 따라 매개동물의 반응도 다르게 나타나며 대상자와 언어적, 비언어적, 신체적 교류가 상호간에 이루어 질 수 있다. 그러므로 동물매개치료는 대상자의 신체적, 정신적, 심리적 효과가 매우 크고 빠르게 나타날 수 있다. 또한 동물매개치료는 살아있는 동물을 매개로 하기 때문에 대상자의 친구로서, 생활의 동반자적인 역할을 할 수 있다. 치료도우미동물과의 상호작용과 보살핌, 접촉을 통해 동료의식과 생명존중, 공동체의식을 갖게 되어 타인에 대한 이해와 사회화를 촉진할 수 있다.

(3) 동물은 대상자를 차별하지 않는다.

동물은 사람들에 대해 성별이나, 생활수준, 외모나 장애 등에 관계없이 비판적이지 않고, 무조건적으로 수용하고, 옛날이나 지금이나 항상 타고난 모습 그대로 순수함을 유지하고 있다. 대상자들은 이런 동물과의 관계를 통하여 상실되어가는 인간 본연의 모습을 되찾을 수 있다. 동물은 사람들과 같이 상대방을 다른 사람과 비교하거나 비판하지 않고 차별하지 않는다. 어떤 사람이나 자신을 대하는 정도에 따라 공평하게 있는 그대로 받아들인다. 그러므로 대인관계에 어려움이 있거나 마음의 문을 열지 못하는 사회정서적인 문제가 있는 장애인, 소외계층의 사람, 범법자 등의 사회 심리적 재활과 회복에 효과적이다.

동물은 대상자가 어떤 행동과 관심을 보이느냐에 따라 동물의 행동이나 반응도 달라지기 때문에 대상자들은 이런 동물의 행동과 반응에 적응해가면서 바람직한 대인관계의 방법과 사회성, 그리고 조건 없는 사랑과 친화성을 배우게 된다.

(4) 다학제적인 전문분야이다.

동물매개치료는 심리치료 및 재활치료의 한분야로서 동물을 매개로하여 치료자인 동물매개심리상담사가 의도적이고 계획적인 활동을 통하여 대상자를 심리적, 인지적, 정서적, 사회적, 교육적, 신체적인 발달과 적응력을 향상시킴으로서 육체적인 재활과 정신적인 회복을 추구하는 전문적인 분야이다. 동물매개치료는 대상자, 치료도우미동물, 동물매개심리상담사, 실천현장의 구성요소를 갖게 된다. 이 중에서도 치료의 주체는 동물매개심리상담사라고 할 수 있다. 그러므로 동물매개심리상담사는 대상자의 심리 및 신체 재활을 위한 심리학, 상담학, 정신병리, 복지학, 재활의학, 인간행동과 사회환경 등의 심리치료 및 재활치료에 관한 전반적인 지식뿐만 아니라, 치료도우미동물의 생리와 심리, 행동, 관리, 훈련, 위생과 활용하고자하는 동물의 특성 등에 대한 전문적인 지식과 응용기술이 있어야하고, 동물매개심리상담사의 개인적인 자질은 물론 동물매개심리상담사로서의 윤리적, 전문가적 책임을 가진 동물매개심리상담사에 의해서 이루어지는 다학제적인 전문 분야인 것이다.

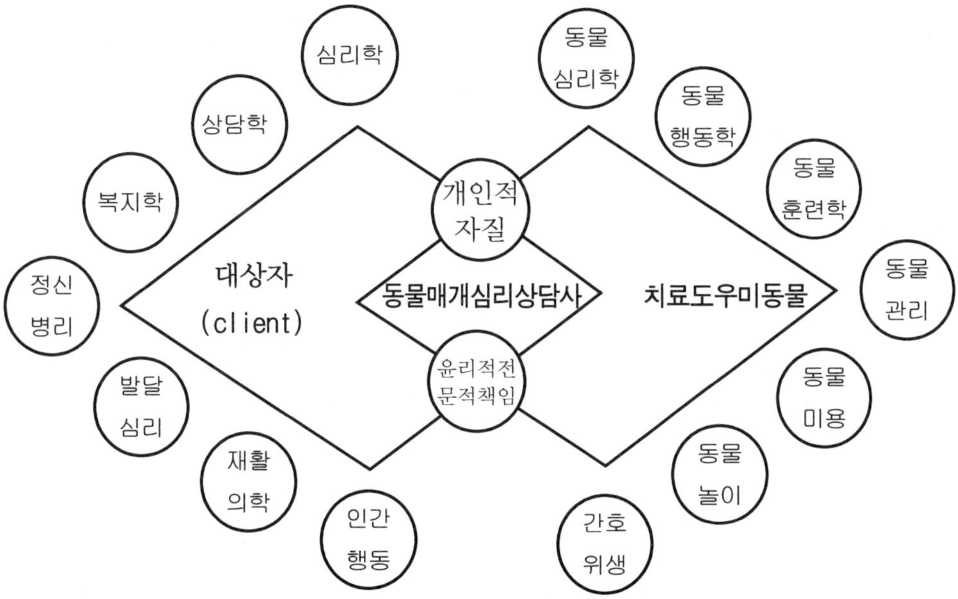

그림 12-2. 동물매개치료의 다학제적 특성

4 동물매개치료의 효과

인간과 동물의 유대에 의하여 동물이 사람에게 줄 수 있는 도움은 도구적 효과, 건강효과, 스트레스 감소와 대처기술 효과, 인지효과, 그리고 정서적 효과 등 다섯 영역이 있으며, 그 외에 자아존중감과 자기효능감의 향상과 카타르시스(catharsis) 2가지 효과가 추가될 수 있다. 이 일곱 가지 측면에서 여러 관련 연구들이 보고하고 있는 동물매개치료의 효과는 다음과 같다.

(1) 도구적 영향

동물매개치료의 효과 중에서 정서적, 심리사회적인 효과 뿐 아니라 신체적, 물리적인 효과를 말할 수 있는데 이 분야가 바로 신체적인 장애인들의 일상생활상의 불편을 덜어주고 도움을 주는 장애인도우미견이다. 장애인도우미견은 신체적, 정신적으로 불편한 장애인이나 노인 등에게 도구적인 도움을 제공하여 일상생활상의 불편을 해소하며, 독립적일 수 있도록 하여 자존감을 가질 수 있도록 하며 소외되고 외로운 장애인의 친구와 인생의 동반자의 역할을 하고 장애인과 비장애인간의 가교적인 역할을 한다.

(2) 건강효과

여러 연구에서 반려동물이 심근경색 또는 협심증 환자의 사망을 줄이는데 긍정적인 영향을 미치고 있음을 밝히고 있다. 이러한 현상은 환자들이 반려동물과 함께 어우러져 놀면서 즐겁고 리듬이 있는 활동이 증가하고 근육과 심장체계가 단련될 수 있기 때문인 것으로 설명된다.

운동량이 부족한 사람들에게 반려동물은 놀이 및 산책을 함께 할 수 있게 하고 규칙적인 생활을 소홀하기 쉬운 독신이나 노인들에게도 보다 규칙적인 생활을 할 수 있도록 도움을 주어 건강증진에 긍정적인 효과를 가져다준다.

동물매개치료가 주는 건강효과는 아래와 같은 기전으로 설명할 수 있다.

1) 소근육과 대근육의 운동과 발달

반려동물과의 산책, 미용관리, 쓰다듬기, 놀기 등의 활동을 통하여 아동이나 노약자의 소근육을 발달시킬 수 있고, 동물과 함께 달리기, 어질리티, 프리스비, 썰매타기 등을 통해 대근육이 발달된다. 또한 재활승마는 뇌성마비, 뇌기능 손상, 척추손상, 근이영양증(muscular dystrophy), 자세결함, 마비에 의한 불균형 등의 신체 장애인들의 허리나 다리 등의 대근육의 발달을 촉진시키는 효과가 있다.

2) 근육계 및 평형감각의 재활

재활승마는 말의 자극을 그대로 받기 때문에 몸체의 반동형성, 근육의 이완과 긴장, 평형감각의 자극 등으로 근육과 평형감각 기관의 치료와 자세를 교정하고 좌우의 균형을 유지하는 각 부분의 협동성을 개선하는 데 효과적이다.

3) 규칙적인 운동습관 형성

운동량이 부족한 사람들에게 반려동물과 산책 및 운동, 놀이 등을 일정한 시간에 하게 됨으로서 규칙적인 생활에 소홀하기 쉬운 독신자나 노인들에게 좀 더 규칙적인 생활을 할 수 있도록 하는 데 도움을 줄 수 있다.

(3) 스트레스 감소 및 대처기술

반려동물은 배우자 상실, 만성질환 및 만성장애 발생 및 악화시기, 은퇴 후의 전환기 등과 같은 인생의 주요사건에 대처하는데 에 도움을 준다. 이는 사람들이 여러 가지 어려운 상황에 있을 때도 자신과 익숙하고 우호적인 반려동물과 상호작용을 하면서 여전히 항상성 및 안정감을 얻을 수 있기 때문으로 해석된다. 친근하고 우호적인 반려동물이 사람들에게 스트레스에 대한 인식과 긴장을 완화 시켜 준다는 사실이 여러 연구에서 밝혀졌다.

(4) 인지효과

반려동물은 사람들을 인지적으로 활발하게 한다. 사람들은 자신이 보살피고 먹이를 주어야하는 반려동물을 가질 때 인지적으로 더 활발해져 특히 노인들에게 인지적 능력감을 자극시켜주는데 반려동물은 매우 유익하다. 사람들은 반려동물을 돌보는 일과 관련하여 지식과 정보를 얻고 교환하면서 다른 사람들과 이야기도 하고 관련 자료를 찾기도 하면서 사람들과 사회적 접촉이 증가된다. 이런 활동을 통하여 지적호기심과 관찰력이 생기게 되며, ADHD 및 품행장애 아동의 부적응 행동예방과 치료에 효과적이다.

1) 자아존중감과 자기효능감의 향상

생명이 있고 체온이 있고 감정이 있는 동물을 보살피는 행위는 사람들에게 양육성을 높여주고, 자신이 누군가에게 필요한 소중하고 책임감 있는 존재임을 확인하게 하여 부모로부터 사랑을 받아보지 못한 아동이나 부모의 학대, 친구들로부터의 따돌림 등을 경험한 아동들의 자아존중감 및 자기효능감을 향상시키는데 매우 긍정적인 영향을 준다.

2) 지적 호기심과 관찰력 배양

동물들을 관리하고 일상생활 속에서 자주 접하게 되면서 새로운 지식과 기술을 습득하게 되고 동물의 활동에 대한 지적 호기심과 관찰력이 생기게 된다. 이를 통해 아동의 ADHD (주의력결핍 과잉행동장애), 품행장애 등 다양한 장애유형과 부적응행동의 예방과 치료에 도움을 줄 수 있다.

3) 언어발달에 효과적

동물매개치료 활동 중에 동물과의 많은 대화를 통해 어휘구사 능력이 향상되고 동물과의 의사소통을 통해 사람들과의 사회성 향상과 대인관계가 좋아질 수 있다.

언어발달이 지체되는 아동이나 우울증, 대인관계에 어려움을 겪는 사람들에게 효과적이다.

4) 기억력의 향상

동물의 이름 부르기, 신체부위 말하기 등과 규칙적이고 반복적인 일상관리(먹이주기, 손질하기, 목욕시키기 등)을 통해 기억력이 향상됨으로 노인성 치매에 효과적이다. 이렇게 반려동물은 인지적 촉매(cognitive catalyst)의 역할을 한다고 할 수 있다.

(5) 사회적 정서적 효과

반려동물은 비판적이지 않고 조건 없이 수용하기 때문에 반려동물과의 상호작용에서 사람들의 자기개방은 용이하고 감정이입도 쉽게 이루어진다. 경쟁적인 현대사회에서 생활하고 있는 자기개방과 자기수용이 어려운 사람들에게 반려동물은 대인관계에서의 의사소통을 연습할 수 있는 중요한 상담역이 될 수 있다. 이러한 반려동물과의 의사소통은 대인관계에서의 의사소통기술 및 사회기술향상에 도움이 될 수 있다.

1) 사회적 효과

① 다른 사람에 대한 이해심 향상

동물들과 접촉하면서 직선적이며 그 순간의 감정대로 행동하는 동물의 행동을 이해하는 마음은 다른 사람들과의 관계에서도 상대방을 이해하고 포용할 수 있어 원만한 대인관계를 갖는데 도움이 된다.

② **의사소통기술 및 사회기술향상**

사람들은 사회적 존재이기 때문에 다른 사람들과 어울리고 말하고, 자신의 관심을 표현하고자하는 욕구를 갖고 있다. 동물과의 대화는 비밀이 보장되고, 비판 받지 않기 때문에 부정적인 감정이나 생각도 마음대로 표현할 수 있는 효과를 얻을 수 있고 사람을 기피하지만 동물과는 대화를 할 수 있는 자기개방과 자기수용이 어려운 사람들에게 동물은 대인관계에서 의사소통을 연습할 수 있는 중요한 상담역이 될 수 있다. 이런 동물과의 의사소통은 대인관계에서의 의사소통기술 및 사회기술 향상에 도움이 될 수 있다.

③ **조건 없는 사랑과 친화력 습득**

동물은 사람들에 대해 성별이나, 생활수준, 외모나 장애 등에 관계없이 비판적이지 않고 무조건적으로 수용하기 때문에 이런 동물들의 행동을 통해서 조건 없는 사랑과 친화력을 배우게 해준다.

④ **공동체 의식 향상**

살아있는 동물을 관리하면서 서로 역할 분담을 함으로서 각자 맡은 역할에 충실하고 다른 사람들과 더불어 함께하는 생활을 통해 서로의 권리를 존중하게 되어 마음을 열고 다른 사람들과 더불어 살아가는 방법을 배울 수 있다.

⑤ **긴장완화와 사회적 접촉 확대**

동물과의 상호작용은 긴장감과 불안감을 덜어주고 동물의 소유자나 관심 있는 사람들이 서로 상호작용하면서 고립감 해소와 사회적 접촉을 확대 해 준다. 소외되고 외로운 장애인의 경우도 치료도우미견을 동반했을 때 사회적인 접촉이 증가 할 수 있다.

2) 정서적인 효과

① **심리적 안정과 즐거움을 준다.**

많은 연구에서 동물과 함께 했을 때 심리적으로 안정되고 심박수와 혈압이 안정되었다는 연구결과가 보고되고 있으며 어떤 경우에는 수족관의 물고기가 노는 것을 보는 것만으로도 마음이 안정될 수 있다. 특히 장기 시설거주자들에게 더욱 효과적이다. 사람들은 동물과의 쓰다듬기 등 신체적인 접촉이나 산보, 또는 다양한 놀이를 통하여 본능적으로 편안하고 즐거운 감정을 갖게 된다.

② **기분개선과 흥미유발**

반려동물은 사람을 잘 따르고 사람들과 함께 노는 것을 좋아하기 때문에 우울하거나 기분이 좋지 않을 때 동물과 함께 하게 되면 분위기를 바꾸어 주게 되어 기분을 좋게 하고 즐거움을 준다.

(6) 자아존중감과 자기효능감 향상

대상자의 손상된 자아개념을 긍정적인 방향으로 증진시켜 주는 것이 심리치료의 중요한 목적의 하나이다. 아동의 손상된 자아를 어루만져주기 위하여 언어를 사용할 수 있지만 한계가 있다. 동물과의 놀이는 아동이 스스로 목표를 설정하고 자신의 방법으로 성취할 수 있으며 이런 성취의 경험은 아동의 손상된 자아를 스스로 치유하고 자신감을 갖게 되며 자신을 존중하는 마음을 갖게 된다. 또한 살아있는 동물과의 놀이는 자기동기화된 활동이고 성취감을 갖고자하는 내적 욕구를 자연스럽게 충족시켜줄 수 있기 때문에 자기효능감을 키워줄 수 있다.

(7) 카타르시스(catharsis)

아동들은 동물과의 놀이를 통하여 자연스럽게 카타르시스 기능을 수행한다. 현실생활에서 표출할 수 없었던 불만, 분노, 슬픔 등 여러 가지 감정을 동물과의 놀이를 통해 아주 자연스럽게 표현하고 해소할 수 있다.

그림 12-3. 반려동물의 카타드리스 효과

(8) 의학적 효과

동물매개치료는 소아과부터 노인병학 영역까지 모든 환자들에게 적용될 수 있는 보조 치료법으로서 다양한 현장에서 적용되고 있다. 동물매개치료는 지각 능력 및 사회성의 향상을 비롯한 신체 및 정신에 끼치는 이점을 가지고 있으며, 환자에게 집중력 및 가동성(mobility), 대화능력, 감정조절 능력을 향상시키고 상황을 바르게 인식하는 능력인 정위력(orientation)을 개선하는 것으로 알려져 있다. 많은 연구 보고들이 이러한 AAT의 효과를 설명해주고 있다. 따라서 동물매개치료는 간호 및 치료 분야에서 동물매개치료의 과학적 기초자료를 바탕으로 환자의 삶의 질(quality of life, QOL) 향상과 건강의 향상을 위한 의료 행위로서 받아들여지고 있다.

의학적 연구보고에 의하면 동물을 예뻐하는 행위가 혈압을 낮추고 심박수를 낮추며, 체온을 낮출 수 있다고 한다. 또한 반려동물을 키우는 사람이 더 오래 생존한다고 하고 심장질환에 대한 위험이 낮아지고 에너지와 정신적 건강이 증진된다. 치료도우미동물의 활동은 우울증이 개선되고 근심이 덜어지며 통증 환자의 예와 같이 주의를 분산시킴으로써 약물처방을 줄여줄 수 있다.

동물들은 환자에게 혈압을 감소하고 콜레스테롤 감소, 스트레스 수준 감소, 정신건강 개선과 일에 대한 집중력 증가를 도울 수 있다. 많은 사람들, 특히 어린이들은 부드럽고 안락한 물체를 좋아한다. 많은 어린이들은 좋아하는 부드러운 이불 그리고 봉제 동물 인형을 가지고 있다. 이런 부드러운 물체에서 느끼는 감정은 동물을 귀여워하면서 쓰다듬고 만질 때 느낌과 유사하다. 동물을 쓰다듬으면서 사람들은 차분해지고 정신적으로 안정감을 얻을 수 있다. 이러한 차분한 안정감은 근육 이완반응을 나타나게 된다. 근육이완은 혈관을 이완하게 되고 이완된 혈관은 혈액이 보다 잘 흘러갈 수 있도록 한다. 혈액 흐름의 저항이 줄어듦으로써 심장의 부담이 줄어들고 결과적으로 혈압이 낮아지게 된다. 사람이 이완되었을 때, 주변 환경에 대한 스트레스를 덜 받게 되고 이러한 현상은 다른 불필요한 일들에 신경 쓰는 것으로 줄여주고 일에 대한 집중력을 향상시키는 효과를 불러일으킨다.

최근 동물매개치료에 의한 다음과 같은 의학적 효과들이 과학적으로 규명되고 있다.

- 혈압감소
- 콜레스테롤 수치 감소
- 생존율 향상
- 고독감의 개선
- 의사소통의 향상

- 신뢰의 증진
- 주의력 분산으로 통증에 대한 약물처방의 필요성 감소
- 인지기능의 향상
- 신체적 상태의 향상
- 환자와 가족들에게 스트레스와 근심을 감소
- 조건 없는 사랑을 치료도우미동물이 보여줌으로써 화상과 같은 신체 손상 환자에게 사회성 향상
- 환자에게 빠른 회복에 대한 동기 부여
- 수술 등에 대한 두려움 회복
- 간질 환자의 임박한 발작에 경보를 제공

II. 동물매개치료 요소와 과정

학습목표

1. 동물매치료의 4대 요소에 대해 이해할 수 있다.
2. 동물매개치료 과정의 개요를 설명할 수 있다.
3. 동물매개치료 특징 및 현황을 이해할 수 있다.

1 동물매개치료의 4대 요소

동물매개치료나 활동이 이루어지기 위해서는 신체적, 정신적으로 도움을 필요로 하는 대상자(client)와 치료도우미동물, 그리고 치료의 주체가 되는 자질과 능력을 갖춘 동물매개심리상담사와 동물매개치료를 실행할 수 있는 실천현장 등 4가지 요소가 필요하다.

(1) 대상자

대상자는 동물매개치료에 의한 도움을 필요로 하는 사람으로서 client 또는 recipient로서 불린다. 동물매개치료의 일차적인 대상은 어린이에서 노인까지, 신체적이나 정신적, 정서적, 사회적, 심리적으로 어려움을 겪고 있는 모든 사람들이다.

동물매개치료 대상자의 범주는 일반적으로 의학적, 정신과적 대상 뿐 아니라, 정신지체아, 발달장애, 자폐, 뇌병변장애, 정신적. 정서적 장애인, 우울증, 심한스트레스, 치매노인, 교정대상자, 약물남용자 등은 동물매개치료를 제공하는 병원이나 사회복지 실천기관 등에서 일반적인 동물매개치료 대상이다.

이처럼 동물매개치료의 대상자가 광범위하다는 것은 동물매개치료가 재활과 치료의 기능을 충분히 할 수 있음을 반증하는 것이며 우리가 풀어 가야할 과제인 것이다.

(2) 치료도우미동물

치료도우미동물이란 동물매개치료 프로그램 동안에 중재 역할을 하는 동물로서 선발과 훈련, 위생관리 등의 일정한 기준에 맞는 동물이 동물매개치료에 활용된다. 치료도우미동물은 동물매개치료 프로그램을 수행하는 동안 대상자인 내담자와 동물매개심리상담사 사이의 촉매 역할을 하는 icebreaker로서 작용하여, 어색한 관계를 깨고, 내담자와 상담사 간에 신뢰관계인 라포(rapport) 형성을 촉진하는 역할을 한다. 치료도우미동물은 공격성 없는 개체의 선발 과정과 적절한 복종훈련을 거쳐, 위생적 관리가 된 상태이어야 하며, 이는 한국동물매개심리치료학회(www.kaaap.org)의 인증을 받아 검증이 되어야 한다. 치료도우미 동물의 선택 기준은 내담자의 특성과 환경에 맞는 종류를 선택하여 동물매개치료가 수행될 수 있다. 치료도우미동물은 선발, 훈련, 위생, 동물복지의 4가지 기준에 충족되어야 하며, 이러한 기준에 의해 평가를 거쳐 한국동물매개심리치료학회에서는 치료도우미동물 인증을 하게 된다.

표 12-1. 치료도우미동물의 장점 및 단점

종류	사육성	운반성	상호 접촉성	감정 소통성	안전성	인간의 운동성	동물 자신의 즐거움	감염의 안전성
물고기	★	▽	▽	◇	★	▽	◇	☆
파충류	◇	◇	◇	◇	☆	▽	◇	☆
조류	★	◇	☆	◇	★	▽	◇	☆
햄스터	★	★	◇	◇	☆	◇	◇	☆
기니피그	★	★	★	◇	★	◇	◇	☆
토끼	★	★	★	☆	★	◇	◇	☆
양, 염소	◇	◇	★	☆	☆	☆	◇	☆
소	◇	◇	☆	☆	☆	☆	◇	☆
돼지	◇	◇	☆	☆	☆	☆	☆	☆
고양이	☆	☆	★	★	☆	☆	★	☆
개	☆	☆	★	★	☆	★	★	☆
말	◇	▽	☆	★	☆	★	☆	☆
돌고래	▽	▽	☆	☆	☆	★	◇	☆
원숭이	▽	◇	◇	☆	▽	☆	☆	▽
곤충	★	★	◇	▽	★	▽	▽	★

(위자료는 "Tails World" 내용을 인용한 이보연(http://www.playtherapy.ne.kr)의 내용을 발췌 수정)
주: 1) ★ = 매우 좋음　☆ = 좋음　◇ = 보통　▽ = 나쁨

동물매개치료에 주로 활용되는 동물은 개이다. 개는 기원전 1만 5천년전 구석기 원시인과 만남의 역사를 가지고 함께 살게 된 이 후로 가장 오랜 기간 인류와 함께 살아온 동물이다. 개는 사람과의 상호교감이 뛰어나고 훈련이 용이하며, 위생관리가 쉽고, 상호 운동성 또한 좋아 동물매개치료의 중재 역할을 하는 동물로 가장 적합하다 할 수 있다.

동물매개치료에는 개 이외에, 목적에 따라 다양한 동물이 활용될 수 있다. 이동성이 편리한 쪽에 중요도를 둔다면, 작은 햄스터 또는 곤충 등을 선택할 수 있다. 운동성이 높은 쪽에 중요도를 둔다면, 말이나 돌고래 등을 선택할 수 있다. 면역저하 환자와 같은 특수한 상황에는 수족관 설치와 물고기를 활용할 수도 있다. 동물원 동물은 수동적 동물매개활동으로 동물을 보는 것만으로도 혈압이 낮아지고, 스트레스가 줄어들며, 국내에는 발달장애를 가진 분이 동물원 동물을 관찰하면서 전문화가로 성장한 사례가 있다. 동물원의 어린 동물을 활용한 체험동물원은 내담자에게 학습효과를 높이고, 책임감을 증가시키며, 성취감을 향상시킬 수 있다.

농장동물은 내담자에게 학습효과를 높이고, 성취감을 향상시키며, 자아존중감 향상과 책임감 향상, 사회성 향상의 효과를 유도한다. 미국의 체험학교인 그린침니 시설이 좋은 예로 들 수 있으며, 국내에서도 특수학교와 대안학교에서 자주 적용되고 있다.

1) 개

치료도우미 동물 중에서 가장 많이 동물매개치료와 활동에 활용되는 것이 개다.

일반적으로 소형견 중에서는 시츄, 말티즈, 코카스파니엘 등이 많이 활용되며 중 대형견에서는 라브라도 래트리버, 골든 래트리버 종들을 많이 활용하는 편이다.

2) 고양이

치료도우미 고양이로서는 침착하고 낯선 사람이 고양이를 안거나 만지더라도 공격을 하거나 두려워하지 말고 안정되어야하며 많은 사람과의 접촉에도 인내하며 스트레스를 받지 말아야 한다.

일반적으로 고양이는 활동적이기 보다는 클라이언트의 무릎 위에 조용히 앉아 있을 수 있어야 한다.

3) 토끼

치료도우미 토끼로 활용하기위해서는 어렸을 때부터 사람과 자주 어울리고 안아주어 사람이 토끼를 안았을 때 얌전히 있을 수 있도록 훈련하는 것이 필요하다. 어린 아동이나 거동이 불편한 어르신들에게 활용할 수 있다.

4) 햄스터

햄스터는 야성의 습성이 남아있어 치료도우미로 활용하기 위해서는 사람들과 친해지고 거부감을 갖지 않도록 시간을 갖고 훈련을 해야 한다. 우선 햄스터에게 사람을 신뢰할 수 있도록 하는 것이 필요하다. 사람과 충분히 친해지고 손위에서 먹이를 받아먹고 안심하고 놀 수 있을 때 치료도우미로 활용할 수 있을 것이다.

5) 새

장애아동이나 어르신들이 생활하는 시설이나 클라이언트들에게 새장 속에 가두어진 새를 사육하게 하거나 새를 데리고 방문하여 새들의 노는 모습을 보도록 하는 방법도 있고 길들여진 새를 활용하여 새들을 직접 만지고 먹이를 주면서 새들과 함께 어울리는 시간을 갖도록 할 수도 있다. 간혹 알레르기가 있는 사람들에게는 새의 비듬이나 먼지 등이 문제가 될 수 있다.

6) 관상어(물고기)

물고기를 이용하는 것은 동물매개치료 중에서 수동적 동물매개치료의 대표적인 예이다. 이 수동적 동물매개활동은 돌물의 털에 대한 알레르기가 있거나 동물을 싫어하는 대상자들에게 적당하며 질병과 기생충 감염의 위험이 적고 비교적 관리가 쉬운 장점이 있다.

7) 동물원을 이용한 동물매개치료

동물원 동물매개치료 프로그램의 효과로 아래 내용을 들 수 있다.

① 동물원 동물들을 그냥보고 즐기는 것이 아니고 실제 관리 등에 참여하도록 함으로서 교육의 효과를 높인다.

② 과제 수행을 적절히 조정하고 성과에 대하여 격려를 해 준다.

③ 다른 사람의 도움을 받던 환경에서 다른 생명을 돌봄으로써 본성적인 만족감과 자존감을 느낄 수 있다.

④ 친숙하지 않은 동물과의 접촉으로 생기는 두려움을 감소시키고 자신감을 갖게 해준다.

⑤ 동물사육의 기술을 습득하여 양육능력을 길러준다.

⑥ 동물을 만지고 상호작용을 통하여 다른 사람들과의 사회성 향상과 감정 표현의 능력을 향상시킨다.

⑦ 여러 동료들과 함께 함으로서 협동심과 사회성을 배운다.

⑧ 본능적으로 행동하는 동물의 행동을 관찰함으로서 관찰력과 긍정적 사고력을 갖도록 한다.

⑨ 체험활동 내용을 기록하고 발표하도록 함으로서 문제를 정리하는 능력과 발표력의 향상을 기대할 수 있다.
⑩ 동물과 자연 환경에 주의를 기울임으로써 문제를 감소시키는 기회를 갖을 수 있다.
⑪ 만지며 말하는 대화법으로 동물에 대한 애정 표현력을 키워준다.

8) 말

말을 이용한 동물매개치료인 치료 승마는 승마 요법(hippotherapy), 승마 치료(riding therapy), 재활 승마(riding for rehabilitation), 도약(vaulting)과 같은 4가지로 분류된다. 향상된 균형과 팔 다리 근육의 공동작용 그리고 증가된 근력, 이동성, 자존감, 주의집중 기간, 그리고 극기 등의 이점을 제공한다.

9) 농장 동물

농장 동물과의 교류로 얻어진 긍정적인 결과에는 향상된 의사전달, 증가된 가치 의식, 그리고 필요한 존재 의식 등이 있다.

10) 돌고래

돌고래 AAT는 전통적인 치료의 신선한 대안을 제공하고, 동기, 주의집중 기간, 대근육과 소근육 운동 기술, 그리고 말하기와 언어 등의 증가 등을 기대할 수 있다.

11) 곤충

최근 사슴벌레와 같은 애완곤충이 보편화 되면서, 사육이나 운반성이 뛰어난 곤충을 활용하여 대상자의 정서적 도움과 호기심 자극 등의 효과를 얻으려는 곤충을 활용한 동물매개치료가 시도되고 있다. 곤충은 크기가 작고 번식과 사육이 용이하며 모양과 색깔이 다양하고 생활사에서 형태의 변화가 커서 아동에게 큰 호기심을 불어 일으키는 것으로 연구되고 있다.

(3) 동물매개심리상담사

동물매개심리상담사는 동물매개치료를 담당하는 전문 인력을 말한다. 과거 동물매개치료사로 명칭이 사용되었으나, 치료사라는 용어가 사회적 필요에 의해 변경되는 흐름을 반영하여 동물매개심리상담사로 명칭이 지정되어 사용되고 있다. 동물매개심리상담사 자격증은 현재 국내 유일의 동물매개치료 학술단체인 한국동물매개심리치료학회(www.kaaap.org)에서 민간자격 인증을 받아 발급하고 있다.

동물매개심리상담사는 동물매개치료 프로그램을 계획하고 활동의 수행을 감독하며, 대상자의 변화를 평가하는 역할을 수행한다. 동물매개심리상담사는 치료도우미동물을 활용하여 내담자의 심리적 치료와 재활적 치료 프로그램을 수행한다.

(4) 동물매개치료 실천현장

동물매개치료 실천현장의 광의의 개념은 실천분야 또는 치료의 초점이 되는 문제 영역을 포괄하는 개념과 치료를 제공하기 위해 직간접으로 관련되는 모든 현장을 말할 수 있다. 협의의 개념으로는 치료를 직접 또는 간접적으로 제공하는 제공 기관 즉 동물매개치료를 실시하는 현장이라 할 수 있다.

2 동물매개치료 과정

동물매개치료의 과정은 다음과 같은 단계로 구성된다.

① 초기단계 : 접수(Intake) 및 관계설정(engagement), 사정(assessment), 목표설정 및 계약

② 중간단계 : 개입 실행

③ 종결 및 평가단계

(1) 동물매개치료 과정

동물매개치료의 과정은 초기단계, 중간단계, 종결 및 평가단계의 3단계로 구분하여 설명될 수 있다.

표 12-2. 동물매개치료의 과정

초기단계		중간단계		종결 및 평가단계
접수, 관계형성, 사정(assessment) 치료계획 수립 및 계약	→	계획에 의한 개입 실행	→	종결준비 목표에 대한 평가 종결 후 계획

1) 초기단계

도움이 필요한 대상자와 동물매개심리상담사와의 관계가 형성된다. 동물매개심리상담사는 대상자와 라포(rapport)를 형성하면서 대상자의 문제를 탐색하게 된다. 대상자에 의해 제시되는 즉각적인 관심사와 정서적 상태에 대한 검토로 시작하여 점차 관련체계로 범위를 넓혀 나가며 대상자의 상황을 사정한다. 이 목표와 계획 등은 대상자와 동물매개심리상담사 간의 비공식적 또는 문서화된 상호 계약에 포함된다.

2) 중간단계

초기단계에 사정한 결과에 의하여 적절한 목표설정을 하고 그 목표를 달성하기 위해 구체적인 계획을 세운 계획에 의해서 동물매개치료의 치료적인 개입을 실행을 하게 된다. 이 단계에서 대상자의 상황에 새로운 정보가 있거나 상황이 변화하게 되면 계획을 변경 할 수도 있다.

3) 종결 및 평가단계

대상자의 목표성취 정도를 평가하고, 동물매개심리상담사와 대상자 사이의 관계종결과 관련된 사항을 정리해야하며, 향후 대상자에게 나타날 수 있는 문제에 대한 후속적 계획도 세워야 한다.

3 동물매개치료 특징 및 현황

(1) 동물매개치료의 특징

동물매개치료는 다른 대체요법과 다르게, 살아있는 동물이 매개체로 작용하는 점이 가장 큰 특성이라 할 수 있다. 즐겁고 능동적으로 내담자들이 참여하며 효과가 빠르고 지속적이다. 동물이 가지는 아래와 같은 특징 때문에 동물매개치료의 놀라운 효과가 유도되는 것으로 알려져 있다.

① 동물은 동적으로 살아 움직이며, 긍정적 감정에 적극적으로 표현하는 살아있는 동물이 매개하기 때문에 상호반응이 빨라 내담자의 정서적 심리적 개선 효과가 높다.
② 동물은 자연의 일부라 동물과의 놀이 활동은 자연친화적 행동으로 자연스런 치유활동을 유도할 수 있다.

③ 동물은 따뜻한 체온과 부드러운 털을 가지고 있어 만지고 쓰다듬기에 좋아 접촉의 자극에 따른 인지기능 발달이나 정서적 안정감을 유도할 수 있다.
④ 접촉의 이점으로 접촉 자극에 의해 내담자는 정서안정감이 증가하고, 인지능력이 향상될 수 있다.
⑤ 동물은 복종과 사랑을 주는 상호반응을 주기 때문에 사회적 동반감을 촉진할 수 있다. 내담자의 불안을 감소시키며, 스트레스 감소와 자존감 향상에 기여한다.
⑥ 동물은 사료주기, 빗질해주기, 목욕해주기, 산책하기 등의 간단한 과제를 내담자가 수행하기에 적합하여 대상동물의 돌봄 행동을 수행할 수 있고, 이를 통한 성취감과 자아존중감 향상에 기여할 수 있다.
⑦ 동물은 즐거운 놀이 활동에 상호교감의 반응을 적극적으로 보여주기 때문에, 대상자들이 다른 사람들을 대하는 방법을 개선하여 사회성 향상, 대인관계 기술 향상 및 대처능력 향상에 기여할 수 있다.

동물과의 접촉 활동을 통하여 상호교감이 자연스레 증가하고, 사회통합감과 대인기술 향상, 대처능력이 향상되며, 인지능력이 개선되고 감성이 개선되며 삶의 질 개선 효과를 얻을 수 있는 것으로 보고되고 있다.

동물매개치료는 음악치료, 놀이치료 등의 다른 대체요법과의 비교 실험에서 가장 우수한 효과를 보여주는 것으로 확인되고 있다.

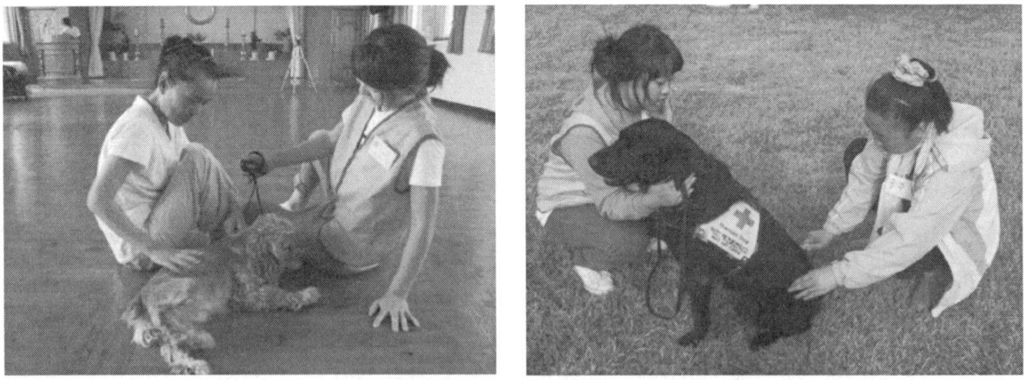

그림 12-4. 동물매개치료 과정(원광대학교 뉴퍼피드림 동아리 활동)

(2) 동물매개치료의 적용 현황

1) 동물매개치료 외국 현황

최근 미국과 유럽의 많은 병원들에서 동물매개치료를 도입하고 있다. 건강관리 측면에서 반려동물이 건강에 긍정적 이점을 유도한다는 것이 알려져 있다. 심장질환 환자, 노인성 질환 환자, 환자가 아닌 성인을 포함한 집단을 대상으로 한 연구결과들은 인간과 동물의 유대를 진전시키는 활동이 혈압, 심박수, 스트레스 수준을 감소시키고 사회적 반응성의 증가와 정신적 건강을 향상시키는 것으로 보고하고 있다.

동물매개치료는 미국에서 약 600개 병원에서 수행되고 있다. 동물매개치료는 치료도우미견이나 다른 치료도우미동물을 환자의 의료적 치료 목적을 달성하고자 활용하는 것이다. 동물매개치료 활동의 예로 일어서거나 공을 던질 때, 털을 빗길 때 균형을 잡는 법을 환자가 다시 배울 수 있도록 돕는 것이다.

치료도우미동물들이 치료적으로 사용될 수 있는 방법 중에 하나는 방문이다. 치료도우미동물 방문 치료(animal visitation therapy)에서 목표는 신뢰와 대화의 향상이다. 방문치료는 환자에게 즐거움을 주는 것에 의해 환자의 반응성을 증가시키려고 한다. 동물을 환자와 만나게 하고, 환자의 상태에 따라 프로그램의 강도와 기간을 정하게 된다.

UCLA Medical center와 뉴욕에 있는 Mount Sinai 병원에서 반려견 방문치료 프로그램이 심장이식 환자 및 뇌척수 손상 환자들에게 치료와 재활프로그램으로 활용되고 있다. Texas에서 반려견 방문치료 프로그램은 아동 화상 환자와 Alzheimer 환자들에게 적용되고 있다.

■ **미국의 동물매개치료 관련 기관**

Delta Society
580 Naches Avenue SW, Suite 101
Renton, WA 98055-2297
(425) 226-7357
(800) 869-6898
www.deltasociety.org

Therapet Animal Assisted Therapy Foundation
PO Box 1696
Whitehouse, TX 75791
(903) 842-2150
www.therapet.com

2) 동물매개치료 국내 현황

국내의 경우에도 동물매개치료에 대한 관심이 높아지고 있으며 향후 다양한 분야에서 대체의학의 한 분야로서 확대될 것으로 기대되고 있다. 2008년 원광대학교 보건보완의학대학원에 국내 유일의 동물매개치료 전공 대학원이 개설되어 국내 동물매개치료의 연구와 활성화에 중추적인 역할을 하고 있다. 또한 2008년 한국동물매개심리치료학회(www.kaaap.org)의 창립과 활동으로 향후 국내의 동물매개치료 분야의 발전을 주도하고 있다. 2014년에는 원광대학교 생명환경학부 동물매개치료학 전공이 학부 과정으로 개설되어 국내 동물매개치료 전문 인력 양성을 위한 교과 과정이 운영되고 있다.

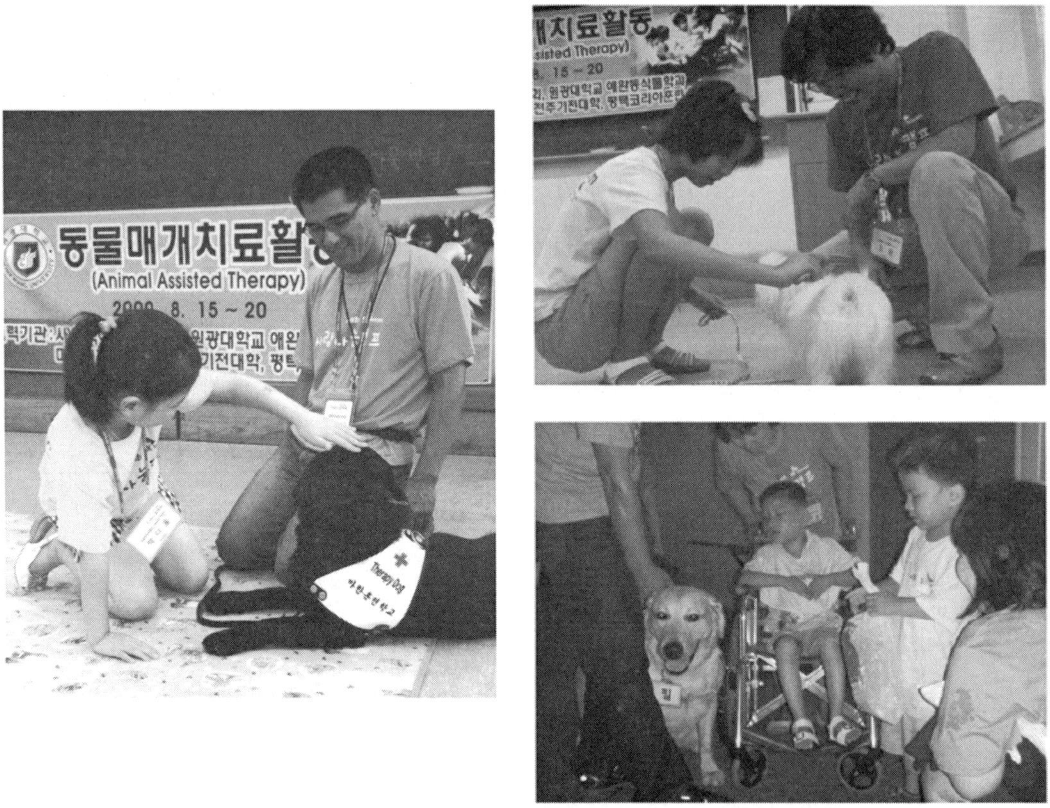

그림 12-5. 동물매개치료 과정(원광대학교 동물매개치료 대학원)

■ **한국동물매개심리치료학회**

홈페이지 : http://www.kaaap.org
주　　소 : 570-749 전북 익산시 익산대로 460. 원광대학교 동물자원개발 연구센터(內)
한국동물매개심리치료학회 사무국
전화번호 : 063) 850-6089
이 메 일 : kaaap@daum.net

■ **원광대학교 동물매개심리치료 대학원**

홈페이지 : http://ewcam.wonkwang.ac.kr/
주　　소 : 570-749 전북 익산시 익산대로 460. 원광대학교 보건보완의학대학원
전화번호 : 063) 850-5878
이 메 일 : kimoj@daum.net

Q & A

◎ 다학제적인 전문분야란?

동물매개치료는 대체보완의학으로서 상담, 심리, 정신의학, 수의학, 사회복지 등의 다양한 학문 지식이 융합되어 이루어지는 다학제적인 전문분야이다.

◎ 동물매개치료에서 가장 많이 이용되는 동물은?

개를 가장 많이 이용한다, 인간과의 교감이 가장 높은 동물이며 위생 컨트롤이 쉽고 훈련에 의한 통제가 용이하기 때문이다.

◎ 수동적 동물매개활동이란?

수족관의 물고기를 보는 것과 같이, 대상자가 치료도우미동물과 직접적인 활동을 하지 않는 특수한 환경에서 적용될 수 있는 동물매개활동을 말한다.

◎ 동물매개중재란?

동물을 활용한 상호작용으로 목표한 효과를 얻으려는 모든 활동을 말한다.

◎ 치료도우미동물이란?

동물매개치료의 중재활동에 활용되기 위해 선발 및 훈련을 통해 일정한 자격을 취득하고 수의학적 위생 관리가 이루어진 동물을 말한다.

알아두기

▶ 인간과 동물의 유대(human and animal bond, HAB)

동물과 사람 간에 끈끈한 상호반응과 감정을 말한다.

▶ 동물매개활동(Animal assisted activities, AAA)

동물을 매개로 인간의 삶에 동기, 교육 및 휴양의 기회들 제공하는 활동으로 정의하고 있다.

▶ 동물매개치료(Animal assisted therapy, AAT)

특정 기준을 충족하는 동물들이 사람의 치료과정에 한 부분으로서 참여하도록 목표를 가지고 계획된 전문가적인 프로그램이다.

▶ 치료승마

말을 이용한 동물매개치료를 말한다. 치료승마는 승마요법, 승마치료, 재활승마, 도약과 같은 4가지로 분류된다.

단원 학습 정리

1. 동물매개치료는 치료도우미동물을 활용하여 사람 대상자와 상호작용을 통하여 심리치료와 재활치료를 수행하는 것이다.
2. 인간과 동물의 유대는 사람과 동물과의 상호작용에서 생기는 사람과 동물 쌍방에 정신적, 신체적으로 생기는 좋은 효과를 인식해 사람과 동물 쌍방의 행복을 증진시키고 양자의 복지를 증진할 수 있다.
3. 동물매개치료의 특징은 살아있는 생명체를 매개로 하고, 감정을 갖고 있어 상호역동적인 작용을 하며, 동물은 대상자를 차별하지 않으며, 다학제적인 전문분야라는 점이다.
4. 동물매개치료는 대상자, 치료도우미동물, 동물매개심리상담사, 동물매개 실천현장의 4개 구성요소를 갖게 된다.
5. 동물매개치료에 주로 활용되는 동물은 개이다. 개는 가축화 시기가 가장 빨라 가장 오랜 기간 인류와 함께 살아온 동물이며, 사람과의 상호교감이 뛰어나고 훈련이 용이하고, 위생관리가 쉽고, 상호 운동성 또한 좋아 동물매개치료의 중재 역할을 하는 동물로 가장 적합하다 할 수 있다.
6. 2008년 원광대학교 보건보완의학대학원에 국내 유일의 동물매개심리치료 전공이 개설되어 국내 동물매개치료의 연구와 활성화에 중추적인 역할을 하고 있다.
7. 2008년 국내 유일의 동물매개치료 학술단체인 한국동물매개심리치료학회가 설립되어 동물매개치료의 학술적 연구와 동물매개심리상담사 전문인력 양성을 담당하고 있다.
8. 동물매개심리상담사는 동물매개치료를 담당하는 전문가로 동물매개치료 프로그램의 계획과 수행 감독 및 대상자 효과 평가를 담당하는 전문가이다.
9. 곤충을 활용한 동물매개치료는 번식과 사육 및 이동이 용이하며 모양과 색깔이 다양하고 생활사에서 형태의 변화가 큰 곤충의 장점을 활용한다.
10. 동물매개치료는 음악치료, 놀이치료 등의 다른 대체요법과의 비교 실험에서 가장 우수한 효과를 보여주는 것으로 확인되고 있다.
11. 심리학자인 프로이트 박사는 그의 애견 차우차우 종 '조피'라는 애견을 데리고, 대상자 상담에 활용하여 큰 효과를 보고, 동물을 활용한 심리상담기법을 정립하였다.
12. 미국의 소아정신과 의사인 보리스 레빈슨 박사는 환자 치료에 그의 애견 '징글'을 활용하여 치료 효과가 높아지는 것을 발견하고, 반려동물기반 심리치료를 체계적으로 정립하여 임상에 적용하였다.

쉬어가기

동물매개치료 적용의 일화

체스터는 스파니엘 종류의 개로 그의 주인 샤론 그린과 재활을 위한 마운트시나이 병원에서의 동물매개치료 프로그램에 참여하고 있다. 프로그램은 1주일에 1회 치료견과 환자가 만나도록 하고 있다. 8살 체스터와 다른 치료도우미견들은 큰 성과를 보이고 있다고 마운트시나이 병원에서의 동물매개치료 프로그램 진행 담당자인 숀번은 말하고 있다. 병원에 입원을 하게 되면 고립되었다는 느낌을 받게 되고 시간에 대하여 무감각하게 된다. 치료도우미견들은 환자들의 현실에 대한 인지능력을 높여준다. 프로그램은 뇌손상 또는 쇠약 환자를 대상으로 시행되었으며 결과는 환자들에게 신체 치료에 대한 동기를 부여해주고 치료견 방문 후 환자들은 병원 직원들과 더욱 상호반응이 증가하였다. 환자들은 개를 쓰다듬거나 빗질을 하거나 공을 던져주는 행위와 같은 단순한 행동들을 하면서 신체적 운동이 증가하였다. 환자들은 치료견과 만나는 것을 즐거워하였고 마음의 이완반응을 통하여 스트레스가 감소한다고 하였다. 동물매개치료 프로그램은 환자들이 병원에서의 일상적인 주사 맞는 것과 약 먹는 반복적인 일과에서 벗어나는 새로운 경험을 갖게 하였다. 한 사회복지사는 아동학대 피해 아동이 정신적인 고립감에서 벗어나는데 치료견이 큰 도움을 주었던 사례를 이야기 한 적이 있다. 그 개념이 입원환자에게도 동일하게 적용될 수 있다. 한 사례로 수 주 동안 이야기를 하지 않던 환자가 치료도우미견에게 갑자기 이야기를 시작한 경우가 알려져 있다. 동물매개치료 프로그램은 환자의 삶을 바꾸고 있다.

제 13 장

야생동물
Wild Animal

야생동물은 사람과 가까이 있는 가축이나 반려동물과 다르게 자연환경에 자유롭게 살아가는 동물을 말한다. 사람과 접촉이나 거리가 있는 야생동물이 중요한 의미는 무엇일까? 야생동물의 생존은 생태계의 보존과 건강을 의미하며 결과적으로 인간에 영향을 끼친다. 이 번 장에서는 야생동물과 인간의 공존을 위하여 기울이고 있는 노력과 의미를 알아보도록 하자.

I. 야생동물과 인간

학습목표
1. 야생동물 정의에 대해 알 수 있다.
2. 천연기념물의 의미에 대해 알 수 있다.

1 야생동물의 의미

(1) 야생동물 정의

야생동물(wild animal)이란 자연스런 환경에서 자유롭게 이동이 가능한 포유류(mammals), 조류(birds), 양서류(amphibians), 파충류(reptiles), 어류(fisheries) 등의 척추동물(vertebrates)를 말한다. 야생동물을 한국과 일본에서는 야생조수로 표현하기도 한다.

(2) 천연기념물

한국에서는 야생동물을 보호하기 위하여 개체수가 급격하게 감소하는 동물은 천연기념물(natural monument)로 지정해서 보호 및 관리를 하고 있다. 천연기념물은 개체수가 매우 적은 희귀동물 종을 지정하거나 대규모 도래지, 번식지 등의 서식지가 지정된 경우도 있다. 천연기념물은 문화재청에서 주관하여 보호 및 관리를 하고 있다. 천연기념물로 지정되어있는 야생동물은 포유류로 사향노루, 산양, 하늘다람쥐, 반달가슴고, 수달, 점박이물범, 붉은박쥐가 있다. 조류에는 크낙새, 다오기, 황새, 먹황새, 고니류, 두루미, 재두루미, 팔색조, 저어새류, 느시, 흑비둘기, 흑두루미, 까막딱다구리, 수리류, 매류, 올빼미 및 부엉이류, 기러기류가 있다.

어류에는 황쏘가리, 무태장어, 어름치, 미호종개, 꼬치동자개가 있다. 파충류에는 남생이가 있다.

천연기념물로 지정되어있는 야생동물의 서식지는 광릉 크낙새, 제주도 무태장어, 정선 정암사 열목어, 봉화 대현리 열목어, 울릉도 사동 흑비둘기, 금강 어름치 서식지가 있다.

천연기념물로 지정되어있는 도래지는 진도 고니류, 울산 귀신고래, 낙동강 하류 철새 도래지, 거재 연안 아비, 철원 철새 도래지, 한강 하류 재두루미 도래지이다.

천연기념물로 지정되어있는 번식지는 진천 왜가리, 여주 백로와 왜가리, 무안 백로와 왜가리, 양양 백로, 통영 백로, 거제 팔색조, 횡성 백로, 신안 칠발도 바다새, 제주 사수도 바다새, 태안 난도 괭이갈매기, 통영 홍도 괭이갈매기, 신안 구굴도 바다새, 웅진 신도 노랑부리백로, 영광 칠산도 고애이갈매기, 노랑부리백로 및 저어새, 강화갯벌 및 저어새 번식지이다.

II. 야생동물 멸종위기

학습목표 1. 국제 야생동식물 멸종위기종 거래 조약을 알 수 있다.

1 국제 야생동식물 멸종위기종에 거래에 관한 조약

국제 야생동식물 멸종위기종 거래에 관한 조약(Convention on International Trade in Endangered Species of Wild Flora and Fauna, CITES)은 국제자연보호연맹(IUCN)회원 협의에서 1963년 결의안이 채택되어 입안되었다. 조약의 목적은 야생동식물종의 국제적인 거래가 동식물의 생존을 위협하지 않게끔 하고 여러 보호단계를 적용하여 33,000 생물 종의 보호를 보장하는 데 있다. 1975년 조약이 강제된 결과 국제 야생동식물 멸종위기종 거래에 관한 조약(CITES)에 의해 보호를 받는 단 한 종도 멸종되지 않았다고 하지만 이에 대한 논란의 여지 또한 있다.

(1) 배경과 운영

국제 야생동식물 멸종위기종 거래에 관한 조약(CITES)은 현존하는 가장 큰 협약 중 하나로 자발적 참여로 이루어지며 조약에 협정한 국가들은 체약국(party)이 된다. CITES은 체약국들에게 법적인 구속력을 가지며 국내법을 대신하지는 않고 각 체약국가들에게 국가수준에 CITES가 이행될 수 있도록 국내법 입안에 필요한 틀을 제공한다. 국내법이 없거나(특히 비준하지 않은 국가) 죄의 무거움에 걸맞지 않은 처벌이나 야생생물 무역업자에 대한 충분하지 않은 억지책을 가진 국가들이 흔하다. 2002년 현재 50%의 국가들이 CITES체약국의 4가지 요구조건 중 하나 이상 미달했던 것으로 나타났다.

조약 원문은 1973년 3월, 워싱턴 D.C.에서 80개 나라의 대표 회의 결과 체결되었으며 1974년 12월 31일 서명하고 1975년 1월 조인국들의 10번째 비준에 의해 효력을 발휘하게 되었다. 비준, 수락, 승인을 통해 조인국들은 체약국이 되며 2003년 말 모든 조인국이 조약에 참가함에 따라 모두 체약국이 되었다. 2006년 8월 169개국이 조약 당사국으로 되어있다.

사무국의 활동과 COP 회의에 관련된 자금조달은 체약국들로부터 온 신용기금에서 한다. 신용기금은 당사국들의 이행이나 준수정도를 개선하지는 못한다. 사무국이나 사무국활동 외(MIKE와 같은 훈련, 생물종 특수 프로그램)의 활동 등으로 인한 부족한 자금은 NGO나 쌍무원조와 같은 외부자금을 통해 조달한다.

CITES 자체가 협약불이행으로 인한 논쟁이나 중재를 제공하지 못하지만 30년간 당사들에 의한 위반행위에 대처하는 전략을 실질적으로 마련해 왔다. 어느 한 체약국에 대한 위반행위가 사무국에 보고되면 다른 국가들에 통지가 이루어지며 사무국은 조약위반체약국에 대한 진술 기간과 더 이상의 위반을 방지하는 기술적 원조를 제공한다. 위반국가에 대해 반발하는 국가들은 추후에 COP 11 결의안에 의거해 다음과 같은 조치를 취하기도 한다.(사무국에 의한 모든 허가의 강제적인 추인, 공식적인 경고, 자격요건 입증을 위한 사무국의 방문, 조약위반체약국과의 CITES관련 무역 중지를 위한 모든 당사국들에 대한 권고, 사무국이 협조재개/무역재개권고 이전 조약위반체약국에 대한 법안수정 지시, 국내법률제정에 의한 쌍무적 제제)

위반행위는 법 발포관련 과실, 무절제한 무역, 느슨한 법집행, 연간보고 비(非) 제공을 포함한다.

(2) 국제 야생동식물 멸종위기종 거래에 관한 조약(CITES) 부속서

CITES는 모든 수입, 수출, 재수출에 적용되며, 협약에 포함된 생물종 도입은 허가 체계를 거쳐 승인을 받아야한다. CITES 각 체약국들은 인가제도를 집행하기 위한 한 개 이상의 관리기관과 무역이 생물종의 생태적 지위에 미치는 영향을 감정할 수 있는 한 개 이상의 학술기관을 지정해야 한다. 보호종이 등재되기 위해서는 COP에서 제안된다. 다음 COP는 2007년 6월 헤이그에서 열릴 예정이다. 보호종들은 체약국들에 의해 제안되거나 논의를 통해 2/3 이상 동의가 있을 때 등재된다. COP회의에서 가장 논쟁의 대상이 되는 내용이 보호종의 등재이다.

국제무역에서의 불법적인 야생동식물 유통에 대응하기 위해 약 5,000종의 동물과 28,000종의 식물이 CITES에 의해 보호받고 있으며 멸종위기종은 무역으로 인한 위협정도와 적용되는 규율정도에 따라 분류되어 부속서(부록)에 기재되어 있다. 같은 종이라 하더라도 국가에 따라 다른 부속서 그룹에 올라있기도 하다. 예를 들어 아프리카 코끼리(학명 : *Loxodonta africana*)의 경우 보츠와나, 나미비아, 남아프리카, 짐바브웨를 제외한 나라는 부속서 II에 그 외의 아프리카국가들은 부속서 I에 등재되어 있다. 이 때문에 부속서 I에 등재된 국가의 코끼리가 부속서 II의 국가를 통해 국적세탁이 이루어져 수출될 수 있다는 우려가 제기되기도 한다. 각 체약국의 엄격한 관리와 '세탁'을 막기 위한 노력이 요구되는 부분이다.

당사국들끼리 자발적으로 잘 보존된 생물군집에서 얻어진 산물의 무역을 허용하는 경우가 늘어나고 있는데 남아프리카의 흰코뿔소가 대표적인 예이다. CITES 부속서 I에 등재되어 코뿔소의 뿔 값은 올랐고 강화된 보호정책 때문에 개체 수가 증가되어 합법적인 코뿔소의 뿔 거래를 통해 남아프리카는 더 많은 소득과 생물종 보호 성과를 올릴 수 있게 되었다.

1) 부속서 I – 약 800 종

이들은 무역이 중지되지 않으면 멸종될 생물종이다. 특별히 허가된 경우가 아니면 야생에서 포획/수집된 종을 거래하는 것은 불법이다. 부속서 I에 해당하는 생물종 중에서 부차적인 요구사항을 충족하는 사육된 동물이나 재배된 식물의 경우 부속서 II로 간주한다. 수출국의 관리기관은 야생동물 군집에 손상이 없다는 사실인정('non-detriment' finding)을 해야 하고 수입자가 불법적인 영향을 생물군집에 끼치지 않았음을 보증해야한다. 부속서 I에 명시된 종의 거래는 수출/수입 허가가 필요하고 수출국의 관리기관은 수입허가가 보증된 것인지 수입국이 야생동식물을 적절하게 돌볼 수 있는지 여부를 확인해야한다. 고릴라(*Gorilla gorilla*), 침팬지 무리(*Pan spp.*), 호랑이(*Panthera tigris* 아종들), 아시아 사자(*Panthera leo persica*), 표범(*Panthera pardus*), 재규어(*Panthera onca*), 아시아 코끼리(*Elephas maximus*), 아프리카 코끼리 일부(*Loxodonta africana*), 듀공과 해우(海牛, manatee), 코뿔소 무리(남아프리카의 일부 아종 제외) 등의 동물이 포함되어 있다.

2) 부속서 II – 32,500 종

멸종 위기는 아니지만 부속서에 등재되지 않을 경우 멸종위기가 될 수 있는 종들과 부속서 I에 올라있는 동물과 혼동되기 쉬운 종들이 부속서 II에 등재되어 있다. 수출국의 관리기관은 야생동물 군집에 손상이 없다는 사실인정과 수출허가가 필요하다.

3) 부속서 III 약 241 종

일방적으로 올라와 있는 생물종으로 반드시 국제적인 멸종위기에 놓인 것은 아니다. 어느 한 국가가 CITES 당사국들을 대상으로 무역단속 협조를 요청하고 수입을 위해서는 수출증명서와 원산지 증명서가 필요하다. 부속서 III에 명기된 국가에서 온 생물의 경우도 수출증명서가 필요하다.

4) 개정과 유보안

개정은 1/3 이상의 당사국들이 안건에 관심이 있을 때 COP 회의를 개최하여 2/3 이상의 찬성을 얻어야 이루어진다. 가보로네 개정안(1983)은 지역경제블록이 조약에 참가할 수 있도록 하였으며 유보안[13조(Article XXIII)]은 당사국이 조약을 상당히 약화시킬 수 있는 생물종에 관하여 제기할 수 있다. 비 당사국들과의 무역은 허용되며 수출자는 허가증과 증명서를 발행받아야하고 수입자는 이를 요구할 것을 권장하고 있다.

5) CITES의 단점과 개선방안

CITES의 구조와 철학이 주요 관심사이다. 종에 초점이 머물러 있을 뿐 서식지 감소, 생태계적인 접근과 영향력 결핍 가능성에 대해서는 중요하게 다루고 있지 않다. 생물종 사용으로 인한 고갈을 막을 뿐이지 지속가능한 생물종 사용을 촉진하는 것은 아니다. 하지만 2000년 Hutton과 Dickinson의 나일강 악어, 아프리카 코끼리, 남아프리카의 흰코뿔소의 경우에서의 연구에서 볼 수 있듯이 CITES는 계속 변화하고 있다. CITES는 시장요구에 대해 명백하게 다루고 있지 않으며 자금조달이 현실에서의 법 적용 확대에 영향을 미치지 못하고 있다.

CITES 원문에서의 문제점 또한 존재한다. 국립학술기관에서 해야 하는 업무인 '손상이 없다는 사실인정(non-detriment finding)'에 대한 많은 내용이 필요할 것으로 보이지만 명확한 지침이 없으며 CITES위반행위 방지하기에 문항(특히 7조)들이 명확하지 못하다. 사무국은 불완전한 감시를 하고 있으며(당사국들에 대한 비(非)보고가 그 한계를 드러내는 것이라 볼 수 있겠다. CITES부속서에 명시된 생물종의 자국내 거래에 대해서 자료를 제출토록 할 법적능력 또한 없다.

CITES 운영 개선방안은 사무국에 의한 정례적 임무가 보호종 등재에만 머무르지 않고 보다 폭을 넓히고 빈도 또한 증가시키는 것이다. 국내법 입법과 집행의 개선, 당사국의 보고현황 개선(비정부단체(Non-Governmental Organization, NGO), 동식물불법유통단속단체(Trade Records Analysis of Flora and Fauna In Commerce, TRAFFIC), 당사국으로부터의 모든 정보의 통합), 집행 중요성 강조, CITES 활동 계획의 발전(생물종 다양성 협약과 관련된 종다양성 관련 활동 계획), 학술/관리 기관과 자국 내 집행 전략, 보고에 대한 장려와 활동방안과 보고 계획.

CITES는 GEF 자금에 접근이나 정기적인 자금조달에 이득을 받을지 몰라도 생태계적 접근에는 어려움을 겪고 있다. 자금체계를 몬트리올의 정서처럼 선진국이 개발도상국에 기여하는 방식으로 발전시킨다면 사무국 이외의 활동에 지원을 할 수 있을 것이다.

III. 멸종위기 동물

학습목표

1. 멸종위기 야생동물 지정에 대해 알 수 있다.
2. 멸종 야생동물에 대해 알 수 있다.
3. 국내 야생동물 보호 노력에 대해 알 수 있다.

1 멸종위기 야생동물 지정

(1) 멸종위기 야생동·식물 등급

우리나라에서는 환경부에서 야생동물의 보호 및 관리에 대한 업무를 주관하고 있다. 환경부에서는 개체수가 적은 종을 멸종위기 야생동물로 지정하여 법적인 보호를 위해 노력하고 있다. 환경부에서 지정한 멸종위기 야생동물은 우리나라에 서식하고 있는 현황에 따라 I급과 II급으로 구분하고 있다. 멸종위기 야생동물에 I급에 속한 종은 포유류 12종, 조류 13종, 파충류 1종, 어류 6종이며, 멸종위기 야생동물 II급으로 포유류 10종, 조류 48종, 양서류 2종, 어류 12종이 지정되어있다.

1) 멸종위기 야생동·식물 I급

자연적 또는 인위적 위협요인으로 개체수가 현저하게 감소되어 멸종위기에 처한 야생 동·식물로서 관계 중앙 행정기관의 장과 협의하여 환경부령이 정하는 종을 말한다.

2) 멸종위기 야생동·식물 II급

자연적 또는 인위적 위협요인으로 개체수가 현저하게 감소되고 있어 현재의 위협요인이 제거 되거나 완화되지 아니할 경우 가까운 장래에 멸종 위기에 처할 우려가 있는 야생 동·식물로서 관계 중앙 행정기관의 장과 협의하여 환경부령이 정하는 종을 말한다.

3) 멸종위기 야생동·식물의 중요성

멸종위기식물이란 자생지에서 점점 사라져 우리 주변에서 쉽게 볼 수 없는 식물을 말합니다. 다양한 생물 종은 제 각기 생태계의 구성인자로서 조화와 균형을 유지하고 공생 공존할 수 있으나 특정 종이 멸종위기에 처하게 되는 경우 그 종의 기능이 약화되고 먹이사슬 평형이 무너지게 된다.

서식지 훼손과 남획 등의 인위적인 요인과 함께 기후변화와 생태계 불균형 등으로 인한 서식환경 악화로 많은 동・식물들이 생존 위협을 받고 있습니다. 멸종위기에 처한 종의 증식과 복원은 상실해 가는 자생력을 강화하고 회복하여 계속 이어 갈수 있도록 건강한 생태계를 회복하기 위한 것이다.

생물 종은 제 각기 중요한 가치를 지니고 있으며 아직 밝혀지지 않은 무한한 가치를 내재하고 있어 세계적으로 종자 전쟁이라고 불릴 만큼 생물 유전자원을 보유하고 보전하는 일이 중요시 되었으며 생물자원을 확보하고 생물 종 다양성을 보전하는 일은 매우 중요하다고 할 수 있으며 또한 심미적, 정서적으로 그 가치가 매우 중요하기 때문이다.

2 멸종 야생동물

(1) 멸종 위기 야생동물 세계적 경향

현재 세계 각지에서 야생동물의 종이 감소되고 있다. Ehrefeld(1970)에 의하면 포유류만을 예로 들어 보면(쥐목, 박쥐목은 제외) 멸종에 처해 있는 종류는 198종에 이르고, 대부분의 모든 목(Order)에 걸쳐 있다. 특히 소목과 바다소목은, 대부분이 속과 종이 멸종 또는 멸종의 위기에 처해 있다.

이들 동물의 멸종요인의 대부분은, 인위적인 영향에 의한 것이다. Ziswiler(1965)에 의하면, 미국의 나그네비둘기(*Ectopites migratoria*)와 큰바다쇠오리(*Alca impennis*)의 멸종은 고기와 알을 먹기 위한 목적으로 남획에 의한 것이었고 그 외에도 수많은 동물이 모피나 털을 이용하거나, 약용으로 하는 등 남획에 의하여 멸종된 예가 많다.

특히 최근에 이들의 인위적인 간접영향이 크고 또 여러 가지 복잡한 양상을 나타내고 있다. 농약에 의한 환경오염의 문제는 Carson(1962)에 의하여 전 세계적으로 주목된 것은 우리가 잘 알고 있는 바이다.

그 후 유기합성 농약에 의한 오염에 관해서는 많은 연구가 진행되었다. 예를 들면 영국에서 수리와 매 등 맹금류의 개체수의 감소가 나타난 것이 확인되었다.

이것은 농약 특히 염소계 살충제, 그들의 포식하는 먹이를 통하여 체내에 들어가며 Ca 대사를 방해하여 그 결과 알껍질의 형성이 방해되어 알 껍질이 엷은 알을 낳는다.

이들 알은 어미의 포란 중에 파괴되기 쉽고, 알의 사망률이 높아진 것이 확인되었다 (Ratcliffe, 1970). 이상의 예 등과 비슷한 문헌은 전 세계적으로 많이 발간되고 있다.

우리나라에도 늑대, 크낙새를 비롯하여 많은 종들이 멸종의 위기에 처하여 있다. 사라져 가는 야생동물의 보호・관리에 관한 법률로는 문화재보호법, 조수보호 및 수렵에 관한 법률, 자연공원법, 환경보전법, 멸종위기야생동식물보호법 외에 산림법, 하천법, 도시공원법 등 법률이 관계되어 있으며 각 도・시의 자연보호조례 등 법률적으로는 야생동물보호행정이 완벽하다고 볼 수 있다. 그러나 현실적으로 전국적으로 자연의 파괴가 극심하고 각종 야생동물의 개체수가 격감되고 있으며, 이들 중에는 멸종의 위기에 처한 종이 급증하고있는 실정이다. 사라져 가는 야생동물을 구출하기 위한 협회의 활동과 범국민적 참여말이 우리나라 야생동물을 구출할 수 있는 최후의 보루이다.

표 13-1. 세계에서 멸종되어 가는 포유류의 종과 속의 수(쥐목, 박쥐목은 제외)

목 (order)	멸종되어 가는 종	종수 (현존)	비율	멸종되어 가는 속	속수 (현존)	비율
식육(개)목	31	232	0.31	22	72	0.31
말(기제)목	11	15	0.73	6	6	1.00
소(우제)목	56	215	0.26	38	82	0.46
영장목	31	180	0.17	24	74	0.32
유대목	31	245	0.13	27	80	0.34
고래목	8	90	0.09	4	39	0.10
수염고래아목	8	11	0.73	4	6	0.67
식충(땃쥐)목	4	311	0.01	4	64	0.06
기각아목	10	31	0.32	7	20	0.35
해우(바다소)목	5	5	1.00	3	3	1.00
빈치목	3	30	0.10	3	14	0.21
계	198	1365		142	460	

* Ehrenfeld,1970

(2) 국내 멸종위기 야생동물

1) 늑대

해방 전에는 한반도의 도처에 서식했다는 보고가 있는데, 일제 강점기에 무분별한 남획이 늑대 멸종에 큰 이유로 작용하였다. 그 당시 사살된 늑대는 공식집계로 1천여 마리가 넘을 정도였다고 하지만, 비공식적으로는 수배에 달할 것으로 전문가들은 예측하고 있다. 가장 최근에 포획된 기록은 1980년 경북 문경에서 포획한 늑대인데 1996년 서울대공원에서 그 마지막 늑대가 죽게 되어 멸종이 된 동물로 기록에 남게 되었다.

2) 꽃사슴(대륙사슴)

20세기 초까지는 전국에 분포했지만 이 역시 일제 강점기 무분별한 남획으로 이제는 거의 찾아볼 수 없게 된 동물이다. 사슴농장 등에서 보여 지는 사슴은 일본이나 만주에서 수입한 꽃사슴으로 한국 토종은 없는 실정이다.

3) 바다사자

해양동물인 바다사자 역시 일제 강점기의 무분별한 남획으로 멸종위기에 처한 동물이다.

과거 기록을 살펴보면 약 2만여 마리가 독도를 서식지로 삼았다는 기록이 있는데 1905~1912년 사이에 14,000여 마리가 남획 되었다는 기록이 있고, 이제는 거의 멸종된 상태라고 한다.

4) 반달곰(반달가슴곰, 천연기념물 제 329호)

반달곰 역시 일제 강점기의 남획이 직접적인 요인이었다. 거기에 곰의 웅담을 노린 밀렵꾼이 가세하여 멸종의 위기까지 몰고 갔는데, 현재는 지리산과 설악산에 대략 20여 마리가 야생상태로 서식하고 있다고 하며, 각 산의 안내판에는 반달곰 주의 표시판이 설치되어 있다.

5) 황금박쥐(붉은박쥐)

우리나라에 극소수로 전남 강진, 해남 등에서 서식하고 있다. 하지만 아직도 불법포획으로 멸종위기에 몰리 동물 중 하나이다.

6) 사향노루(천연기념물 제 215호)

우리나라 산악지역 전역에 분포하던 동물이었는데, 약재로 쓰이는 사향을 얻으려는 밀렵과 환경파괴가 더해져서 거의 멸종 위기 까지 몰렸던 동물이다. 최근기록에는 1987년 오대산에서 생포 후 방사한 기록이 남아있다.

7) 산양(천연기념물 제 217호)

우리나라 1천 미터 이상의 고산지대에서 서식하던 동물인데, 서식지 파괴로 인해서 설악산과 비무장지대, 월악산 등의 깊은 산속에만 서식하고 있는 걸로 알려졌다.

8) 수달(천연기념물 제 330호)

매우 유명한 멸종위기 동물이다. 모피를 위한 밀렵과 공업발달에 의한 수질오염으로 그 수가 멸종위기까지 줄어들었다. 하천이나 호수에서 전국적으로 조금씩 발견이 보고되고 있는데, 최근 경남 진주 진양호 일대에서 40여 마리가 집단 서식한다고 방송에 나온 후 더욱 보호에 관심이 높아진 동물이다.

9) 시라소니(스라소니)

정확한 표현은 스라소니로 시라소니는 사투리입니다. 고양이과 맹수 중 하나로 아직까지 존재한다고는 하지만 특별히 포획된 사례도 없고 애매한 상태이다.

10) 여우

최근에 성남에서 포획된 기록이 있는데, 북한이나 러시아에서 들여와 사육하던 여우가 도망친 확률도 있다고 한다. 전 세계적으로 분포하긴 하지만 정확한 기록으로는 1987년 지리산에서 발견되었다는 기록이 있다. 그 후에 여러 번의 조사가 있었지만 흔적을 찾지 못해서 멸종된 것으로 여겨졌다고 한다.

11) 표범

우리나라에도 표범이 실제로 있었다. 우리나라의 표범은 아무르 표범으로 만주, 연해주, 한국에서 서식하던 종이었다. 이 표범 역시 일제 강점기에 해수구제사업으로 멸종위기를 맞았으며, 1962년 경남 오도산에서 생포된 기록이후 더 이상 발견된 기록이 없지만 아직까지도 표범을 봤다는 목격담은 계속 있다고 한다.

12) 호랑이

가장 유명한 우리나라 맹수일 텐데 이 역시 일제 때 해수구제사업 이후 멸종되었다고 보고가 되었는데, 아직도 발자국과 영역표시 흔적, 목격담이 전해지며, 얼마 전에는 강원도 홍천에서 차 앞까지 온 호랑이를 봤다는 목격담도 전해져 왔다. 현재 사진으로 남아있는 호랑이는 1924년에 찍힌 사진이 마지막이라고 한다.

3 국내 멸종위기 야생동 · 식물 1급

(1) 우리나라 멸종위기 야생동 · 식물 Ⅰ급

환경부에서 정한 멸종위기 야생동 · 식물은 시급히 보호하여 멸종을 막기위해 지정된 야생동 · 식물로서 I급과 II급으로 나뉜다.

표 13-2. 멸종위기 야생동 · 식물 Ⅰ급

분 류	멸종위기 동물 종류
포유류	늑대, 대륙사슴, 바다사자, 반달가슴곰, 붉은박쥐, 사향노루, 산양, 수달, 시라소니, 여우, 표범, 호랑이(12종)
조 류	검독수리, 넓적부리도요새, 노랑부리백로, 노랑부리저어새, 두루미, 매, 저어새, 참수리, 청다리도요사촌, 크낙새, 혹고니, 황새, 흰꼬리수리(13종)
양서류 · 파충류	구렁이(1종)
어 류	감돌고기, 꼬치동자개, 미호종개, 얼룩새코미꾸리, 퉁사리, 흰수마자(6종)
곤충류	두점박이사슴벌레, 산굴뚝나비, 상제나비, 수염풍뎅이, 장수하늘소(5종)
무척추동물	귀이빨대칭이, 나팔고둥, 남방방게, 두드럭조개, 칼세오리옆새우(5종)
육상식물	광릉요강꽃, 나도풍란, 만년콩, 섬개야광나무, 암매, 죽백란, 풍란, 한란(8종)

(2) 생태계 교란 야생동 · 식물

생태계 교란 야생동 · 식물은 다음에 해당하는 야생동 · 식물로서 환경부령이 정하는 것을 말한다.

- 외국으로부터 인위적 또는 자연적으로 유입되어 생태계의 균형에 교란을 가져오거나 가져올 우려가 있는 야생동 · 식물
- 유전자의 변형을 통하여 생산된 유전자변형생물체 중 생태계의 균형에 교란을 가져오거나 가져올 우려가 있는 야생동 · 식물

표 13-3. 생태계 교란 야생동·식물

분 류	생태계 교란 야생동·식물 종류
양서류·파충류	황소개구리, 붉은귀거북속 전종
어 류	파랑볼우럭(블루길), 큰입배스
식 물	돼지풀, 단풍잎돼지풀, 서양등골나물, 털물참새피, 물참새피, 도깨비가지

4 국내 수렵허가 동물

국내에서는 야생동물 중 사냥이 허가되는 수렵동물이 지정되어 있는데, 11월에서 이듬해 2월까지 겨울 동안 시·군별로 지정된 지역에서 허가된 종류의 야생동물에 대하여 사냥이 허가된다.

법적으로 수렵이 허가된 야생동물은 포유류인 경우에 멧돼지, 고라니, 청설모, 멧토끼 등 4종이다. 수렵이 허가된 조류로는 수컷 꿩, 멧비둘기, 까마귀 등이다. 수렵 허가 동물을 제외한 모든 야생동물은 법적으로 보호 동물이다. 그러므로 우리나라에서는 수렵 허가 동물 몇 종류를 제외하고는 모든 동물이 보호를 받고 있으며, 수렵 허가 동물이라도 수렵이 허가된 기간 이외에는 남획 및 포획이 금지되어 있다.

IV. 야생동물 보전 활동

학습목표
1. 야생동물 보호를 위한 주요 협약에 대해 알 수 있다.
2. 야생동물 관련 국내·외 기관을 알 수 있다.

1 주요 협약 및 협정

(1) 국제 야생동식물 멸종위기종에 거래에 관한 조약

국제 야생동식물 멸종위기종 거래에 관한 조약(Convention on International Trade in Endangered Species of Wild Flora and Fauna, CITES)은 국제자연보호연맹(IUCN)회원 협의에서 1963년 결의안이 채택되어 입안되었다. 조약의 목적은 야생동식물종의 국제적인 거래가 동식물의 생존을 위협하지 않게끔 하고 여러 보호단계를 적용하여 33,000 생물 종의 보호를 보장하는 데 있다.

(2) 람사르 협약

람사르 협약(Ramsar Convention)은 습지의 보호와 지속 가능한 이용에 관한 국제협약으로서 공식 명칭은 '물새의 서식지로서 국제적으로 중요한 습지에 관한 협약'이다. 우리나라는 1997년 협약에 가입하였으며, 경남 창원의 우포늪, 전남 신안의 장도습지 등 총 11개 곳이 지정되어있다.

(3) 생물다양성 협약

생물다양성 협약(Convention on Biological Diversity, CBD)은 생물다양성의 보존, 다양한 생물다양성의 지속적 이용, 유전자원의 이용에 의해 발생되는 이익의 공정한 배분 등을 목적한 국제협약이다.

2 야생동물 관련 국제기구

(1) 국제자연보전연맹

국제자연보전연맹(International Union for the Conversation of Nature, IUCN)은 자연 자원의 보전을 위한 국제기구로서 다양한 분야에서 자원한 과학자들로 구성된 최대의 전문 보전 네트워크이다.

– http://www.iucnredlist.org

(2) 세계자연기금

세계자연기금(World Wide Fund for Nature, WWF)은 생물다양성을 보전하고 재생가능한 자연 자원의 지속가능성을 확보하며 오염과 불필요한 소비를 감소함으로써 자연환경의 보전과 연구 복원을 목표로 하는 국제 비정부 기구다.

– http://www.penda.org

3 야생동물 관련 국내기구

1) 한국야생동물보호협회

http://www.nccp.re.kr

2) 야생동물구조센터

http://www.wildanimal.or.kr

3) 한국동물보호협회

http://www.koreananimals.or.kr

4) 한국동물보호연합

http://www.kaap.or.kr

5) 동물자유연대

http://www.animals.or.kr

Q & A

◎ 천연기념물(natural monument)이란?
문화재청 주관으로 보호를 목적으로 지정된 멸종위기의 동식물이나 서식지, 도래지를 말한다.

◎ 수렵허가란?
국내에서 야생동물 중 사냥이 허가되는 수렵동물을 사냥하기 위하여 시・군별로 지정된 지역에서 지정된 시기를 허가하는 것을 말한다.

◎ 람사르 협약(Ramsar Convention)이란?
습지의 보호와 지속 가능한 이용에 관한 국제협약을 말한다.

◎ 염소계 살충제란?
DDT, Aldrin, Dieldrin, BHC 등의 살충제로 잔류성이 높아 문제가 되고 있다.

알아두기

▶ 국제 야생동식물 멸종위기종 거래에 관한 조약(CITES)
야생동식물종의 국제적인 거래가 동식물의 생존을 위협하지 않게끔 하기 위해 마련된 국제 협약이다.

▶ 멸종위기 야생동·식물
자연적 또는 인위적 위협요인으로 개체수가 현저하게 감소되어 멸종위기에 처한 야생 동·식물로서 관계 중앙 행정기관의 장과 협의하여 환경부령이 정하는 종을 말한다.

▶ 생태계 교란 야생동·식물
환경부령에 의하여 국내 생태계에 해가되는 동식물을 지정한 것을 말하며, 주로 외국에서 도입되어 문제를 야기하는 종류와 유전자 조작 등에 의한 새로운 종으로 문제를 유발하는 종들이 이에 해당된다.

▶ 생물다양성 협약(Convention on Biological Diversity, CBD)
생물다양성의 보존, 다양한 생물다양성의 지속적 이용, 유전자원의 이용에 의해 발생되는 이익의 공정한 배분 등을 목적한 국제협약이다.

단원 학습 정리

1. 야생동물이란 자연스런 환경에서 자유롭게 이동이 가능한 포유류, 조류, 양서류, 파충류, 어류 등의 척추동물을 말한다.
2. '국제 야생동식물 멸종위기종 거래에 관한 조약(CITES)'은 야생동식물종의 국제적인 거래가 동식물의 생존을 위협하지 않게끔 하고 여러 보호단계를 적용하여 33,000 생물 종의 보호를 보장하는 데 있다.
3. 멸종위기 야생동·식물 Ⅰ급은 자연적 또는 인위적 위협요인으로 개체수가 현저하게 감소되어 멸종위기에 처한 야생 동·식물로서 관계 중앙 행정기관의 장과 협의하여 환경부령이 정하는 종을 말한다.
4. 염소계 살충제는 야생조류가 포식하는 먹이를 통하여 체내에 들어가며 Ca 대사를 방해하여 알 껍질이 엷은 알을 낳고 포란 중에 파괴되어 사망률이 높아질 수 있다.
5. 생태계 교란 야생동·식물 함은 외국으로부터 인위적 또는 자연적으로 유입되어 생태계의 균형에 교란을 가져오거나 가져올 우려가 있는 야생동·식물 또는 유전자의 변형을 통하여 생산된 유전자변형생물체 중 생태계의 균형에 교란을 가져오거나 가져올 우려가 있는 야생동·식물을 말한다.
6. 람사르 협약(Ramsar Convention)은 습지의 보호와 지속 가능한 이용에 관한 국제협약으로서 공식 명칭은 '물새의 서식지로서 국제적으로 중요한 습지에 관한 협약'이다.
7. 법적으로 수렵이 허가된 야생동물은 포유류인 경우에 멧돼지, 고라니, 청설모, 멧토끼 등 4종이다. 수렵이 허가된 조류로는 수컷 꿩, 멧비둘기, 까마귀 등이다. 수렵 허가 동물을 제외한 모든 야생동물은 법적으로 보호 동물이다.

쉬어가기

멸종위기 야생동물의 복원

멸종위기에 처한 야생동물 복원의 일차적인 목표는 개체수를 증가시킴으로서 환경변화에 대한 적응능력을 갖출 수 있는 수준의 유전자다양성을 확보하고 각 동물의 장기적인 생존과 보호를 보장하는 것이다.

야생동물 개체군의 복원 방법에는 인공증식과 재도입이 주로 사용된다. 인공증식은 동물원과 같은 서식지외 보전기관에서 사육 상태에 있는 동물의 개체수를 늘이는 방법으로 야생에 서식하는 종의 생존을 지원하는 것을 목표로 한다. 우리나라에서는 호랑이, 반달가슴곰, 따오기 복원사업 등을 벌이고 있다. 재도입은 동물을 과거에 분포했던 지역으로 돌려보내는 것이다. 재도입의 주요 목적은 최소한의 관리를 통해 전 세계적 또는 국지적으로 멸종 또는 절멸된 종을 기존의 서식범위 내에서 지속적이고 스스로 정착시키는 것이다.

국내에서는 황새, 반달가슴곰, 산양, 따오기 등의 복원사업이 진행 중이다. 황새 복원사업은 한국교원대학교 한국황새복원연구센터에서 국내 개체군과 유전적으로 유사한 러시아의 황새 한 쌍을 도입하여 국내 개체군을 복원하기 위한 재도입의 형태로 진행되었다. 반달가슴곰 복원사업은 국립공원관리공단 반달가슴곰팀에 의해서 여러 차례 지리산에 방사하였으나 자연에의 적응 실패하였다. 이후 여러 차례 북한산과 러시아산 반달곰이 지리산에 방사되어 이 중 일부가 자연에 적응하는 단계이다. 산양은 국제적으로 멸종위기종인데 국내에서는 국립공원관리공단 멸종위기종복원센터에서 재도입의 방식으로 화천군과 양구군, 월악산에 방사가 이루어지고 자연 적응을 유도하고 있다. 따오기는 농약의 사용과 밀렵으로 인해 멸종 단계에 있는 야생동물이다. 국내에서는 따오기 복원사업을 창녕 우포늪에 위치한 우포따오기 복원센터에서 재도입 방식으로 시작되었다. 서울대공원에서는 여우, 늑대, 남생이, 수달 등에 사육 및 관리가 이루어지고 있으며 복원을 위한 노력을 기울이고 있다.

제 14 장

인수공통감염병
Zoonotic Infectious Disease

Ⅰ. 인수공통감염병 개요
Ⅱ. 병원체 종류에 의한 분류

인수공통감염병은 동물과 사람 사이에 공통으로 감염될 수 있는 전염성 질병을 말한다. 동물에 대한 이해를 증대하기 위해서는 인수공통감염병에 대한 지식을 가지고 이를 예방할 수 있는 지식을 숙지하여 동물에 대한 안전한 접근과 공존이 가능하게 할 수 있다. 전염성 질병 중 인수공통감염병은 다행히 극히 적은 부분이며, 대부분 동물의 질병은 동물에만 문제가 된다. 이 번 단원에서는 인수공통감염병에 대한 이해를 돕기위하여 중요한 감염병을 학습하도록 한다.

I. 인수공통감염병 개요

학습목표
1. 인수공통전염병 정의를 이해할 수 있다.
2. 감염병원체 life cycle에 의한 분류를 알 수 있다.

1 인수공통감염병 정의

공중 보건 분야 중에 가장 중요한 부분으로 인수공통감염병을 꼽을 수 있는데 이는 동물과 인간에 공통으로 감염되는 질병으로 정의된다. 인수공통감염병은 원래 Greece어로 Anthropozoonosis, Anthropos=인류, Zoo=동물, nosis=질병을 의미하며, 문자대로라면 "사람과 동물이 같이 감염되는 전염병"인데, 실제로는 사람을 중심으로 생각하여 "동물로부터 사람으로"의 방향으로 쓰이는 게 일반적이다.

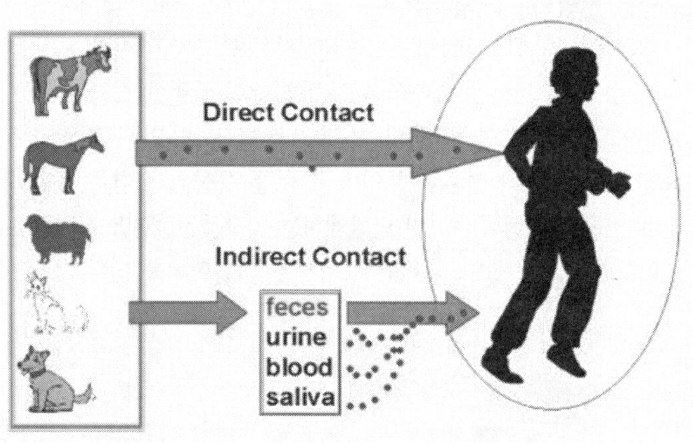

그림 14-1. 동물로부터 인수공통감염병 병원체의 전파 방식

최근 고병원성 조류 인플루엔자와 같은 인수공통감염병의 확산은 인간과 동물의 밀접한 관계를 고려할 때 SARS와 같은 새로이 유행되는 신종 전염병의 출현과 함께 사회적 파장이 매우 큰 사안으로 받아들여지고 있다. 축산에 중요한 영향을 미치는 인수공통감염병은 만성

소모성 질병인 소의 결핵이 대표적이다. 인간과 동물 양쪽에 중대한 영향을 미치는 인수공통감염병으로는 brucella, salmonella 및 광견병 등이 있다. 인간에게는 중요하나 동물에게는 별로 영향을 미치지 않는 인수공통감염병은 Q fever, 리슈마니아 및 선모충증 등이 있다.

2 감염병원체의 life cycle에 의한 분류

(1) Direct Zoonosis

병원체의 life cycle 완성에 단 1종의 척추동물을 필요, 그 과정에서 사람 및 타종 척추동물에 이행되는 질병으로 직접접촉 혹은 오염된 물질을 통하여 전파되며, 전파과정 중 이렇다 할 만한 증식은 없고, 주로 동종 척추 동물간에 전파된다. 동물에서 사람에게 1종의 척추동물로부터 직접 전파가 가능하다.
예) 광견병, 디프테리아, 연쇄구균증, brucellosis 등

Zoonosis: Rabies Life Cycle

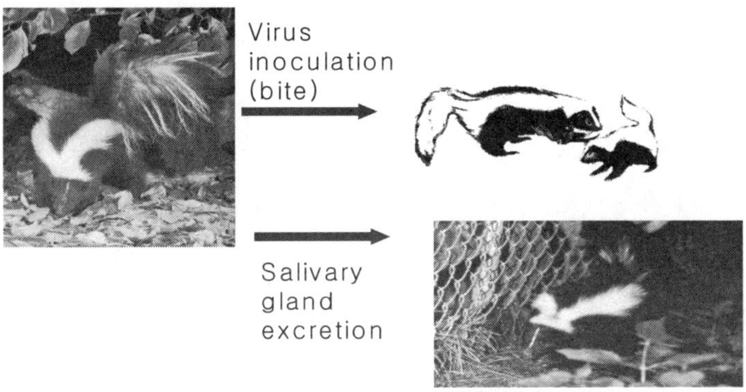

그림 14-2. Direct zoonosis로서 광견병의 life cycle

(2) Metazoonosis

Life cycle의 완성에 척추동물과 무척추동물을 필요, 무척추동물의 매개에 의해서 생물학적 전파가 일어나며 무척추 동물에서 병원체가 증식 발달, 다른 척추동물에 감염이 가능할 때까지 외부에서의 잠복기(extrinsic incubation period)가 존재한다.
예) 폐흡충증, arbovirus infection, pest, trypanosomiasis 등

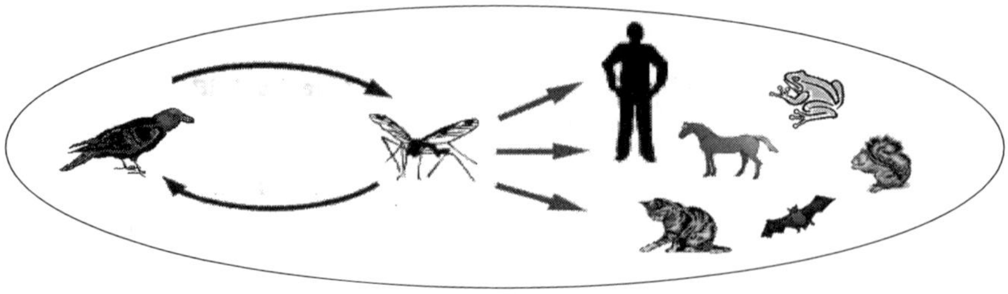

그림 14-3. Metazoonosis의 모식도

(3) Cyclozoonosis

life cycle의 완성에 2종 이상의 척추동물을 필요, 그 과정에서 사람 및 타종 척추동물에 이행되며 무척추동물의 매개 없이 2종 혹은 그 이상의 척추동물을 거쳐서 전파한다.
예) 무구, 유구조충증, 포충증 등.

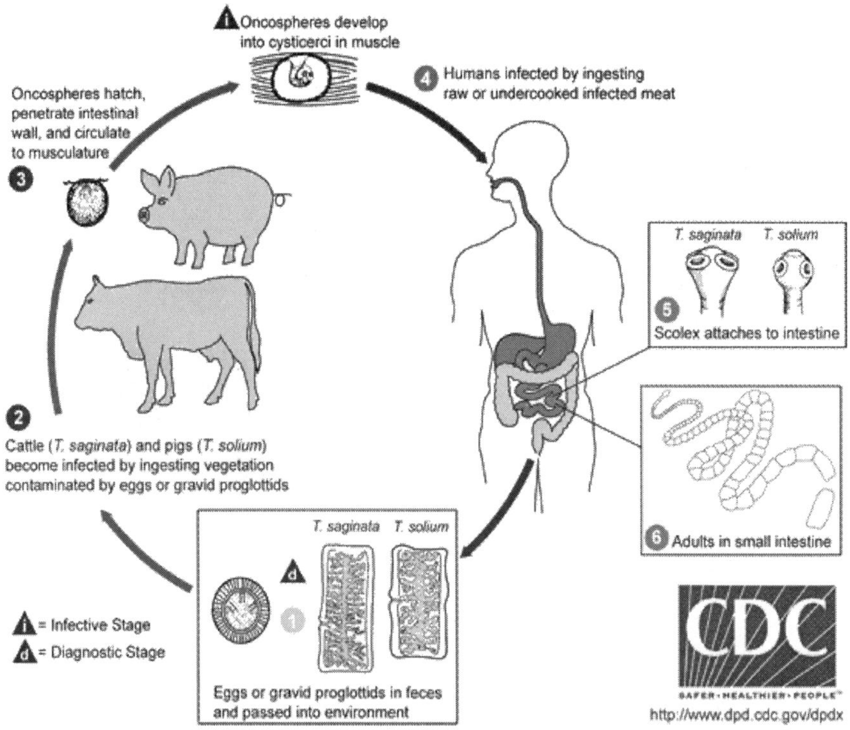

자료출처 : 「Centers for Disease Control and prevention(CDC) http : //www.cdc.gov/」

그림 14-4. Cyclozoonosis로서 유규조충

(4) Saprozoonosis(토양식물 → 개 → 토양식물 →개)

척추동물과 비 동물성의 reservoir나, 발육 위치(유기분 토양 식물) 등을 필요로 하는 경우로서 개의 선충류들이 토양에 있다가 사람에 감염되어 Visceral larva migrans를 일으키는 것과 간질증, 파상풍, botulism 등이 있다.

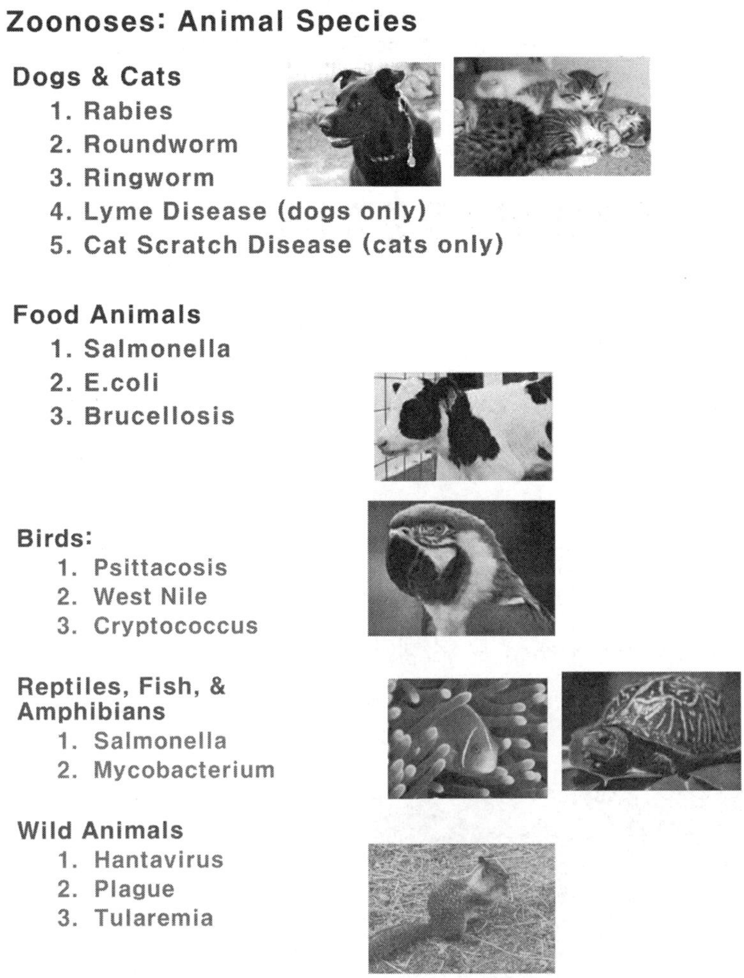

그림 14-5. 동물 종류에 따른 인수공통전염병

II. 병원체 종류에 의한 분류

학습목표

1. 세균성 인수공통감염병에 대해 알 수 있다.
2. 바이러스성 인수공통감염병에 대해 알 수 있다.
3. 진균성 및 기생충성 인수공통감염병에 대해 알 수 있다.

1 세균성 인수공통감염병

(1) 결핵병(tuberculosis)

주요 전염원은 소, 감염 후 소의 담, 분변, 우유를 통하여 배출된다. 호흡기도, 장관, 자궁(태반감염 의미)으로도 감염되며, 모든 사람과 동물이 감수성이 있다.

① 병원체

항산성 세균(Gram positive) 즉, 항산염색 특성을 갖는 가늘고 긴 간균

- *Mycobacterium tuberculosis* : 인 결핵균
- *Mycobacterium bovis* : 우 결핵균
- *Mycobacterium avium* : 조 결핵균

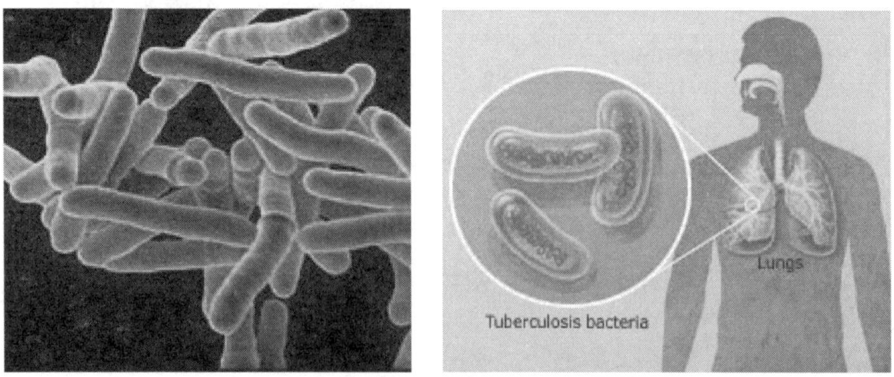

그림 14-6. 결핵균과 폐결핵

② 저항성

- 아포를 형성하지 않으며 일광에 강하다.
- 건조된 객담속의 결핵균은 일광에 126일, 부패된 폐 점액 속에 6주간, 장 내용물에 오염된 비료 속에 178일, 산패된 우유 속에 15일간 생존한다.
- 열에 가장 약하여 저온살균 시 사멸된다.

③ 동물감염

㉠ 감염동물

㉮ 우 결핵균 : 소, 돼지, 개, 산양, 고양이, 말, 카나리아, 앵무새, 원숭이

㉯ 인 결핵균 : 원숭이, 돼지, 개, 소, 앵무새

㉰ 조 결핵균 : 가금, 돼지, 밍크, 동물원의 야조, 소, 양, 사슴

- 소는 주로 inhalation(비말 핵 감염) : 사료, 물을 통하여 감염, 밀집 사육 시, 감염 우와 접촉, 감염우의 우유를 통하여 감염된다.
- 돼지는 주로 세 가지 유형이 모두 감염 : 사람의 신발에 의한 감염

④ 감염 양식

소는 호흡기, 송아지는 경구 감염되며, 돼지는 오염된 밥 찌꺼기에 의한 경구 감염이 된다.

⑤ 증상

㉠ 폐결핵, 장기결핵, 장결핵

㉡ 장기별 병소의 이병율 : 폐(75%), 폐늑막(55%), 복막(48%), 간(28%), 척추(19%), 흉늑막(7%), 기관지(3%), 장(1%)의 순이다.

⑥ 예방

㉠ 우형균 감염에 대한 예방은 OT(Old tuberculin). PPD(Purified protein derivate)(투베르클린 반응) 검사로서 감염우의 검색 및 살처분을 실시

㉡ 도축검사 시 결핵병이 있는 소는 폐기

㉢ 생우유의 음용을 피하고, 우유의 살균소독 철저

㉣ 개, 고양이, 원숭이 등 반려동물의 정기적인 검색.

㉤ 인형균 감염에 대한 예방을 위하여 BCG(Bacillus Calmetta & Guerin)로 예방접종과 생활환경을 개선시킨다.

㉥ 객담이나 배설물은 5% phenol, 20% cresol에 12시간 이상 혼합하여 소독하여야 한다.

㉦ BCG는 결핵에 대한 항체를 형성하며, 우 결핵균을 230회 계대배양 시 병원성이 약화되고 항원성이 증가된다.

⑦ 치료

법정 제1종 가축전염병으로 치료는 하지 않는다. 튜베르클린 반응검사로 양성인 동물들은 감염이 된 것으로, 살처분 처리한다.

(2) 탄저(Anthrax)

주로 초식동물의 급성열성전염병이다. 사람에 치명적인 인수공통감염병이다. 미국 911 테러 이후 미국 시민들을 공포에 떨게 하였던 우편물을 이용한 바이오테러에 사용된 세균이다. 당시 이라크 세균학자가 바이오테러에 관여한 것으로 알려졌었다. 생물학전과 바이오테러를 위한 세균으로도 연구되어지고 있다.

① 병원체

㉠ 탄저균(*Bacillus anthracis*)으로 그람 양성 간균, 운동성 없음, 동물체내에서 협막(capsule)을 형성, 산소의 존재 하에서 아포를 형성한다. 아포형은 사체 중에 12년간, 토양 중에 30년. 생존 아포형은 121℃에 15분에 사멸하고, 소독제로 10% 포름알데히드가 좋다.

㉡ 주로 피부와 점막의 창상감염. 경구감염. 흡혈곤충에 의한 경피감염 된다.

② 감염 양식

㉠ 동물 : *Bacillus anthracis* 에 오염된 사료나 토양 등 자연환경으로부터의 경구적 감염이 있으며, 피부 또는 점막의 창상으로부터의 감염과 흡혈곤충에 의해 감염 된다.

㉡ 사람 : 감염동물과의 접촉, 경구 섭취, 아포 흡입

그림 14-7. 911 테러에 의한 국제무역빌딩의 붕괴(좌)와 탄저 배달 우편물(우)

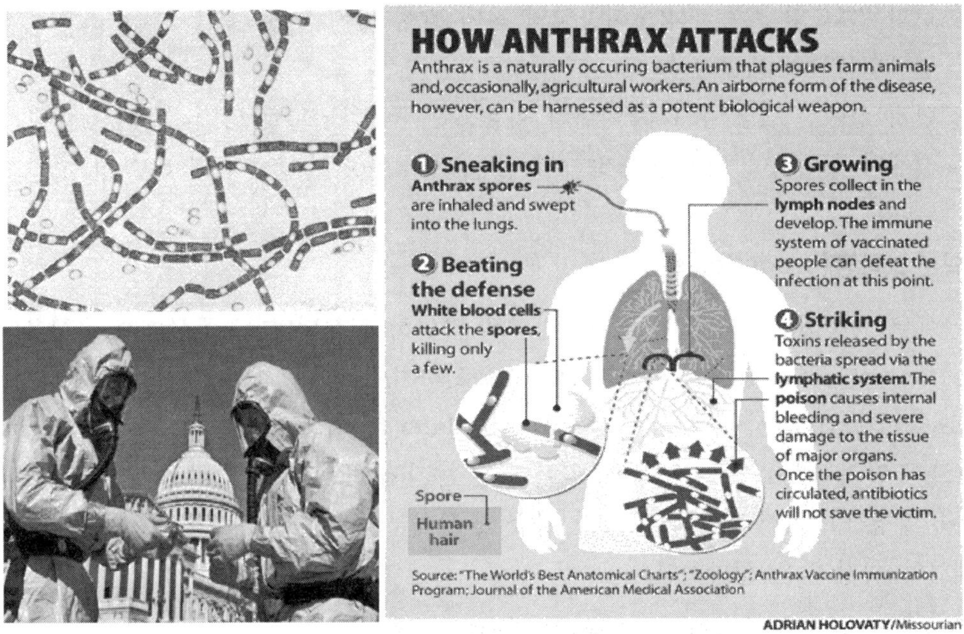

그림 14-8. 탄저균과 병원성

③ 증상

㉠ 동물 : 초식동물은 패혈증을 일으키고 급성 경과로 폐사한다. 고열(41~42℃)로 시작하여 호흡 곤란으로서 폐사한다. 사후 강직이 불완전하며, 천연공(비강, 항문 등)으로부터 타르양 혈액을 배설한다. 돼지는 초식동물에 비하여 저항성이 있다. 그러나 인후두부에 교양침윤이 나타나며, 장관에 감염될 경우 급성 패혈증을 나타낸다.

㉡ 사람 : 잠복기는 2~5일이고, 주 증상은 피부탄저(cutaneous anthrax)의 경우 경피감염과 창상감염이다. wool, hair 접촉(60%), 피부접촉(20%), 감염동물(16%)이다. 폐 탄저(pulmonary anthrax)의 경우는 균, 아포 흡입 시 흡입 탄저라고하며, 또는 woolsorter disease(양털 선별사의 질병으로 일종의 직업병)라고 한다. 장 탄저(alimentary anthrax)는 경구적으로 아포섭취 시 경피감염 및 흡입감염은 잠복기가 2~3일로 피부의 병변은 발적, 종창, 동통, 화농, 분화구상 등이며, 고양이 발병 시 패혈증이 나타난다.

④ 예방

㉠ 가축에 대한 vaccine, 폐기 처리시 주의

㉡ 사체는 해체하지 않고 소각하거나 매각

㉢ 오염지역 오염물의 소독실시 철저

㉣ 모피 검역 및 소독실시(모피공장의 진애 발생 방지)

㉤ 절박도살시의 세균검사

㉥ 탄저 생백신 접종 후 6주 이내의 식용도살 금지. 밀도살 금지

㉦ 사체의 혈액이나 비장을 도말하여 검증. 혈청반응 : Ascoli test

(3) 브루셀라병(brucellosis)

처음에는 지중해의 연안에서 열성질병으로 막연히 인식되었다. 동물에서 유산을 특징(enzootic, epizootic, infectious abortion)으로 하며, Bang's disease. ram epididymitis 등으로 알려져 있다. 사람의 경우는 지중해열, Malta fever(몰타열), intermittent gastric fever로서 알려져 있다. 국내 브루셀라는 축산 농가에 큰 피해를 입히는 질병으로 현재에도 계속 발병하고 있어 보균 소에 대한 검출 및 살처분으로 전파를 막으려고 노력하고 있으나 해결이 쉽지 않은 상황이다.

① 병인체

㉠ *Brucella melitensis* (Bruce, 1887) : 산양

㉡ *B. abortus* (Bang,1896) : 소

㉢ *B. suis* (Traum, 1914) : 돼지

㉣ *B. canis* : 개

㉤ *B. ovis* : 양

그람 음성으로 미약한 항산성의 소 간균으로서 "S"및 "M"집락은 협막을 가지나, 운동성이 없고 아포를 형성하지 않는다.

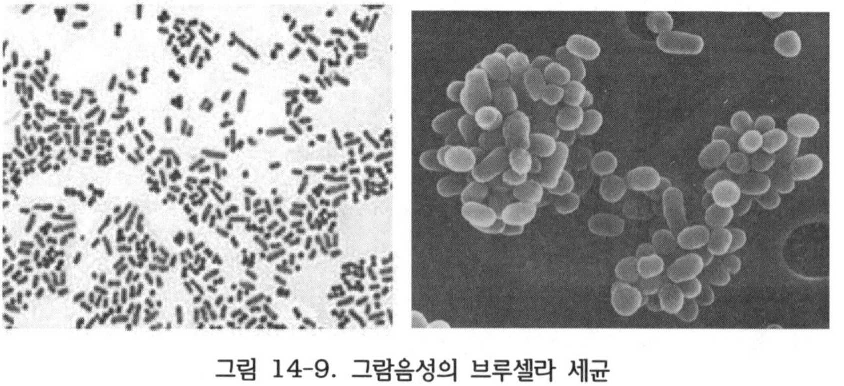

그림 14-9. 그람음성의 브루셀라 세균

② 감염증상

B. melitensis 와 *B suis*의 biotype은 좀 더 심한 증세를 보인다. 잠복기는 5~21일 정도이나 몇 달 이상의 긴 경우도 있다. 발열, 발한, 권태감, 허약, 수막염, 근육통, 식용상실, 체중 감소를 특징으로 한다. Tetracycline, rifampin 등을 이용한 적절한 치료를 하지 않을 경우 재발율이 높다. 만성경과시의 증상은 척수염(spondylitis), 골수염(osteomyelitis) 및 간장, 비장, 신장, 심장, 복대동맥 등에 육아종이 보인다. 국내에서는 감염 확인되는 경우 보상 후 살처분을 원칙으로 하고 있다.

③ 전파양식

병원소가 되는 모든 동물에서 몇 가지 전파기전이 있다.

㉠ 교미에 의한 정액, 생식기의 직접 접촉

㉡ 자궁분비물에 오염된 환경으로 부터의 균의 직접 섭취

㉢ 태막, 유산태아는 감염원이 된다.

㉣ 비유를 통한 전파(외견상 정상적인 젖소가 균을 배설할 수 있음)

㉤ 사람에서는 살균되지 않은 우유(유제품)의 섭취(특히 치즈는 위험하다)

④ 동물별 임상 증세 요약

㉠ 소 : 자궁내막염(번식장애), 유사산(임신 7~8개월), 숫소의 생식기 감염증, 송아지 위장염

㉡ 돼지 : 유산, 불임증, 고환염, 파행, 후구마비, 자궁내막염

㉢ 산양, 양 : 피로, 파행, 식욕부진, 설사, 유방염 등의 경증으로 경과한다.

㉣ 말 : 기갑루(poll-evil), 누공(fistulous withers)-관절염

㉤ 사람 : *B. melitensis* 가 병원성이 가장 높고, *B. suis* 및 *B. abortus* 의 순이며, 주증상은 파상열(undulant fever)이 특징이다.

표 14-1. 브루셀라의 증상

암 컷	수 컷
• 불임과 임신후기(주로 45일 이후) 유사산 • 미숙아 또는 허약아를 낳기도 하지만 1~2일 뒤에 죽는다. • 몇 번의 유산 뒤 정상적인 분만을 하는 경우도 있지만 불임이 되는 경우가 많다.	• 고환이나 정소(精巢)가 많이 커지거나 또는 작아지기도 한다. • 부고환염, 전립선염 등이 나타나고 드물게 고환위축이 나타난다. • 고환을 자주 핥아서인지 고환이 빨갛게 붓고 피부염이 생기기도 한다.

⑤ 진단

① Milk Ring Test

신선한 우유의 응집반응시험(양성이면 tube 상층에 Dark Cream layer로 반응)으로 개별검사가 필요하다. 음성인 경우 Milk layer와 Cream layer는 Normal cream colour를 보인다.

② Sero Test : Card test, latex test, 혈구응집반응검사, 그리고 ELISA 등이 있다.

(4) 렙토스피라병(Leptospirosis)

와일씨병, 농부병이라고도 하며 1883년에 하수도 작업 인부에서 직업병으로 처음 인식되었다. 출혈성 황달, 일본 7일열, 사탕수수 절단 농부병, 논-농부병, 콩 농부병, 건초 농부병, 추수열, Mud fever, swamp fever, field fever 등의 명칭이 있다

그림 14-10. 렙토스피라병의 감염 위험 그룹

① 병인체

부생성(saprophytic)계통으로 구성된다. 배양 속도가 늦고 까다로운 spirochete이며, 스스로 움직이는데 그 장축으로 선회하며, 가끔 채찍 모양의 운동을 한다. 저항성은 56℃ 10분에 사멸, 알칼리성 오염수 속에는 오래 생존하지만 육식수의 산성 뇨에서는 급속히 사멸한다.

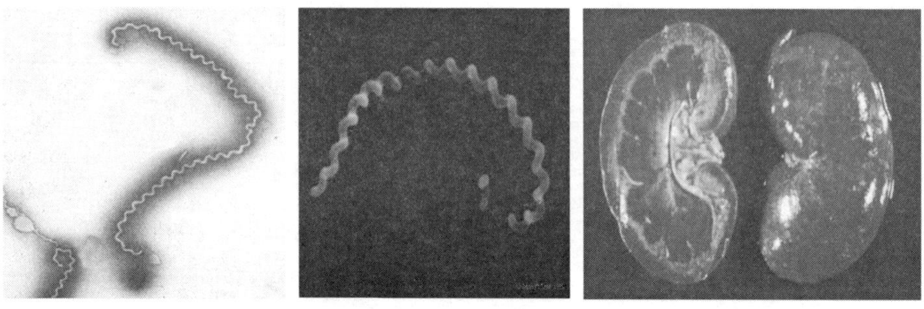

그림 14-11. 나선형의 렙토스파이라 세균과 감염 후 신장 괴사 및 출혈병변

㉠ *Leptospira icterohaemorrhagiae* : 사람, 개에서 다발

㉡ *L. ballum*과 *icterohaemorrhagiae* : 랫트와 마우스에 기생한다.

㉢ *L. canicola* : 개

㉣ *L. pomona* : 소와 돼지

② 감염 증상

고열과 황달, 용혈, 및 간장과 신장의 기능 부전을 특징으로 한다. 원인 불명의 influenza와 같은 발열, 감염성 단세포 증가증(infectious mononucleosis)과 전신성 임파절의 종대, 전경골(pretibial)부위에 분포하는 반점 내지는 반점 구진상의 발진, 복통과 무균성 뇌수막염 등이 있다. 잠복기는 4일~19일이며, 임상 경과는 발열기와 면역기(신장, 간장, 눈, 뇌막과 같은 특수 장기의 병변 발생 시기)인 2단계로 구분된다. 치사율은 낮지만, 연령이 많을수록 또는 황달이 있을수록 더 높다.

㉠ 소, 양 : 용혈성 빈혈, 혈색소 뇨, 유산, 비정형성 유방염과 황색의 혈색조의 우유 분비가 일반적인 증세이다.

㉡ 돼지 : 비특이적인 임상 증상을 보이는데 임신 후기에 유산을 보이는 것이 가장 중요한 단일 증후이다.

(5) 비저(Glanders, Malleus)

① 단제류(말, 당나귀, 노새)의 전염병으로서 B.C.450년 부터 "malis", "melis"로 불리우고 있으며, 말로부터 2차적으로 사람에 감염되어 높은 사망률을 나타낸다. 발열, 화농성점액비루, 폐 농양과 피부 병소와 비 궤양 등이 특징이다.

② 병인체는 비저균(*Actinobacillus mallei*)으로 그람음성, 비운동성의 소 간균이다.

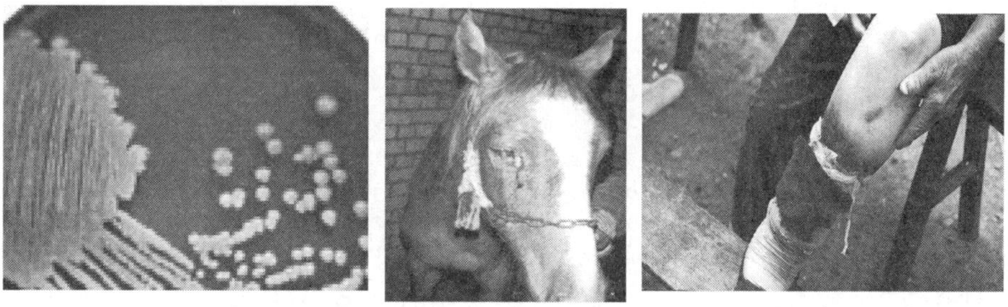

그림 14-12. 비저 원인균과 증상

(6) 유비저(Melioidosis)

유비저균(Pseudomonas pseudomallei)이 원인체로서 편모를 갖고 있으면서 운동성이 있으며, *P. mallai*와 혈청학적으로 구분이 어렵다. 동남아지역의 자연환경에 널리 분포되어 있다. 동물감염은 양, 산양, 말, 소, 돼지, 설치류(쥐, 기니아픽), 원숭이 등이다.

(7) 돈단독(Swine erysipelas), 유단독(Erysipeloid)

가축 및 가금류에서 발생하고 사람에게 감염되는 경우에는 Group A Streptococcus에 의한 단독(Erysipelas)과 구별하여 유단독(Erysipeloid)이라 칭한다. 병원체인 *Erysipelothrix insidiosa*은 Gram 양성의 간균으로 호기성이며, 비운동성이다. 혈청학적으로 병원성과 비병원으로 구분된다.

① I 형 : 돼지 및 조류의 패혈증
② II 형 : 돼지의 심마진형 및 만성형 돈단독(관절염, 심내막염) 및 조류의 패혈증

(8) 세균성 이질(Shigellosis)

세균성 이질은 사람과 원숭이에서만 감염된다. 일반적으로 위생 정도가 낮은 국가에서 발병하는데, 최근 학교급식 확대에 따른 일부 영세 단체 조리 시설 업체의 위생 불결로 집단 발생하며, 연중 발생되는 경향을 나타내기도 한다. 국내에서는 2001년도 제주도 지역에서 장기간 발생된 적이 있다.

① 병원체

㉠ Gram 음성 간균, 비운동성, 무아포, 혈청학적으로 4군(A, B ,C, D), 34혈청형으로 분류된다.

㉡ *Shigella dysenteriae, S. flexneri, S. boydii, S. sonnei*(국내에서 분리됨)

② 감염 양식

환자와 보균자와의 접촉, 오염된 식품에 의한 경구 감염

③ 증상

잠복기는 2~5일, 대장 점막에 염증과 궤양을 일으킨다. 출혈성 장염을 일으키며, 발열과 구토가 있음. 전형적인 설사와 병변이 대장에 국한하는 것이 살모넬라 감염증과의 차이점이다. *S. dysenteriae*가 가장 중증 감염을 일으키나, *S. sonnei*에 감염될 경우보다 가벼운 경과를 취한다.

(9) 페스트(plague, pest)

설치류 특히 주요 급성전염병으로서 쥐벼룩을 통하여 *Yersinia pestis* 병원체가 사람에게 전염되면 사회적, 경제적으로 문제를 야기시키며, 1848~1839년에는 2500만 명이 사망하였다.

감염양식은 감염된 쥐의 혈액을 쥐벼룩이 흡혈하고 사람의 피를 빨아먹을 때 쥐에 있던 페스트 세균을 옮기게 된다.

감연된 사람은 검게 변해 흑사병이라 부르고, 기침 등의 증상이 있다가 사망한다. 중세 유럽인구의 절반을 죽인 무서운 질병이다.

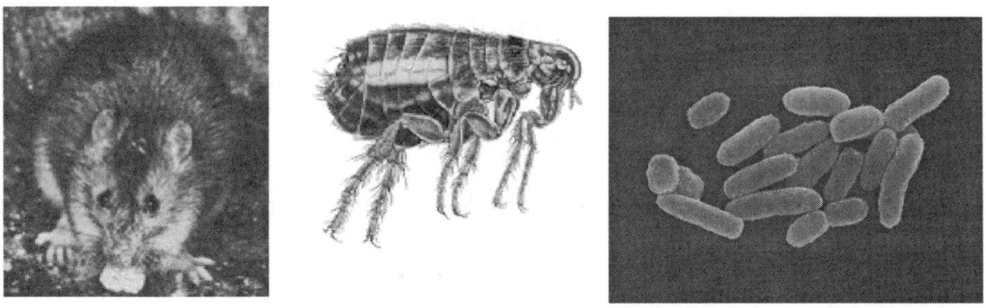

그림 14-13. 쥐벼룩과 페스트 균

(10) 야토병(Tularemia)

야생설치류의 병으로 2차적으로 사람에게 감염된다. *Francisella tularensis*으로 Gram 음성의 소간균, 운동성이 없으며, 극염색성이다.

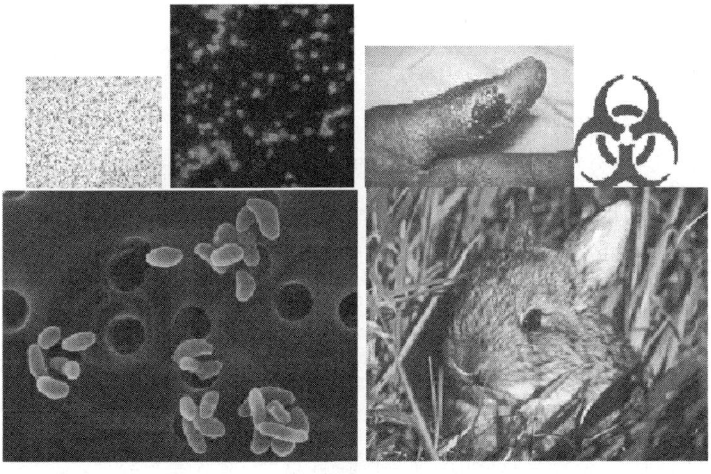

그림 14-14. 야토병의 병원균과 위험성

① 감염 양식

㉠ 동물 : 경피감염(흡혈곤충, 진드기, 이를 통한 매개감염)

㉡ 사람 : 토끼가 감염원이며, 야외에서는 흡혈곤충의 매개에 의하거나 사체의 박피, 해체, 조리 시에 피부로부터의 창상 감염, 오염 육을 먹은 스컹크나 개의 교상에 의한 감염, 오염 육이나 오염 수에 의한 경구 감염, 실험실 비말에 의한 눈이나 비강의 오염 등이 있다.

(11) 가성결핵(Pseudotuberculosis)

Gram 음성의 소 간균인 *Yersinia pseudotuberculosis*가 원인체이며, 감염양식은 명확치 않으나 오염사료나 물에 의한 경구 감염으로 본다.

(12) 리스테리아병(Listeriosis)

사람, 포유동물, 조류에 감염 병을 일으킬 뿐 아니라, 장관에 보균하고 있으며, 물고기, 갑각류, 무척추동물, 토양, 사료, 하수 등에 분포한다.

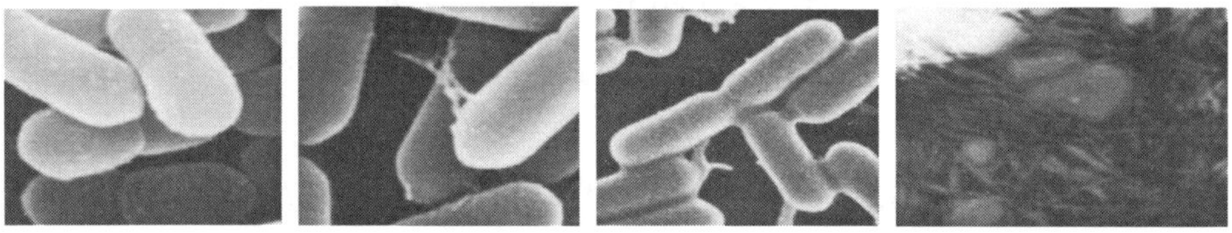

그림 14-15. 리스테리아 병원체

① 병원체

*Listeria monocytogenes*으로 그람 양성, 운동성, 비아포성 단간균, 사이레지 등 저 양분의 자연재료 중에서도 발육한다. 저항성은 58℃ 10분에 사멸한다. 보통 소독제에 쉽게 사멸된다.

② 감염동물

면양, 산양, 소에 많이 발생하며, 돼지, 토끼, 말, 쥐, 여우, 개, 카나리아, 칠면조 등에도 감염된다.

③ 감염양식

㉠ 동물 : 사이레지 등의 오염사료를 매개로 하여 구강점막을 통한 창상감염과 흡혈곤

충에 의한 비강점막의 창상감염

㉡ 사람 : 야채, 우유, 식육, 어패류 등의 식품오염은 물론 태반감염이나 산도 감염도 이루어진다.

④ 증상

㉠ 동물 : 무증상 감염에서 각종의 병변을 나타낸다. 반추수는 각종 신경장해가 있고, 침울, 경련, 선회(Circling Disease), 파행, 사경, 단위동물에서는 패혈증을 일으키며, 닭에서는 심근에 병변을 가져온다.

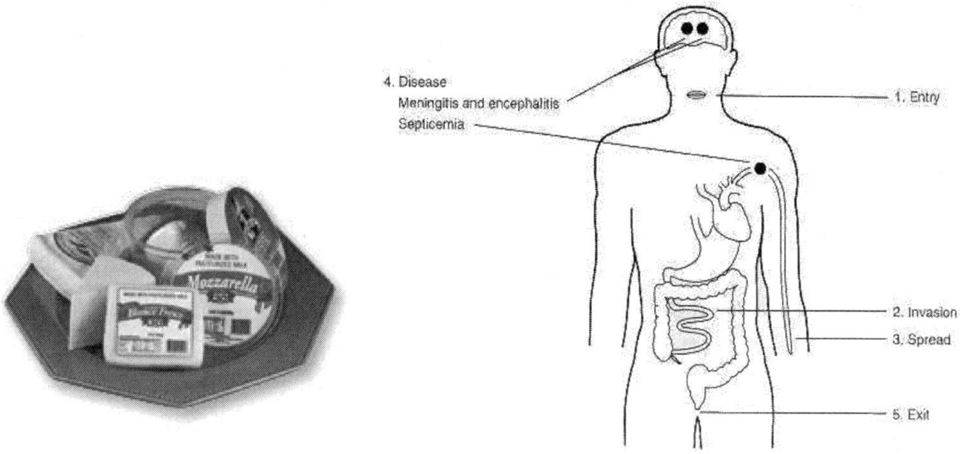

그림 14-16. 리스테리아 위험 식품과 감염 후 주요 증상 부위

㉡ 사람 : 수막염을 일으킨다. 패혈증, 주로 장 독혈증, 선회병 신경초내에 들어가 연수에 증식하여 화농 병소가 생기게 되며, 임산부가 감염되면 태반감염이나 산도 감염에 의하여 수직 감염이 이루어진다.

(13) 파스튜렐라병(pasteurellosis)

① 병원체

Pasteurella multocida : Gram 음성의 소간균 운동성이 없음, 협막을 형성하고 극염색성이다. 15종의 혈청형이 있다. 저항성이 극히 약하며, 인공배지에서도 잘 죽는다.

② 감염 양식

㉠ 동물 : 돼지(돈역), 개, 소(우역), 고양이, 쥐, 양(양역), 말, 토끼, 조류(cholera라 함)

㉡ 사람 : 주로 고양이, 개의 교상에 의하며, 창상부위에 직접접촉에 의해 감염되기도 한다.

③ 증상

㉠ 동물 : 소, 물소에서 출혈성 패혈증, 닭의 가금콜레라를 일으키고, 동물의 구강에 있다가 수공으로 저항력이 약화될 때 폐담 등 호흡기 질환을 일으킨다. 개와 고양이는 보통 무증상으로 구강, 상부 기도에 보균(90%)하고 있으며, 기회감염(Oppotunistic infection)을 한다. 특히 돼지는 Pneumonic Pasteurellosis를 일으킨다.

㉡ 사람 : 개 또는 고양이에 물린 후 수시간이 지나면, 창상 국소에 발적, 종창, 두통이 있으며, 대부분 국소감염으로 봉와직염 또는 골막의 괴사나 골수염을 일으킨다. 때로는 임파절염, 오한, 불면증, 두통 등의 전신 증상을 일으킨다.

(14) 라임병(Lyme disease)

*Borrelia burgdorferi*는 경 진드기(hard tick)에서 처음 발견된 이래 사람의 라임병의 원체이기도 하며, 미국에서는 개에서 많이 나타나는 병이다. 이 병은 코네티컷 주의 라임시에서 1975년 처음 발견되었다. 하얀 꼬리 사슴과 하얀 발의 쥐가 주로 감염원이지만 가축들과 새들도 병균을 옮길 수가 있다. 라임병은 주로 5월부터 6월 사이에 발생하며, 주로 7월에 절정을 이룬다.

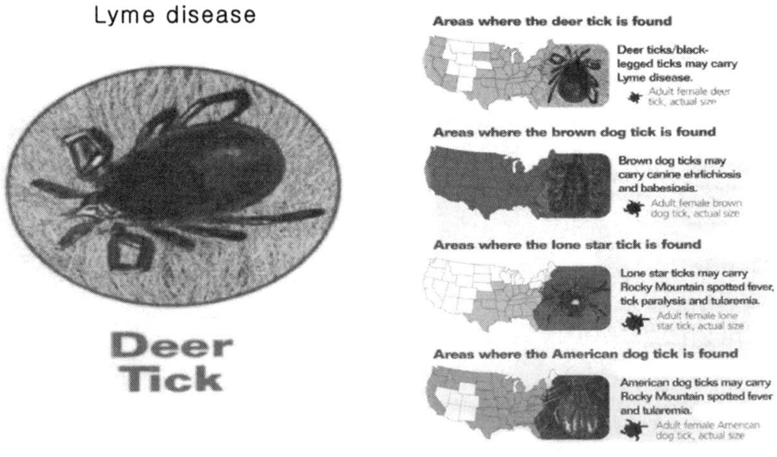

그림 14-17. 라임병의 매개체 진드기와 미국내 발병지역

(15) 화농구균감염증(Pyogenic coccal infection)

사람과 동물 공히 병을 일으키는 중요한 질병이다. 젖소의 유방염(bovine mastitis)의 주요 병원체이다.

① *Streptococcus pyogenes*

사람의 성홍열(Scarlet fever)을 일으키며, 사람의 단독(erysipelas)의 원인체가 된다.

② *S. agalactiae*

소의 유방에서만 병원성이 있고 사람에는 비병원성. 신생아의 수막염을 동반한 패혈증을 일으키며, 산모가 보균시 신생아는 산도로부터 100% 감염된다.

③ *S. equisimilis*

소의 유방염, 사람의 중이염, 화농증

④ *S. faeclais*

소의 유방염, 자궁내막염, 사람의 요도염, 심내막염

(16) 파상풍(Tetanus)

사람과 동물은 자연으로부터 감염을 받으며, 상호 직접적인 관계는 없어 인수공통전염은 아니지만 넓은 의미에서 인수공통전염이다.

① 병원체

Clostridium tetani, 그람 양성, 부채모양의 아포혐기성 간균, 가축분뇨를 비료로한 곳에 많다. 신경친화성 독소(tetanospasmin)을 생산한다. 이열독소(65℃/5분) 및 단백분해 효소에 분해된다.

② 감염 양식

못, 핀에 의한 창상감염, 신생아의 산후 비위생적 관리로 인한 tetanus neonatorum을 일으킨다.

③ 증상

㉠ 동물 : 단제류(말, 코뿔소, 당나귀)는 감수성이 높다. 소와 양은 감수성이 높지 않다. 모든 자극 반응에 대한 과잉반사로 강직성 경련이 온다. 다리를 뻣뻣하게 한다. 연하곤란과 죽기 전에 고열이 특징이다. 가금은 감수성이 없다.

㉡ 사람 : 척수의 ganglioside에 결합되어 운동뉴런 시냅스의 억제물질의 산출을 막는다. 과잉반응, 경련성 마비, 잠복기는 중추신경계에 가까울수록 짧고 중증으로 경과한다. 감염 후 4~5일에 수의근의 경련성 강직이 특징이다.

(17) 가스괴저(Gas gangrene)

Clostridium perfringens, *C. histoliticum*, *C. sporogenes*, *C. novyi* 등이 원인체, 토양이나 동물의 분변에 분포하고 있으며 혐기성이다. 아포 형성균으로 균체외 독소를 산생한다.

(18) 살모넬라병(Salmonellosis)

각종 동물이 보균하고 있으며, 식품이나 환경에 널리 분포하고 있으며, 오염식품에 의하여 급성위장염을 일으킨다. - 식품위생상 중요한 질병.

① 병원체

Gram 음성의 간균으로 주위에 flagella를 갖고 있어 운동성이 있다. 3,000여종의 혈청형. 사람에만 병원성이 있는 *S. typhi, paratyphi A* 및 *C, sendai*를 제외하면 대부분의 혈청형은 인수공동 전염병원균. 저항성 : 저온살균에 사멸, 소독제(phenol, alcohol)에 약함.

㉠ 사람에만 병원성이 있는 균 : *S. typhi*, *S. paratyphi* (A, C), *S. sendai*

㉡ 인수공통감염병의 균 : *S. typhimurium* (국내에서 가장 흔함), *S. enteritis*, *S. cholerae suis*

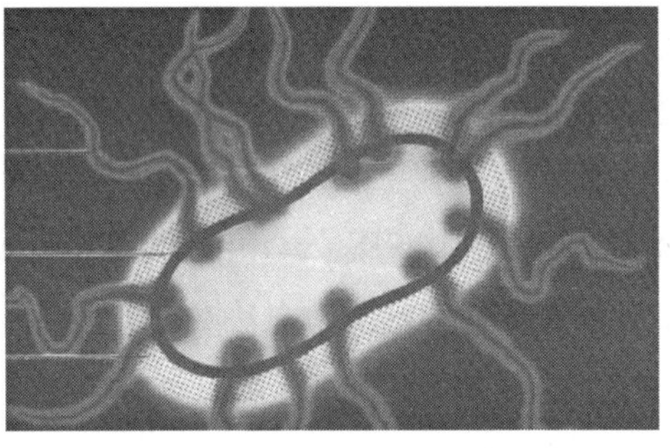

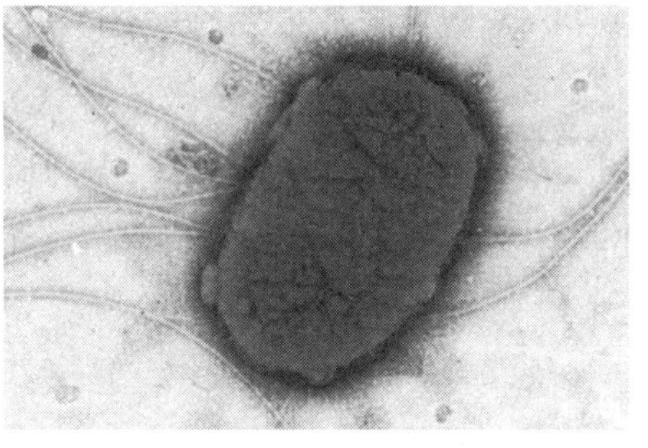

그림 14-18. 살모넬라 균의 전자현미경 사진

② 감염동물

소, 돼지, 닭 등 가축, 개 등의 애완동물, 거북 등의 파충류, 야생 조수류, 쥐의 보균율이 높음

③ 감염 양식

사람, 동물 : 경구감염

④ 증상

㉠ 동물

㉮ 어린 동물은 설사를 동반하는 전신증상으로 폐사

㉯ 어릴수록 이환율과 치사율이 높음

㉰ 성숙동물은 발병이 드물고 대부분 불현성 감염

㉣ 보균동물에서 균은 대부분 소장하부에서 대장상부의 점막에 정착해 장기간에 걸쳐 균을 변중에 배균.

㉤ 돼지 : 황색물설사, 빈혈, 악액질 → 폐사 혹은 왜축돈으로 된다

㉥ 소 : puerperal fever(산욕열), 설사, 패혈증, 자궁내막염 등

㉦ 기타 동물은 경증 혹은 불현성 감염으로 사람에 대한 감염원 역할

㉧ *S. pullorum, gallinarum* : 닭 --- 설사, 패혈증, 유산 유발. cf. 근년의 유럽과 미국에서 *S. enteritidis* 보균율이 높아 문제시 *S. cholera-suis, typhimurium* : 돼지 *S. typhimurium, dublin* : 소 *S. typhimurium, abortusovis* : 산양 *S. abortus-equi* : 말 *S. enteritidis, S. typhimurium* : 설치류

㉡ 사람

㉮ 잠복기 12~24시간, 발열, 구토, 수양성 설사, 복통을 증상으로 하는 식중독. 주 증상은 1~3일간 지속

㉯ 증상이 소실되어도 짧은 기간동안 변중에 균 배출

㉰ 감염하여도 발병하지 않고 보균자가 되는 경우도 있음

㉱ 우리나라에서는 세균성 식중독 중 가장 발생빈도가 높음

cf. enteric fever(장열형), 패혈증형, 위장염(식중독)형

⑤ 진단

대변이나 구토물에서 분리 동정

⑥ 예방

㉠ 돼지, 닭 등 식용동물의 검사, 도태

㉡ 개, 거북 등의 애완동물에 대한 대책

㉢ 쥐, 곤충 등을 대상으로 한 환경위생정화

㉣ 식품 및 사료의 오염검사

㉤ 식육, 말 등 동물성 식품의 충분한 가열

(19) 보툴리즘(Botulism)

모든 동물 및 사람에 발생하는 보툴리눔 균의 독소에 인한 중독증이며, 운동근육의 급속한 마비가 특징이다.

① 병원체

Clostridium botulinum, 그람 양성 간균, 혐기배양균(통조림, 소세지), 신경 독 산출, 주립편모를 가져 운동성, 혈액 한천에서 용혈작용 등이 있다.

② 저항성

아포를 형성하여 100℃에서 3시간 생존, 신경독소인 exotoxin은 100℃ 20분에 독성 소실

③ 동물 및 사람감염

㉠ 사람 : A, B, E

㉡ 닭 : C(limber neck)

㉢ 소 : D

㉣ 사람에서는 신경독소가 시냅스와 신경근 접합부에 아세텔콜린의 생산, 산출을 막음으로서 일어난다. 신경의 자극전달이 되지 않아 운동실조, 마비증상이 온다. 중독시 40% 치명, 중독 증상은 독성 식품을 섭취한 후 18~96시간에 일어난다.

2 바이러스성 인수공통감염병

바이러스성 인수공통감염병의 전염은 다음과 같이 4가지로 구분된다. 첫째 직접접촉에 의한 전염(교상에 의한 전염 : 광견병, 피부 또는 점막의 접촉에 의한 전염 : 양의 전염성 농창), 둘째 섭취에 의한 전염(구강 오염물 또는 분변오염물 섭취로 전파 : 전염성 간염), 셋째 호흡기 전염(돼지 인플루엔자), 그리고 마지막으로 절족동물에 의한 전염(뇌염, 출혈열, 다발성 관절염 및 피진)으로 구분된다.

(1) 광견병(Rabies)

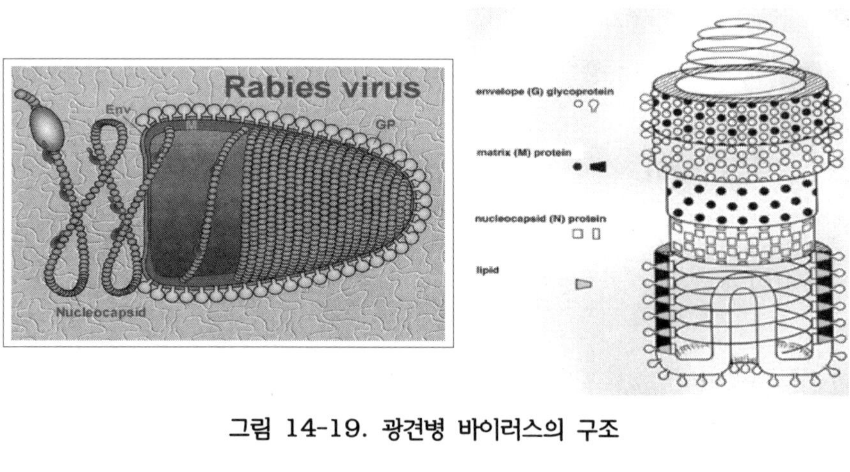

그림 14-19. 광견병 바이러스의 구조

모든 온혈 포유동물에 치명적인 결과를 초래하는 질병으로 거의 전 세계적으로 발병된다. 1907년 첫 발생이후 1920년부터 예방접종 실시, 비발생국가는 61개국(한국의 비무장지대와 중부산악지대 발병)이다. 1993년 이후 강원도 철원에서 발생, 1998년부터 60마리 이상 발병보고가 있다.

① 병원체

Single stranded RNA virus로 Rhabdoviridae과 Lyssa virus속에 속하며, 산성에 의해서 급속히 사멸된다.

㉠ 야외 바이러스(street virus) : 병원성, 잠복기간, 조직학적 병변소견이 다르다.

㉡ 고정 바이러스(fixed virus)

- 증식성이 좋다.
- 고정과정 중 잠복기간이 점차 짧아져서 고정, 고정 후에는 일정. 이 성질은 불가역성이다.
- 고정과정에 사용된 동물의 신경조직에 높은 친화성을 가지며, 광폭형이 아닌 마비형의 증상을 규칙적으로 나타낸다.
- 전형적인 Negri소체를 형성하지 않는다.
- 고정바이러스에 사용된 동물에는 높은 병원성을 가지나 다른 동물에게는 저하된 병원성을 나타낸다.

② 증상

㉠ 동물 : 광조형, 마비형, 울광형

- 개 : 광견병의 임상증상은 광폭형과 마비형으로 나뉘나 보통 두 형을 다 나타낸다. 귀와 꼬리가 파상풍에 걸린 것처럼 뻣뻣해지며, 극도의 흥분상태, 과민상태, 타액분비, 결막의 충혈 등을 볼 수 있다. 간헐적인 근육경련, 연하곤란과 거품 섞인 침을 흘리며 유열을 나타낸다. 간혹 집을 떠나서 배회한다. 임상증상은 대개 3~7일간 계속되며 대부분 10일내에 사망하나 간혹 회복되는 개는 보균 견으로 남게 된다. 봉입체가 관찰 된다.
- 고양이 : 감수성이 매우 높으며, 광폭형, 발증 기간이 짧아 2~4일후에 폐사된다.
- 소 : 극도로 흥분되며(광폭형), 공격적으로 변한다. 감염후기에는 뒷다리부분에 마비가 오며, 비유가 중지되며, 처음 증상을 나타낸지 3~6일 후에 폐사된다.
- 기타 가축 : 광견병과 유사함.
- 야생동물 : 많은 종류의 야생동물에서 발병함.

㉡ 인체 감염

잠복기는 2~8주로 교상의 정도와 물린 부위에 따라 10일 내지 8개월까지 다양(중추신경에 가까운 부위를 물릴수록 잠복기가 짧아 짐)하다. 발병율은 20%(교상의 위치, 바이러스 양), 초기 증상은 두통, 식욕결핍, 구토, 미열, 심한 갈증이 있으나 물을 마시지 못한다. 인두 근에 경축으로 인하여 연하곤란, 공수증을 보인다. 신경증상을 보이며 죽는다.

그림 14-20. 광견병에 걸린 동물의 임상증상

③ 전염원 및 전파양식

㉠ 개와 고양이의 전파 : 광견병에 걸린 개의 60～75%가 타액으로 바이러스를 배출한다. 광견병은 타액속의 바이러스가 주로 상처를 통하여 감염됨으로서 발생되며, 뇌에서 바이러스가 검출된 동물의 타액에서의 바이러스 검출 율은 개(75%), 소(53%), 여우(87%) 등이다.

㉡ 야외 동물에 의한 전파 : 육식 야생동물과 박쥐가 중요한 역할을 한다.

그림 14-21. 국내 광견병의 전파경로(자료출처 : 국립수의과학검역원)

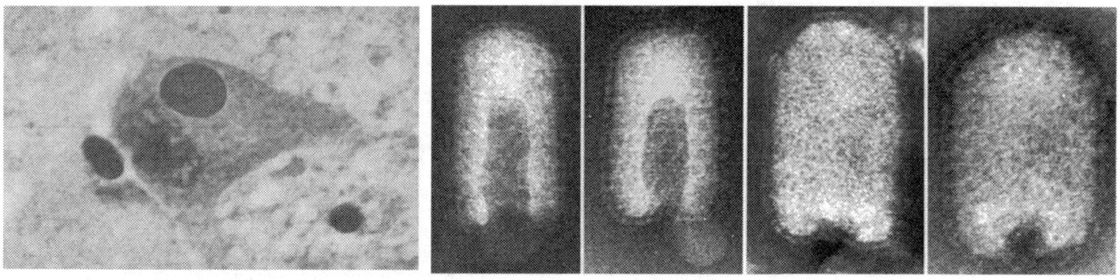

그림 14-22. 신경세포의 봉입체 병변과 바이러스의 전자현미경 사진

④ 진단

가검 재료 취급 시 특별히 주의

㉠ 직접형광항체 검사법 : 신속성, 민감성, 특이성이 높다.
(각막 이상, 혀 점막 소편, 모낭의 구상 조직(bulbar tissue), 냉동 피부 조직)

㉡ 바이러스 분리에 의한 진단 : 포유 마우스의 뇌 접종에 의한 바이러스 분리, 2~3주 걸리는 것이 단점(3일령 이하의 포유 마우스가 좋다).

㉢ Negri bodies : 모든 개가 양성으로 진단되지는 않는 점에 주의해야 한다.

㉣ 혈청학적 항체 측정

㉤ 타 바이러스와 감별진단 : 중화시험이나 교차 방어 시험

⑤ 예방

㉠ 주거지역에서 발생하는 광견병 예방과 박멸 : 애완견(80%) 예방접종 실시(고양이)

㉡ 야생동물에서 발생하는 광견병의 예방 : 감수성 동물수의 조절, Subunite vaccine

㉢ 동물의 국제 교역 금지 : 광견병 상재 지역 수입 억제, 검역 기간 연장(6월 이상), 사독 백신의 활용

표 14-2. 사람의 광견병 대책

■ 사람에 대한 광견병 예방 대책

① 광견병 바이러스 노출 전 : 직업적인 특색에 따라서 human diploid cell vaccine을 접종 함

② 노출 : 상처부위에 대한 처치가 대단히 중요, 수압이 강한 물로 씻고, 비누 및 세척제를 사용한 세척을 한다. 40~70% 알코올, Iodine tincture, 0.1% quaternary ammonium compound 등으로 세척한다.

③ 상처부위에 고단위 면역혈청주입, 백신접종, 면역 혈청 요법, 사람유래 면역 혈청

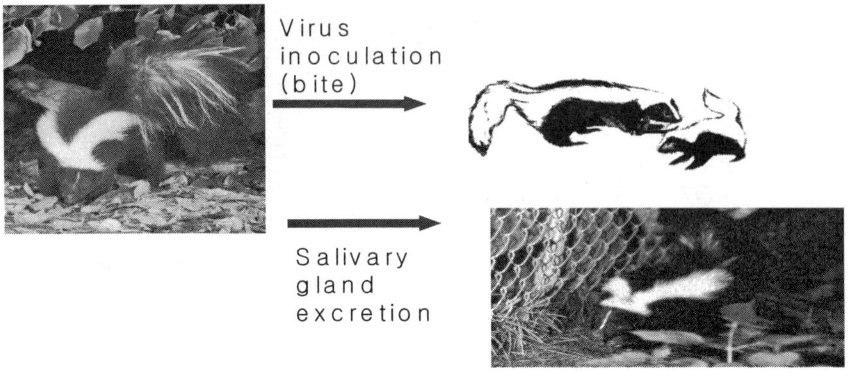

그림 14-23. 너구리에 의한 광견병의 전파(국내 상황)

(2) 가성광견병(Pseudorabies ; Aujesky's disease)

최근 사람에서 가성광경변에 대한 항체 양성이 보고되고 있으나, 임상증상 발현이 없어 인수공통감염병으로 분류되기 어렵다. 가성광견병은 광견병과 전혀 다른 것으로 돼지에 감염이 일어나는 허피스바이러스로서 신경증상 때문에 광견병과 유사한 증상이 발현되어 가성광견병으로 붙여진 이름이다. Swine herpesvirus인 pseudorabies virus에 의하여 발생, 1813년 소에서 "mad itch" 발생 보고되었으며, 1902 Aujesky가 병원체가 세균이 아님을 보고함으로서 이 질병에 대한 연구가 활발해졌다. 특히, 돼지에서 문제가 됨(국내에서 발병하고 있음). 임상증상은 일령이 낮은 돼지에서 치명적이다(폐사율 100%). 고열, 식욕부진, 불안, 타액분비, 운동실조, 견좌 같은 신경증세, 체중감소와 호흡기증상등을 보인다. 성돈은 가벼운 호흡기 증상이나 무증상을 나타내며, 신생자돈은 2~4일간의 잠복기를 거쳐서 심한 임상 증세를 나타낸다. Suckling을 게을리 하다가, 발열(41도), 24시간이내 신경증세를 나타낸다. 이유자돈에서도 심한 신경계통에서 증세를 나나낸다. 3~4주령에서의 치사율은 50% 정도이며, 호흡기 증세를 나타낸다. *Pasteurella multocida*, 또는 *Actinobacillus pleuropneumoniae* 등의 2차 세균 감염 증세를 수반한다. 출하직전 돼지와 임신 돈에서는 호흡기 증세가 나타나며, 번식장애(유산, 사산)을 나타낸다. 극심한 소양증세는 소, 개, 고양이 등에 나타내며, 감염시 신경증세, 폐사를 나타낸다(야생 동물도 치명적임). 사람에서는 항체 양성이 보고되고 있으나, 임상증상 발현이 없어 인수공통감염병으로 분류하지 않는다.

(3) 신증후성 출혈열(HFRS, Hemorrhage fever with renal syndrome)

신증후성 출혈열은 발열, 순환기계 부전, 출혈과 신부전을 특징으로 하는 급성열성질환으로 한타 바이러스 속(genus Hantavirus)에 속하는 여러 바이러스에 의한 감염성 질환으로 국내에서는 한국전쟁 당시 처음 알려 졌다. 우리나라 급성 신부전중의 가장 흔한 단일 원인질환이며 제 2종 법정 전염병이다.

① 병인체

Hantavirus(single strand RNA virus) – 前 고려대학교 이호왕 박사 최초 보고

② 발생

년 중 발생되나 유행 시기는 등줄 쥐의 활동시기, 도시형 감염으로 전국적으로 환자가 확산됨

③ 감염경로

㉠ 자연계의 숙주는 등줄쥐(*Apodemus agrarius coreae*)

㉡ 사람에게의 감염 경로는 등줄쥐, 집쥐 등의 배설물이 건조되어 먼지 등과 함께 부유하다가 호흡기를 통해 감염

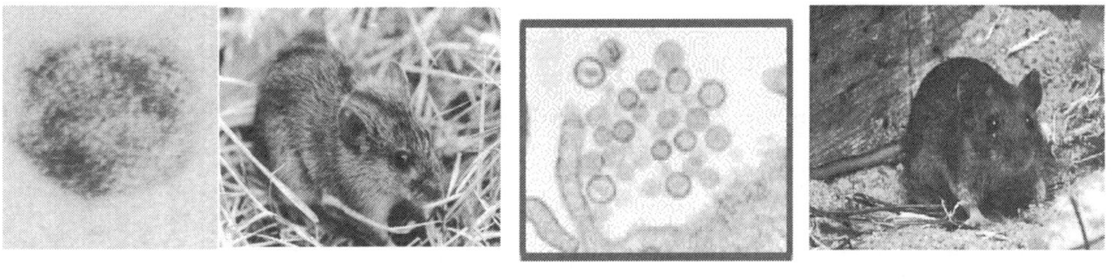

그림 14-24. 유행성출혈열 병원체와 매개 동물 등줄쥐

(4) 원숭이 B 바이러스 감염증

① 원인체

Herpesvirus simiae

② 임상 증상

원숭이에 빈발하며, 입주위에 수포와 궤양이 생김

③ 사람(매우 치명적 임)

원숭이에 물린 후 수포, 임파관.선 염, 고열, 두통, 복통, 설사, 인두염, 폐염, 호흡 불능

④ 원숭이에 물린 것과 뇌증상이 있는 경우 이를 의심해도 됨

⑤ 예방

원숭이에 할큄과 교상을 피할 것

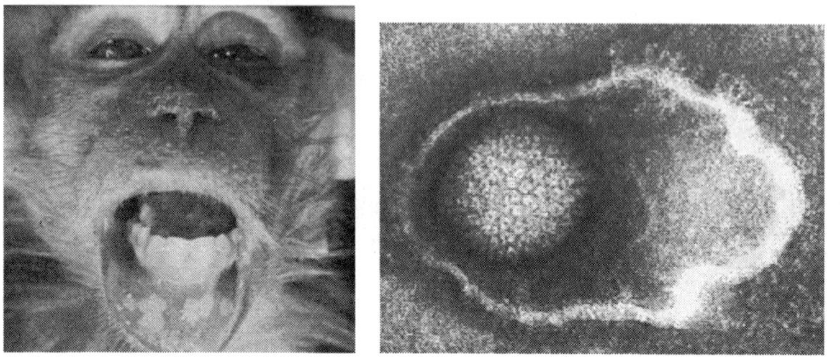

그림 14-25. 원숭이 B 바이러스의 전자현미경 사진

(5) 뉴캐슬 병(Newcastle Disease)

가금류의 급성전염병으로서 다양한 임상 증세를 나타낸다(양계업계에 가장 큰 피해를 준다).

① 병원체

뉴우케슬 병 비루스는 Paramyxovirus속인 RNA Virus이며, 장기친화성과 신경친화성이 있다. 병원성은 Velogenic virus(강독성), Medogenic(중등도), Lentogenic(약독성)으로 분류된다.

② 동물 감염

거의 모든 조류가 감수성을 가지고 있으며(오리 거위는 저항성이 높은 편임), 어린 닭에서 감수성이 더 크다.

- 임상적 증상(잠복기 : 평균 5~6일)

㉠ Pneumoencephalitic 또는 Neurotropic form : 호흡기 증상이 시작된 후 신경증상이 시작됨(폐사율 10~90%).

㉡ Respiratory syndrome(호흡기형) : 성계에서 호흡기 증상(폐사율 10~50%).

㉢ Velogenic-vescerotropic form : 갑작스러운 발병, 설사, 빈번한 기관지 배설물

㉣ 불현성 감염 : 성계에서 관찰됨

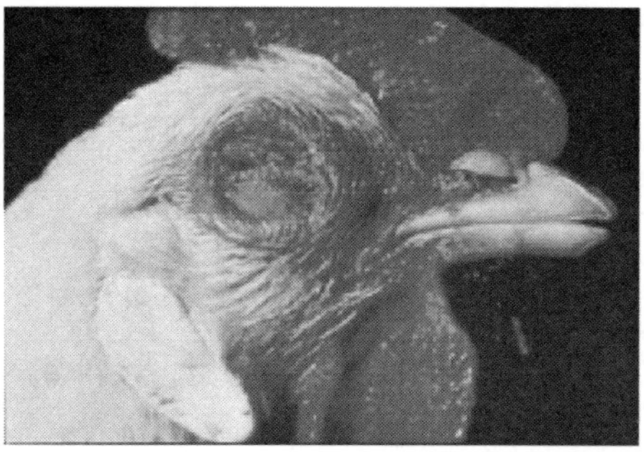

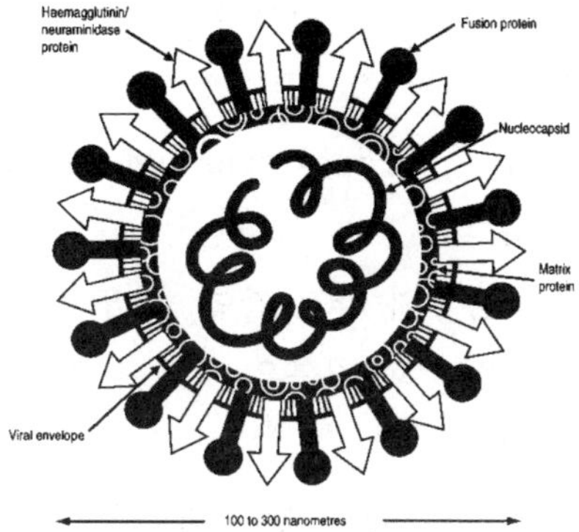

그림 14-26. 뉴캐슬 병의 증상과 바이러스 모식도

③ 인체 감염

잠복기는 1~2일이며, 주된 증상은 결막염(Conjunctivitis)으로 눈의 충혈, 눈물, 통증 및 결막하 조직 부종 등이 특징이다. 1주일 내 회복된다.

④ 전염원 및 전파양식

조류, 호흡기계의 전파, 인체감염은 aerosol으로 감염

(6) 소의 두진

두진(pox)은 피부에 농포형성을 특징으로 하는 병으로 주로 유두와 유방에 병변을 일으키며, 병진이 소포진으로 진행된 후 가피를 형성한다.

① 병원체

Orthopoxvirus속의 Cowpox virus(DNA virus)

② 감염 동물

개와 고양이를 제외한 모든 가축과 사람에게 발생한다.

③ 인체 감염

착유자의 손, 얼굴, 팔 등 발열, 국소적인 부종, 임파선염, 소에 비교하여 사람은 상대적으로 심하게 나타난다.

④ 전염원

영국에서 소와의 접촉이 없는 지역 주민에서도 발병(설치류가 전염원으로 추정)

(7) 가성 우두

Poxviridae로 parapoxvirus group에 속하며(Milker Nodule), 산유량의 감소와 세균 감

염에 의한 유방염으로 인하여 경제적 손실이 크다.

① 병원체

Poxviridae, Parapoxvirus속에 속하는 Pseudocowpoxvirus

② 감염 동물

비유기의 유우가 주로 감염, 유두 통증으로 착유가 힘들다. 발병부위의 구진은 수포화한다. 2~3일 후 검붉은 가피를 형성하여 탈락(송아지는 주로 입에 존재함)된다.

③ 인체 감염

잠복기는 5~7일로 착유자의 감염 부위에 Milker nodules을 형성한다.

(8) 구제역(Foot and Mouth Disease ; FMD) - 인수공통감염병이 아님

사람에서 임상증상 보고가 없어 인수공통감염병으로 논란이 있다. 현재 인수공통감염병으로 분류하지 않는다. 구제역(Foot-and-Mouth Disease; FMD)이란 소, 돼지, 양, 염소 등 우제류동물 및 야생동물에서 급성, 열성, 고도의 전염성을 나타내는 바이러스 감염증이다. 수포의 출현이 특징이며, 입, 비공(콧구멍), 비구부(콧등), 발굽, 유두(젖꼭지) 그리고 위의 주상돌기에 미란이 형성된다. 장기간에 걸쳐 발육, 비유, 운동, 번식 등의 장애를 일으킨다. 야생동물을 포함하여 감수성 동물 종이 많고, 전염성이 강하며, virus형이 많아서 방역이 극히 어렵다. 폐사율은 높지 않지만 어린 가축에서는 높은 폐사율을 보인다. 국제수역사무국(OIE) 질병 리스트에는 A010으로 지정되어 있다. 이 병의 최초 발생보고는 16세기 초 이탈리아 북부지역이며 그 후 급속히 유럽전역에 만연하여 19세기에는 전 세계적으로 분포하였다. 구제역은 거의 전 세계적으로 발생하고 있다.

① 병원체

구제역바이러스는 미생물 분류학적으로 피코르나바이러스 아프토바이러스속에 속하는 소형의 RNA 바이러스이다. 구제역바이러스의 혈청형에는 A, O, C, SAT-1, SAT-2, SAT-3, Asia-1 등 7가지의 주요 혈청형이 있으며, 80여 가지의 아형(subtypes)이 알려져 있다. 알칼리에 쉽게 사멸되기 때문에 소독제로 양잿물과 소다회가 흔히 사용된다.

② 동물

주로 소와 돼지에 침울, 발열이 있고 구강점막, 발톱 상부, 유두 그리고 드물게는 유방에 소포진을 형성한다. 치사율은 1~2%이지만, 심근염 시에는 높은 폐사율을 보인다. 어린 동물은 심내막염으로 죽게 된다.

③ 사람

구제역바이러스는 인체 세포내에서는 증식하지 않으므로 공중위생학적으로 문제시 되지 않는다.

④ 전염원 및 전파양식

㉠ 우제류(소, 양, 염소) : 우유, 타액, 요, 분변 등을 통하여 바이러스 배출

㉡ 환경에 저항성이 강함

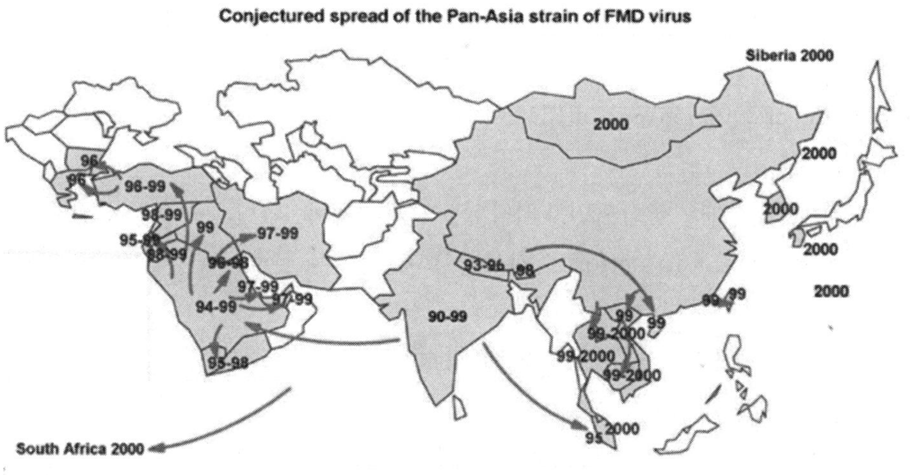

그림 14-27. 구제역 바이러스의 아시아 유행

(9) 수포성 구내염(Vesicular stomatitis)

수포성구내염은 남북아메리카 지역에서만 발생이 인정되고 있는 바이러스성 전염병이다. 감수성이 있는 동물은 말, 소, 산양, 면양 및 돼지이며, 실험적으로는 거의 모든 포유동물과 설치류, 냉혈동물에도 감염된다. 폐사율은 거의 없으며, 반추수나 돼지가 발병하였을 경우에는 임상증상이 구제역과 비슷하여 감별진단이 필요한 질병으로 중요시 되고 있다. 우리나라에서는 발생이 없는 질병이며, 법정 제2종 전염병으로 지정되어 있다.

① 병원체

Vesiculovirus속의 RNA virus(뉴저지형, 인디아나형)

② 감염 동물

잠복기는 2~4일, 수포성 구내염이 발생되며, 돼지에서 상당한 피해를 끼친다.

③ 인체 감염

잠복기는 1~2일, 사람의 인프렌자와 비슷(고열, 안구통증, 근통증)

④ 전염원 및 전파양식

야생동물과 모기(*Aedes mosquitos*)와 Sand flies에서 바이러스 분리

(10) 임파구성 맥락수막염(Lymphocytic choriomeningitis)

실험용 마우스에 많다. 가축은 발병되지 않으며, 미국, 일본, 아르헨티나 및 유럽 국가에서 발생된다.

① 병원체

lymphocytic choriomeningitis(RNA비루스)

② 동물 감염

마이스에서 번식장애, 성장지연, 뇌막염, 자가면역에 의한 사구체 신염(관용감염 : persistent tolernent infection), 폐사나 회복

③ 인체감염

무증상 감염, 뇌수막염, Influenza와 유사

④ 전염원 및 전파양식

마이스(수직 및 수평 감염), 음식물과 감염된 물건을 통하여 감염.

(11) 고병원성 조류 인플루엔자(Avian influenza)

고병원성 조류 인플루엔자는 닭, 칠면조, 오리, 야생조류 등 여러 종류의 조류에 감염되며, 전파가 빠르고 병원성에 따라 고병원성, 저병원성, 비병원성으로 구분된다. 고병원성은 가축전염병 예방법상 제1종 가축전염병으로 정하고 있으며, 국제동물보건기구(국제수역사무국, OIE)에서도 List A 질병으로 분류하고 있다.

① 원인체

조류 인플루엔자 바이러스로서 혈청형은 H형(15종)과 N형(9종)으로 구분되고 H_5N_2, H_9N_2 등으로 표기한다. 바이러스의 생존력은 -4도 온도에서 분변 내에서는 최소 35일간, 계사 오염 먼지에서는 2주간 생존, 오염된 물에서는 22℃에서 4일간, 0℃에서 30일간 생존, 오염된 가금육에서는 70℃ 30분, 75℃ 5분, 80℃ 1분간 열처리 시 사멸함

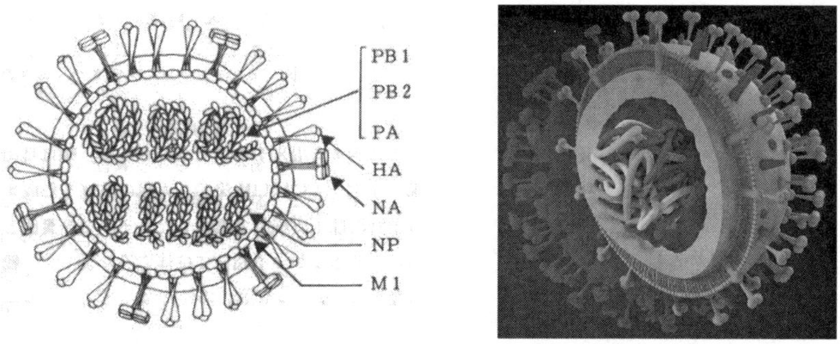

그림 14-28. 조류 인플루엔자 바이러스 구조도

② 잠복기

일반적으로 수 시간에서 2~3일임. OIE에서는 최장 잠복기를 21일로 규정

③ 전파경로

오염된 물, 사료, 분변 등으로 전파됨

④ 임상증상

㉠ 닭의 경우 : 일반적으로 사료섭취 감소, 벼슬의 청색증, 머리와 안면의 부종, 80% 이상 급격한 폐사, 산란율 저하 등을 나타냄. 뉴캐슬병과 유사하여 감별진단 필요.

㉡ 오리의 경우 : 알을 생산하는 종오리는 급격한 산란율 저하, 경미한 폐사가 나타남. 육용 오리는 거의 증상을 나타내지 않으나, 새끼 오리는 일부 폐사

⑤ 방역대책

고병원성 조류 인플루엔자(HPAI) 방역을 위한 전략으로는 조기 신고에 의하여 발생 농장의 감염 동물 살처분 등 신속한 오염원 제거, 발생지역을 중심으로 한 오염, 위험지역, 경계지역의 설정(zoning) 및 오염요인에 대한 강력한 이동통제, 오염 대상물건 및 농장에 대한 집중적인 소독 실시와 함께 감염축을 신속히 검색하기 위한 능동예찰(active surveillance) 등 신속하고 강력한 초동방역을 시행하기 위한 방역정책 등을 핵심개념으로 들 수 있다. 초동방역이 실패하여 고병원성 조류 인플루엔자가 전국적으로 확산 또는 만연되거나 방역체계가 허술하여 살처분 정책만으로 확산을 막을 수 없을 경우, 또는 홍콩과 같이 지속적으로 특정지역에서 고병원성 조류 인플루엔자가 전파되어 오는 것과 같은 경우에 예방접종을 살처분 박멸정책과 병행하여 실시하는 것도 효과적인 대안이 될 수 있으며, 예방접종을 시행하고 있는 국가는 모두가 위의 범주에 속하는 국가이다.

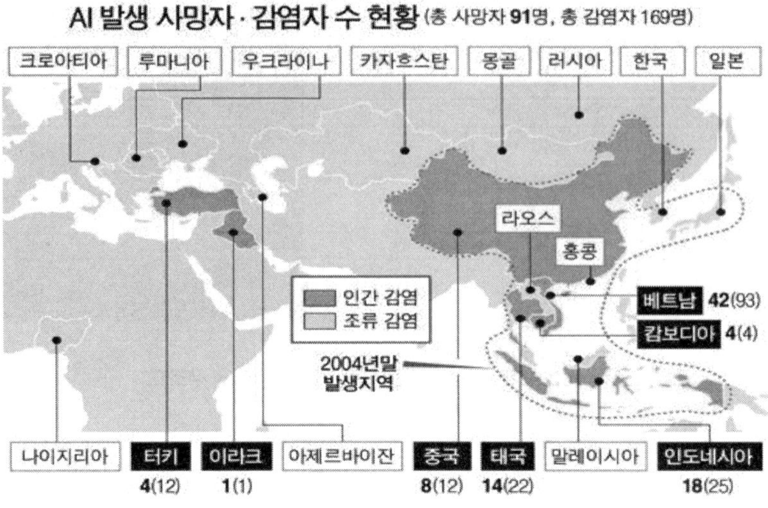

그림 14-29. 고병원성 조류 인플루엔자 바이러스 발생국가와 사망자(2004년)

(12) 일본뇌염(Japanese B encephalitis)

제1종 법정 전염병으로 모기에 의해 전염되며 임신돈의 유사산과 웅돈의 정자생산기능 장애 등 번식장애를 일으키는 질병이다. 모기가 많이 발생하는 8월경에 많이 감염되며, 감염된 돼지의 유산 및 사산은 8~11월 사이에 가장 많다. 경산돈 보다는 초임돈에 주로 발생한다. 일본뇌염바이러스는 사람에게도 감염되어 뇌염을 일으키므로 공중보건위생상 중요시되는 질병이다. 일본, 중국, 대만, 한국 등에서 절족동물(모기)에 의하여 전파된다.

① 병원체

Togaviridae, Flavivirus(Japanes B encephalitis virus, JEV), envelope를 가진 RNA 바이러스로 열에 약하여 56℃ 30분에 불활화 된다.

그림 14-30. 모기와 일본뇌염바이러스

② 동물 감염

3개월 미만의 자돈에서 뇌염 증상과 성돈은 무증상, 유산, 사산, 신생자돈의 폐사, 발열, 침울, Photophobia, 근육진전 등이 특징이며, 소와 산양도 감염되지만 이환율은 낮다.

③ 인체감염

무증상 감염, 현성인 경우는 두통, 고열, 경련, 정신착란 마비, 10일 이내에 사망과 같은 치명적 증세, 감수성이 가장 높은 연령 3~6살(그 후 이환율은 감소).

④ 전염원 및 전파양식

모기(*Clulex tritaeniorhynchus*)

⑤ 진단

균의 분리(주로 뇌에서), 보체결합반응(HI; IgM, CFT, SN)

⑥ 예방

순화생독백신(예방접종)

(13) 광우병(소해면상뇌증, Bovine Spongiform Encephalopathy)

① Prion 감염에 의해 뇌 세포의 손상으로 병변이 스폰지 모양으로 구멍이 숭숭 뚫린 것처럼 조직 검사에서 보이는 것이 특징이다.

② 스폰지 모양의 병변 때문에 소해면상뇌증이라 불리며, 뇌세포 손상으로 기립불능, 보행장애, 전신마비 등의 증상과 폐사에 이어지는 치명적인 만성 진행성 질병이다.

③ 뇌세포 손상에 의한 신경증상 때문에 광우병(mad cow disease)이라는 명칭으로도 불린다.

④ 사람의 CJD와의 연관이 있는 것으로 추정됨

⑤ 광우병에 걸린 소의 골 등을 먹을 때 감염 가능성이 높은 것으로 알려짐

⑥ 사람이 감염되면 10여년의 잠복기 후, 기억력 상실, 치매증상이 발증

⑦ 광우병 CJD는 수혈이나 성적 접촉을 통하여 전염되지 않음. 감염된 신경세포를 섭취할 때 발병 가능

⑧ 국내의 대책 : 영국 및 미국 등 발생 국가의 문제 발생시 수입금지

cf. 사람에서의 Creutzfeldt Jakob Disease(CJD)

① 오랜 잠복기를 거친 후 증상을 나타내므로 전에는 slow virus 감염으로 생각

② 사람 간의 전염으로 알려져 왔음

③ 뇌의 계속적인 위축, 구멍, 전신경련, 치매

④ 사람에서의 치매 평균 연령은 27.5세, 치사율 100%
⑤ 국내에서도 80년 이후 발생보고
⑥ prion이라는 단백질의 매개로 발병한다고 추정
⑦ CJD환자의 prion을 침팬지에 주사할 때 80% 발병

■ Prion이란?
① 핵산이 결여된 느리게 감염하는 입자로서, CJD, scrapie(양과 염소 등에서 일어나는 신경계질환)의 원인.
② 바이러스 입자를 virion이라 하듯이, protein의 알맹이란 뜻에서 prion이라 칭함.
③ 광우병 소나 CJD 환자의 뇌에서 예외없이 발견됨.
④ 종 특이성이 없으나 감수성의 차이는 있음.
⑤ 다른 종이라도 단백질 배열이 비슷하면 쉽게 전염.
⑥ 양과 소의 prion은 단백질구조 거의 비슷, 사람과 소의 단백질구조는 30군데 이상 다름.
⑦ 열, 포르말린, 알콜, 자외선 등에 저항성이 강함. NaOH 고압멸균 1시간에 파괴.
⑧ 소의 근육에서는 prion이 발견되지 않음.
⑨ 1985년에 이 단백질의 유전자가 클로닝되었다.

(14) 급성호흡기증후군(Severe Acute Respiratory Syndrome, SARS)

① 정의 및 병원체

사스(중증급성호흡기증후군, Severe Acute Respiratory Syndrom, SARS)는 2002년 11월부터 중국 광동지역을 중심으로 발생하여 홍콩, 싱가포르, 캐나다 등 전세계적으로 확산되었던 신종전염병으로, 사스 코로나바이러스 감염에 의해 발열과 기침, 호흡곤란, 폐렴 등을 보이는 증후군이다.

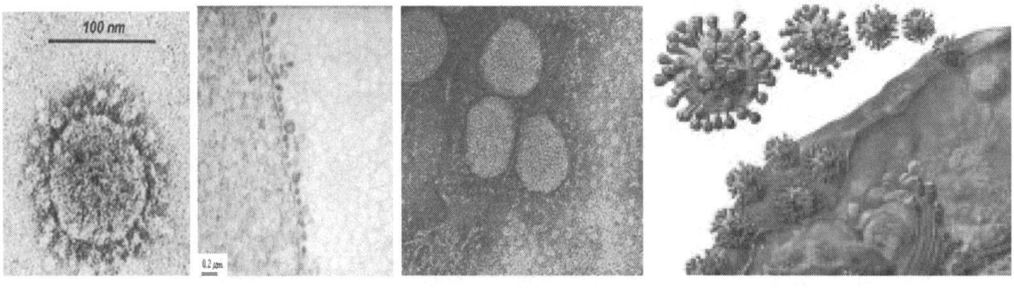

자료출처 : 국립보건원(http : //dis.cdc.go.kr/information/general.asp?Code=F11&name=)

그림 14-31. SARS 코로나바이러스의 전자현미경 사진과 감염모식도

② 임상증상

㉠ 주로 발열(체온 측정 시 38℃ 이상)이 첫 증상이며 오한, 두통, 근육통 등 전신적인 불편감이 동반되기도 하며 일부 환자에서는 초기에 미약한 호흡기 증상이 나타난다.

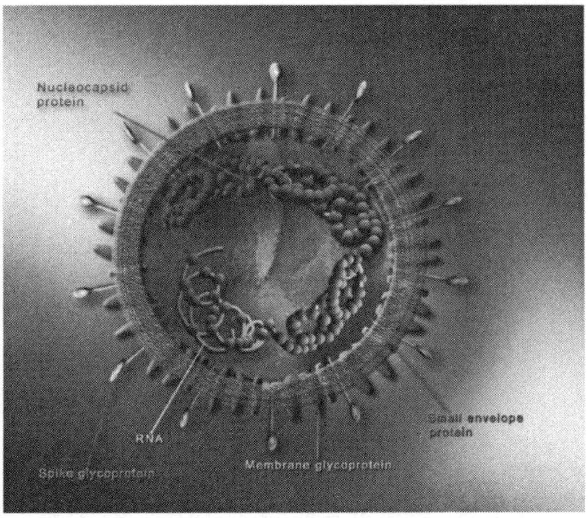

그림 14-32. SARS 코로나바이러스의 구조

㉡ 2~7일이 지나면 가래가 없는 마른기침이 나타나고 혈중산소포화도가 낮아진다. 대부분의 환자는 회복이 되지만 10~20%의 환자에서는 호흡부전이 나타나고 인공호흡이 필요하게 된다.

③ 잠복기

SARS의 전형적인 잠복기는 2~7일이다. 그러나 극소수의 환자에서 10일까지 잠복기를 보이기도 하고 13일까지 보고된 환자가 있으므로 14일까지는 38℃ 이상의 발열이 있는지를 관찰해야 한다.

④ 감염경로

아직 SARS의 전파는 주로 비말(작은 침방울)을 통해 감염되는 것으로 생각된다. 즉 SARS 환자가 기침, 재채기, 말할 때 배출되는 호흡기 비말에 의해 전파된다. 또한 호흡기 분비물에 오염된 물건을 통해서도 전파될 수 있다. 감염원에 대한 규명 연구가 계속되고 있으나 일부 학자들은 동물의 변종 코로나바이러스에 의한 감염을 주장하고 있어 인수공통전염병으로서 심각한 질병으로 받아들이고 있다. 앞으로 연구가 계속되어 사실이 확인되어야하지만 중국에서는 전염원으로 의심받고 있는 사향고양이를 대량 잡아 죽인 것으로 알려져 있다.

⑤ 치료방법

현재까지는 지역사회에서 감염된 원인을 모르는 중증비정형폐렴에 적합한 치료를 하도록 권하고 있다. 그러나 아직까지는 치료법에 대한 충분한 정보가 없으며 비정형폐렴을 치료할 수 있는 항균제를 투여하고 항바이러스(oseltamivir 또는 ribavirin)제를 투여해볼 수 있다. 그리고 스테로이드를 항바이러스제와 함께 경구 또는 정맥 투여해볼 수 있다.

⑥ 치사율

㉠ 80~90%의 대부분 환자는 6~7일째 증상이 호전이 된다.

㉡ 10~20% 정도의 환자는 증상이 악화되어 급성호흡곤란증후군(acute respiratory distress syndrome)이 발생하여 기계호흡이 필요할 정도 중증으로 발전한다.

㉢ 사망율은 3~4% 정도이며, 다른 기저질환이 있는 경우에 높아진다.

그림 14-33. SARS 코로나바이러스와 중국의 동물 수난

(15) 뎅귀열(Dengue fever)

① 정의 및 병원체

모기에 의해 전파되는 전염병으로 열대지방에서 출혈을 유발하는 무서운 질병이다. 국내 연예인 신정환이 2010년 필리핀에서 도박 문제로 귀국을 하지 못하면서 뎅귀열에 감염되었다고 입원 소동을 벌여 국내에도 많이 알려진 질병이라 할 수 있다.

병원체는 Flavivirus속에 dengue virus가 원인체로 single stranded RNA 바이러스이다. Flavivirus속에는 뎅귀열, 황열, 웨스트나일뇌염을 유발하는 각각의 바이러스들이 속해있다.

② 임상증상

주로 발열이 첫 증상이며 고열로 증상이 심해지면 오한, 두통, 근육통, 관절통, 안구통 등 심한 통증과 오심과 구토 등의 증상과 심한 경우 발작이 나타난다. 이 후 진행이 계속되면 특징적으로 출혈이 나타나고 쉽게 멍이 드는 현상과 피부의 발적, 출혈 소견이 보이고 코와 잇몸의 출혈 및 내출혈이 뒤따라 일어난다. 이러한 특징적인 출혈 증상은 모세혈관의 투과성이 과도하게 항진되면서 나타나는 것으로 알려져 있다.

③ 잠복기

모기에 물린 다음 3~14일의 잠복기를 거쳐 고열과 통증이 나타난다. 1주 정도 증상이 계속되다 출혈이 뒤따라 일어난다.

④ 감염경로

모기에 의해 원인 바이러스인 뎅귀 바이러스가 전파되는 것이 문제이다. 뎅귀 바이러스를 매개하는 모기는 *Aedes aegyti*가 주로 문제가 된다. 초기 아프리카 원숭이에 있는 바이러스가 매개 모기 *Aedes aegyti*의 흡혈을 통해 사람에 전파된 것으로 추정되고 있다. 원숭이 이외 다른 동물도 이 병원체의 중간숙주로 작용하는 것으로 추정되고 있다. 필리핀과 같은 열대지방에 여행을 가는 경우 특히 주의를 요한다.

⑤ 예방 및 치료방법

현재까지는 적절한 치료제가 없어 감염이 심한 경우 출혈에 의한 쇼크로 사망할 수 있다. 모기 서식지를 없애고 모기에 물리지 않도록 야외 활동 시 조심하는 것이 좋은 방법이다.

(16) 황열(Yellow fever)

① 정의 및 병원체

모기에 의해 전파되는 전염병으로 아프리카와 남아메리카의 열대지방에서 황달과 출혈을 유발하는 무서운 질병이다. 황열은 인류가 가장 무서워하는 질병 중의 하나로 여겨질 만큼 열대지역을 중심으로 막대한 피해를 입히는 질병이다.

병원체는 Flavivirus속에 Yellow fever virus가 원인체로 single stranded RNA 바이러스이다.

열대지방을 여행하는 경우에 반드시 방문하기 최소 10일 전에 예방접종을 미리 접종받는 것이 권장된다.

② 임상증상

주로 발열과 고열이 반복하다가 근육통의 증상과 출혈 및 내출혈이 뒤따라 일어난다. 이러한 특징적인 출혈 증상은 구토 내용물에도 출혈 혈액이 섞여 있어 흑토병(黑土病)이라고도 불린다. 또한 내부 출혈과 함께 황달이 유발되어 피부색과 점막이 노랗게 보이며, 이러한 증상으로부터 황열이라는 병명이 붙여졌다.

③ 잠복기

모기에 물린 다음 3~6일의 잠복기를 거쳐 고열과 통증이 나타난다. 이 후 증상이 사라졌다 다시 24시간 이내에 증상이 악화된다. 황달증세와 구토 및 복부 통증이 계속되다 출혈이 뒤따라 일어난다.

④ 감염경로

모기-원숭이-모기의 순환 형태로 바이러스가 전파되다가 감염된 모기가 사람을 흡혈할 때 바이러스를 전파한다. 모기에 의해 원인 바이러스인 황열 바이러스가 전파되는 것이 문제이다. 황열 바이러스를 매개하는 모기는 *Aedes aegyti*가 주로 문제가 된다. 원숭이에 있는 바이러스가 매개 모기 *Aedes aegyti*의 흡혈을 통해 사람에 전파된 것으로 추정되고 있다. 원숭이 이외 다른 동물도 이 병원체의 중간숙주로 작용하는 것으로 추정되고 있다. 열대지방에 여행을 가는 경우 특히 주의를 요한다.

⑤ 예방 및 치료방법

현재까지는 적절한 치료제가 없어 감염이 심한 경우 출혈에 의한 쇼크로 사망할 수 있다. 백신접종이 가장 좋은 예방방법이다. 모기 서식지를 없애고 모기에 물리지 않도록 야외 활동 시 조심하는 것이 좋은 방법이다.

(17) 웨스트나일뇌염(Yellow fever)

① 정의 및 병원체

서나일뇌염으로도 불리는 이 질병은 모기에 의해 전파되는 전염병으로 북미지역을 중심으로 발병이 확산되고 있으며 뇌염을 유발하는 무서운 질병이다. 웨스트나일뇌염은 우간다의 웨스트나일 지역에서 처음 질병이 발견되어 명명되었다. 현재는 유럽과 북미지역을 중심으로 막대한 피해를 입히는 질병이다.

병원체는 Flavivirus속에 West Nile virus가 원인체로 single stranded RNA 바이러스이다.

② 임상증상

성인에서는 가벼운 감기 증상을 거쳐 회복되나 어린이와 노약자 또는 면역이 저하된 환자에서는 치명적인 뇌염이 유발된다. 동물에서는 대개 불현성감염이나 경우에 따라서 사람과 같이 치명적인 뇌염이 유발되기도 한다.

③ 잠복기

모기에 물린 다음 3~14일의 잠복기를 거쳐 고열과 오한, 두통, 근육통, 무기력, 오심 등의 감기증상을 보이다가 수일~수주간 증상이 계속되다 성인의 경우 대부분 회복된다. 어린이나 노약자와 같은 면역체계가 불완전한 개체의 경우에 중증으로 경직, 근육 약화와 마비, 경련 등 신경증상을 보이며, 심한 경우 전신마비와 혼수상태에 거쳐 사망에 이른다.

④ 감염경로

새와 같은 조류와 말에 감염된 바이러스를 모기가 흡혈하여 순환 형태로 바이러스가 전파되다가 감염된 모기가 사람을 흡혈할 때 바이러스를 전파한다. 모기에 의해 원인 바이러스인 웨스트나일 바이러스가 전파되는 것이 문제이다. 웨스트나일 바이러스를 매개하는 모기는 *Aedes aegyti*가 주로 문제가 된다. 조류와 말에 있는 바이러스가 매개모기 *Aedes aegyti*의 흡혈을 통해 사람에 전파된 것으로 추정되고 있다. 조류와 말 이외 다른 동물도 이 병원체의 중간숙주로 작용하는 것으로 추정되고 있다.

⑤ 예방 및 치료방법

현재까지는 적절한 치료제가 없어 감염이 심한 경우 뇌염으로 사망할 수 있다. 모기 서식지를 없애고 모기에 물리지 않도록 야외 활동 시 조심하는 것이 좋은 방법이다.

(18) 에볼라열(Ebola fever)

① 정의 및 병원체

에볼라 바이러스 감염에 의한 급성열성전염병으로 치사율이 높고 전파가 잘되는 무서운 질병이다. 원인바이러스에 대한 연구도 금지될 정도로 인류에 치명적일 것으로 예측되고 있으며, 수단과 자이레 지역에서 1976년 처음 질병이 확인되었으며 영화 '아웃브레이크'를 통하여 우리에게 잘 알려져 있다. 여러 나라에서 생물학전 무기로 연구되고 있다는 주장이 제기될 정도로 인류의 생존을 위협하는 치명적인 무서운 질병이다. 병원체는 Filovirus속에 Ebola virus가 원인체로 single stranded RNA 바이러스이다.

② 임상증상

원숭이에서 치명적인 출혈을 유발한다. 사람의 경우에 고열과 두통, 관절통, 근육통, 무력감, 구토, 설사 등이 나타나고 피부 발진, 피부와 점막의 출혈에 이어 비출혈과 각종 내장 장기 출혈이 유발되어 쇼크로 사망에 이른다.

③ 잠복기

2~20일의 잠복기를 거쳐 증상이 유발되고 내장 장기 출혈이 유발되어 쇼크로 사망에 이른다.

④ 감염경로

원인 바이러스인 웨스트 나일 바이러스 보균 동물은 야생 설치류와 과일박쥐로 추정되고 있다. 사람과 원숭이는 감수성 동물로 보균동물과 접촉하거나 보균동물 배설물에 노출되어 감염이 일어나면 출혈로 사망에 이른다. 전염성이 매우 강하여 과거 수간과 자이레 지역에서 발생된 경우에 환자를 돌보던 간호사와 의사가 감염되어 그 중 50%가 사망하였다.

⑤ 예방 및 치료방법

현재까지는 적절한 치료제가 없다. 원숭이를 수입할 때 철저한 검역과 검사가 필요하다. 양성 반응을 보이는 모든 동물은 도태하고 소각한다.

■ **에볼라바이러스와 영화 아웃브레이크**(Outbreak)

영화 "아웃 브레이크(Outbreak : 발병)" 이라는 영화를 본 사람은 영화 속에서 보여주는 가공할 질병에 놀라고 사뭇 두려운 마음을 가졌을 것이다. 실제 아웃브레이크는 불과 1년전에 실제 발병된 에볼라출혈열이라는 전염성 질병을 소재로 영화화 한 것이다. 이 병은 아프리카의 비교적 의료체계를 갖춘 마을의 병원에서 감염이 시작되어, 최초 환자가 들어온 후 간호하던 간호사가 전염되어, 환자가 며칠 후 사망하면, 이어 다시 간호사가 쓰러져 눕고, 다시 다른 간호사가 감염되어 병원 내에서 공포의 병으로 여겨졌다. 이점까지도 영화의 최초 마을 주민 모두가 몰살당한 상황과 흡사하다.

발병률이 빠르면, 걸리면 4~5일 이내에 온몸에 피를 뿜으며 죽으니 가히 무섭지 않겠는가?

에볼라 바이러스는 닥치는 대로 세포에 감염되어 증식도, 계속 무서운 속도로 증식하여 감염된 세포의 파괴와 모세혈관 손상에 의한 전신에 출혈이 생겨 죽게되는 치명적인 결과를 유발한다. 중간보균 동물은 쥐와 같은 야생 설치류와 박쥐로 추정되고 있으나 아직 정확히 밝혀져 있지 않고 원숭이와 사람에 감염되어 출혈에 의한 사망을 유발하는 무서운 질병이다.

다행히도, 지난해 발생했던 에볼라 바이러스는 혈액으로 인해 전염되는 질병이었다. 즉 극도로 주의하면 전염 문제를 해결할 수 있다. 더군다나 인구 밀도가 낮은 아프리카 지역에서 최초 발병했다는 것이 행운이라면 행운이었다는 것이다.

여기서 재미있는 것은 발병확인과 동시에 유엔이나 미국의 CDC 같은 단체들이 참여 했지만, 전염병의 감염경로 차단에 실패했지만, 어느 정도 저절로 전염병은 수그러들었다.

(19) 중증열성혈소판감소증(severe fever with thrombocytopenia syndrome, SFTS)

① 병원체: 중증열성혈소판감소증(SFTS) 바이러스 (Bunyaviridae과, Phlebovirus속, RNA 바이러스)

② 중간 매개체: 작은소참진드기(*Haemaphysalis longicornis*)- 소와 야생동물 피를 빨아먹는 진드기로 흡혈 과정에 바이러스 전파

③ 중간숙주: 소, 사슴, 멧돼지, 쥐 및 야생 동물

④ 발생 현황: 2006년 중국에서 발병이 최초 보고되었으며 2011년 병원체가 발견되었다. 2013년 1월 일본, 2013년 5월 대한민국 사망자가 확인되었다. 이후 국내에서도 충청북도, 강원도, 부산시, 제주도 등의 각지에서 감염 및 사망이 발생한 바 있다.

⑤ 사람의 증상: 발열, 구토, 설사, 다기관 부전(multi-organ failure), 백혈구감소, 간효소치 증가, 혈소판감소에 의한 사망으로 치사율이 12~30%에 이른다.

⑥ 예방방법: 야외 활동시 진드기에 물리지 않도록 주의한다.

(20) 중동호흡기증후군(Middle East Respiratory Syndrome, MERS)

① 다른 이름 : MERS, 메르스, 메르스바이러스, 메르스바이러스감염증, 메르스코로나바이러스, 메르스코로나바이러스감염증, 신종코로나바이러스감염증

② 병원체 : 신종 코로나 바이러스인 MERS-Corona 바이러스

③ 중간숙주 : 낙타가 1차 감염원으로 추정. 유전자 염기서열이 박쥐에서 발견되는 것과 유사하다 하여 박쥐를 원인 동물로 보고 있으며 최근 연구 결과로는 매개 동물이 낙타일 가능성이 더 높은 것으로 보고 있다.

④ 발생 지역 : 사우디아라비아를 비롯한 중동에서 집중적으로 발생하고 있으며, 최근에는 다른 나라에서도 발생하고 있다.

⑤ 주증상 : 발열, 폐렴, 콩팥 손상

⑥ 잠복기 : 14일

⑦ 치료제와 백신 : 개발되지 않았음

⑧ 치사율 : 약 30%

3 진균성질환

(1) 아스페르질루스균증(Aspergillosis)

조류에 주로 폐렴. 소, 말에 폐렴, 유산을 일으킨다. 피부, 전신성 질환도 보고되고 있다.

① 병원체

Aspergillus fumigatus, *A. clavatus*, *A. flavus* 중요하다. 균사로부터 수직으로 뻗은 분생자병의 정점이 팽대하여 전낭이 되어 여기에 다수의 경자(sterigma)가 생겨 그 위

에 수개의 juice상으로 이어진 원형의 소분생자 형성한다.

② 동물 감염

조류, 소, 말 등으로 감염경로는 병원균은 토양속에 상재하고 있기 때문에 외인 성으로 포자로 흡입하여 감염되며, 조류는 부란기내에서 접촉감염이 많다. 주 증상은 조류의 경우 진균성 폐렴으로 호흡곤란이 오며 사료와 음료수를 먹지 않고, 기립불능, 발육부전을 일으킨다. 개의 경우 오염 사료에 의한 신부전증이 대표적이다.

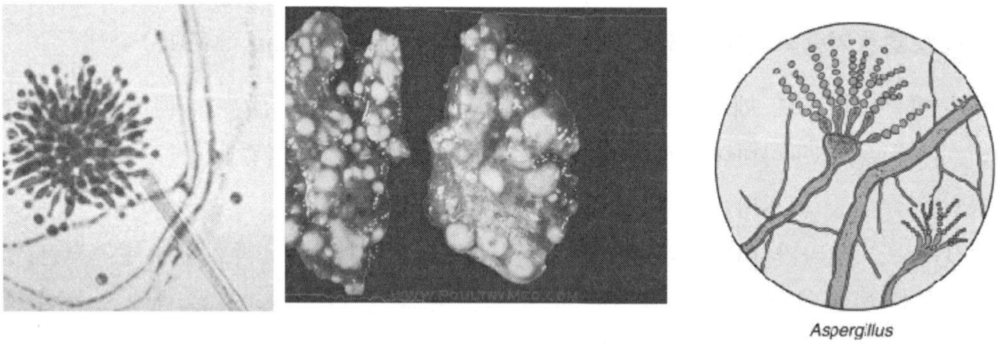

그림 14-34. 아스퍼질러스와 감염 동물의 폐장 병변

③ 인체감염

감염경로는 흡입감염이 많다. 새 키우는 사람, 모피취급인, 농부(곡물취급) 등의 직업병이다. 균교대감염증으로 많이 감염 된다. 주 증상은 폐렴으로 폐 아스페르질루스 증이 가장 많다. 최근 *A. flavus* 의 특정 주는 발암성물질인 "aflatoxin"을 생산하는 것이 알려졌다. *A. flavua* 에서 "aflatoxin"이 많이 산출된다.

(2) 자이고 진균증(Zygomycosis)

균사에 격벽이 없고 균사 전체가 하나의 세포로 구성되어 있는 Phycomycetes(조균류)와 균사에 격벽이 있는 Mycomycetes(불완전균류)가 있다.

① 병원체

조균류(Phycomycetes)로서 mucor과의 Mucor속, Rhizopus속, Absidia속에 속하는 진균에 의한다. 회흑색의 섬모상 집락을 형성하고 무격성의 균사와 접합포자 및 포자낭포자를 갖는 것이 특징이다.

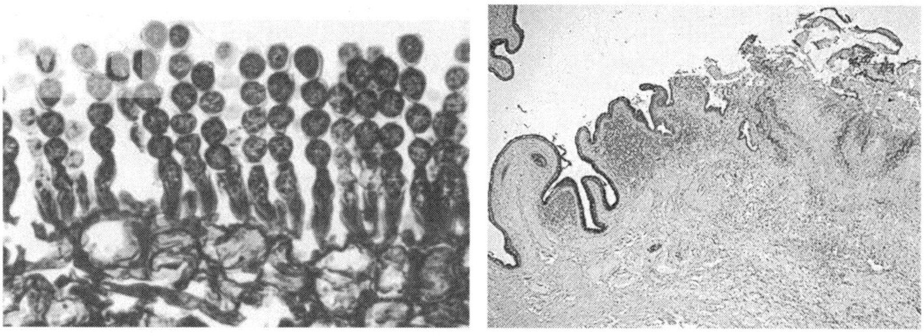

그림 14-35. 자이고 진균과 피부감염 병변

② 동물 감염

개, 말, 소, 돼지, 조류 등이 있으며, 주 증상으로는 임파선, 간, 폐, 신장에 육아 종을 형성하는 것과 소화관에 궤양을 보이는 형이 있다.

③ 인체감염

감염 경로는 기도 감염과 주 증상은 폐 무코로진균증은 포자가 호흡 시 기도로 흡입되어 기관지 폐렴 증세를 보이고, 진행하면 혈관 벽에 들어가 증식하여 폐 경색증을 나타낸다.

(3) 크립토코쿠스증(Cryptococcosis)

토양에서 흔히 존재하는 곰팡이류로 흡입감염이 된다. 정상인의 경우는 자연 치유되기도 하나 폐에 위치해 있다가 면역억제(에이즈, 스테로이제 투여, 암 치료 등)시 전신으로 퍼지며, 특히 뇌에 침입 뇌수막염을 일으키고 신경증상을 나타낸다. 즉, 에이즈 환자의 생명을 위협하는 가장 대표적인 곰팡이 중의 하나이다.

① 병원체

Cryptococcus neoformans

② 동물감염

- 감염동물 및 분포 : 말, 소, 개, 고양이, 돼지의 피부. 소화관, 그리고 비둘기의 분변 속에서 많이 분리되며, 주 증상으로는 소는 만성육아성유방염, 말은 폐에 점액종양병소(myxomatous lesion), 코, 입술의 육아종성병변, 개는 폐의 육아종, 수막뇌염, 고양이는 뇌막염, 폐의 육아성염증, 안검의 궤양이 특징적이다.

③ 인체감염

감염 경로는 기도를 통한 흡입감염과 주 증상은 기회감염(opportunistic infection)이 특징이다. 장기별 병소율은 중추신경계질환이 50%, 폐와 중추신경에 동시 발병되는 것이 15%, 기타 전신성이 35%, 임파절 종창이 18%의 순으로서 뇌형이 가장 많다.

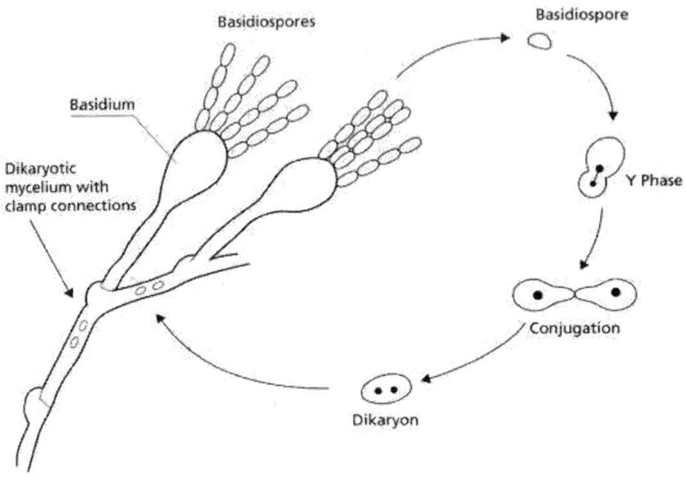

그림 14-36. 크립토코쿠스의 생활사

(4) 캔디다증(Cadidiasis, Moniliasis)

포유류에 병을 일으키며 gastrointestinal tract에 낮은 농도로 존재한다. Candida는 보통 출아법으로 증식하지만 인간의 면역기능이 떨어질 경우와 같이 환경이 좋아졌을 때 필라멘트(filaments)를 만들어 담쟁이덩굴처럼 점막세포나 피부로 침입하여 퍼져나간다. 사람의 구강, 소화관, 생식기 등에 존재하고, 최근 구강(특히 치주, 치육)으로부터 분리한 Candida가 치주 병의 주된 원인일 것으로 예측되어 화제가 되고 있다. 또한 *C. neoformans*와 유사하게 면역 결핍환자에서 문제가 되고 있다.

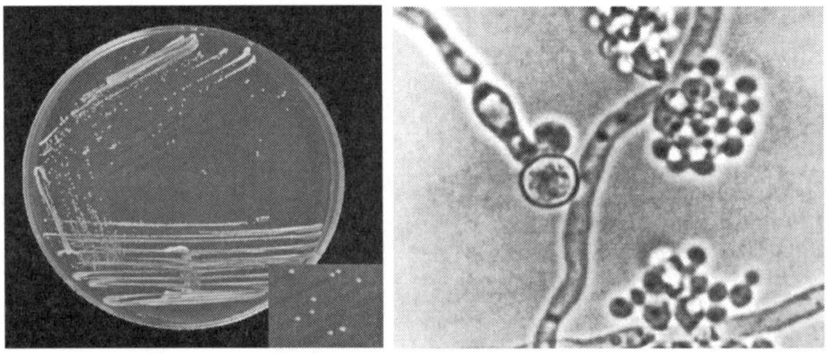

그림 14-37. 캔디다 배양 및 현미경 사진

① 병원체

Candida albicans

㉠ 사브로드 한천배지를 이용하여 실온에서 배양할때 크림색의 집락형성, 효모 냄새가 특징

② 동물감염

기회감염, 균 교대감염을 하며, 주 증상은 닭, 칠면조 등 조류는 상부소화관, 사낭에 병소(황백색의 밀크의 응고물)가 있다. 개에도 구각 염, 다리의 피부염, 어린 송아지의 식도염, 인후염,위염, 돼지의 구내염, 위염, 피부염이 생긴다.

③ 인체감염

점막 칸디다증, 피부 칸디다증은 손톱, 손가락사이, 살, 겨드랑, 유방, 생식기에 발생하고, 심재성으로 내장 칸디다증(기관지, 폐, 장관)도 온다.

(5) 피부진균증(Dermatomycosis)

① 병원체

㉠ 피부사상균에 속하는 백선균속, 소포자균속, 표피균속에 의한 피부계상균증이다.

㉡ 백선과 황선이 있다. 피부진균증이 모든 진균증 중에서 가장 많이 발생되고 있으며 세계적으로 분포한다.

② 동물의 백선 및 황선(Ringworm and Favus)

㉠ 백선 : 표제성은 원형의 피모결손, 탈모, 비늘형성과 낙설, 피부비후, 가피형성, 심재성은 표재성에서 이행된 것으로 모발 및 모근의 주위에 병변이 있다. 종종 농양을 형성하기도 하며, 병인체로는 *M. canis*, M. gypseum, *T. mentagrophytes*, *T. verrucosum* 등이 있다. 이중 *M. canis*는 개, 고양이의 병원균이지만 말, 원숭이, 양, 사람 등에도 감염되며, *T. verrucosum*은 소에서 피부진균증을 일으키지만 산양, 양, 말, 낙타 그리고 사람에도 옮긴다.

㉡ 황선 : *T. gallinae*, *T. schoenleini*가 원인체이다. 전자는 닭의 원인체이지만 사람 및 개에서도 병원성이 있다. 개, 고양이에 균 갑을 형성시키고, 말, 양, 생쥐에도 감염되고 이것이 사람의 전염원이 된다. 일본에서 말의 복행진의 원인체라 알려진 *Achorion gypseum*도 *M. gypseum*과 같은 것이다.

4 리켓치아 및 클라미디아 질환

리켓치아병은 주로 설치류와 절족동물의 질병으로 절족동물을 매개체로 하여 사람에게 전염되는 질병으로 임상증상, 역학 및 면역학적 특성에 의하여 티푸스병과 Q열로 분류한다.

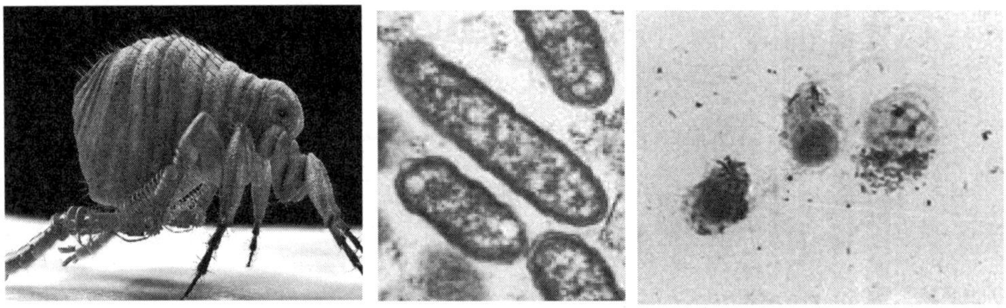

그림 14-38. 쥐벼룩과 발진열 원인 리케치아

(1) 발진열(endemic typhus fever)

① 발진열은 *Rickettsia typhi* (*R. mooseri*)에 의한 급성 열성 전염병으로 감염된 쥐벼룩(*Xennopsylla cheopsis*)에 의해서 전파된다.
② 임상증상은 발진티푸스와 비슷하지만 일반적으로 증상이 가볍고 사망하는 예는 거의 없다.
③ 계절적으로는 가을철에 많고 산발적으로 발생하며, 쥐의 서식이 많은 지역(농촌, 곡물창고 등)에서 발병이 잘된다.

(2) 홍반열군(Spotted fever group)

발생지역에 따라 로키산홍반열(RMSF), 퀴인슬랜드 진드기티푸스, 지중해열, 북아시아 진드기열, 리켓치아 두창, 북미 진드기열 등이 있다.

(3) 츠츠가무시병(Tsutsugamushi disease, Scrub typhus)

① 병원체

Rickettsia tsutsugamushi

② 동물감염

원숭이, 기니피그, 햄스터, 들쥐, 쥐 및 생쥐에 병원성이 있다.

③ 감염양식

자연계 생활환 진드기-쥐-진드기(transovarian passage)

④ 증상

잠복기는 1～3주이다. 증상은 발진티푸스와 유사하다.

㉠ 장티프스형 : 전 경과 시간 17일

㉡ 이장형 : 발열 18～30일 발열은 안면, 구간, 사지에 소두대단 형, 장미발진이 나타나고, 며칠 후 그대로 없어진다. 발병 3주쯤에 섬망, 혼미 등의 신경증상이 나타난다.

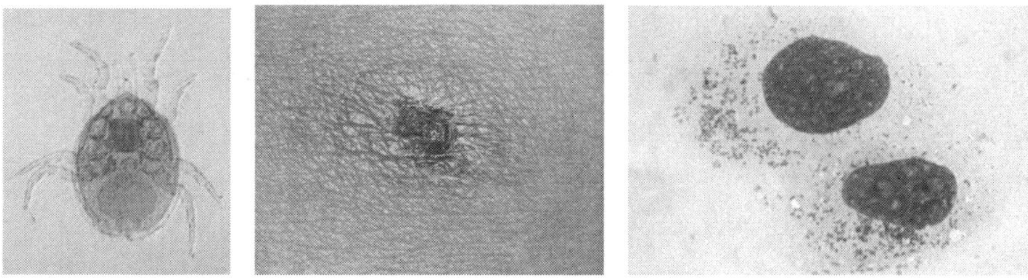

그림 14-39. 쥐 진드기와 병변 및 츠츠가무시

(4) Q열(Q fever)

① 병원체

Coxiella burnetii 로서 세균여과기를 통과하는 소형균체이며, 열 건조에 대한 저항성이 매우 높다.

② 동물감염

소, 면양, 산양의 준 임상적 질병(유방염 원인체)이기 때문에 진단이 매우 어렵다.

③ 사람의 감염

잠복기는 3～5일, 주 증상은 독감, 원발성 비정형 폐렴 및 간염과 유사하다.

④ 다른 리켓치아병과 달리 절족동물의 매개체가 없고 홍반이 없다는 두 가지 특징이 있다.

⑤ 감염경로

소, 양, 산양에서의 감염은 이들에 기생하는 진드기에 의하여 전파된다.

(5) 앵무병(Psittacosis, Ornithosis, Parrot fever)

① 병원체

Chlamydia psittaci 로서 세포(조직배양, 발육계란) 내에서만 증식한다.

② 감염동물

앵무새, 잉꼬, 비둘기, 칠면조, 오리 등의 조류와 소, 양, 산양, 고양이 등

③ 감염양식

감염조류의 분뇨나 기도분비물에 병원체를 배설함으로서 이들의 직접 또는 오염 환경에 의한 경구 및 호흡기를 통한 감염.

④ 증상

동물에서는 보통은 불현성 감염, 과밀사육, 수송 등 스트레스를 받으면 발증하게 되고 설사, 식욕부진, 발열, 호흡곤란, 결막염 등이 특징이다. 특히, 송아지의 경우는 선회운동, 마비, 신경증상(뇌 척수염 형)과 장염형이 있다. 사람의 경우는 잠복기가 7~14일이며, 무증상에서 급성전신증세에 이르기까지 다양하다. 식욕부진, 발열, 오한, 두통, 정신착란과 50~60세 이상의 노령의 경우는 중증으로 경과하는 예가 있다.

5 기생충성 질환

사람과 동물 사이에서 직·간접으로 기생충이 상호 감염하여 생기는 기생충성 질병으로 약 100여종이 알려져 있다. 전파유형에 따른 기생충의 분류는 다음과 같다.

① 토양에서 발육, 채소류를 통해 전달 : 회충, 십이지장충

② 패류를 중간 숙주로 함 : 폐흡충, 간흡충

③ 모기 등의 절족동물을 매개로 함 : 심장사상충, 말라리아

④ 성 접촉 등을 통해 : 트리코모나스

⑤ 고기, 어류를 통해 : 촌충

⑥ 수인성 및 공기 전파성 기생충 : 이질아메바, 지알디아

생물학적으로 분류하면 다음과 같다.

① 윤충류(Helminths)는 선충류(Nematoda), 흡충류(Trematoda), 조충류(Cestoda)로 구분된다.

② Protozoa(원생동물)는 핵 가운데의 karyosome과 핵막 안쪽에 배열하는 chromatin particle(유전자)이 있고, 세포질은 내세포질(endoplasm)에 식포, 수축포, 염색질체 등이 있으며, 외세포질(ectoplasm)은 cyst wall의 형성, 위족, 편모(운동핵(kinetoplast)에서 시작하여 길게 돌출), 섬모, cytostome(cell mouth), cytopyge(cell anus) 등이 있다.

(1) 원충류 감염증

원충류는 원생동물로서 단세포성이며, 동물계의 최하위이다. 국내에서 중요한 기생충성 질병으로는 아메바성 이질, 톡소플라스병, 바란티디움증 등이 있다.

1) 아메바성 이질

① 병원체

이질아메바(*Entamoeba histolytica*) : 영양형, 포낭형으로 구분, 대형과 소형 중에 대형만이 병원성이 있다.

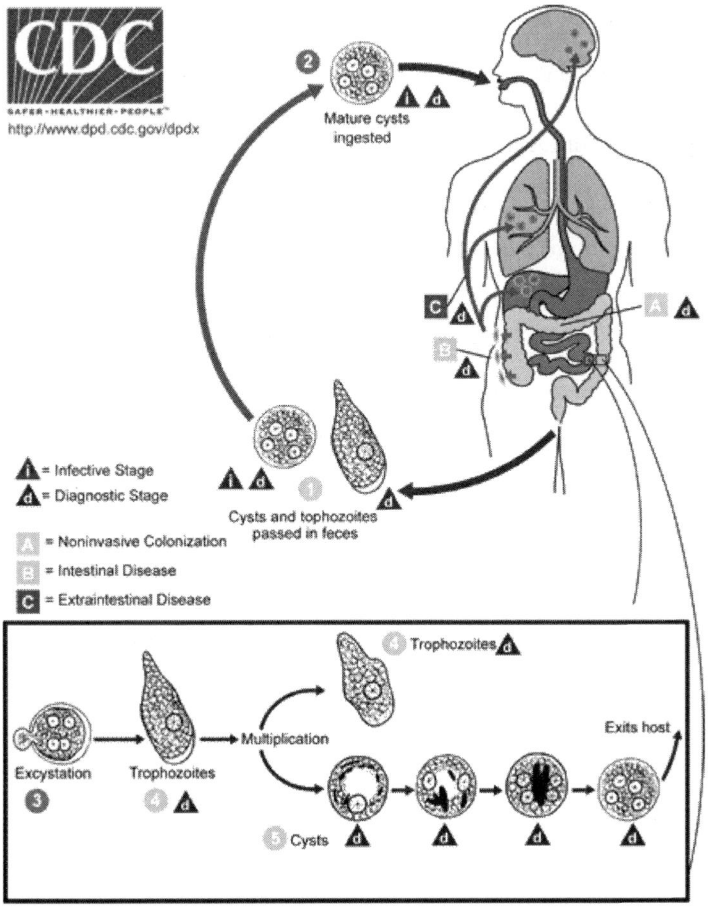

그림 14-40. 아메바성 이질의 감염경로(CDC 자료)

② 동물감염

- 원숭이의 이질 아메바 감염 : 돼지, 소, 개, 고양이 감염
- 개 : 혈변, 간농양, 홍역이나 파보장염에 걸린 강아지의 경우 전신적인 아메바의 증가로 이질 증상이 합병으로 나타나며, 대개는 불현성 감염이다.
- 돼지, 소, 고양이의 아메바성 이질 : 희귀성
- 집쥐, 들쥐, 실험용 쥐의 감염 : 많다

③ 인체감염

- 온대지방 보다는 열대지방에 다발되고 사람에 한번 감염 시 40년 이상 원충 보유
- 대장에 기생 간장, 폐장, 비장, 뇌 및 여러 장기에 전이된다. 특히 간농양이 다발 됨.
- 급만성 소화 장애, 설사, 변비, 복통, 오한, 구토, 두통, 피로가 특징
- 아메바성 이질 : 혈변과 점액변이 이급후증의 상태에서 배설, 이때 복통이 반복

2) 톡소플라스마병(Toxoplasmosis)

인수공통 기생충성 질병 중 가장 중요하다.

① 병원체 : *Toxoplasma gondii*

- 반달형의 영양형, 원형 또는 타원형의 의포낭형
- 고양이의 장 상피세포에서 유성생식이 이루어지며 오오시스트가 분변에 배출
- 종 숙주 : 고양이(여러 포유동물 및 조류(중간숙주 또는 운반숙주))

② 동물감염 : 피해를 가장 많이 받는 가축은 돼지와 소이다.

③ 인체감염 : 육회와 육즙에 의한 것과 자연계에 살포되어 있는 오오시스트의 섭취

- 임신부에 감염된 원충이 태반을 거쳐서 태아에게 옮는 선천적 감염
- 임신 초기에 감염되면 태아의 사망률이 높으며 눈의 톡소플라스마 병으로 실명

④ 예방 : 고양이에게 쥐나 육류를 먹이지 말아야하며, 그 배설물의 처리를 철저히 한다. 수육 내 포낭의 경우는 -14℃에서 3시간 이상 있어야 사멸된다(냉장시설 불안전). 사람은 육회를 통하여 주로 감염됨으로 주의를 요한다. 자연계는 톡소플라스마의 오염 원천이라고 할 수 있다.

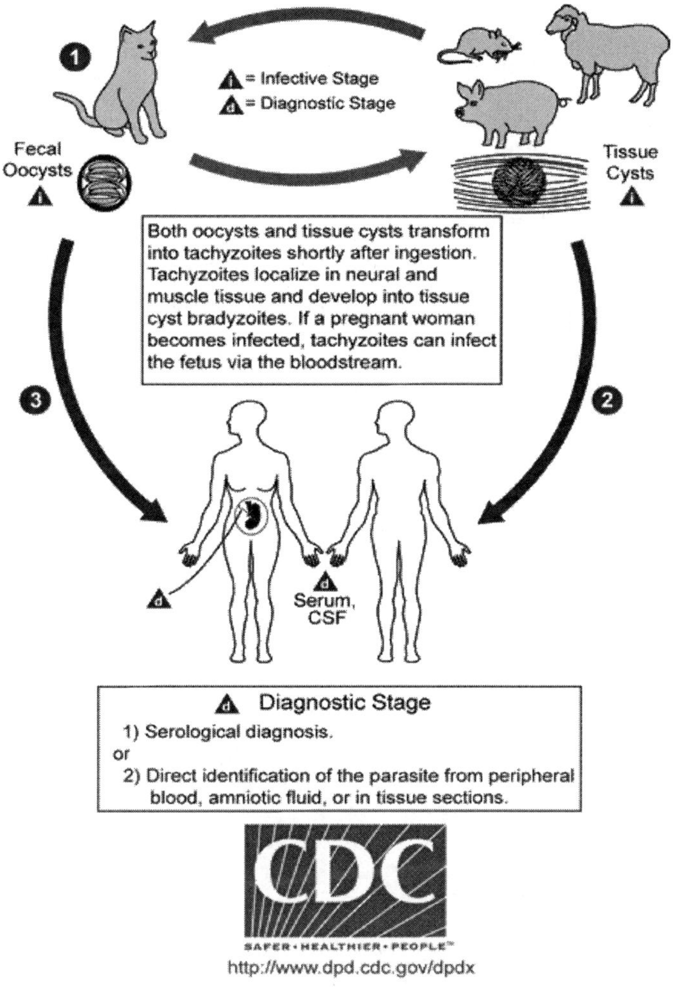

그림 14-41. 톡소플라즈마의 감염경로(CDC 자료)

3) 와포자충병(크립토스포리듐병) (Cryptosporidiosis)

여름철 수영장을 찾은 후 설사나 위경련, 열 등의 증상의 주된 원인체 중의 하나인 와포자충은 최근 에이즈나 화학요법으로 인체의 면역체계가 약화돼 있는 경우 사망을 불러올 수도 있다는 데서 주목 받게 된 원충성 질환이다. 크립토스포리듐은 작은 구 균성 형태의 원생동물의 한 속으로 포자소체의 존재가 특징이며, 배설물에 의해 옮겨지는데 전염성이 강해 감염된 1명이 10만명을 전염시킬 수 있다. 이 크립토스포리듐의 낭포체는 수영장 소독에 쓰이는 염소에 내성을 갖고 있다. 이병은 1976년 이전 까지는 잘 알려져 있지 않았고, 1993년 미국의 밀워키와 위스콘신에서 수돗물을 통해 40만 명이 감염 발생된 이래 일반인에 널리 알려지게 되었다.

① 병원체 : *Cryptosporidium parvum*

소화관 점막상피의 쇄자연내 기생충으로 중간숙주를 취하지 않는 단 숙주성이며, 포자낭을 형성하지 않고 유성생식을 하고 오직 4개의 스포로시스트만을 함유한 오오시스트가 분변에 배출

② 숙주 : 사람을 포함한 가축 등의 모든 동물이 포함된다.

③ 인체감염 : 자연계에 살포되어 있는 오오시스트를 음용수 등을 통해 섭취되어 감염되며, 정상인은 무증상으로 경과하기도 하나 대부분 소아, 면역결핍환자(에이즈, 암 등)에서는 수양성 설사와 오심, 구토, 두통 및 식욕억제 등이 특징이다. 간혹 담낭에 염증이나 호흡기계에 침입하여 폐염증을 나타내기도 한다.

4) 지알디아(Giardia)

설사를 유발하며, 개와 고양이 등의 설사와 사람에 감염 시 사람의 설사를 유발한다.

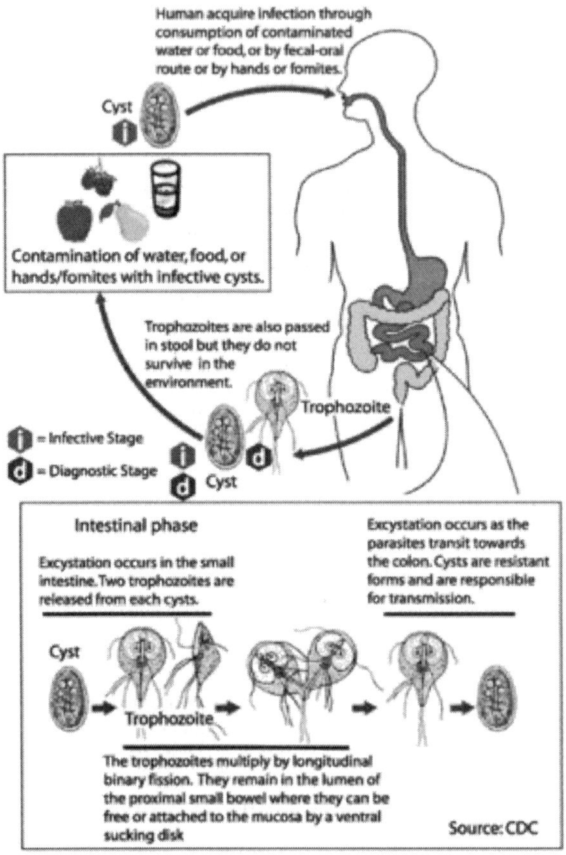

그림 14-42. 지알디아 원충의 전파경로(CDC 자료)

5) 콕시듐

장상피 속에 기생하여 구충이 매우 어려운 원충이다.

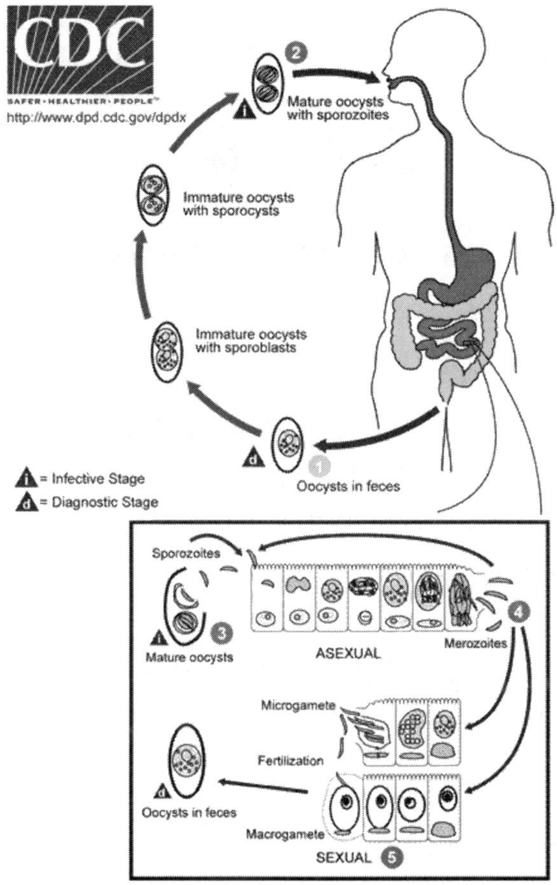

그림 14-43. 콕시듐 원충의 생활사(CDC 자료)

(2) 선충성 질환

국내에서 문제가 되는 것 : 회충, 구충, 사상충, 안충(50여 종이 있음), 크기는 다양하며, 생활형태도 역시 다양하다.

1) 회충증(*Ascariasis*)

병원체 : *Ascaris lumbrioides*, *Ascaris suum*

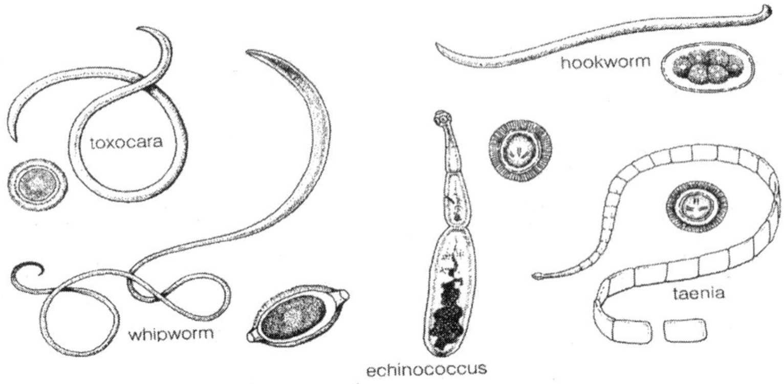

그림 14-44. 선충의 성충과 난의 모양

① 동물감염
- 돼지의 회충감염률은 높다. 임신 돈이 회충을 보유하면 새끼가 태어난 후 감염 된다.
- 돈 회충 : 돼지, 소, 면양, 사람에 감염

② 인체감염 : 인분을 시비한 야채에 부착한 충란에 의하여 감염
- 체내이행에 의한 병변 : 유충이 장벽을 관통하여 이행 → 조직의 파괴
- 성충에 의한 병변 : 기생충성 장염
- 독소작용 : 이행하는 유충의 사멸, 순환계에서 죽은 유충에 대한 체조직의 반응에 따른 병변으로 독성작용이 출현, 성충에 의한 대사산물 등이 독작용

③ 미입에 의한 부작용

2) 유충이행증(Larva migrans)

동물기생충이 인체에 감염되어서 여러 장기나 기관을 이행함으로써 야기되는 증상으로 동물에 기생하는 선충류는 해당 숙주에 감염하고서 체내이행을 꼭 수행해야만 성충으로 발육하며, 이를 수행하지 못하면 죽게 된다.

① 유충이행증의 형태
- 회충유충이 장기를 이행하는 현상
- 구충의 감염자충이 피부를 뚫고 침입하여 파행하는 현상
- 사상충의 자충이 모기에 의하여 피부에 접종된 이후에 혈관 내피세포에서 탈피를 하고 혈류를 따라서 중추신경계로 이행하는 현상

② 병원체
- 유충 장기이행증을 일으키는 동물기생충 : *Toxocara canis*, *Ascaris suum*

- 유충 피하이행증을 일으키는 기생충 : *Ancylostoma canimum*
- 사상충 이행증을 일으키는 종류 : *Dirofilaria immitis*

③ 동물감염

- 유충 장기이행증 : 우회충, 마회충
- 구충의 동물 감염 : 개와 소
- 지상 사상충 감염 : 소

④ 인체감염

- 유충의 장기이행증 : 알레르기성 육아종과 같고 병변으로는 호산구증가증, 간비대, 신장염, 심부전증, 발열기침
- 유충의 피하 침입 : 침입한 부위가 발적, 수포 형성
- 사상충의 감염 자충 : 사람의 뇌로 감염 자충이 침입

3) 아니사키증(Anisakiasis)

① 병원체 : Anisakis spp.

② 동물 감염

- 제1 중간숙주 : 새우
- 제2 중간숙주 : 명태, 대구, 청어, 연어, 고등어, 삼치, 가다랭이, 오징어,낙지
- 종숙주 : 제2 중간숙주의 내장을 먹고 감염이 된다. 돼지에 많다.

③ 인체감염

봉와직염형, 농양형성형, 육아종형, 농양육아종형

4) 분선충증(Strongyloidiasis)

① 병원체 : *Strongyloides stercoralis*

② 동물감염

③ 분선충 : 개, 여우, 고양이, 곰, 원숭이에 감염

- 람손간충 : 돼지, 개, 고양이, 토끼
- *Strongyloides filledorni* : 원숭이, 개

④ 인체감염

- 피부를 뚫고 침입 → 국소의 염증 초래, 체내이행시 기관지염의 증세
- 경구적으로 감염 : 장점막에 염증, 표재성 궤양 형성, 2차적 감염 수반 → 이질의 원인

5) 심장사상충증(Heartworm disease) - 인수공통감염병이 아님

인수공통감염병으로 분류하지는 않는다. 개와 고양이에 모기에 의하여 전파되는데 사람

에 인수공통감염은 이루어지지 않는 것으로 알려져 있다. 모기에 의한 사람의 원충성 기생충 감염으로 말라리아, 바베시아 등이 있다. *Dirofilaria immitis*는 개 심장사상충 감염(dog heartworm infection)의 원인체로서 개가 고유 종숙주, 사람은 중간숙주로서 매개체인 모기에 의해 감염될 경우 성충으로 발육하지 못하고 유충 체내이행을 하여 피하 결절과 폐실질내 결절성 병변증(human pulmonary dirofilariasis; HPD)을 일으킨다. 이들 원인체는 *D. immitis* 외에 *D. tenuis*, *D. repens*, *D. ursi*, *D. striata*, *D. lutrae*, *D. spectans*, *D. subdermata* 등이 있으며, 매개 모기는 Aedes, Anopheles, Culex 등이 있다.

① 형태

암컷은 길이 25~31cm, 폭 1mm로 수컷보다 크며, 수컷은 일반적으로 미단 부위가 약간 말려 올라간 형태이다. 암수가 동시 감염 시에는 자충(microfilariae)을 생산한다. 이들 자충은 혈류를 타고 순환하다가 모기에 섭취되어 다른 포유동물에 전파하게 된다. *D. immitis*는 전 세계적으로 분포되어 있는 가장 대표적인 종이다.

② 생활사

생활사는 microfilariae 자충이 모기에 섭취되어 중장에서 L3 larvae(14~21일)로 모기 흡혈로 새로운 숙주에 감염 90~120일 동안 숙주조직 내 생활 후 최종적으로 순환기 내로 들어감. 숙주 동물의 심장 순환을 거쳐 폐동맥과 우심 쪽으로 이동하여 잠복기를 거쳐 성충으로 발육하여 자충을 생산하는데 까지는 약 5~6개월 소요된다.

* 개에서 충체는 1~250마리가 감염되며, 수명은 약 5~7년이다.

(3) 조충성질환

조충류의 충체는 두부, 경부, 체절 혹은 편절이 연한 연절로 구성, 가장 피해가 심한 것은 광절열두조충, 유구조충, 무구조충, 단방조충

1) 광절열두조충증(Diphyllobothriasis)

① 병원체 : *Diphyllobothrium latum* : 의엽조충류에 속함

② 인체감염

- 빈혈이 생기는 것이 특징 : 열두조충성 빈혈
- 소화장애, 오심, 구토, 복통, 설사

2) 무구조충증(Taeniasis)

① 병원체 : *Taeniasis saginatus*

② 동물감염

③ 중간숙주 : 소, 물소, 기린, 산양, 면양, 낙타→충란 섭식→무구낭미충(유충)으로 발육

④ 인체감염

- 사람에게 감염되는 조충 중에서 가장 감염률이 높다.
- 특히 쇠고기를 익히지 않고 많이 먹는 지역에 분포가 높다.

3) 유구조충증[Taeniasis(cysticercosis)]

① 병원체 : *Taenia solium*

② 동물감염

③ 중간숙주 : 돼지, 멧돼지, 양, 사슴, 개, 고양이, 곰, 쥐, 사람 → 근육에서 유구낭미충 발육

④ 인체감염

- 무구조충 보다 낮은 편, 돼지고기를 충분히 익히지 않고 섭취 시 위험도 증가
- 성충 : 소장에 감염
- 유구낭미충 : 근육에서 발육
- 성충 감염 시 : 복통, 설사, 식욕 이상, 오심, 구토, 두통, 현기증, 신경증상, 중독증상, 복막염

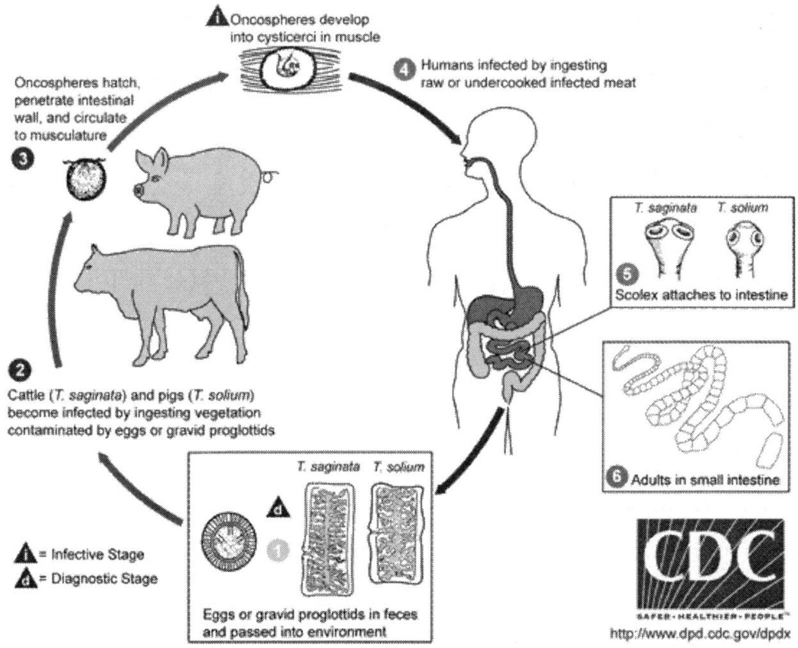

그림 14-45. 조충의 전파경로(CDC 자료)

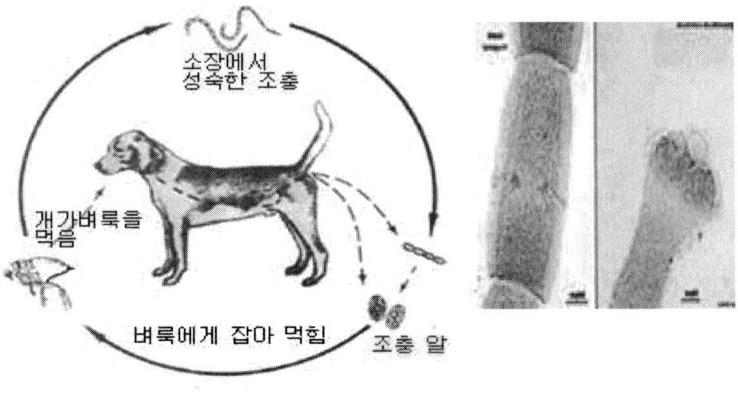

그림 14-46. 개의 조충 생활사

4) 포충증(Echinococcosis, hydatid disaese)

① 병원체 : *Echinococcus glanulosus*

② 동물감염 : 종숙주 : 개와 여우

③ 인체감염 : 개가 배출하는 충란을 사람과 면양이 먹게 되어 감염

(4) 흡충성 질환

디스토마(이구체)로 충체는 나무잎 모양으로 배복면이 편평하며 소화관은 퇴화, 표피를 통하여 영양을 흡수한다.

발육에 있어 두 개 이상의 중간숙주를 필요로 하는데 첫째 중간숙주는 연체동물을 택하고 두 번째의 중간숙주는 민물 어류를 택한다.

흡충류의 발육은 충란 → 미라시디움 → 레디아 → 유미유충(셀카리아) → 피낭유충(메타카리아) → 종 숙주에서 성충

1) 간질증(Fascioliasis)

① 병원체

- 간질(*Fasciola hepatica*) : 20～30mm
- 거대간질(*Fasciola gigantica*) : 25～50mm

② 동물감염 : 간질은 반추동물에 흔히 기생하며, 국내의 소나 양에 30% 기생한다. 수초, 볏짚에 부착된 피낭유충을 먹고 감염되며, 이소기생 예가 많다. → 출산 전 송아지에 감염

③ 인체감염

- 냉이나 미나리에 붙은 피낭유충을 먹어서 간질 충에 감염
- 인체에 감염 → 체내이행 → 조직의 파괴 → 병변 시작
- 증상 : 산통, 황달, 압통, 설사, 발열, 빈혈, 부종
- 만성감염 시 : 복수, 간경변증
- 이소기생 : 뇌, 피하조직, 장 상피조직, 혈관, 복강

2) 간흡충증

① 병원체 : 간흡충(*Clonorchis sinensis*)을 간디스토마라 부름

② 동물감염

- 개, 고양이, 돼지, 족제비, 밍크, 오소리 등에 감염
- 국내 : 한강, 낙동강, 영산강, 만경강, 금강 등의 담수어가 오염

③ 인체 감염

- 전국적 감염 : 4.7~9.3%
- 인체감염의 기전 : 민물생선회, 피낭유충이 물에 오염되어 감염
- 간디스토마의 피낭유충 1000개 이상의 감염에서 치명적 영향
- 제1 중간숙주 : 왜우렁(*Parafossarulus manchouricus*)
- 제2 중간숙주 : 담수산어류 → 참붕어와 긴물개

3) 폐디스토마증

① 병원체 : *Paragoniumus westermanii*

② 동물감염 : 숙주범위가 넓다.

- 생활사 : 충란 → miracidium → sporocyst → redia → cercaria → 성충

 * 제1숙주 : 다슬기, 제2숙주 : 참게, 가재(감염형 metacercaria), 종 숙주 : 포유동물

③ 형태 : 충란의 난각은 두꺼우며, 난세포를 포장하고, 광절열두조충과 회충의 불수정란과 구별이 필요하다.

④ 이소적 기생(ectopic infection) : 고유의 기생 장소로 가지 않고 다른 조직이나 장기에 가서 일정기간 기생하다가 정주성으로 되어 성충으로까지 발육하는 경우이다.

 * 폐흡충 : 폐 → 뇌(유충)
 * 일본주혈흡충 : 장간막 정맥 → 장기, 척수, 뇌, 폐(충란)

- 폐장에 감염으로 인한 피해는 적다(충낭 형성 → 결합조직 증식 : 결절형성)
- 뇌나 그 밖의 여러 장기에 기생 : 큰 장애 초래, 특히 고양이에 발생이 많다.

– 사람의 이소기생 : 횡격막, 간장, 장간막, 음낭, 안와, 뇌에 기생 → 뇌의 페디스토마증 : 간질, 반신불수증, 국소마비, 실어증, 시력장애 등을 병발

(5) 피부 기생충

1) 개선충(scabies)

① 병원체

개선충은 옴이라고도 불리는 *Sarcoptes scabiei var. canis*이 원인체이며 전염력이 강한 피부 기생충으로서 주로 피부의 안쪽에 굴을 파고 생활하는 기생충이다. 피부 속에서 알을 낳아 약 1주일이면 새끼가 알에서 태어나며 다시 알을 낳을 때까지 피부에 자극을 주면서 생활을 하게 된다. 피부를 자극하면서 심한 가려움증을 유발하는 것이 특징이다.

② 증상

심한 소양감, 탈모, 발적, 가피 등이 대표적인 증상이다. 일반적으로 병원 검사실에 들어온 개는 긴장해 있기 때문에 웬만한 소양감이 있어도 잘 긁지 않으나 개선충증에 걸린 개는 심지어 검사실에서 까지도 계속해서 긁는다. 피부병변은 일반적으로 털이 적은 부위에서 시작하며 귀의 변연부, 복부, 뒷다리꿈치, 앞다리꿈치 등에 많이 형성된다. 항생제 및 Steroid계 약물에 치료되지 않는다. Pinnal-pedal reflex를 보인다. 그러나 Pinnal-pedal reflex는 지루성 귀질환과 같은 타 원인에서도 관찰되기 때문에 특징적 진단법은 아니다. 전염성이 매우 강해 동거하는 개들 모두가 감염된다. 애견샵에서 털을 손질한 후, 혹은 동물병원에 내원한 후에 많이 감염된다. 강아지에서는 성견에서처럼 심한 가려움증을 보이지 않는 경우가 많다. 사람도 옮을 수 있으며 팔, 가슴, 혹은 복부에 가려움증과 구진(papular rash)이 형성된다.

③ 발생 부위

다리, 얼굴, 귀끝에 두터운 딱지가 특징적으로 생긴다. 사람에게도 전염이 된다. 치료가 된 후 2차적으로 진균성 피부병이 걸릴 위험이 높다.

④ 진단과 치료

- 수의사의 검진에 의하여 피부에서 *Sarcoptes scabiei* 병원체 검사
- 수의사의 치료를 받는다.

2) 모낭충(demodex)

① 원인

주로 생후 2~3개월령에서 5~6개월령에 걸친 발육기에서 *Demodex canis* 의 기생에 의해 발생하는 기생성의 피부병으로 개는 다른 동물에 비해 감수성이 높다. 모낭충은 사람을 포함한 각종 동물에 기생하는 고유의 종이 밝혀져 있다. 소는 *D. bovis*, 돼지는 *D. suis* 와 *D. phylloides*, 고양이는 *D. cati* 로 모낭 및 피지선내에 기생하고 있다. 감염은 직접 또는 간접접촉에 의해 어린 개는 포유시 감염될 수 있고 피모의 발육이 끝난 후에는 환견과 접촉이 있어도 감염이 적은 것으로 알려져 있다. 감염률과 발생은 연령, 품종 및 피모의 장단 등에 따라 달라 어린 개가 감염률이 높고 또한 Dachshund 종과 같은 단모종이 장모종에 비해 감염되기 쉽다.

② 증상

탈모, 홍반, 농포, 발적이 주 증상이며 모낭충증 자체로는 가려움증이 거의 없다. 소양증은 보통 2차 세균감염에 의한 것이거나 전신성일 경우에 국한된다. 전신성일 경우 면역계의 이상으로 인한 것이므로 동거하는 개들 모두가 전신성 모낭충을 나타내지는 않는다. 항생제 및 Steroid계 약물에 치료되지 않는다. 오히려 이들 steroid계 약물 처치를 받고 있는 개에서 면역 억압의 결과로 모낭충증이 임상적으로 발현될 수 있다.

③ 예방 및 치료

의심되는 개체는 동물병원에 내원하여 진단과 치료를 받도록 한다.

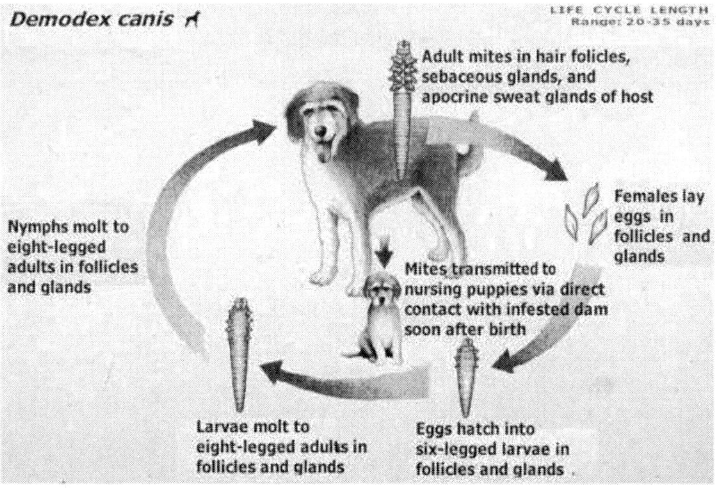

그림 14-47. 모낭충의 감염

표 14-3. 개의 주요 인수공통감염병

병명	병원체	감염경로	사람에서의 증상
광견병	Rabies virus	이환된 개에게 물린 경우	두통, 불안감, 경련, 사망
렙토스피리증	*Leptospira interrogans*	감염동물의 요중으로 나온 병원체가 물과 토양을 오염시키고, 이를 접촉하는 경우 감염된다.	발열, 두통, 근육통, 구토, 출혈, 황달, 신부전
파스튜렐라증	Pasteurella spp.	감염동물에 물리거나, 입맞춤 등에 의해 직접 감염된다.	국소적인 통증, 발적, 종창
부르셀라증	*Brucella canis*	유산태아 등의 접촉	오한, 발열, 두통, 근육통
라임병	*Borrelia burgdorferi*	감염동물을 흡혈한 진드기에 의해 감염된다.	윤곽이 명료한 홍반, 관절염
톡소카라증	*Toxacara canis*	견회충란을 섭취	발열, 근육통, 소아에서는 시력장해가 온다.
분선충증	분선충	오심지역에서 휴지기를 보내는 제3기 유충의 경피 감염	설사, 점액성 혈변
심장사상충증	견사상충	감염동물을 흡혈한 모기에 물린 경우	기침, 발열, 흉통
개조충	개조충	감염 유충을 가지고 있는 벼룩을 섭취하는 경우	통상적으로 무증상이지만 소아에서는 소화기 장해가 보인다.
개선충	진드기	감염동물과 직접접촉	피부 가려움증, 구진
벼룩교상	개벼룩, 고양이 벼룩	오염 환경중의 번데기(번데기 내에 성충이 자라고 있다)	심한 가려움, 발적
피부진균증	Microsporum spp,. Trichophyton spp.	감염동물과의 직접적인 접촉	두부, 팔, 다리, 피부에 원형 홍반, 소수포

표 14-4. 세균성 주요 인수공통감염병 특성 및 주요 숙주동물

병 명	병 인 체	소	말	돼지	양	염소	개	고양이	토끼	원숭이	야생설치류	가금·조류
결핵병(tuberculosis)	*Mycobacterium bovis* 등	+	+	+	+	+	+	+	+	+	+	+
살모넬라균증(saimonellosis)	*Salmonella typhimurium* 등	+	+	+	+	+	+	+			+	+
연쇄상구균증(streptococcosis)	*Streptococus agalactiae* 등	+	+	+	+	+	+					
포도상구균증(staphylococcosis)	*Staphylococcus aureus*	+	+	+	+	+	+					
탄저병(anthrax)	*Bacillus anthracis*	+	+	+	+	+	+	+				
돼지단독(swine erysipelas)	*Erysipelothrix insididsa*		+	+								+
부루세라병(brucellosis)	*Brucella abortus* 등	+	+	+	+	+	+	+				+
렙토스피라병(leptospirosis)	*Leptospira pomona* 등	+	+	+			+	+			+	
파스추렐라병(pasteurellaosis)	*Pasteurella multocida* 등	+	+	+	+	+	+	+	+		+	+
야토병(tularemia)	*Francisella tularensis*			+	+	+	+	+	+		+	+
비저(glanders)	*Pseudomonas mallei*		+									
리스테리아균증(listeriosis)	*Listeria monocytogenes*	+		+	+	+			+			+
페스트(pest, plague)	*Yersinia pestis*							+			+	
가성결핵병(paratuberculosis) 요네병(Johne's disease)	*Mycobacterium paratuber -culosis(johnei)*	+	+	+	+	+		+			+	+
비브리오균증(vibriosis)	*Campylbacter fetus*	+			+	+						
디프테리아(diphtheria)	*Corynebacterium diphtheriae*	+					+	+				
유행성회귀열(재규열) (relapsing fever, endemic).	*Borrelia hermsii* 등	+	+								+	+
보튤리즘(botulism)	*Clostridium botuinum*	+										+
파상풍(tetanus)	*Clostridium tetani*		+									
서교열(rat-bite fever)	*Spirillum mirus*						+	+			+	
엘시니아병(yersiniosis)	*Yersinia enterocolitica*			+			+					

표 14-5. 바이러스성 주요 인수공통감염병 특성 및 주요 숙주동물

병 명	병 인 체	소	말	돼지	양	염소	개	고양이	토끼	원숭이	야생설치류	가금·조류
광견병(rabies)	Rhabdovirus–Rabies virus	+	+	+	+	+	+	+	+	+	+	
일본뇌염(Japanese encephalitis)	Flavivirus–Jap. encephalitis virus	+	+	+	+	+						+
뉴캐슬병(Newcastle disease)	Paramixovirus–NDvirus	+						+				+
HVJ병(disease of hemaggiutinating virus of Japan)	paramixovirus–parainfluenza type 1 virus			+								
구제역(foot and mouth disease) –인수공통감염병 아님	Rhinovirus–FMD virus	+		+	+	+						
수포성구내염(vesiculat stomatitis)	Rhabdovirus–Vesicular stomatitis virus	+	+	+								+
우두(cowpox)	Orthopoxvirus–cowpox virus	+										
가성우두 (pseudo–cowpox, milker's nodule	Parapoxvirus–milker's nodule virus	+										
전염성농포성구진 (contagious ecthyma)	parapoxvirus–Orf	+			+	+						
리프트계곡열(Rift valley fever)	Phlebovirus–Bunya virus	+			+	+						
임파구성맥락수막염(Lymphocytic choriomeningitis)	Arenavirus–LCM virus			+			+			+	+	
도약병(louping ill)	Flavivirus–Louping ill virus				+	+						
조류인플루엔자(Avian influenza) (가금페스트 fawl plague)	Orthomyxovirus–influenzavirus											+
신 증후성출혈열(hemorrhagic fever with Renal Syndrom(HFRS))	Adenovirus–hantanvirus										+	
말뇌척수막염(equine encephalo–myelitis)	Arbovirus–Encephalomyelitis		+								+	+

표 14-6. 리켓치아, 클라미디아성 인수공통감염병 특성 및 주요 숙주동물

병 명	병인체	소	말	돼지	양	염소	개	고양이	토끼	원숭이	야생설치류	가금·조류
발진티프스 (epidemic typhus)	*Rickettsia prowazekii*							+			+	
쓰쓰가무시병 (Tsutsugamushi disease)	*Rickettsia tsutsugamushi*									+	+	
큐열(Q fever)	*Coxiella burnetii*	+			+	+						
클라미디아병 (chlamydial disease) -앵무병 (psittacosis, Ornithosis) -뇌막폐렴. -고양이폐렴 -조류앵무병	*Chlamydia psittaci*							+				+

표 14-7. 곰팡이 진균성 인수공통감염병 병인체 및 주요 숙주동물

병 명	병인체	소	말	돼지	양	염소	개	고양이	야생설치류	가금·조류
방선균증(actinomycosis)	*Actinomycosis bovis*	+	+	+	+	+	+			
아스퍼질루스증(aspergillosis)	*Aspergilli spp.*	+	+	+					+	+
크립토코커스(cryptococcosis)	*Cryptococcus neoformans*	+	+	+			+	+	+	+
캔디다증(candidiasis, moniliasis)	*Candida albicans*	+		+			+			+
콕시디오이데스 진균증 (coccidioidesdomycosis)	*Coccidioides immitis*	+			+		+		+	
스포로트리큠증(sporotrichosis)	*Sporotrichum schenckii*		+				+		+	+
리노스포리듐증(rhinosporidiosis)	*Rhinosporidium sceberi*	+	+							
윤선(ringworm)	Trichophyton spp.	+	+		+	+	+	+	+	
노카르디아증(nocardiosis)	Nocardia spp.	+								
히스토플라즈마증(histoplasmosis)	*Histoplasma capsulatum*						+	+	+	
블라스토마스진균증(blastomycosis)	*Blastomyces dermatitidis*		+							
피부진균증(백선-favus) (황선(tineafavus))	Mycosporum spp. *Richophyton gaiiinae*						+			+

표 14-8. 기생충성 주요 인수공통감염병 병인체 및 주요 숙주동물

병 명	병인체	소	말	돼지	양	염소	개	고양이	토끼	원숭이	야생설치류	가금·조류
원충성 질병												
사르코시스트병(sarcocystyasis)	Sarcocystis spp.	+	+		+	+	+		+	+	+	
트리파노조마병(trypanosomiasis)	*Trypanosoma gambienses* 등	+	+	+	+	+	+	+			+	
아메비증(amebiasis)	*Endamoeba histolytica* 등			+			+	+			+	
발란티디움증(balantidiasis)	*Balantidium coli*			+						+		
라이시마니아증(leishmania spp)	*Leishmania spp*						+	+			+	
톡소플라즈마병(toxoplasmosis)	*Toxoplasma gondii*			+			+				+	+
기생충성 질병												
선충증												
포도병(creeping eruption)	*Bunostomum phlefotomum*	+					+	+				
곤질로네마병(gongylonemiasis)	*Gongylonema pulchrum*	+		+						+		
오스테르타지아충증 (ostertagia infection)	Ostertagia spp.	+			+	+						
양위충증 (sheep wireworm infection)	*Haemonchus contortus*	+			+	+						
신가무스충증(syngamosis)	*Syngamus laryngeus*	+				+						
탈선충증(trichostrongylosis)	Trichostrongylus spp.	+			+	+						
선모충증(trichinosis)	*Trichinella spiralis*			+			+	+				+
디로필라리아감염증 (dirofilaria infection)	*Dirofilaria conjuntivae*						+					
사상충증(dracontiasis) – 인수공통감염병 아님	*Dracunculus mednensis*						+					
악구충증(gnathostomiasis)	*Gnathostoma spinigerum*						+	+				
분충증(strongylsidiasis)	*Strongyloides sterocoralis*						+			+		
텔라지아감염증(thelaziasis)	*Therazia callipaeda*						+	+				

병 명	병인체	소	말	돼지	양	염소	개	고양이	토끼	원숭이	야생설치류	가금·조류
촌충증												
소 조충증 (beef tapeworm infection)	*Taenia saginata*	+					+	+				
포충증 (hydatid diseare, echinococcosis)	*Echinococcus granulosa*	+		+	+		+					
돼지 조충증 (pork tapeworm infection)	*Taenia solium*			+								
개 조충증 (dog tapeworm infection)	*Dipylidium caninum*						+	+				
물고기 조충증 (fish tapeworm infection)	*Diphyllobothrium latum*						+	+				
꼬마 조충증 (dwarf tapeworm infection)	*Hymenolepis nana*										+	
오리 조충증 (duck tapeworm infection)	*Drepanodotenia lancelota*											+
흡충증												
간질증(간충증 fascioliasis)	*Fasciola hepatica*		+			+	+					
주혈흡충증(schistosomiasis)	*Schistosoma bovis*	+	+		+		+	+			+	
비대흡충증(fasciolopsiasis)	*Fasciolopsis busky*			+		+						
인위반충증 (gastrodiscoides infection)	*Gastroidiscoides hominis*			+								
폐흡충증(lung fluke disease)	*Paragonimus kellicotti*			+			+	+			+	
오피스토르키스충증 (opisthorchiasis)	*Clonorchis sinensis*			+			+	+				
에키노카스무스충증 (echinochasmus infection)	*Echinochasmus perfoleatus*						+					
이형흡충증(heterophyiasis)	Heterophyes spp.						+	+				+
자구흡충증(Echinostomiasis)	*Echinostoma ilocanum*			+				+	+			+

Q & A

◎ 인수공통감염병(zoonosis)이란?
동물과 사람 사이에 전염병이 전파될 수 있는 질병을 말한다.

◎ Metazoonosis란?
Life cycle에 의한 감염병원체의 분류 방법 중 하나로, life cycle의 완성에 척추동물과 무척추동물을 필요로 하는 인수공통감염병을 말한다.

◎ Cyclozoonosis란?
Life cycle에 의한 감염병원체의 분류 방법 중 하나로, life cycle의 완성에 2종 이상의 척추동물을 필요로 하는 인수공통감염병을 말한다.

◎ 렙토스피라병이란?
렙토스피라 세균의 감염에 의하여 유발되는 질병으로 고열과 황달, 용혈, 및 간장과 신장의 기능 부전을 특징으로 하는 인수공통감염병이다.

알아두기

▶ 투베르클린 반응
결핵의 감염 여부를 알아보는 검사 방법이다.

▶ 탄저균(*Bacillus anthracis*)
바이오테러와 생물학전 무기로 이용되는 무서운 인수공통감염병 병원체로서, 토양에서 아포를 형성하며 아포형은 사체 중에 12년간, 토양 중에 30년간 존재하며 감염을 유발한다.

▶ 페스트(plague, pest)
중세 인구의 절반을 죽인 무서운 인수공통감염병으로 쥐벼룩이 페스트 세균을 매개하여 전파된다.

▶ 중증열성혈소판감소증
작은소참진드기가 흡혈하면서 매개하는 중증열성혈소판감소증 바이러스에 의해 유발되는 인수공통감염병이다.

▶ 중동호흡기증후군
낙타가 매개하는 중동호흡기증후군 바이러스에 의해 유발되는 인수공통감염병이다.

단원 학습 정리

1. 공중보건 분야 중에 가장 중요한 부분으로 인수공통감염병을 꼽을 수 있는데 이는 동물과 인간에 공통으로 감염되는 질병으로 정의된다.
2. 인수공통감염병은 향후 계속 증가할 것이라는 것이 전문가들의 의견이다. 꾸준히 늘어나는 인수공통감염병에 대한 대책 마련에 관심을 집중하는 것이 필요한 시점이다.
3. 부루셀라는 동물에서 생식기에 영향을 미쳐, 아무런 증상 없이 유산을 일으킨다. 그리고 불임을 일으키기도 한다.
4. 흑사병이라고도 불리는 페스트는 중세 유럽에 많은 인구를 감소시킨 공포의 전염병이다. 설치류 특히 쥐가 매개하는 주요 급성전염병으로서 쥐벼룩을 통하여 *Yersinia pestis* 병원체가 전파되어 질병을 유발한다.
5. 광견병 바이러스는 포유류의 중추신경을 공격하며 매우 치명적인 질병이다. 모든 온혈 동물이 감염이 일어날 수 있다.
6. 조류 인플루엔자는 닭, 칠면조, 오리, 야생조류 등 여러 종류의 조류에 감염되며, 전파가 빠르고 고병원성 조류 인플루엔자에 의한 사람의 사망 예가 동남아시아 국가에서 늘어나고 있다.
7. 광우병에 감염된 소는 뇌조직 신경세포 내에 독성단백질 프리온(prion)이 장기간 축적 증식되어 스폰지 모양의 공포를 형성함으로써 주로 신경증상이 나타난다.

광우병과 프리온

프리온은 의학적으로도 매우 중요한 의미를 지닌다. 생물체가 아닌 단백질 입자임에도 세균이나 바이러스처럼 인간에게 전염되기 때문이다. 광우병에 대한이해를 돕기 위해선 우선 프리온이 무엇인지부터 알아야 한다.

1957년 미국 국립보건원의 Carleton Gajdusek 박사는 파푸아뉴기니 원주민에게 유행하는 풍토병을 조사하던 중 프리온의 존재를 처음으로 규명해냈다. 파푸아뉴기니 원주민들의 풍토병으로 뇌세포 이상에 의한 질병으로 사망이 많이 발생하였는데 이들 풍토병에 걸려 죽은 사람들의 뇌 병변은 세포 손상된 자리가 육안으로는 스폰지 모양으로 관찰되었다.

이곳 원주민에겐 친지가 생명을 잃게 되면 장례 후 친지의 뇌를 나누어 먹는 식인풍속이 있었다. 그들은 죽은 친지의 뇌를 나누어 먹음으로 해서 뇌에 속해 있다고 믿는 죽은 사람의 영혼을 서로 나누어 기릴 수 있다는 믿음을 가지고 오랜 기간 이러한 기이한 식인풍습이 이어져 왔던 것이다. 가이듀섹 박사는 이들의 풍토병이 식인풍속에서 비롯됐음을 밝혀내고 죽은 사람의 뇌 속에 들어있는 단백질 입자가 원인임을 찾아냈다. 그는 이 공로로 1976년 노벨 생리의학상을 수상하게 된다.

그러나 프리온을 실제 분리해내고 이들의 생물학적 성상을 구체적으로 밝혀낸 사람은 미국 UCSF 대학교 의과대학의 스탠리 프루시너(Stanley Prusiner) 교수였다. 그는 인간에게 전염되는 질병을 유발하는 단백질 입자를 프리온이라 명명하고 이들이 인간의 체내에서 원래 모양을 뒤바꿈으로써 뇌신경 등 정상세포의 손상을 초래한다고 밝혔다.

프리온은 생물과 무생물을 가늠하는 가장 중요한 기준이 되는 유전자가 없다. 프리온이 일으키는 초기 뇌신경 손상은 복잡한 경로를 통해 화학적인 연쇄반응을 일으키고 이것이 뇌세포 손상으로 인한 스폰지 모양의 구멍들이 관찰되는 것으로 보고 있다. 프루시너 교수 역시 이를 규명한 업적으로 97년 노벨 생리의학상을 받게 된다.

참 고 문 헌

1. 개해부학. 김성호 외(2004). 정문각.
2. 고양이 100배 행복하게 키우기. 박슬라(2005), 보누스.
3. 고양이 종류와 선택백과. 조은옥(2004), 동학사.
4. 공중보건학. 김동석 외(2006). 고문사.
5. 공중보건학. 김종오 외(2006). 청구문화사.
6. 동물공중보건학개론. 김옥진 외(2009). 동일출판사.
7. 국립수의과학검역원 http : //www.nvrqs.go.kr/index.asp
8. 동물과 인간. 하종규 외(2007). 현암사.
9. 동물과 인간생활. 강만종 외(2003). 전남대학교 출판부.
10. 동물과 환경. 이성규 외(2001). 선진문화사.
11. 동물번식생리 이해와 응용. 김옥진(2014). 동일출판사.
12. 동물번식생리학. 김옥진 외(2009). 선진출판사.
13. 동물매개치료의 이해와 적용. 김옥진(2013). 문운당.
14. 동물매개치료와 심리상담. 김옥진 외(2013). 동일출판사.
15. 동물매개치료학. 이형구 외(2010). 동일출판사.
16. 동물번식학. 고대환 외(2003). 선진문화사.
17. 동물매개치료학개론. 이형구 외(2010). 동일출판사.
18. 동물생리학. 강봉균 외(2007). 라이프사이언스.
19. 동물영양관리학. 김옥진 외(2010). 선진출판사.
20. 동물영양학개론. 김옥진(2013). 동일출판사.
21. 동물유전공학. 박용호 외(2003). 한진.
22. 동물인공수정과 수정란이식. 서경덕 외(2005). 선진문화사.
23. 동물자원학개론. 김계웅외(2003). 선진문화사.
24. 동물질병학개론. 김옥진(2009). 선진출판사.
25. 동물해부생리학입문. 김옥진(2010). 선진출판사.

26. 동물해부생리학개론. 김옥진(2014). 범문에듀케이션.
27. 동물행동의 이해와 응용. 임신재외(2005). 라이프사이언스.
28. 면역학. Peter Pharm(2006). 라이프사이언스.
29. 미국 수의사회 애완동물관리 웹사이트 http://www.avma.org/care4pets/
30. 서울대학교 수의과대학 해부학교실 웹사이트
http://vetanatomy.snu.ac.kr/lecture1.htm
31. 생물학사이트http://www.kensbiorefs.com/index.html
32. 서울대학교 행태학연구실 http://plaza.snu.ac.kr/~biology/behavior/
33. 설화 속 동물 인간을 말하다. 심우장 외(2008). 책과함께.
34. 소독 및 전염병학. 전연숙 외(2004). 훈민사.
35. 소독법과 전염병학. 강성심 외(2003). 정문각
36. 수의생리학. 양일석외(2004). 광일문화사.
37. 수의공중보건학. 한국수의공중보건학회편(2004). 문운당.
38. 수의전염병학. 김순재 외(1994). 경북대학교출판부.
39. 스타생명과학. 홍영남 외(2005). 라이프사이언스.
40. 식품의약품안전청 http : //www.kfda.go.kr/
41. 실험동물학개론. 김옥진 외(2010). 동일출판사.
42. 야생동물생태관리학. 이우신 외(2010). 라이프사이언스.
43. 애견돌보기. 편집부(2004), 21세기사.
44. 애견 번식생리학. 정덕수 외(2004). 삼영출판사.
45. 애견번식학. 박우대 외(2005). 21세기사.
46. 애완동물. 강민수 외(2001). 선진문화사.
47. 애완동물 고양이. 김상근(2003). 충남대학교출판부.
48. 애완동물사육. 안재국(2005), 부민문화사.
49. 애완동물학개론. 김옥진(2010). 동일출판사.
50. 에듀넷 사육 웹사이트 http://spe.edunet4u.net/job01/job03/html_8/8.htm
51. 워싱턴 주립대학 수의과대학 http://www.vetmed.wsu.edu/ClientED/anatomy/
52. 유용곤충학. 김옥진 외(2014). 동일출판사.
53. 인간과 가축의 역사. J.C. 블록(1996). 새날.
54. 인간과 동물. 고종태 외(2005). 강원대학교출판부.
55. 인간과 동물. 김옥진 외(2008). 선진문화사.

56. 인간생활과 동물. 윤종만 외(2005). 정문각.

57. 질병관리본부 http://www.cdc.go.kr/webcdc/index.jsp

58. 최신면역학입문. Abbas Richuman(2005). 범문사.

59. 최신 가축위생학. 이택주 외(1997). 선진문화사.

60. Anatomical Adaptation for Cursorial Locomotion
http://vanat.cvm.umn.edu:16080/run/

61. Anatomy& physiology-figure
http://www.biology.clc.uc.edu/fankhauser/Labs/Anatomy_&_Physiology/

62. Cat Anatomy Tutorial
http://biology.kenyon.edu/heithausp/cat-tutorial/welcome.htm

63. Cat Dissection I http://bio.bd.psu.edu/cat/

64. Clutton-Brock, Juliet. 1999. A natural history of domesticated mammals, 2nd edition, Cambridge University Press.

65. Cole, H. H. and Ronning, Magnar. 1974, Animal Agriculture, W. H. Freeman and Co.

66. Companion Animals in Human Health. Cindy C. Wilson. 1998. Sage Publication.

67. Comparative Anatomy Topic 12
http://www.auburn.edu/academic/classes/zy/0301/Topic12/Topic12.html

68. Concepts in Dental Public Health. Jill Masson. 2004. Lippincott Williams & Wilkins.

69. Electronic zoo http://netvet.wustl.edu/e-zoo.htm

70. The Emergence of Zoonotic Diseases : Understanding the Impact on Animal and Human Health : Workshop Summary. Tom Burroughs. 2002. National Academic Press.

71. Infection : Microbiology and Management. Barbara Bannister, Stephen Gillespie, Jane Jones. 2006. Blackwell Publishing Ltd.

72. Pet Health Topics 웹사이트
http://www.vetmed.wsu.edu/ClientED/anatomy/index.asp

73. Public Health Microbiology : Methods and Protocols(Methods in Molecular Biology). J. F. T. Spencer 2004. Humana Press.

74. SKELETAL, STRUCTURE, BONES, JOINTS & RELATED DISEASES http://www.lowchensaustralia.com/health/anatomy.htm
75. Virtual vet dissection http://bio.bd.psu.edu/cat/index.htm
76. National Institute of Health(NIH) http : //www.nih.gov/
77. Centers for Disease Control and prevention(CDC) http : //www.cdc.gov/
78. World Health Organization(WHO) http : //www.who.int/en/
79. Zoonotic Health Topics http : //www.dshs.state.tx.us/idcu/health/zoonosis/default.asp

찾 아 보 기

(ㅊ)

(ㅋ)

(ㅌ)

(ㅍ)

(ㅎ)

저 자 약 력

저자 | 김옥진

- ✔ 서울대학교 수의과대학・대학원졸업・수의학박사
- ✔ 前 미국 농무부 동물질병연구소 연구과학자 (해외포닥)
- ✔ 前 서울대학교 의과대학 교수 (BK21 인간생명연구단)
- ✔ 前 일본 게이오 의과대학 초빙 교수
- ✔ 現 동물실험효능평가원 원장
- ✔ 現 원광대학교 동물자원개발연구센터 센터장
- ✔ 現 한국동물매개심리치료학회 회장
- ✔ 現 원광대학교 보건보완의학대학원 동물매개심리치료학 전공 주임 교수
- ✔ 現 원광대학교 생명환경학부 동물매개치료학 전공 주임 교수

인간과 동물

발 행 / 2023년 2월 15일

•

저 자 / 김 옥 진
펴 낸 이 / 정 창 희
펴 낸 곳 / 동일출판사
주 소 / 서울시 강서구 곰달래로31길7 (2층)
전 화 / 02) 2608-8250
팩 스 / 02) 2608-8265
등록번호 / 제109-90-92166호

•

ISBN 978-89-381-0928-6-93490
값 / 24,000원